权威专家为中国青少年精心打造的天文科普读物

天文知识大观

丁章聚 编著

时事出版社

图书在版编目（CIP）数据

天文知识大观/丁章聚编著．—3版，—北京：时事出版社，2016.6
ISBN 978-7-80232-981-2

Ⅰ.①天… Ⅱ.①丁… Ⅲ.①天文学—青少年读物 Ⅳ.①P1-49

中国版本图书馆CIP数据核字（2016）第069973号

出版发行：时事出版社
地　　址：北京市海淀区万寿寺甲2号
邮　　编：100081
发行热线：（010）88547590　88547591
读者服务部：（010）88547595
传　　真：（010）88547592
电子邮箱：shishichubanshe@sina.com
网　　址：www.shishishe.com
印　　刷：北京市昌平百善印刷厂

开本：787×1092　1/16　印张：27.75　字数：443千字
2016年6月第3版　2016年6月第1次印刷
定价：48.00元

前言

宇宙究竟是由什么构成的？

银河系有多大？

太阳为什么会发光？

地球是纯圆的吗？

月亮为什么有圆缺？

地球之外的宇宙深处，是否会有生命？如果有，那我们怎样去和他们联络呢？

……

这些问题，从来都是令人神往、遐想的趣味话题。你一定对此也会感兴趣吧！那么，天文学将为你解惑。

天文学不仅有趣，而且有用，它与人们的生产和生活密切相关。因此，天文学是伴随着人类社会文明的诞生而最早发展起来的一门科学。恩格斯谈到科学发展顺序时指出：“首先是天文学——单单为了定季节，游牧民族和农业民族就已经绝对需要它。”天文学的起源可以追溯到人类文化的萌芽时代。远古时期，人们为了标示方向、确定时间和季节，而对太阳、月亮和星星进行观察，确定它们的位置、找出它们变化的规律，并据此编制历法。从这一点上来说，天文学是最古老的自然学科之一，它的历史已近五千年。

天文学研究的疆域是整个宇宙。空间上看，从最小的粒子到跨度达数十万光年的星系，无不是天文学研究的对象；时间上看，从宇宙的创生到宇宙的结束（如果有结束的话），无不是天文学研究的范畴。

天文学的研究方法也与其他自然学科有着明显的区别。我们既取不到太阳的物质来化验分析，也不能模仿着建造一颗星星，我们甚至连直接测量一颗普通恒星的质量、密度、化学成分都无法做到，一切几乎仅依靠天文望远镜的“观测”这样一种相对单一、被动的研究手段。由于天文学的特殊性，无法接近研究对象，通过观测得到的信息又缺少关键资料，所以天文学研究的方法与其他自然科学有着明显的区别。可以说，天文学理论如在沙里淘金一样，大量的探索只能留下很少的科学结晶，但天文学却从来没有停止过发展。

伟大的波兰天文学家哥白尼有一句名言：“人类的天职在于勇于探索。”人类在文明史的道路上已经探索了几千年，如今，人类的思维和行动早已跨出了地球。尤其是现代人的视野大大开阔，人类的脚步已经登上月球，人类的探测器已成功登陆火星，人类的使者“旅行者”号飞船已经离开了太阳系……这一切都促使人们要更加深入地了解我们的地球与宇宙之间的关系，去探索浩森宇宙中星辰的秘密。

对于人类来说，宇宙是遥远而神秘的，它充满着无穷无尽的奥秘。在天文学家的努力下，人们正一步一步揭开宇宙神秘的面纱。总有一天，诸如光线弯曲、黑洞、时间旅行这些深不可测的词汇，在人们的心里会变得不再陌生，我们也会更加了解与我们息息相关的宇宙。

我们编写这本书的目的，就是向读者全面介绍现代天文学知识，希望能把这些知识讲得更精确、更全面、更通俗易懂；也希望你通过这本书的阅读能对天文学知识有更全面的了解与掌握。当然，限于编者的水平，不足之处颇多，还望广大读者批评指正。

目录

第一章

宇　宙

第一节　宇宙的起源

关于宇宙的起源，有过许多神话传说。基督教认为是上帝创造了世界，中国古代神话则认为是盘古开辟了天地。当然，这些神话和传说都不是科学，因而不足为训。科学家们对宇宙的起源做了种种研究和推测，提出了许多科学假说。直到今天，科学家们才取得统一认识：宇宙是由大约 200 亿年前发生的一次大爆炸形成的。在爆炸发生之前，宇宙内的所存物质和能量都聚集到了一起，并浓缩成很小的体积，那里温度极高，密度极大，之后发生了大爆炸。大爆炸使物质四散而出，宇宙空间不断膨胀，温度相应下降，后来相继出现在宇宙中的所有恒星、行星乃至生命，都是在这种不断膨胀—冷却的过程中逐渐形成的。

1. 盘古说

盘古是中国古代传说中开天辟地的神。传说在天地还没有开辟以前，宇宙就像是一个大鸡蛋一样混沌一团。一个叫做盘古的巨人在这个“大鸡蛋”中一直酣睡了约一万八千年后，醒来发现周围一团黑暗，他便举起巨大的斧子向黑暗劈去，一声巨响，“大鸡蛋”碎了，千万年的混沌被搅动了。其中又轻又清的东西慢慢上升并渐渐散开，变成蓝色的天空；而那些厚重混浊的东西慢慢地下降，变成了脚下的土地。盘古站在这天地之间非常高兴。但他很怕天地再合拢起来变成以前的样子，于是就用手撑着青天，双脚踏着大地，让自己的身体每天长高一丈，天地间的距离也随着他的身体每天增高一丈。这样一直过了十万八千年，天越来越高，地越来越厚，盘古的身体长得有九万里那么长了。

盘古凭借着自己的神力终于把天地开辟出来了，可是他也累死了。盘古死后，他嘴里呼出的气变成了四季飘动的云，声音变成了天空的雷霆，左眼变成了太阳，右眼变成了月亮，头发和胡须变成了夜空的星星；身体变成了东、西、南、北四极和雄伟的三山五岳，血液变成了江河，筋脉变成了道路，肌肉变成了农田，牙齿、骨骼和骨髓变成了地下矿藏，皮肤和汗毛变成了大地上的草木，汗水变成了雨露。传说，盘古的精灵魂魄在他死后变成了人类，所以都说人类是世上的万物之灵。

2. 盖天说

盖天说是我国古代最早的宇宙结构学说。这一学说认为：天是圆形的，像一把张开的大伞覆盖在地上；地是方形的，像一个棋盘；日月星辰则像爬虫一样过往天空。因此这一学说又被称为天圆地方说。

天圆地方说虽然符合当时人们粗浅的观察常识，但实际上却很难自圆其说。比如方形的地和圆形的天怎样连接起来，就是一个问题。后来，天圆地方说又修改为：天并不与地相接，而是像一把伞高悬在大地上空，中间有绳子缚住它的枢纽，四周还有八根柱子支撑着。但是，这八根柱子撑在什么地方呢？是像伞一样的天盖的伞柄插在哪里？那扯着伞的绳子又拴在哪里？这些都是天圆地方说无法回答的。

到了战国末期，新的盖天说诞生了。新盖天说认为：天像覆盖着的斗笠，地像覆盖着的盘子，天和地并不相交，它们之间相距 8 万里，盘子的最高点便是北极。太阳围绕北极旋转，太阳落下后并不是落到地下面，而是到了我们看不见的地方，就像一个人举着火把跑远了，我们就看不到了一样。新盖天说不仅在认识上比天圆地方说前进了一大步，而且对古代天文学的发展产生了重要的影响。

在新盖天说中，有一套很有趣的显示天高地远的数字和一张说明太阳运行规律的示意图——七衡六间图。后世中许多圭表都是高八尺，就是和新盖天说中的天地相距八万里有直接关系。

盖天说是一种原始的宇宙认识论，它对许多宇宙现象不能做出正确的解释，同时本身又存在许多漏洞。到了唐代，天文学家僧人一行等人通过精确的测量，彻底否定了盖天说中“日影千里差一寸”的说法，盖天说从此便破灭了。

3. 浑天说

东汉时期，著名的天文学家张衡提出了“浑天说”思想。浑天说认为：天和地的关系就像鸡蛋中蛋白和蛋黄的关系一样，地被天包在当中。浑天说中天穹的形状，不像盖天说中的那样是半球形的，而是一个南北短、东西长的椭圆球。大地也是一个球，浮在水上回旋漂荡。后来又有人认为地球是浮于气上的。

用浑天说来说明日月星辰的运行出没是相当简洁而自然的。浑天说认为：日月星辰都附着在天球上。白天，太阳升到我们面对的这边来，星星落到地球的背面去；到了夜晚，太阳落到地球背面去，星星升上来。如此周而复始，便有了星辰日月的出没。

浑天说把地球当作宇宙的中心，这一点与盛行于欧洲古代的地心说不谋而合。不过，浑天说虽然认为日月星辰都附在一个坚固的天球上，但并不认为天球之外就一无所有了，而是说那里是未知的世界。这是浑天说比西方的地心说高明的地方。

浑天说提出后，并未能立即取代盖天说，而是两家各执一端，争论不休。但是，在宇宙结构的认识上，浑天说显然要比盖天说进步得多，能更好地解释许多天象。

另一方面，浑天说有两大法宝：一是当时最先进的观天仪——浑天仪。借助于它，浑天说支持者可以用精确的观测事实来论证浑天说。在中国古代，依据这些观测事实而制定的历法具有相当的精度，这是盖天说所无法比拟的。另一大法宝就是浑象。利用它可以形象地演示天体的运行，使人们不得不折服于浑天说的卓越思想。因此，浑天说逐渐取得了优势地位。

到了唐代，天文学家僧人一行等人通过大地测量彻底否定了盖天说，此后，浑天说在中国古代天文领域称雄了上千年。

落下闳是浑天说的创始人之一，经他改进的赤道式浑天仪，在中国用了 2000 年。他还在天文学史上首次准确推算出 135 个月的日、月食周期，即 11 年应发生 23 次日食。根据这个周期，人类可以对日、月食进行预报，并可校正阴历。

4. 宣夜说

宣夜说是我国历史上宇宙无限论思想的体现。它最早出现于战国时期，到了汉代已明确提出，并在《晋书·天文志》中有所记载。

不论是中国古代的盖天说、浑天说，还是西方古代的地心说，乃至哥白尼的日心说，都把天看作一个坚硬的球体，星星都固定在这个球壳上。宣夜说则认为宇宙是无限的，所谓的“天”，并没有一个固体的“天穹”，只不过是无边无际的气体，日月星辰就在这气体中飘浮游动。日月星辰的运动规律是由它们各自的特性所决定的，绝没有坚硬的天球或是什么本轮、均轮来束缚它们。宣夜说打破了固体天球的观念，这在古代众多的宇宙学说中是非常难得的。因此，宣夜说也可以说是中国古代一种朴素的无限宇宙观念。

然而，宣夜说认为日月星辰“或顺或逆，伏见无常，进退不同，由乎无所根系，故各异也”，所以对它们的运行规律也无从谈起。另外，宣夜说没有提出自己独立的对于天体坐标及其运动的量度方法。这是宣夜说在1000多年内不能得到广泛发展的重要原因。

总之，宣夜说认为的宇宙在空间上是无边无际的，并且进一步提出宇宙在时间上也是无始无终、无限的思想，在人类天文学发展史上写下了光辉的一页。可惜宣夜说的卓越思想，在中国古代没有受到重视，几至失传。

5. 地心说

古希腊天文学家、地理学家和光学家托勒密于公元2世纪提出了自己的宇宙结构学说，即地心说。其实，地心说是古希腊伟大的哲学家、科学家和教育家亚里士多德的首创，亚里士多德认为宇宙的运动是由上帝推动的。他认为：宇宙是一个有限的球体，分为天地两层，地球位于宇宙中心，所以日月围绕地球运行，物体总是落向地面；地球之外有9个等距天层，由里到外的排列次序是：月球天、水星天、金星天、太阳天、火星天、木星天、土星天、恒星天和原动力天，此外空无一物；但各个天层自己不会动，上帝推动了恒星天层，恒星天层才带动了所有的天层运动；人居住的地球，静静地屹立在宇宙的中心。

托勒密全面继承了亚里士多德的地心说，并利用前人的积累和他自己长期观测得到的数据，写成了 8 卷本的《伟大论》。在书中，他把亚里士多德的 9 层天扩大为 11 层，把原动力天改为晶莹天，又往外添加了最高天和净火天。托勒密设想：各行星都绕着一个较小的圆周运动，而每个圆的圆心则在以地球为中心的圆周上运动。他把绕地球的那个圆叫“均轮”，每个小圆叫“本轮”。同时假设地球并不恰好在均轮的中心，而偏开一定的距离，均轮是一些偏心圆。日月行星除作上述轨道运行外，还与众恒星一起，每天绕地球转动一周。托勒密这个不反映宇宙实际结构的数学图景，却较为完满地解释了当时观测到的行星运动情况，并取得了航海上的实用价值，从而被人们广为信奉。

在当时的历史条件下，托勒密提出的行星体系学说，是具有进步意义的。首先，它肯定了大地是一个悬空着的没有支柱的球体。其次，从恒星天体上区分出行星、日、月是离我们较近的一群天体，这是把太阳系从众星中识别出来的关键性一步。

托勒密也说他的体系并不具有物理的真实性，而只是一个计算天体位置的数学方案。至于教会利用和维护地心说，那是托勒密死后一千多年的事情了。教会之所以维护地心说，只是想歪曲它以证明教义中描绘的天堂、人间、地狱的图像。所以，托勒密的宇宙学说本来同当时的宗教并没有什么必然的联系。

6. 日心说

既然地心说是以地球为宇宙中心的学说，那么日心说就是以太阳为宇宙中心的学说。

1499 年，哥白尼从意大利的博洛尼亚大学毕业后任天主教教士。他回到波兰跟叔父一起工作。其叔父瓦茨恩罗德是费琅堡天主教大教堂的主教。哥白尼当时住在教堂的顶楼，因此可以长期进行天文观测。

当时，人们相信的是托勒密创立的宇宙模式。托勒密认为地球是宇宙的中心且静止不动，日、月、行星均围绕地球运动，而恒星远离地球，位于太空这个巨型球体之外。然而，经过科学家们的仔细观测，几百年之后，这一模式的漏洞变得越来越明显。因为这一模式称每颗行星都沿着一个小轨道作圆周运行，而小轨道又沿着该行星的大轨道绕地球作圆周运动。但科学家们发现行星运行规律与托勒密的宇宙模式并不吻合。随后，一些科学家修正了托勒密的宇宙轨道学说，并在原有的轨道（或称小天体轨道）上又增加了更多的天体运行轨道，行星就这样沿着一道又一道的轨道作圆周运动。

哥白尼想用当时（16 世纪）的先进技术来改进托勒密的测量结果，以期取消一些小轨道。在长达近 20 年的时间里，哥白尼不辞辛劳日夜测量行星的位置，但其测量获得的结果仍然与托勒密的天体运行模式没有多少差别。

但是，哥白尼没有放弃，因为他想知道在另一个运行着的行星上观察这些行星的运行情况会是什么样的。基于这种设想，一年里哥白尼在不同的时间、不同的距离从地球上观察行星，并发现每一个行星的情况都不相同，这时他意识到地球不可能位于行星轨道的中心。

经过 20 年的观测，哥白尼发现唯独太阳的周期变化不明显。这意味着地球和太阳的距离始终没有改变。因此他大胆预测：如果地球不是宇宙的中心，那么宇宙的中心就是太阳。他立刻想到如果把太阳放在宇宙的中心位置，那么地球就该绕着太阳运行。这样他就可以取消所有的小圆轨道模式，直接让所有的已知行星围绕太阳作圆周运动。

由于害怕教会的惩罚，哥白尼在世时不敢公开他的发现。直到 1543 年，这一发现才公诸于天下。即便在那个时候，哥白尼的发现还是不断受到教会、大学等机构与天文学家的蔑视和嘲笑。终于，在 60 年后，约翰·开普勒和伽利略·伽利雷证明了哥白尼是正确的。

7. 古印度的宇宙观

古印度人的宇宙观带有浓重的神话色彩。

在吠陀时代，古印度人们认为：天地的中央是一座名为须弥山的大山，它支撑着像大锅一样的天空，日月均绕须弥山转动，日绕行一周即为一昼夜；大地由四只大象驮着，所有的大象站在一只浮在水上的龟背上。

由于古印度人不太重视实际的天文观测，因此他们的天文观测仪器一直比较简陋，对宇宙的认识也多属于猜测。公元前 6 世纪，古印度天文学著作《太阳悉檀多》把大地视为球形，把其北极称作墨路山的山顶，并称那里是神的住所，日月和五星的运行是一股宇宙风所驱使，另有一股更大的宇宙风使所有天体一起旋转。

虽然古印度人对宇宙的有些看法比较落后，但他们当时的天文历法却比较成熟。古印度有许多天文历法著作，他们采用阴阳合历，并把它们用于农业生产上。例如：在吠陀时代，人们把一年定为360日，12个月，同时还规定了置闰的方法。

古印度的天文历法有力地促进了农业生产的发展，但由于受到当时宗教的影响，因此长期以来发展比较缓慢，到后期便逐渐衰落了。

8. 古埃及的宇宙观

古埃及人有几种关于天地的“创世神话”，但不论哪一种都认为最初的原始世界是由混沌的水构成的。

在古埃及，木乃伊的棺木上就绘画着埃及人对天地的看法：大地是身披植物的斜卧男神西布的身躯，天穹则是曲身拱腰、姿态优美的女神吕蒂。最初，西布和吕蒂是相互联合在一起，静止于原始水中的。在创世之日，一个新的大气之神舒从原始水中出现，把西布和吕蒂分开。他用双手把天盖之神吕蒂承托在上，而吕蒂就把双手伸开、叉开双腿支撑自己，成为天宇的四根柱子。西布的身体成为大地之后，立即被绿色的植物覆盖了，在这之后，动物和人诞生了。太阳神原来藏在原始水中莲蓬的花蕾里，天地分开之后，莲蓬的花蕾开放，太阳神腾空而起，升到天空，照耀天地，使宇宙温暖起来。

埃及人的另一种创世神话，有点类似于古代中国的天圆地方说。它认为：天是一块平坦的或穹隆形的天花板，四方各有一个天柱（即山峰）支撑，星星是用铁链悬挂在天上的灯；地是一个方形盒子，南方的一端稍长，方盒的底略呈凹形，埃及就处在这凹形的中心；在方盒的边沿上面，围绕着一条大河，尼罗河只是这条大河的一条支流；河上有一条大船载着太阳往返于东方和西方，使大地形成黑夜和白昼。

第三种观念认为：大地是方形的田野，它漂浮在水面上，四周为海水所包围；在大地之上是像帽子形状的天穹，神仙的车辇行驶在天穹上面；天穹上积存有水，下落到地面就是雨或雪。

第四种观念认为：大地犹如天井，周围尽是高耸的山峰；中间低洼平坦的地方是人类居住的地方；日月星辰悬挂在天井的上方照耀大地，大地四周被水包围。

古代埃及人之所以产生这类观念，是与他们生活于尼罗河凹地的地形相关联的。古埃及人的生活全部集中在这条狭窄的，总共只有三四千米宽的尼罗河冲积地带之内，天长日久，就产生了以上种种观念，以后又增添了许多神话迷信色彩，从而流传至今。

9. 相对论宇宙说

相对论宇宙说是在爱因斯坦的引力理论和相对论力学的基础上建立起来的宇宙理论。它的一些基本结论都是根据所谓宇宙学原理（即宇宙物质在大尺度上具有均匀各向同性）的假定而推得的。

根据宇宙学原理的假定，广义相对论认为可以用时间空间的弯曲来等效物体所受的引力作用。在物体所受的引力不强、时间空间弯曲的程度很小的情况下，广义相对论的预言同牛顿万有引力定律和牛顿运动定律的预言趋于一致；而当引力较强、时间空间弯曲较大的情况下，两者就会出现区别。因此在太阳系中，只有在非常靠近太阳的区域才可以观测到广义相对论所预言的“水星近日点反常进动”以及“光线的引力偏折效应”。在太阳系中其他行星运行的区域，引力很小，广义相对论所讨论的时间空间弯曲的程度很小，因此广义相对论的预言就同牛顿万有引力定律和牛顿运动定律的预言趋于一致。对太阳系外广大的宇宙空间而言，除了在一些局部的很小区域中存在有强引力场，如其他恒星、中子星、黑洞和星系的中心附近以及其他广大区域的引力场都非常弱，不可能观测到时间空间的弯曲现象。因此对绝大部分天体的运动，用牛顿万有引力定律和牛顿运动定律来处理应当可以做到足够的精确，没有必要考虑广义相对论效应。

其实，现代科学证明，宇宙学原理与广义相对论并没有太多的关联性。宇宙学原理纯粹是一个假设。它假设宇宙中物质分布是均匀的，从任何一点向任何方向观测都是相同的。宇宙中天体分布的层次结构和旋转运动说明，宇宙学原理的这个假设是不符合客观现实的，也是不合理的。所谓宇宙学原理假设的引进纯粹是为了简化问题，以便数学上容易描述和求解，而没有任何物理和实际观测基础。因此建立在这一假设基础上的宇宙标准学理论模型不能正确描述宇宙的客观现实。

10. 大爆炸宇宙说

大爆炸宇宙说是现代宇宙学中最有影响的一种学说，也是科学家们才取得统一认识的学说。与其他宇宙模型相比，它能说明较多的观测事实。它的主要观点是认为我们的宇宙曾有一段从热到冷的演化史。在这个时期里，宇宙体系并不是静止的，而是在不断地膨胀，使物质密度从密到稀地演化。这一从热到冷、从密到稀的过程如同一次规模很大的爆炸。

根据大爆炸宇宙说的观点，大爆炸的整个过程是：在宇宙的早期，温度极高，大约有100亿摄氏度以上。物质密度也相当大，整个宇宙体系达到平衡；宇宙间只有中子、质子、电子、光子和中微子等一些基本粒子形态的物质。但是因为整个宇宙体系在不断膨胀，结果温度很快下降。当温度降到10亿摄氏度左右时，中子开始失去自由存在的条件，它要么发生衰变，要么与质子结合成重氢、氦等元素；化学元素就是从这一时期开始形成的。温度进一步下降到100万摄氏度后，早期形成化学元素的过程结束。宇宙间的物质主要是质子、电子、光子和一些比较轻的原子核。当温度降到几千度时，辐射减退，宇宙间主要是气态物质。气体逐渐凝聚成气云，再进一步形成各种各样的恒星体系，成为我们今天看到的宇宙。

大爆炸宇宙模型能说明以下几个观测事实：

△大爆炸理论主张所有恒星都是在温度下降后产生的，因而任何天体的年龄都应小于200亿年。各种天体年龄的测量证明了这一点。

△观测到河外天体有系统性的谱线红移，而且红移与距离大体成正比。如果用多普勒效应（物体辐射的波长因为光源和观测者的相对运动而产生变化。在运动的波源前面，波被压缩，波长变得较短，频率变得较高，也称蓝移；当运动在波源后面时，会产生相反的效应。波长变得较长，频率变得较低，也称红移。波源的速度越高，所产生的效应越大。根据光波红或蓝移的程度，可以计算出波源循着观测方向运动的速度）来解释，那么红移就是宇宙膨胀的反映。

△在各种不同天体上，氦丰度相当大，而且大都是30%。用恒星核反应机制不足以说明为什么有如此多的氦，而根据大爆炸理论，早期温度很高，产生氦的效率也很高，则可以说明这一事实。

△根据宇宙膨胀速度以及氦丰度等，可以具体计算宇宙每一历史时期的温度。

大爆炸理论的创始人之一伽莫夫曾预言今天的宇宙已经很冷。1965年，果然在微波波段上探测到具有热辐射谱的微波背景辐射，温度大约为3K（开尔文，缩写为“K”，是开氏温度标度，它的零点被称为绝对零度。根据动力学理论，当温度在绝对零度时，气体分子的动能为零。为了方便起见，开氏温度计的刻度单位与摄氏温度计上的刻度单位相一致，也就是说，开氏温度计上的一度等于摄氏温度计上的一度，水的冰点摄氏温度计为0℃，开氏温度计为273.15K）。这一结果无论在定性上或者定量上都与大爆炸理论的预言相符。

但是，在星系的起源和各向同性分布等方面，大爆炸宇宙学还存在一些未解决的困难问题。

11. 宇宙绳论

关于宇宙的起源，科学家们已经提出多种学说来加以解释，其中最有影响的学说是大爆炸宇宙说。另外还有一些学说，包括：大爆炸曾经涌出成群的磁单极子，至今仍在宇宙中游荡着；宇宙初期产生的是密集小黑洞；宇宙初期是一种夸克和胶子组成的宇宙糊；宇宙是变化多端、沸腾多泡；大宇宙之中的一个泡等。

今天，科学家们又开始提出宇宙中充满着“绳”。这种绳论是怎么回事呢？

根据1989年这个理论创始人之一维伦金的思想，宇宙大爆炸所产生的力量，应该形成无数细长且能量高度聚集的管子，这种管子便叫做“绳”。

维伦金认为，有关“绳”的性质是异乎寻常的：它像蜘蛛丝，但远比原子还细，你可穿过它走路而绝发现不了它。可是，1英寸（2.54厘米）这样长的“绳”，大约就有科罗拉多山脉加在一起的质量。它的奇特性质：它拥有巨大质量而缺乏通常物质熟知的性质，例如不对其他物质施加通常的引力作用；它的强度极大，如果有地方拴住它的话，能绰绰有余地把地球拖到半人马星座那里而不会折断。

根据复杂的理论计算，这种无限的“绳”，在宇宙中是稀疏分布的，也许每200亿光年左右的距离才有一根。但是，如果有某根无尽的长“绳”碰巧在几十亿光年远的地方绕过我们宇宙的一角，那么我们是能观测出的，办法是通过望远镜看某个类星体。类星体是距我们有几十亿光年的一种不寻常的明亮天体。倘若在地球和类星体之间有“绳”的存在，它就会使类星体的光稍微发生偏离，这个类星体就产生两个影像，我们就可看到“成对”的类星体了。天文学家已经观察到大约6对这样的类星体。尽管它们的特殊光谱的形成或许另有原因，然而只要我们找到很多对类星体后，再越过天空搜索这些线迹，也许会寻觅到一条“宇宙绳”的存在。

如果“绳”真正是宇宙初期扰动阶段形成的，它们就会猛然振动。由于巨大的质量，这种振动会发射出丰富的引力能量周期性脉冲——引力波。而这些引力波自产生起一直在衰减，并在地球绕日运动过程中出现缓慢的有规律的扰动。维纶金认为，天文学家可在一两年内检测出这种效应来。那时，将能为我们提供宇宙之中是否存在“宇宙绳”的线索了。

如果找到这一线索，将有助于解决宇宙学上长期存在的谜团。例如：追溯到宇宙初期即恒星和星系出现之前很久的时期，万物都表现为薄而同质的气体，那么这些气体怎么会在原来位置上凝聚成星系呢？不妨设想为：一根质量极大的绳通过气体运动，严重扰乱气体的平静分布而形成一些致密的“凹谷”，并开始自行坍缩为黑洞的物质。照此推论，这其实暗示着每个星系的中心都可能存在一个黑洞。这样看来，遥远的类星体也许只是由中部超巨黑洞供能的高能星系而已。据此，粒子物理学家和宇宙学家将会做出令人难以置信的结论：星系可能就是被这种宇宙绳拖曳在一起的。

12. 其他的宇宙成因说

除以上宇宙成因假说外，其他的宇宙成因说还包括：

(1)“宇宙永恒”假说

这种假说认为：宇宙并不是像人们所说的那样动荡不定，自从开天辟地以来，宇宙中的星体、星体密度以及它们的空间运动都处在一种稳定状态，这就是宇宙永恒假说。这种假说是英国天文学家霍伊尔、邦迪和戈尔特等人提出来的。他们把宇宙中的物质分成以下几大类：恒星、小行星、陨石、宇宙尘埃、星云、射电源、脉冲星、类星体、星际介质等，并认为这些物质在大尺度范围内处于一种力和物质的平衡状态。就是说，一些星体在某处湮灭了，在另一处就一定会有新的星体产生。宇宙只是在局部发生变化，在整体范围内则是稳定的。

(2)“宇宙层次”假说

这种假说是法国天文学家沃库勒等人提出来的。他们认为宇宙的结构是分层次的，如恒星是一个层次，恒星集合组成星系是一个层次，许多星系结合在一起组成星系团是一个层次，一些星系团组成超星系团又是一个层次。

种种假说虽然说明了宇宙行为模式的部分道理，但还都缺乏概括性，还有继续探讨的必要。

第二节　宇宙的构成

宇宙是万物的总称，是时间和空间的统一。宇宙是物质世界，它不依赖于人的意志而客观存在，并处于不断的运动和发展中。宇宙在时间上没有开始也没有结束，在空间上没有边界也没有尽头。宇宙是多样又统一的："多样"表现在其物质状态的多样性；"统一"表现在其物质性。由此可见，宇宙是由空间、时间、物质和能量所构成的统一体。

人类对宇宙的认识可以追溯到远古时代。在中国有夸父追日的传说。在传说中，天地开始是一片混沌，后来夸父累死之后，才混沌初开。在西方有上帝造人的传说。在上帝造人的七日之后，天地初开。一直到现在，人类对宇宙的探索还在进行当中。

1. 宇宙

古人对于宇宙的认识，带有朴素的唯物辩证法观点。我国西汉时的著作《淮南子·原道训》上说："上下四方为之宇，古往今来为之宙。"按照物理学的观点来理解：上下四方是空间，也就是一个三维的概念，而古往今来的时间是一个一维的概念，所以和宇宙两个字联系起来，是一个四维空间。而在如今科学的定义中，宇宙是指广漠空间和其中存在的各种天体以及弥漫物质的总称，并且宇宙是处于不断的运动和发展之中的，也就是说，人类目所能及的地方以及人类还没有看到但是仍然存在的物质都是宇宙。

人类对宇宙的认识进程，是先从地球开始，再从地球伸展到太阳系，进而延展到银河系，最后扩展到河外星系、总星系的。地球在茫茫宇宙太空中，不过是太阳系大家庭中一个普普通通的成员。地球与其他七位行星"兄弟"一起日夜绕着它们的"母亲"——太阳旋转，连同60多颗"月球"般的卫士、神秘莫测的彗星、数以千计的小行星和无数的流星组成太阳系。尽管太阳系有这么多成员，但它所占的宇宙空间直径仅120亿千米。比太阳系范围更大的是银河系，银河系包括有1000多亿颗“太阳”——恒星，所占宇宙空间直径已达10万光年。银河系并不是宇宙空间的尽头。在银河系之外还有许许多多星系，人们管它们叫“河外星系”。天文学家已发现10亿多个河外星系，每个河外星系都包含有几亿、几百亿甚至几千亿颗恒星和大量的星云及星际物质。所有河外星系又构成更庞大的总星系。

目前，通过射电望远镜和空间探测，已观测到距离我们地球约200亿光年的一种似星非星的天体，取名“类星体”。这种天体的发现，把今天人类视线拓展到200亿光年的宇宙深空。所以我们现在所说的“宇宙”是一个无限的概念。

2. 宇宙的年龄

说到年龄，不同对象使用不同的单位。一般说到人的岁数用“年”，说到地质年代用“百万年”，说到天体年龄则用“亿年”。那么，宇宙的年龄有多大呢?

宇宙年龄是宇宙从某个特定时刻到现在的时间间隔。对于宇宙年龄的测量和估算一直都是科学家们所关注的问题，但由于没有一种方法是绝对准确的，因而测量宇宙年龄通常采用多种方法。

一是同位素定年法。用同位素定年法测定地球、月球和太阳的年龄是一种好方法。经测定，地球年龄为45亿—50亿年，月球年龄为46亿年，太阳年龄为50亿—60亿年。用此法测定宇宙年龄，天文学家们测定的结果为120亿年。

二是球状星团测定法。球状星团测定法是根据恒星演化理论来测算恒星年龄的一种方法，利用该法求得的宇宙年龄为80亿—180亿年。但人们对恒星进行观测发现，最老的恒星年龄约200亿年，因此180亿年的年龄对于宇宙来说显然是不够的。

三是哈勃常数测定法。哈勃常数［哈勃定律中星系退行速度同距离的比值，它是一个常数，常用H表示，单位是千米/（秒·百万秒差距），一般认为H值应在50—75之间］测定法是基于宇宙膨胀的观测事实确立的。在一个不断膨胀的宇宙中，膨胀速度可通过对红移量的测量来获得。测出邻近星系与地球的距离，再由此标定红移与距离的关系，就可求得宇宙的年龄。由此可知，关键是测出邻近星系与地球之间的距离。测量地球与邻近星系距离的方法有二，每种方法测得的结果也各有二，以此最终求得的宇宙年龄都在100亿年到200亿年之间，一般说法是200亿年。

近年来，有人又采用一种与哈勃常数无关的方法，测得的宇宙年龄为240亿年。几年前，德国波恩大学天体物理研究所的一个小组提出，宇宙年龄为340亿年。

测定宇宙年龄的工作仍在继续着，这一问题还没有最终答案。

3. 宇宙的结构

宇宙是由总星系、星系、星团、星云等总体呈多重旋转结构的宏观体系和由基本粒子组成的微观体系构成的。

从广义上看，宇宙是无穷大、没有边际的。在宇宙的宏观体系中，星云是云雾状的由星际气体、尘埃和粒子流等星际物质在力场作用下形成的；星团是由于物理上的原因聚集在一起并受引力作用束缚的一群恒星所组成的；星系是恒星和星际物质组成的系统；而总星系是一个比星系更高一级的天体层次。这里要以我们身处的银河系为例。

银河系是由无数恒星系组成，从上面看，银河系呈螺旋状渐开线结构，而从侧面看，银河系就像一个扁扁的大铁饼，中间厚，两边薄。太阳系则位于这个扁铁饼的外侧边缘。这个“铁饼”厚有0.6万光年。银河厚度最大的中心处称银核，较薄的边缘称银盘。太阳位于银盘中部，离银核有3万光年。银河系以银核为中心不停地旋转，规律为里慢外快，在太阳处的旋速为每秒250千米。而银河系整体还围绕一个中心（不明何处）作公转运动，周期尚不清楚。而天文学界估计银河系公转周期是1.76亿年。人们新近还发现，银河系中约有1亿个暗星组织，每个相当于太阳的1/10，称弱互扰大质量粒子群。银河系边缘上还有约5万光年的扇形氢云，能发射无线电波。

目前，我们测知银河系中的太阳系的直径约有120亿千米，而银河系的直径有8.15万光年。银河系中像太阳系这样的恒星系约有2000亿个。其中可能有生命的有100万个。太阳系中以太阳为中心，有八大行星绕其运行公转，而每个行星本身又在不停地自转。推测其他类似太阳系的星系其运动也大同小异。

除银河系外，类似银河系的星系还有很多，它们都是巨大的恒星集团，现已观测到的就有上千亿个。星系形态丰富多彩。这些恒星都是由从高密星云的自身引力收缩形成温度渐升的氢原子云、氢离子云，最终导致热核反应而成为发光发热的星体。最早期的恒星闪蓝白光后渐渐变为橙光、红光乃至塌陷而成黑洞。这就是宇宙的宏观体系。

至于宇宙的奇妙微观体系，经过 30 多年的研究，科学家们已发现了宇宙中的基本粒子，它们是轻子、夸克的最基本粒子，这些基本粒子的特点是没有体积。最近的宇宙观测还发现，宇宙中的看不见的暗物质占 90%左右，只有 10%左右的物质（如各个星系）为亮物质。暗物质对亮物质必然产生极大的影响。近年来在宇宙中发现的黑洞就是暗物质的一个很好例证。宇宙组成远比人们想象的深奥，除了存在暗物质，宇宙中还存在反物质。

这个奇妙微观世界的发现是通过模拟宇宙的初始状态找到的。科学家们用正负电子对撞来模拟宇宙在初始的第一千亿亿分之一秒时的情况。当正负电子高能量相撞时，产生的高温相当于太阳表面温度的 4000 亿倍。也就是从那一刻起，宇宙中的各种基本粒子就已产生了，科学家们由此就能推断物质世界的组成。

4. 宇宙的形状

几千年来，人们一直认为宇宙是一个空心球体，有中心和边缘。到了今天，根据爱因斯坦的理论和哈勃太空望远镜的观测，人们逐渐认识到事情并非这样简单——宇宙的形状会受到各种天体的引力和负引力影响。事实上，宇宙没有中心，也没有边缘。最新的研究成果表明，宇宙在向各个方向加速延伸，但是我们只能看到这个无限宇宙的一部分——“可观察到的宇宙”。

广义相对论认为，宇宙可以向三个方向的任一方向弯曲，这取决于物质的密度。简言之，宇宙可能是扁平的，也可能是向内弯曲而两边相碰的，或者向外弯曲成鞍状的。无论是哪一种弯曲，其根源都在于力的作用。牛顿向人们揭示了万有引力，这种力使星体之间以及星系之间都相互吸引，所以宇宙自大爆炸以来，虽然一直在膨胀，但引力会让膨胀的脚步放慢下来。然而，通过哈勃太空望远镜拍摄的一颗遥远的恒星正在爆发的照片，科学家们首次获得了证明整个宇宙曾经并且依然存在着神秘的“负引力”的直接证据。

爱因斯坦在早年对宇宙有一个推测：整个宇宙的空间充满一种导致天体相互排

斥的看不见的能量。爱因斯坦称这种能量为宇宙常量。这种能量非常奇怪，以至于爱因斯坦后来又否定了自己的推测。但是这一推测在1998年得到了支持：科学家们的研究结果表明，宇宙的膨胀在加速；作为加速力的负引力——宇宙常量的表现形式，在最近几十亿年中的某些时期，其作用超过了引力的作用。一般情况下，物体产生的负引力非常小，在日常生活中感觉不到；但是在海瀚无垠的太空，负引力效应足以把各个星系或星系团分隔开来。

宇宙的形状到底是什么样的，目前还没有一个完整的结论，但宇宙确实特别像一个大气球，它在三维空间中“扭曲”着，并且不断膨胀着。

5. 宇宙的范围

宇宙到底有多大？这是每个人都可能要问的问题，又是谁也不能给出准确答案的问题。

关于宇宙范围有两个内涵，一个是我们用天文望远镜能够看到的空间范围，一个是我们看不到的空间范围。

就目前来说，我们所能“看到”的宇宙空间范围接近200亿光年，大约包括几十亿个星系。对我们所能看到的宇宙，有人曾打过这样的比方：把人们观测到的宇宙假设为一个半径为1000米的大球，有2000亿颗恒星的银河系位于球心，大小就如一颗小药片；银河系的孪生姐妹仙女星系M31B距我们约13厘米；距本星系群最近的是御夫星系团，离我们约60厘米；3米以外有体积如足球大小的室女星系团，这个星系团是一大群星系的松散集合体；大约20多米处，是含有几千个星系的集团——后发星系团；更远处还有更大的星系团，最大的直径达20米左右；最强的射电星系之一的天鹅座A，距我们45米；最亮的类星体3C273，位于130米处；1986年英国科学家斯蒂芬·沃伦等人发现的距地球200亿光年的类星体，几乎到了我们可见宇宙的边缘，位于约1000米处。

这就是目前人类观测到的宇宙范围。

6. 宇宙的中心

就像太阳系中所有的行星都绕着太阳旋转，银河系中所有的恒星都绕着银河系的中心旋转一样，宇宙中存在一个让所有的星系包围在中间的中心点吗？

看起来应该存在这样的中心，但是实际上它并不存在。因为宇宙的膨胀一般不发生在三维空间内，而是发生在四维空间内的，它不仅包括普通三维空间（长度、宽度和高度），还包括第四维空间的一个要素——时间。描述空间的膨胀是非常困难的，但是我们也许可以通过气球的膨胀来解释它。

我们可以假设宇宙是一个正在膨胀的气球，而星系是气球表面上的点，我们就住在这些点上。我们还可以假设星系不会离开气球的表面，只能沿着表面移动而不能进入气球内部或向外运动。在某种意义上可以说我们把自己描述为一个二维空间的人。

如果宇宙不断膨胀，也就是说气球的表面不断地向外膨胀，则表面上的每个点彼此离得越来越远。其中，某一点上的某个人将会看到其他所有的点都在退行，而且离得越远的点退行速度越快。

现在，假设我们要寻找气球表面上的点开始退行的地方，那么我们就会发现它已经不在气球表面上的二维空间内了。气球的膨胀实际上是从内部的中心开始的，是在三维空间内的，而我们是在二维空间上，所以我们不可能探测到三维空间内的事物。

同样的，宇宙的膨胀不是在三维空间内开始的，而我们只能在宇宙的三维空间内运动。宇宙开始膨胀的地方是在过去的某个时间，即亿万年以前，虽然我们可以看到，可以获得有关的信息，而我们却无法回到那个时候。

7. 宇宙的重量

宇宙有多重，取决于宇宙中有多少物质。宇宙中的物质是在大爆炸中产生的，尔后形成恒星和星系。

恒星的重量可以通过它的引力计算出来。如果太阳的重量为 10^{35} 克。若银河系的恒星数以 1000 亿颗计算，且它们的平均重量为太阳的重量，则银河系的重量为 10^{46} 克。若宇宙中有 100 亿个银河系这样的星系，则宇宙的总重量为 10^{56} 克。太阳的重量也可通过它所包含的质子和中子数计算出来，进而可知宇宙中的质子和中子数，约为 10^{80} 个。根据质子和中子的质量，可由此计算出宇宙的总重量约为 10^{56} 克。

但是，上面计算出的只是宇宙中发光物质的重量，其引力不到平衡宇宙膨胀速度的总引力的1%。当然，宇宙中还有行星、暗星和黑洞等不发光的天体。把它们的重量也加进去，仍不足平衡膨胀速度所需总引力的10%。

宇宙大爆炸不只是产生质子和中子，由此人们想到了中微子和重矢量玻色子，若将它们中的任何一种的质量加进去，宇宙的重量就真的是一个天文数字了！

8. 宇宙的运动

宇宙自形成之日起就一直处于不断的运动变化之中，按照现代流行的观点，宇宙在不断地膨胀，即宇宙在逐渐地涨大。

宇宙的运动是绝对的，静止是相对的。正如行星有自转和公转，恒星亦有自转和公转，而星系也是在作快速的旋转一样，宇宙也必然在作不停的运动和变化。而且我们已经知道，地球过去和现在的运动速度、轨道和形状是不同的，北斗七星几万年前的开头和现在也是不同，所有这些证据都说明了宇宙在进行不停的运动和变化。

我们人类生活的地球，更确切地说实际上是一个运动不止，噪声、干扰不断的行星，并时时刻刻在做宇宙旅行，并且随时都有与其他小行星相撞的可能（据天文计算得知，与10千米直径的小行星相撞的概率是10^6年一次；与100千米直径小行星相撞的概率是10^7年一次），碰撞后必将产生爆炸，产生声、光、电效应。所有行星（如火星、金星、水星等）及卫星（如月亮）都遭遇过上述来自宇宙炮弹——陨石、小行星的轰击，因此这些星球上都有环形山的痕迹。此外，宇宙中还有无数的周期和非周期彗星在穿行。太空中充满各种光子流、粒子流、宇宙尘埃……我们所不知道的可能比我们所知道的还多得多。神秘的宇宙就是有如此奥妙的结构，有如此神奇地运动，如永动机般地运行，变化万千，运作不止。可以说，宇宙中几乎没有不运动的星体。

根据科学家们的观测，发现远方的银河正在以极高的速度远离我们，这说明宇宙正在不断地膨胀着，就像我们站在一个正在充气的气球上，宇宙间绝大多数星系都在飞离我们而去。而且从时间上来说，“大爆炸宇宙论”认为，宇宙总是周而复始地从诞生到消亡，再诞生再消亡，我们现在的这个宇宙只是从过去到未来的无限多的宇宙中的一个而已。

所以宇宙从运动上来说是不断膨胀的，而从时间上来说则是循环的，只不过这个循环的周期很长而已。

9. 宇宙的四种基本力

物理学家将物体之间的相互作用称之为力。对于宇宙间力的认识，自 20 世纪以来，人们从最初的两种力，万有引力和电磁力，逐步扩展到了四种：万有引力、电磁力、弱作用力、强作用力。这种划分力的方式是人为的，它仅仅是为了便于建立部分理论，而并不别具深意。

第一种力是引力。这种力是万有的，也就是说，每一粒子都因它的质量或能量而感受到引力。引力比其他三种力都弱得多。以致于若不是它具有两个特别的性质，我们根本就不可能注意到它。这就是，它会作用到非常大的距离中，并且总是吸引的。这表明，在像地球和太阳这样两个巨大的物体中，所有的粒子之间的非常弱的引力能迭加起来而产生相当大的力量。

第二种力是电磁力。它作用于带电荷的粒子（例如电子和夸克）之间，但不和不带电荷的粒子（例如引力子）相互作用。它比引力强得多：两个电子之间的电磁力比引力大约大 100 亿亿亿亿亿（在 1 后面有 42 个 0）倍。它共有两种电荷：正电荷和负电荷。同种电荷之间的力是互相排斥的，而异种电荷则互相吸引。一个大的物体，譬如地球或太阳，包含了几乎等量的正电荷和负电荷。由于单独粒子之间的吸引力和排斥力几乎全抵消了，因此两个物体之间纯粹的电磁力非常小。然而，电磁力在原子和分子的小尺度下起主要作用。在带负电的电子和带正电的质子之间的电磁力使得电子绕着原子的核作公转，正如同引力使得地球绕着太阳旋转一样。

第三种力称为弱作用力（弱核力）。它主要表现在粒子的衰变过程中。它制约着放射性现象，并只作用于自旋为 1/2 的物质粒子，而对诸如光子、引力子等粒子不起作用。直到 1967 年英国伦敦帝国学院的阿伯达斯·萨拉姆和美国哈佛的史蒂芬·温伯格提出了弱作用和电磁作用的统一理论后，弱作用才被很好地理解。此举在物理学界所引起的震动，可与 100 年前马克斯韦统一了电学和磁学并驾齐驱。

第四种力是强作用力（强核力）。它将质子和中子中的夸克束缚在一起，并将原子中的质子和中子束缚在一起，它只能与自身以及与夸克相互作用，人们认为其作用机制乃是核子间相互交换介子而产生的。

近年来，一种新的统一理论正在兴起，称为超弦理论。这种理论认为微观粒子不是一个点，而是一条一维弦，自然界中的各种不同粒子都是一维弦的不同振动模式，并在弦的基础上形成一套量子化方法。这种理论宣称这是第一次得到的可重整化引力理论，理论中只有几个基本参数，其他参数原则上都可以在理论中计算得到，只是由于数学上的困难，暂时还算不出来。人们期望这一理论可以统一以上四种基本相互作用力。当然，目前困难还很大，对这理论持批评意见的人也很多。

20世纪后半叶以来，不少科学家提出了各种大统一理论，希望将四种力用一种理论统一起来，但都遇到这样那样的困难，其中只有弱作用力和电磁力的统一（称之为电弱力）较为满意。用规范理论统一四种基本相互作用力是一种诱人的目标，但是前进道路决不会平坦，甚至会遭到失败。也许人们还会寻找新的途径去统一各种基本的相互作用力。

10. 宇宙的物质

我们所存在的宇宙，是由什么物质构成的呢？这些物质又是从何而来的呢？

物质形态具有无限的多样性。从月球到茫茫星云，从漠漠平川到高山、大海，如花似锦的生命世界，精微奥妙的思维器官……所有这一切都是物质存在的形式。然而，构成这一切的化学元素的种类却是极其有限的，天然存在的元素一共是92种，加上极少量的人造元素，也不过一百多种。整个宇宙大厦，就是由这些种类不多的“砖块”建造起来的。

就拿地球来说吧，地球是哺育人类的慈母。在地壳中，氧气是最丰富的，按重量来说，它几乎占了各种元素的一半，达49.13%；第二位是硅，占26%；第三位是铝，占7.45%；其次是铁、钙、钠、钾、镁等；氢元素只占1%。上面提到的这几种元素，占了地壳各种元素的98%以上，而其他80多种元素总共不到2%。

可是如果你以为在整个宇宙中各种元素的比例也是如此，那就错了。在宇宙中氢才是最丰富的元素，按原子数目来说，它占了将近93%。原来，这位质量最轻的“小弟弟”才是宇宙中最富有的成员。在地壳中含量很少的氦，是宇宙中的第二个“大户”。按原子数量来说，占了将近7%。它们几乎垄断了整个宇宙的全部天地。从锂到铀90种元素只占有剩下的那微不足道的一点份额。那些最重的元素，按原子数目来说，只占万万分之一，简直可以忽略不计了！

地球上的各种元素以至于构成整个宇宙的物质是怎样形成的呢？

大家知道，各种元素的原子核都是由质子和中子组成的。例如氢核，就是1个质子；氦核是2个质子、2个中子；铜核是29个质子，34个或36个中子；铁核是26个质子，28或30、31、32个中子。那些质子数目相同而中子数目不同的元素，人们称之为放射性元素，在元素周期表上占据一席之地。如果我们把各种元素看做是建造宇宙大厦的“砖块”，那么中子和质子就是两种最基本的“泥土”。这两种“泥土”在不同的“火候”下进行不同的搭配、烧结，就形成了各种不同的元素。光芒万丈的太阳，晶莹闪烁的星辰，除了少数几颗行星，都是烧炼元素的炉窑。不过，我们地球上的各种元素，都是在几十亿年以前，甚至是在更遥远的年代，在天体演化的过程中形成的。

在“宇宙大爆炸”以后，弥散在宇宙空间的物质，慢慢地变成了稀薄而又寒冷的原始星云。这些物质又重新聚集，经过亿万年的演化，形成了第一代恒星的胚胎。它的主要成分是氢，此外还有少量的氘和氦。

恒星是烧炼元素的熔炉，这是一个极其激烈的物质运动过程。由于引力收缩，大量物质向星胚的中心聚集。当中心温度达到145万摄氏度的时候，发生了4个氢原子聚变为1个氦原子的热核反应，同时放出巨大的光和热。目前，太阳的内部，就正在进行着烧炼氦元素的“工作”。不过，太阳已经不是第一代恒星了，而是第二代恒星，因为人们已经发现，在太阳上有60多种元素。氢的热核聚变，使恒星中心逐渐形成一个氦元素的核心。当氢燃烧完了以后，恒星内部失去了向外的压力，于是再一次开始引力收缩，核心的温度变得更高，可以达到1亿度以上。这样就又开始了第二次热核聚变，使3个氦原子聚变为一个碳原子。碳在恒星熔炉中又可以捕获氦核，生成氧、氖等元素。当氦燃烧完了以后，恒星内部的引力和斥力又失去平衡，恒星又开始收缩，核心的温度变得更高，可以达到若干亿度。恒星熔炉的热核反应逐步升级，每一次升级都锻造出更重的元素，从氧、氖、硅到铁、钴、镍。当恒星形成铁族元素的核心时，就到了恒星的末期了。铁元素相当稳定，要发生热核反应，就必须吸收巨大的能量。这样，比较小的恒星熔炉时产生不了比铁族元素更重的宇宙物质。

那么，那些比铁更重的元素是从哪里来的呢？原来，那些质量比太阳更大一些的恒星，由于铁族元素停止热核聚变，内部失去了向外的巨大压力，于是大量的物质向恒星中心急剧倾泻。难以想象的巨大压力把原子核外的电子都挤到了原子核里面，形成一个由中子构成的高温、高密度的核心。在这里，每立方厘米的中子态物质可以重达上亿吨，温度可以达到几十亿度。这时，从恒星核心中释放出一种奇特的基本粒子——中微子。这种粒子穿透力极强，强大的粒子流像激流冲垮堤岸，把含有丰富铁族元素的恒星外壳撕得粉碎，使恒星的光度突然增强千万倍，甚至上亿倍，比几十亿颗太阳还要亮。每秒钟释放出的能量，相当于100亿亿颗百万吨级的氢弹，这就是超新星爆发。从铜到铀这些重元素，就是在超新星爆发的过程中形成的。不知过了多少亿年，这些超新星爆发的“灰烬”，成了太阳系原始星云的一部分，又过了几十亿年，原始星云演化成了恒星，又形成了今天的太阳系。其中的一部分重元素，凝聚在我们的地球和其他行星上。从某种意义上来说，正是几十亿年前某颗不知名的超新星留下的“礼物”，决定了人类的命运。从青铜时代的巨鼎，到现代原子能工业用的铀和钚，以及那些同人类生命息息相关的微量元素——钼、锌、碘等等，都是产生于超新星爆发的灿烂光焰之中。如果当初那颗超新星爆发的能量以及形成的元素，情况有所不同，地球很可能变成完全不同的世界。

11. 宇宙的暗物质

我们知道，普通物质就是那些在一般情况下能用眼睛或借助工具看的见、摸得着的东西，小到原子大到宇宙星体，近到身边的各种物体远到宇宙深处的各种星系。普通物质总是能与光或者部分波发生相互作用或者在一定的条件下自身就能发光、或者折射光线，从而被人们可以感知、看见、摸到或者借助仪器可以测量得到，但是暗物质恰恰相反，它根本不与光发生作用更不会发光，因为不发光又与光不发生任何作用，所以不会反射、折散或散射光即对各种波和光，它们都是百分之百的透明体。所以在天文上用光的手段绝对看不到暗物质，不管是电磁波、无线电还是红外射线、伽马射线、X射线这些统统都毫无用处，故不被人们的感知所感觉也不被目前的仪器所观测，因此为了区分普通物质和这种特殊的物质而将这种特殊的物质称之为“暗物质”。

宇宙中有许许多多发光的星体，它们构成了各种各样的星系家族。一些天文学家认为，宇宙中除发光星体外，还有一些我们没有观察到的暗物质。

根据什么认为宇宙中存在暗物质呢？1933年，一位瑞士天文学家发现，室女星系团诸星系根据其运动求出的质量与根据其光度求出的质量相差甚远。前者是后者的10倍，出现了质量短缺现象。人们根据这种现象，推测宇宙中存在着大量的暗物质。

那么，宇宙中大量存在的暗物质是些什么东西呢？英国的一位天文学家认为可能有三类候选者。

第一类是极暗弱的褐矮星，或者是相当于木星质量30—80倍的大行星。有人分析，在太阳附近就存在着暗物质。美国的天文学家曾在太阳附近的天空拍摄到暗于14星等、质量不到太阳一半的M型褐矮星。根据这种褐矮星的数目推算，它们大概承担着银河系“失踪”质量的一半。一些科学家认为，这类小恒星只能发几万年的光，然后变成不发光的星体“尸骸”，这类“尸骸”在银河系中还有很多，它们完全可以补足短缺的质量。

第二类是很早以前由超大质量恒星演化到死亡阶段形成的大质量黑洞，这种黑洞的质量相当于太阳质量的200万倍。

第三类是奇异粒子，如与电子有联系的、质量可能在20—49电子伏特之间的中微子，质量为10.5电子伏特的轴子，以及各种大统一理论所允许和要求的粒子。

此外，欧洲的粒子物理学家伊里斯推荐了四种暗物质最佳候选者：光微子、希格斯微子、中微子和引力微子。正是由于这些特殊粒子的存在，才构成了星系外围的大质量的暗晕。

对宇宙暗物质问题，也有人持否定态度。美国一些科学家用新的方法来测定星系的质量，求出的结果比采用星系运动学的方法求出的质量要大得多。另外，在太阳附近搜寻褐矮星的结果也表明，靠这类暗星很难组成星系外围的大质量的暗物质晕。还有人认为，质量短缺是由星系群的膨胀造成的，所以没有必要假设在星系团内存在着大量的暗物质，以提高额外的引力来保持星系群、团的动力学平衡状态。

关于宇宙中是否存在着暗物质，现在还不是下结论的时候，还有待于科学家们的继续探索。

12. 宇宙的暗能量

暗能量是一种不可见的、能推动宇宙运动的能量，宇宙中所有的恒星和行星的运动皆是由暗能量来推动的。之所以暗能量具有如此大的力量，是因为它在宇宙的结构中约占73%，占绝对统治地位。暗能量是近年宇宙学研究的一个里程碑性的重大成果。

支持暗能量的主要证据有两个。一是对遥远的超新星所进行的大量观测表明，宇宙在加速膨胀。按照爱因斯坦引力场方程，加速膨胀的现象推论出宇宙中存在着压强为负的“暗能量”。另一个证据来自于近年对微波背景辐射的研究精确地测量出宇宙中物质的总密度。我们知道所有的普通物质与暗物质加起来大约只占其 1/3 左右，所以仍有约 2/3 的短缺。这一短缺的物质称为暗能量，其基本特征是具有负压的，在宇宙空间中几乎均匀分布或完全不结团。暗能量在宇宙中占总物质的 73%。值得注意的是，对于通常的能量（辐射）、重子和冷暗物质，压强都是非负的，所以必定存在着一种未知的负压物质主导今天的宇宙。

宇宙的运动都是旋涡型的，所以暗能量总是以一种旋涡运动的形式出现。所以，在暗能量的旋转范围内能形成一种旋涡场，我们称之为暗能量旋涡场，简称为旋涡场。我们用 En 来表示太阳系的暗能量，用 Ep 来表示物质绕太阳系中心运动的总动能。当 En＝Ep 时，太阳系旋涡场处于平衡状态，它既不会膨胀也不会收缩。但当 En 衰退时，太阳系旋涡场就会收缩，太阳系中所有的行星就会向太阳靠近。

地球的运动是由暗能量来推动的。当太阳系的暗能量减少时，推动地球运动的暗能量就会减少，它的运动速度也会随之减少，地球绕太阳运动的离心力必定会减少。结果，在太阳引力的作用下，地球就会向太阳靠近。但当两者间的距离 R 缩小时，根据太阳系的运动结构，地球的公转速度必然会随着距离的缩小而增大。结果，10 亿年来，地球的公转周期和公转半径不断地变小，但它的公转速度基本上保持不变。简言之，暗能量不断地衰退导致太阳系旋涡场不断地收缩，从而导致各个行星不断地向太阳靠近。所以，10 亿年来，太阳系的暗能量一直在衰退。

有证据表明：目前我们的太阳每 2.5 亿年围绕银河系中心旋转一周，过去则是每 5 亿年围绕银河系中心旋转一周，再往前——每 10 亿年围绕银河系中心旋转一周。根据天文学家的观测结果，银河系自转的速度，起先随离开银河系中心的距离的增大而增大，但达到几十万光年后就停止增加，直到银晕中很远处都大致保持不变。在速度不变的情况下，太阳绕银河系中心旋转一周的时间变短了几倍，那意味着，10 亿年来它在不断地向银河系中心靠近。换言之，银河系一直在不断地收缩。另一方面，银河系的运动是由暗能量来推运的，只有当暗能量出现衰退时，银河系才能收缩。由此，我们可以得出如下结论：银河系的暗能量一直在衰退。

太阳系和银河系中的暗能量都一直在衰退，以此来类推，宇宙的暗能量也一直在衰退。

13. 宇宙重力透镜

宇宙中有无数的星体和类星体，它们不停地向外辐射着能量。多年来，天文学家把望远镜收集得的各种星体的光变成光谱，通过光谱可以了解每个星体的特性，甚至它们与地球的距离也可以被推算出来。科学家们原来认为，类星体的光谱就像人的指纹一样，没有两个类星体的光谱是完全相同的。但是出乎他们意料，相同的光谱出现了。

美国天文物理学家埃德温·特纳在基特峰国家天文台，用直径 4 米的反射望远镜指向天空中的相距很远的亮点，这是他一直在观察的两个遥远而又神秘的类星体，它们所发出的光经过几十亿光年的传播才到达地球。在分析了这两个遥远光源的光谱后，特纳几乎不相信自己的眼睛，因为这两个光谱记录竟然完全相同。这就意味着，这两个类星体不仅有相同的化学性质和相同的温度，而且离地球的距离也相同（约为 5 亿光年）。特纳兴奋地意识到，在这不可思议的现象后面，一定会有某个重大的发现。果然，他和其他 7 位科学家经过认真分析后，得出结论：这两个光源来自同一个类星体。根据这一结论，他们偶然地发现了一个从未被探测到的极其巨大的类星体。他们推测，这个物体可能是银河系中一个巨大的星团或者是一个远比以往任何一个发现过的黑洞还要大得多的黑洞。更使人吃惊的是，它可能是一个“宇宙线”——一个古怪的、假想宇宙混沌出世时的残余。

那么，一个类星体怎么会出现两个像点呢？天文学家认为，这是由于存在“重力透镜”的缘故。所谓“重力透镜”就是一个有强大重力场的巨大物体位于类星体和地球之间的某个地方。当类星体发出的光靠近这物体时，强大的重力场使光线发生偏转，以至使地球上的人看到同一类星体的两个像。

早在 1915 年，爱因斯坦就预言，作为一般相对论的推论，光线通过巨大物体的重力场时将会发生偏转。这个预言在 1919 年被英国的天文学家阿瑟·埃丁顿所证实。他到远离西非海岸的小岛上观测日全食。在那里他精确地测出一颗星球的位置。这颗星球在日全食发生的一刹那，天空突然暗下来的时候，在太阳的边缘上变得可见。因为从这颗星球发出的光靠近太阳时，由于太阳重力的作用发生了偏转。而这颗星球在天空中的视在位置从其所预定的位置稍微移动了一些距离。其移动的数值与爱因斯坦预言的正好相同。

到 1939 年，爱因斯坦和其他科学家认识到存在重力透镜效应的可能。直到 1979 年，在基特峰天文台工作的两个英国人和一个美国人观测到第一个重力透镜现象——发现两个有完全相同光谱特性的类星体像。他们当时得出结论：必定有一个物体在充当重力透镜的作用。该物体挡住了真正的类星体，却让这颗类星体的光发生偏转，使之在它两边成像。自此以后，又观测到其他五个类星体重像的例子，而其中的三个发现了介于其中的透镜星系。

但是原先发现的重像在天空中的分叉角度没有一个超过 7 弧秒（弧秒是弧度制的角度单位。1 弧度等于 57.3 度，1 弧度等于 60 弧分，1 弧分等于 60 弧秒，所以 1 弧秒就是 3600 分之一弧度，就是 0.01592 度），而最近发现的双星体像的分叉角度却为 157 弧秒。换句话说，这两像的距离为原先发现的两像的 22 倍。为使光线偏转这么大角度，该透镜星系必须要有上千个星系的质量。然而，到目前为止，还观察不到这个透镜星系。事实上，在透镜星系所处的地方看不见任何东西，这无疑是个挑战。因为在地球和类星体之间是藏不住任何有相当质量的星系的。

面对这些问题，特纳的研究小组就假设这个有强大重力源的透镜可能是其他东西：一个至少比银河系（含有 1000 亿个星体，包括太阳）大 1000 倍的黑洞。如果存在这个黑洞，那么在天空中这个黑洞附近必定还会出现其他类星体的重像。然而，天文学家很难解释如此宏大无比的黑洞是如何形成的。

除黑洞外，能产生透镜效应的其他物体可能是宇宙线。这个一维空间怪物被物理学家用来估量宇宙创生时第一秒的一瞬间发生的事件。理论上，这个宇宙线无穷长或封闭成环，并能以近似光速的速度运动。尽管它比原子核还要无穷的薄，但其残存下来的部分却有庞大的重力场。它每千米长度的质量与地球质量相等。像黑洞一样，宇宙线在理论上也能使附近的类星体产生双重像。由于宇宙线附近也有其他类星体，因此，人们预料也能看到它们的重像。

然而，对宇宙线的理论，特纳持保留态度。他认为其可能性不超过 50%。但如果宇宙线理论一旦被证实，将是十分激动人心的事情。

14. 范艾伦辐射带

科学家研究宇宙射线已有50多年了，初期研究人员为了获得宇宙射线的知识，把仪器放在自由气球里升空，希望收集资料来解释射线的来源。他们利用盖革计数器，发现气球升得越高，计数器跳动越频。换言之，在高空里宇宙射线较多。

宇宙射线的性质令许多科学家大惑不解，其中一位就是美国物理学家范艾伦。1958年1月31日，探险者1号人造卫星升了空。卫星带了8千克东西，其中有范艾伦的仪器，它的大小有如雪茄，是一个盖革计数器。计数器由电池供电，并装置了一个袖珍电流放大器，遇有宇宙射线等带电荷的粒子通过计数器时，放大器就会把盖革计数器产生的脉冲电流放大。附设的装置把计数器急速的计算率按倍数缩减，30个脉冲电流缩为一个单位计算。计算结果通过一对无线电发报机，利用远距离记录仪把资料送到地球。

范艾伦及其同事收集资料加以分析时，有一个现象令他们大惑不解。在极高的天空中，盖革计数器竟然没有记录到宇宙射线。这点实在出乎他们的意料，科学家们曾一度以为仪器发生了故障。但这又似乎不可能，因为降至较低高度的时候，仪器又继续运作如常，一点毛病也没有。当然，科学家们也不相信在探险者1号轨道较高处竟会没有宇宙射线。根据人类对太阳系已有的知识来判断，这种解释无论如何都不能成立，因此这件事就越来越神秘了。盖革计数器出现不寻常情况的另一种解释是：遥远的高空中发生的某种现象使计数器失灵，等到离开高空回到较低高度时，功能又恢复正常。科学家假定，计数器在极高的天空上，遇到一大股密集的宇宙射线，由于射线过分强烈，计数器根本无法应付全部计算工作。范艾伦及其同事也没料到会有这种情形，不过他们知道有此可能。为了证实这个假设，范艾伦在实验室里把另一个复制的盖革计数器放在强烈的X射线下试验，结果证实它负荷过度时确实会失灵。他因此下结论，认为探险者1号的计数器之所以失灵，主要是受到过量的宇宙射线袭击，比它在较接近地球轨道上所受的宇宙射线多出许多倍。

科学家由此发现了一条辐射层，叫做“范艾伦辐射带”，它像一条稍微泄了气的汽车内胎一样环绕着地球，约在800千米高空开始，宽1600千米左右，一直向外伸展进入太空。

探险者1号的任务完成后不久，美国向月球发射了一枚太空火箭，可惜未能成功，坠毁了。一般认为美国这次探月计划是彻底的失败，不过对范艾伦他们来说，却是极大的成功。因为这枚火箭曾进入太空相当远的位置，并证明太空中还有第二条更大的范艾伦辐射带。其约自 19000 千米高空开始，辐射强度不断增加直到数千千米外，然后慢慢变弱，伸展到离地球 80000 多千米的高空。通过后来的太空探测，发现这第二条辐射带的中心形成一个新月形，两端的月角向内指向地球的磁极。

2007 年 12 月 5 日，美国宇航局宣布设立一个新的研究项目，利用数十个气球来研究环绕地球的高能粒子辐射带——范艾伦辐射带。这些气球中间装备先进的传感器等观测仪器。到达一定高度后，气球将膨胀，进入工作状态。美国宇航局希望气球将来能够传回新的科学观测数据，让科学家们对范艾伦辐射带有更深入的了解，例如范艾伦辐射带的辐射是如何周期性地侵袭地球大气层的。美国宇航局计划将于 2011 年发射辐射带风暴孪生探测器，与这些气球一道进行辐射带研究。

15. 星际尘埃

星际尘埃是分散在星际气体中的固态小颗粒。星际尘埃密度估计约为气体密度的 1%。尘埃中的物质可能是由硅酸盐、石墨晶粒以及水、甲烷等冰状物所组成。

星际尘粒的来源至少有下列几种：小行星的碰撞；彗星在内太阳系的活动和碰撞；柯伊伯带天体的碰撞；行星际物质的颗粒。

星际尘埃散射星光，使星光减弱，这种现象叫作星际消光。星际消光随波长的增长而增长，星光的颜色也随之变红，这种现象叫作星际红化。星际尘埃对于星际分子的形成和存在具有重要的作用。一方面尘埃能阻挡星光紫外辐射避免星际分子离解，另一方面固体尘埃作为催化剂能加速星际分子的形成。

16. 反物质

反质子、反中子和反电子如果像质子、中子、电子那样结合起来就形成了反原子；由反原子构成的物质就是反物质。反物质是一般物质的对立面，而一般物质就是构成宇宙的主要部分。

科学家们想象在很远的地方有个和我们的世界很像的世界，它是一个由反恒星、反房子、反食物等等所有的反物质构成的反世界。当你照镜子时，镜中的那个你如果真的存在，并出现在你面前，那会怎么样呢？科学家们已经考虑过这个问题，他们把镜中的那个你叫做“反你”。

既然宇宙肇始于大爆炸，爆炸一瞬间才出现了空间、时间、物质和作用力，那么正、反物质就应该同时出现，二者之和等于零才合理。而大量的正、反物质出现后，随着温度下降，早应相互碰撞湮灭。但由于某种原因，正物质也许比反物质稍多了一些，这才有了当今这个“正物质”世界。

事实上，我们的周围并没有发现反物质。但在实验室内科学家们已制造出了反物质。1932 年，科学家首次制造出带正电电子；1955 年，又制造了反质子和反中子；1995 年，又一次制造出 5000 万个反质子和几百个反氢原子；2002 年，在一个月内制造出 5000 个低能态反氢原子。

1997 年 4 月，美国的伽玛射线探测卫星，在银河系中央发现了一个“反物质源”。正、反物质在那里碰撞湮灭，喷发出一个高达 2940 光年的伽玛射线“喷泉”。这是人类探寻宇宙中反物质的首次重大突破。

17. 宇宙中的智慧生物

人们总是想象宇宙中是否存在高等发展的智慧生物，那么这种可能性究竟到底存不存在呢？为揭开谜底，1987 年 10 月，世界上有 69 位著名科学家联合发出呼吁，要求对外星智慧生物进行世界性的探索。

天文学家们估计，在望远镜所及的范围内，大约有 10^{20} 颗恒星，假设 1000 颗恒星中有 1 颗行星，在有行星的恒星中，只有 1‰具备生命所必需的条件，这样计算的结果，还剩下 10^{14} 颗。假设在这些星球中，有 1‰颗星球具有生命存在需要的大气层，那么还有 10^{11} 颗星球具备着生命存在的前提条件，这个数字仍是大得惊人。即使我们又假定其中只有 1‰已经产生生命，也有 1 亿颗行星存在着生命。如果我们进一步假设，在 100 颗行星中只有 1 颗真正能够容许生命存在，仍将有 100 万颗有生命的行星……

毫无疑问，和地球类似的行星是存在的，那里有类似的混合大气、有类似的引力、有类似的植物，甚至可能有类似的动物。然而，其他的行星非要有类似地球的条件才能维持生命吗？

实际上，生命只能在类似地球的行星上存在和发展的假设是站不住脚的。以往人们认为放射性很强的水中是不会有任何微生物的。但是实际上有几种细菌可以在核反应堆周围足以致死的水中存活。有两位科学家把一种蠓在100℃高温下烤了几个小时后，马上放进液氦中（液氦的温度低得和太空中一样），再经过强辐射照射后，他们把这些试验品再放回到正常的生活环境中。这些昆虫又恢复了活力，并且繁殖出完全健康的后代。这无非是举出了极端的例子。

在生命理论的研究领域中，行星生物学应运而生了。它主要研究各种行星的自然条件，是否存在适宜于这些环境条件的生物，地球生物是否可以移居到其他行星上去，以及发现行星生物的新方法。因为生物往往具有一种隐蔽的本能，即使存在也不一定能轻易发现。例如，地球空间中存在着许多微生物，但又有谁能用眼睛去发现它们呢？目前，对火星、金星、木星等的探察工作刚刚开始，断言这些星上不存在任何生命，似乎为时过早。

关于在地球以外广大的宇宙中是否有智慧生命的问题，科学家们分成了两大派。一派说，既然我们人类居住的地球是个最普通的行星，那么有智慧的生命就应当广泛地存在于宇宙中；另一派却说，尽管生命可能在宇宙中广为存在，但能使单细胞有机体转变成人的进化过程所需的特定环境出现的可能性是极小的，因此在地球外存在智慧生命就不大可能了。就科学的发展来看，这样的争论是正常的、有益的，而且会推动对“地外文明”的探索。

18. 宇宙中的其他星系

宇宙是无限的，其中有无法计数的星系、星云，那么是否还有像我们太阳系一样的“太阳系”呢？

有人曾设想，除我们的太阳系以外，还应有第二个、第三个太阳系。可是另外的“太阳系”具体在哪里？这个长期以来争论不休的问题，随着织女星周围行星系的发现，有人认为已经找到了宇宙中的第二个“太阳系”，并为寻找宇宙中其他许多“太阳系”提供了例证。

宇宙中的第二个“太阳系”是怎样发现的呢？1983年1月，美国、荷兰、英国三个国家成功地发射了红外天文卫星。天文学家们利用这颗卫星意外地发现天琴座主星——织女星的周围存在类似行星的固体环。织女星周围的物质吸收了织女星的辐射热，发射出红外线；红外天文卫星正是接收到了它所放射的红外线，发现了这个类行星环。比较 4 个不同接收波段的强度，便可计算出该物体的温度为 90k。一般来说，恒星的温度下限约为 500k，也就是说那个物体是颗行星。而且，如果织女星真的也有行星系的话，它便相当于外行星。这样一个温度的物体只能用波长为几十微米的红外望远镜方可捕获到。探测表明，织女星行星系与太阳行星系一般大小。由于织女星发出的总能量是已知的，通过 90k 的物体的温度便能求出织女星和该物体之间的距离，也就是可以求出该行星系的半径。

织女星距离地球 26 光年，是全天第 4 亮星。它直径是太阳的 2.5 倍，质量约是太阳的 3 倍，表面温度约为 10000℃，比太阳的表面温度（约 6000℃）高。织女星诞生于 10 亿年前，太阳诞生于 45 亿年前，相比之下织女星要年轻得多。地球大致是与太阳同时诞生的，若认为织女星的行星也跟织女星同时诞生，那么就可视它的行星处在演化的初期阶段。依据行星形成的一般假说，当恒星产生时，在它的周围散发着范围为太阳系 100 倍的分子气体云环，因长期相互作用而分成若干个物质团块，进而形成行星。

东京天文台也曾公布，他们用射电望远镜在猎户座星云等地方发现“行星系的婴儿”，也可以说是原始行星系星云。东京天文台和红外天文卫星的发现，应该是行星形成过程中的不同阶段。

第三节　宇宙的未来

科学家相信宇宙受定义很好的定律制约，这些定律在原则上允许人们去预言将来，但是定律给出的运动通常是混沌的。这意味着初始状态的微小变化会导致后续行为的快速增大的改变。这样，人们在实际上经常只能对未来相当短的时间作准确的预言。

然而，宇宙大尺度的行为似乎是简单的，而不是混沌的。所以，人们不知宇宙将永远膨胀下去，还是最终将会坍缩。这要按照宇宙的现有密度而定。事实上，宇宙现在密度似乎非常接近于把坍缩和无限膨胀区分开来的临界密度。如果暴涨理论是正确的，则宇宙实际上是处在“刀锋”上。

1. 宇宙的膨胀

尽管宇宙的不断膨胀自牛顿以来就被意识到了，但直到20世纪20年代才发现了它的答案。美国天文学家埃德温·哈勃发现，各个星系不是在相聚，而是在以很高的速度相离。哈勃注意到，各星系的光在颜色上稍稍有些异常（用术语来说就是“红移”），这说明各个星系在急速倒退。因为光是由不同的光波组成的，因此一个移动的光源能将光波拉长或缩短，正如一辆行进中的车会把它发出的声波拉大或缩短一样。一辆汽车的发动机的声音或一列火车的汽笛声，在该汽车或火车急速开过我们身边时，其音高会逐渐降低。这里，只要把“音高”代换成“颜色”，就可以形象地解释了哈勃红移。这里所说的各行星的退行速度比汽车或火车速度大得多，一些星系每秒可以退行成千上万千米。

哈勃的发现被认为是证明了我们所在的星系是众星系的中心，其他所有的星系都在飞离我们。这种看法是错误的。因为离我们远的星系退行速度要比近处的星系退行速度大，因而远处和近处的星系彼此间的距离也在扩大，所以事实上每一个星系都在脱离其他的星系。这就是有名的“宇宙膨胀”说。无论你从宇宙中的哪个位置上观察，星系扩散的图式看上去都是很一致的。

宇宙膨胀的概念与现代人关于空间、时间、运动本质的思想十分吻合。爱因斯坦的相对论极大地改变了我们对时空及运动的看法。尽管爱因斯坦的空间弯曲及时间弯曲的概念，耗时60年才进入普通大众的想象之中，物理学家们却早就接过他的时空弯曲的概念来解释引力了。引力为一切大规模的宇宙现象提供了动力。在天文尺寸的物体中，引力要比其他力如磁力、静电力大得多；形成星系并控制星系间运动的就是引力。要解释宇宙的膨胀，引力就是关键。

爱因斯坦令人信服地说明，引力使空间、时间伸长或扭曲，而且这可以通过观察太阳的引力使擦过其表面的星光弯曲这一现象得到直接的验证。从地球上看，太阳背后的天空有很小的但是明显的弯曲。时间的弯曲也可以得到证明，最直接的证明就是让钟表在空间飞行；时间在没有引力的环境中要比在地球的表面走得快。

假如太阳能拉长空间，那么星系也能。因为星系是由很多太阳一样的恒星组成的。因而，天文学家们认为星系不是在空间中离散，而是星系间的空间在伸长。假如星系间的空间在“膨胀”，那么每个星系的活动余地都在逐日增大。这就是说，宇宙在扩展，却不必扩展到某种外部的真空之中。

2. 宇宙膨胀说的理论基础——哈勃定律

哈勃最初的实验是研究各星系间的距离和它们的红移。根据这些数据，他测量各星系的速度并发现了距离和速度间的线性关系，即哈勃定律。哈勃定律由以下方程式表示：v＝Hd。v是星系的后退速度，H是哈勃常数，d是到星系的距离。当d增大时，v也增大。在哈勃定律中，v以千米/秒为单位，d以百万秒差距为单位，H的单位是千米/（秒·百万秒差距）。

哈勃定律有着广泛的应用，它是测量遥远星系距离的唯一有效方法。只要测出星系谱线的红移，再换算出退行速度，便可由哈勃定律算出该星系的距离。哈勃定律中的速度和距离不是直接可以观测的量，直接观测量是红移和视星等。因此，真正来自观测、没有掺进任何假设的是红移—视星等关系。在此基础上再加上一些假设，才可得到距离—速度关系。

3. 宇宙未来的命运

恒星终归难逃消亡的厄运，那么宇宙的命运是否会一样？一些学者认为我们的宇宙有三种可能的归宿，而关键就在于宇宙所有物质的平均密度。

第一种情况是宇宙所包含的物质太少，引力无法遏止宇宙继续膨胀，结果宇宙会永无止境地膨胀下去，我们称之为“开放宇宙”；第二种情况是宇宙拥有足够多的物质，使膨胀的速度逐渐降低，并最终在某一时刻将膨胀逆转为“大压缩”，那就是“封闭宇宙”。第三种情况介乎两者之间：宇宙物质的平均密度刚好等于“临界密度”，这时候宇宙会继续保持膨胀状态，不过膨胀的速度会随时间而逐渐减慢，称之为“平坦宇宙”。

换言之，如果我们知道宇宙物质的平均密度，就可估计宇宙的未来。然而，天文学家发现，可见宇宙的平均密度只有“临界密度”的1％，这意味着我们的宇宙是一个“开放宇宙”。不过现在较为天文学家所接受的“膨胀宇宙论”却预测我们的宇宙是平坦的，即平均密度刚好等于“临界密度”。因此，如果宇宙的平均密度只有“临界密度”的1％，就等于“膨胀宇宙论”需要作出重大修正。况且，愈来愈多证据显示，我们的宇宙中到处充斥着神秘的暗物质。这些暗物质既不发光发热，也不会吸收任何电磁辐射，我们只能从它们的引力对周围星体造成的影响上，才能间接得知它们的存在。天文学家相信，隐藏在星系晕中的暗物质部分可能包括已死亡的恒星（例如白矮星、一些未成为恒星的棕矮星、其他星系的行星，甚至是黑洞）。至于在广阔星际空间中的暗物质，极有可能是一种“弱相互作用粒子”。其间，充斥着整个宇宙、静止质量接近零的中微子，以及由粒子物理学中的超对称理论所预言的“光超子”及“轴子”，都有可能是这种暗物质。

如果我们的宇宙真是一个“封闭宇宙”，那么它最终会结束膨胀。宇宙开始收缩之后，宇宙微波背景辐射的温度开始上升，星体逐渐熔解蒸发成气体。黑洞会吸收这种气体，并且相互结合成为巨大的黑洞。在“大压缩”前的一刹那，所有黑洞很有可能合并回归至时空点，甚至引发另一次大爆炸，宇宙再一次诞生。有些天文学家把这种宇宙称为“冲动宇宙”。

如果宇宙是开放的话，情形将会更为有趣，因为有充裕的时间让很多怪异的现象产生。宇宙不断膨胀，物质变得愈来愈稀薄，在100万亿年之后便不能再产生新的星体，恒星亦因耗尽燃料而丧失光辉，宇宙开始变得暗淡无光。根据“统一场论”，再过10^{50}年，质子衰变开始上演。由于质子是构成星体的基本成分，质子衰变后，宇宙只剩下伽马射线、中微子、电子、正电子和黑洞。这样再过10^{100}年，连最巨大的黑洞也蒸发殆尽，最后整个宇宙只剩下电子和正电子，在仍旧不断膨胀的空间里“闲荡游离”。

第二章

星　系

第一节　星系的起源与构成

一直到20世纪20年代初，绝大多数天文学家仍然认为银河系就是整个宇宙，因为靠当时的观测技术，无法辨别由高密度的气体和尘埃形成的“星云”跟由恒星系统构成的河外“星系”之间的差异。1924年2月，美国天文学家哈勃运用“变星测量法”，测算出仙女座大星云与地球的距离，比当时估算的银河系直径大得多，并估算出其质量和密度与银河系大体相当，首次确认了河外星系的存在。

现在人们观测到的河外星系已达上万个，最远者距银河系达70亿光年。估计河外星系数目大得惊人，若画一个半径为20亿光年的圆球，其内含有约30亿个星系，大的星系包含着数以千亿计的恒星。

1. 星系

星系是空间大小为几千至几十万光年、通常包含几亿至上万亿颗恒星和星际物质的天体系统。几十亿个这样的系统构成了宇宙。银河系以外的星系称为河外星系，一般称为星系。星系是宇宙中庞大的星星“岛屿”，也是宇宙中最大、最美丽的天体系统之一。

各星系在大小、组成和结构等方面，彼此差别很大。但它们几乎全都排布成群或团，其每一个的成员星系，少则几个，多则可达万个。星系的直径通常以几万光年计。在一个星系团内，星系之间的平均距离约为100万—200万光年。星系团之间的间距可能再大上百倍。每个星系均由为数众多（大多是从几亿个到1万亿个以上）的恒星组成。在许多星系（如银河系）中，都能检测到由星际气体和尘粒组成的星云。

到目前为止，人们已在宇宙观测到了约一千亿个星系。它们中有的离我们较近，可以清楚地观测到它们的结构；有的非常遥远，目前所知最远的星系离我们有近两百亿光年。

2. 总星系

总星系并不是一个具体的星系，也不是像本星系群、本超星系团那样的天体系统，而是指用现有的观测手段和方法，能被人们观测和探测到的全部宇宙间范围。也有人认为，总星系是一个比星系更高一级的天体层次，它的尺度可能小于、等于或大于观测所及的宇宙部分。

现在认为，总星系的半径为200亿光年，年龄为200亿年，所包含的星系在10亿个以上。从目前的认识水平来说，包括这些星系在内的总星系物质，在运动和分布上是均匀的，不存在任何特殊的方向和位置。也就是说，既没有发现总星系的核心和边缘，也没有发现运动的特殊趋向。总星系所含的物质中，最多的是氢，其次是氦。

星系谱线红移这一现象，如果用多普勒效应解释就是这些星系都有极大的速度，那就意味着总星系在不断地膨胀和扩大。由此，总星系的结构、演化成为了宇宙学研究中的根本问题之一。

3. 星系的起源

关于星系的起源、演化，至今还没有一个成熟的理论，目前一般倾向于“大爆炸”学说。该学说认为：星系形成于大爆炸后的十几亿年，它们的年龄大多为100多亿岁。在大爆炸后，由于宇宙迅速膨胀，温度便开始急剧下降，短短3分钟温度便从100亿摄氏度下降至10亿摄氏度，这时形成了稳固的氘、氦3、氦等轻原子核，这是宇宙物质的基础。接着大约30万年后，温度已下降至10万摄氏度，这时物质与辐射开始分离而不再相互影响，于是宇宙开始透明起来，从射电到X射线的各种辐射也不再受粒子干扰而穿越宇宙空间，正是在这种情况下，星系开始形成。

星系起源后，它的演化方式也有不少争议。按照大爆炸理论，整个宇宙中物质的分布应该处处均匀且各向同性，找不到任何得天独厚的地方，也不会有被遗忘的角落。主要有以下两种观点：

一是星系刚形成时形状都很不规则，但后来由于在与邻近星系的相互影响作用下，尤其是潮汐力的影响下，获得一个转动力矩而开始转动起来，在旋转过程中它们慢慢地变得对称，分布也变得均匀起来。

二是星系形成得益于涡流，也称“宇宙涡流假设”。远在离子复合之前，很强的辐射压力使得物质团中产生出涡流，它们阻滞了物质团的膨胀，同时随电离复合作用的增强，物质大多变成中性之后，辐射压的作用越来越小。随后，物质团内众多的涡流相互碰撞、混和，互相的作用有时会产生强大的冲击波，使涡流中形成一块块物质，它们后来即演化为星系或球状星团。

4. 星系的演化

星系按其形态，分为椭圆星系（E 型）、透镜型星系（SO 型）、旋涡星系（S 型）、棒旋星系（SB 型）和不规则星系（I 型）。对星系的演化有几种不同的见解。早在 20 世纪 30 年代，人们就把形态的序列看成是演化的序列，认为星系从球形开始，因自转而变扁，扁平部分形成旋臂，旋臂逐渐松卷以至消失。换句话说，星系是从椭圆星系，经过旋涡星系，最后演化成不规则星系的。另一种看法也认为形态序列是演化序列，但方向相反：从不规则星系，经过旋涡星系到椭圆星系，即从不规则开始，因自转而获得轴对称，最后演化成球状星系。现在知道，椭圆星系和旋涡星系中都有老年星，而且年龄相差不多。此外，质量、扁度等这些量上的差别也表明，星系的形态序列不是演化序列，各种类型星系彼此不能相互转化。第三种见解认为，演化取决于星系的质量和角动量。第四种观点认为，星系形态结构的不同，决定于形成时的初始条件：密度、速度弥散度、角动量分布、温度、湍流、磁场等的差别。

目前认为星系演化过程的大致轮廓如下：原始星系云在收缩过程中，出现了第一代恒星。在原星系的中心区，收缩快密度高，恒星形成率也高。由于中心区的激烈动荡，形成了旋涡星系的星系核，或者是椭圆星系整体。星系的自转离心力阻止赤道面上的进一步收缩，并造成不同的扁度。气体的随机运动和恒星辐射加热等因素，使得部分气体未聚合为星胚，并因碰撞作用而沉向赤道面，形成旋涡星系和不规则星系。激烈动荡的结果，使星系从形成之初就已基本定形并保持下来，不再显著变化。在几亿年期间，由原星系形成为年轻星系。在此之后的百亿年中，一般而言，星系的演变过程十分缓慢。星系结构一般无大变化。

5. 星系的发现

星系是一个宏大的天体系统，它包含了几十亿至几百亿甚至上千亿颗恒星及星际气体和尘埃，空间尺度达到几亿亿千米以上，人们直到 20 世纪初才真正发现它们。

17 世纪，望远镜发明了，这种神奇的仪器可使得物体对人眼睛的张角增大，让人可以看清更遥远的物体。用望远镜来观测天空，人们又陆续观测到一些云雾状的天体，开始以为它们都是气体云，而且和恒星一样是银河系内的天体，于是称之为星云。18 世纪，德国的天文学家康德，以及英国和瑞典的两位天文学家都猜测这些所谓的星云是和银河系一样由恒星组成的天体系统，只是因为距离太远而分辨不出一颗颗的星体来。如果把宇宙看作一个浩瀚的海洋，这些天体系统就犹如海中的岛屿，因而被形象地称为“宇宙岛”。

随着望远镜越造越大，人们可以看到这些星云的更进一步的细节了。正如康德他们所猜测的那样，星云在望远镜中分离成了一颗颗暗弱的星星。可它们离我们十分遥远，通常所用的三角视差测距法已经无法测出它们的距离。1917 年，美国的天文学家 G. W. 里奇在威尔逊山天文台所摄的一个星云照片中发现了一颗新星，因为新星极其暗弱，他认为星云应该极其遥远，是银河系之外的天体，但是给不出准确距离，无法让人信服。

这时，造父变星周光关系的发现为我们开辟了新的途径。造父变星是一种脉动变星，天文学家发现它的光变周期与绝对光度有确定关系，大体上成正比。光变周期越长，它的绝对光度就越大。测出了它的光变周期，就可以算出它的绝对光度，而我们看到星的亮度是与它离我们的距离平方成反比的，从而由造父变星观测到的亮度和它的绝对亮度的比值就可以推算出距离来。

1924年，美国的天文学家哈勃用威尔逊山天文台的2.5米大望远镜在仙女座星云、三角座星云和星云NGC6822中发现了造父变星，并且由周光关系算出了它们的距离，推出它们是银河系之外的天体系统，并称之为河外星系。到这时，星系才算真正被发现了。

6. 星系的组成

宇宙是有限的还是无限的？有没有中心，有没有边？为了有一个更清楚的答案，让我们先来看看星系的组成。

(1) 行星

我们居住的地球是太阳系的一颗大行星。太阳系一共有八颗大行星：水星、金星、地球、火星、木星、土星、天王星、海王星。除了八行星以外，还有60多颗卫星、为数众多的小行星、难以计数的彗星和流星体等。它们都是离我们地球较近、人们了解较多的天体。

(2) 恒星和星云

晴夜，我们用肉眼可以看到许多闪闪发光的星星，它们绝大多数是恒星，就是像太阳一样本身能发光发热的星球。我们银河系内就有1000多亿颗恒星。除了恒星之外，还有一种云雾似的天体，称为星云。星云由极其稀薄的气体和尘埃组成，形状很不规则，如有名的猎户座星云。

在没有恒星又没有星云的广阔的星际空间里，还有些什么呢？是绝对的真空吗？当然不是。那里充满着非常稀薄的星际气体、星际尘埃、宇宙线和极其微弱的星际磁场。随着科学技术的发展，人们必定可以发现越来越多的新天体。

(3) 银河系及河外星系

银河系是太阳所属的一个庞大的恒星集团，约包括10^{11}颗恒星。银河系中大部分恒星分布成扁平的盘状。我们的太阳就其光度、质量和位置讲，都只是银河系中一个极普通的成员。

天穹上的大多数光点是银河系的恒星，但也有相当大量的发光体是与银河系类似的巨大恒星集团，历史上曾被误认为是星云，我们称它们为河外星系。现在已知道存在1000亿个以上的星系，著名的仙女星系、大小麦哲伦星云就是肉眼可见的河外星系。星系的普遍存在，表明它代表宇宙结构中的一个层次，从宇宙演化的角度看，它是比恒星更基本的层次。

（4）星系团

星系的空间分布不是无规的，它也有成团现象。由十几个甚至上千个以上的星系构成的集团叫星系团。星系成员不足 100 个的有时又称为星系群。大约只有10%星系属于大星系团（1000 个星系左右）。大部分星系只结成十几、几十或上百个成员的小团。可以肯定的是，星系团代表了宇宙结构中比星系更大的一个新层次。这层次的尺度大小为百万秒差距，平均质量是星系平均质量的 100 倍。

7. 星系的结构

今天人们把 10mpc（mpc 是百万秒差距，1 秒差距＝3.26 光年＝30.86 万亿千米）以上的结构称为宇宙的大尺度结构。有迹象表明，星系在大尺度上的分布呈泡沫状，即有许多看不到星系的“空洞”区，而星系聚集在空洞的壁上，呈纤维状或片状结构。从演化理论来考虑，尺度大到一定程度，是否有结构存在，这仍是科学家热烈争论中的焦点问题。总之，若把星系看成宇宙物质的基本单元，那么星系的分布状况就是宇宙结构的表现。现在看来，直至 50mpc 的尺度为止，星系的分布呈现有层次的结构。这就是我们对星系的基本认识。

8. 星系的运动和质量

星系内部的恒星在运动，而星系作为一个整体也在运动。恒星在星系内部的运动有两种：一是围绕星系核心的旋转运动，一是弥散运动。旋转运动的特点是较差自转，角速度随到中心的距离的不同而不同；弥散运动是迭加在旋转运动上的随机运动。星系整体也有各种运动。成对出现的星系彼此围绕公共质心转动。在星系团中，星系间有随机的相对运动，甚至碰撞。此外，1929 年哈勃还发现星系的红移同距离成正比的关系。这种关系按照多普勒效应解释，表明星系之间距离在逐渐加大，也就是宇宙在做膨胀运动。

从星系的运动可得知星系的质量。根据牛顿定律，转动着的星系内任一点的离心力必须同该点轨道以内所有物质对它的引力相平衡，这就可由速度—距离的实测曲线得出星系的质量分布和总质量。用此法求出的星系质量一般为太阳的 10^9—

10^{11}倍，例如仙女星系的质量为太阳质量的 3×10^{11} 倍。对于双重星系，可用类似于测定双星质量的方法，根据它们的速度求出质量。用这种方法求出的椭圆星系质量要比旋涡星系质量大一个数量级。

9. 麦哲伦云

10 世纪阿拉伯人和 15 世纪葡萄牙人远航到赤道以南时，都曾注意到南天星空中有两个云雾状天体，并称之为“好望角云”。葡萄牙航海家麦哲伦于 1521 年环球航行时，首次对它们作了精确描述，后来就以他的姓氏命名，大云叫大麦哲伦云，简称大麦云（LMC），小云叫小麦哲伦云，简称小麦云（SMC），合称麦哲伦云。1912 年，美国天文学家勒维特发现小麦云的造父变星的周光关系，赫茨普龙和沙普利随即测定了小麦云的距离，使得它们成为最早被确认的河外星系。大麦云距离地球是 16 万光年，小麦云是 19 万光年，它们在空间上相距 5 万光年。

大小麦云属于离地球最近的星系之列，与银河系的距离仅次于仙女座星云。因此，大麦哲伦云号称是我们银河系的“卫星”，它围绕银河系旋转一周需要 15 亿年。大麦哲伦云中含有相对较少的重氢元素，与银河系相比那里有恒星形成的良好条件。这使我们能周密地分析它们的成员天体，因而它们是我们重要的天文观测对象，也是星系天体物理资料的重要来源。

10. 仙女星系

仙女星系又称仙女座星系，它是距离我们银河系最近的大星系。一般认为银河系的外观与仙女座星系十分相像，两者共同主宰着本星系群。仙女座星系又名为 M31，因为它是著名的梅西耶星团星云表中的第 31 号弥漫天体。仙女座星系弥漫的光线是由数千亿颗恒星成员共同贡献而成的。几颗围绕在仙女座星系影像旁的亮星，其实是我们银河系里的星星，比起背景物体要近得多了。M31 的距离相当远，从它那儿发出的光需要 200 万年的时间才能到达地球。星云中的恒星可以划分成约 20 个群落，这意味着它们可能来自仙女座星系“吞噬”的较小星系。

据目前估计，M31 的质量不小于 3.1×10^{11} 个太阳质量，比银河系大一倍以上，是本星系群中质量最大的一个。M31 的中心有一个类星核心，直径只有 25 光年，质量相当于 10^7 太阳，即 1 立方秒差距内聚集 1500 个恒星。类星核心的红外辐射很强，约等于银河系整个核心区的辐射。但那里的射电却只有银心射电的 1/20。由射电观测得出：中性氢多集中在半径为 10 千秒差距的宽环带中。氢的含量为总质量的 1%，这个比值较之银河系的要小。由此可以认为，M31 的气体大部分已形成恒星。M31 和银河系相似，对二者进行对比研究，就能为了解银河系的运动、结构和演化提供重要的线索。

第二节　星系的类型

宇宙中没有两个星系的形状是完全相同的，每一个星系都有自己独特的外貌。但是由于星系都是在一个有限的条件范围内形成的，因此它们有一些共同的特点，这使人们可以对它们进行大体的分类。哈勃根据星系的形态把它们分成三大类：椭圆星系、旋涡星系和不规则星系。近年来，人们又增补了一些类型：SBd 型棒旋星系、麦哲伦型星系、矮椭圆星系、特殊巨椭圆星系、活动星系。活动星系又分许多种，如塞佛特星系、致密星系、马卡良星系等。

1. 星系的分类

在多种星系分类系统中，天文学家哈勃于 1925 年提出的分类系统是应用得最广泛的一种。哈勃根据星系的形态把它们分成三大类：椭圆星系、旋涡星系和不规则星系。

椭圆星系分为七种类型，按星系椭圆的扁率从小到大分别用 E0—E7 表示，最大值 7 是任意确定的。该分类法只限于从地球上所见的星系外形，原因是很难确定椭圆星系在空间中的角度。

旋涡星系分为两族：一族是中央有棒状结构的棒旋星系，用 SB 表示；另一种是无棒状结构的旋涡星系，用 S 表示。这两类星系又分别被细分为三个次型，分别用下标 a、b、c 表示星系核的大小和旋臂缠绕的松紧程度。

不规则星系没有一定的形状，而且含有更多的尘埃和气体，用 Irr 表示。

另有一类用 S0 表示的透镜型星系，表示介于椭圆星系和旋涡星系之间过渡阶段的星系。

宇宙中约有十亿个星系的中心有一个超大质量的黑洞，这类星系被称为“活跃星系”。类星体也属于这类星系。此外还有一类个子矮小的“矮星系”。这类星系不像大型星系那样明亮，但其数量非常多。银河系附近有许多矮星系，其数量比所有其他类型星系之和都多。在邻近的星系团中也已发现了大量的矮星系。其中一些形状规则，多半都含有星族II的恒星；形状不规则的矮星系一般含有明亮的蓝星。

近年来对哈勃星系分类补充了一些类型。这里提出几个常见的类型。

Sd和SBd：核很小，旋臂断断续续，一块一块的。Sd位于Se之后，SBd位于SBc以后。

SM：麦哲伦云型的星系。

dE：矮椭圆星系。质量很小，有的同球状星团差不多。

CD：特殊的巨椭圆星系。

射电星系：有较强的射电辐射的星系。

活动星系：这是一些核心部分非常明亮而且有强烈活动的星系。核发出的光往往占星系总辐射的大部分。它又包括很多种类型如N星系、赛佛特星系等等。

通过观测和统计表明，按类型的分布来看，星系中旋涡星系（包括棒星系）所占比例最大，不规则星系占比例最少。

2. 椭圆星系

椭圆星系由于自旋速度快慢不同而使椭圆率有所不同，自旋越快，椭圆越大，星系越扁。哈勃研究过的600个星系中椭圆星系占17%，标准旋涡星系占50%，棒旋星系占30%，不规则星系占3%。例如：室女座星系就是一个巨大的拥有2000亿颗恒星的椭圆星系。

椭圆星系的特点是中心区最亮，亮度由中心向边缘递减。由于中心区星体过于密集，所以想分辨它们是极为困难的，只有离地球比较近的椭圆星系，才能用大型望远镜分辨出其外围的成员——恒星。椭圆星系根据哈勃分类，按其椭率大小分为E0、E1、E2、E3、……E7共八个次型，E0型是圆星系，E7是最扁的椭圆星系。

同一类型的河外星系质量差别很大，有巨型和矮型之分，其中以椭圆星系的质量差别最大。质量最小的矮椭圆星系和球状星团相当，而质量最大的超巨型椭圆星系可能是宇宙中最大的恒星系统，质量范围约为太阳的千万倍到百万亿倍。

椭圆星系的直径范围是 1—150 千秒差距。总光谱型为 K 型，是红巨星的光谱特征。颜色比旋涡星系红，说明年轻的成员星没有旋涡星系里的多。关于椭圆星系的形成，有一种星系形成理论认为，椭圆星系是由两个旋涡扁平星系相互碰撞、混合、吞噬而形成的。天文观测说明，旋涡扁平星系盘内恒星的年龄都比较轻，而椭圆星系内恒星的年龄都比较老，即先形成旋涡扁平星系，两个旋涡扁平星系相遇、混合后再形成椭圆星系。还有人用计算机模拟的方法来验证这一设想，结果表明，在一定的条件下，两个扁平星系经过混合的确能发展成一个椭圆星系。但是，星系在宇宙中分布的密度毕竟是非常低的，它们相互碰撞的机会极小，要从观测上发现两个星系恰好处在碰撞和吞噬阶段是非常困难的。所以，这种形成理论还有待人们去深入探索。

3. 旋涡星系

旋涡星系是一个盘状结构，里面通常有一个直径约 5 万—15 万光年的恒星主盘（中央核），中央核的厚度约为整个星系直径的 1/10。大多数情况下，核心隆起部分接近于球体。其直径大者，可达盘结构直径的一半。沉陷在盘结构中的是旋臂，它像玩具风车那样，从中心向外旋伸。在旋臂中，最大量地集聚着旋涡星系的星际气体和尘埃。在旋臂集聚区域内，集聚了高光度 O、B 型星、超巨星和电离氢区。旋臂所携物质与核心质量之比及旋臂的展开程度各不相同。除此之外，同时还有大量的尘埃和气体分布在星系盘上。这些由星团、单个恒星或许还有其他物质构成一个稀疏的、或多或少为球状的晕，叫做星系晕。从侧面看，它在主盘面上呈现为一条窄的尘埃带，有明显的消光现象。星系晕能伸展到盘结构之外很远处，并拥有星系总质量的大部分。其中主要是星族 II 天体，其典型代表是球状星团。一个中等质量的旋涡星系往往有 100—300 个球状星团。随机地散布在星系盘周围空间。旋涡星系的质量为十亿到一万亿个太阳质量。

按哈勃分类，通常旋涡星系分为 a、b、c 三种次型：Sa 型中心区大，稀疏地分布着紧卷旋臂；Sb 型中心区较小，旋臂较大并较开展；Sc 型中心区为小亮核，旋臂大而松弛。仙女座 M31 是一个典型的旋涡星系，它离我们银河系很近，距太阳大约 250 万光年，其旋臂是由发射状星云和疏散星团组成的条带。仙女座 M31

直径大约有18万光年，里面有4000亿颗恒星。

4. 不规则星系

不规则星系因为外形不规则、没有明显的核和旋臂、没有盘状对称结构或者看不出有旋转对称性而得名。在光谱中它显示为O—B型，为蓝白色星，含有大量的氦和氢等气体，其中年轻的恒星很多，有些还是刚刚诞生的，是名副其实的“小人国”。

但有一点要注意区分，有的星系之所以呈现不规则形状，是由于处于爆发之中或爆发之后，另一些则是受附近的伴星系引力扰动而扭曲了外貌。表面上星系运转得相当稳定而平静，但这只是相对的，实际上它们每时每刻都在剧烈地演化着。如：超新星M82爆发时喷出气体流的质量相当于560个太阳的质量。NGC1275星系曾发生规模更大的爆发，喷射速度达每秒3000千米，喷射出的物质相当于十几亿个太阳的质量。

5. 棒旋星系

棒旋星系是旋涡星系的变体，是一种有棒状结构贯穿星系核的旋涡星系。在星系的分类中，以符号SB表示，以区别于正常旋涡星系“S”。按全天的亮星系统计，棒旋星系约占15%；按较暗的星系统计，棒旋星系的比例提高到25%。棒旋星系在质量、光度和光谱，成员天体的星族类型、气体和尘埃的分布，星系盘和星系晕的结构以及空间分布的特征等方面，都和正常的旋涡星系相似。

棒旋星系运动方面的特征是：核心常为一个大质量的快速旋转体，运动状态和空间结构复杂，棒状结构内部和附近的气体、恒星都有非圆周运动。星系盘在星系的外部居主要地位，占星系质量的很大一部分。

按照哈勃的分类法和沃库洛的分类法，棒旋星系可分为三类：正常棒旋星系SBa、SBb和SBc；透镜型棒旋星系SBo；不规则棒旋星系SBd和SBm。正常棒旋星系的特征是棒状结构明显，旋臂从棒端伸出，通常与棒体成90度，旋臂从a到c越来越展开。SBa和SBb的棒状结构光滑，而SBc的棒体和旋臂上都有明显可见的亮星、亮节或亮团。透镜型棒旋星系SBo外观与椭圆星系相似，不同之处则是椭圆星系没有旋臂。不规则棒旋星系 SBd 和 SBm 的棒状结构不一定在星系的中心位置上。棒状结构的光度约占星系光度的 10%—20%，颜色往往比旋臂红。哈勃太空望远镜曾拍摄到一个棒旋形星系，此星系离地球约三千万光年，在时钟星座内。

6. 特殊星系

除了当今世界上最为流行的哈勃星系分类系统，目前已经被发现的星系中，还有一些不能简单地归入哈勃系统中，有的星系还具有一般星系所没有的特殊性质，我们将它们统称为特殊星系。

特殊星系是指形态和结构不同于哈勃分类中正常星系的河外星系。这一类星系的特殊性质主要是因星系核的活动和主星系同伴星系之间的相互扰动造成的。特殊星系可分为类星体、塞佛特星系、N 型星系、射电星系、马卡良星系、致密星系、蝎虎座 BL 型天体、有多重核的星系和有环的星系等等。这些星系的命名，有的是根据历史情况，有的是根据星系特性，有的是根据发现者的名字而来的。现在已知上述各类星系之间有重叠、交错的情况。例如，马卡良星系中至少有 10%可归入塞佛特星系，N 型星系中有很多又属于射电星系。

这些星系的特殊结构的起因，除星系的相互扰动、星系盘密度波的引力扰动等因素外，还有星系核的激扰或爆发。星系核的活动是一个多次反复的爆发过程。最直接的证明是射电星系中心核和外围子源的结构相似。几种特殊星系的寿命——类星体短于 10^6—10^8 年，强射电星系为 10^8—10^9 年，塞佛特星系为 10^8 年——比它们爆发产物，例如喷射物、电离氢区、膨胀物质环的持续时间，约大一个量级。由此可以推测，星系核活动期间会有数次乃至十多次爆发。这就不难估算出整个活动期间释放的总能量：射电星系可达 10^{60} 尔格［尔格是厘米·克·秒制中功和能量的单位。1 尔格相当于 1 达因的力使物体在力的方向上移动 1 厘米时所作的功。1 焦耳＝10^7 尔格＝1 瓦特·秒＝1/9.8 千克·米］，类星体为 10^{62} 尔格，比银河系整个生存期间释放的总能量还要大得多。

特殊星系按照光度构成一个能量序列，类星体最大，正常星系最小。这一事实表明，其活动现象和类星体可能有某种联系。一般认为，特殊星系的剧烈核心活动既可能发生在星系形成的早期，也可能出现在以后的演化过程中。如：塞佛特星系或许是类星体向正常旋涡星系演化的中间阶段；蝎虎座 BL 型天体可能是椭圆星系的早期演化阶段；射电星系也许是类星射电源演化的后期。因为星系核的爆发会加速星系的演化，还能破坏其外形和结构，从而改变星系的类型。例如破坏星系的旋臂，使之变为透镜型星系或不规则星系。因此，研究特殊星系，对探讨星系的起源和演化具有重要意义。

7. 透镜星系

透镜星系是椭圆星系和旋涡星系之间的过渡型星系，因外形像侧视的透镜而得名。这类星系可分为无臂旋涡星系 S0 和无臂棒旋星系 SB0 两种。透镜星系与椭圆星系的主要区别是透镜星系有星系盘，椭圆星系没有星系盘；透镜星系与旋涡星系的主要区别是旋涡星系有旋臂，透镜星系没有旋臂。

2008 年北京时间 2 月 22 日，欧洲的科学家称，他们利用哈勃太空望远镜在遥远的宇宙的中发现了 67 个重力透镜星系。这些重力透镜星系是在椭圆形或透镜形的超大质量星系周围发现的，并表现出了极少量没有旋臂或螺旋盘的气体和尘埃。

8. 激扰星系

激扰星系是有猛烈活动现象或剧烈物理过程的星系，又称活动星系。它的最主要的特点是：星系中心区域有一个极小而极亮的核，称为活动星系核；强的非热连续谱；光谱中有宽的发射线。有的激扰星系有快速光变，时长为几小时至几年。有的激扰星系有明显的爆发现象，如喷流。激扰星系的特点大多数是与激扰星系核联系在一起的。有些激扰星系，如类星体、蝎虎座 BL 型天体，辐射的绝大部分来自星系核，其他部分的辐射几乎观测不到。激扰星系的数量约为正常星系总数的 1%，其寿命约为 1 亿年。人类对激扰星系的本质了解得还很少，激扰星系的研究已成为星系天文学甚至整个天体物理中最活跃的领域之一。

根据对众多激扰星系的对比和研究，科学家们已经推算出退行速度最快的激扰星系正以 0.99 倍光速的速度远离我们。它离我们越远，也就说明它起步越早。如果它离我们有 180 亿光年之遥，就意味着它诞生于 180 亿年之前。这些接近宇宙边缘的天体，也正是诞生在宇宙早期的天体。

激扰星系的一个代表性天体叫做蝎虎天体，它是因为在蝎虎座的发现而得名。这个星座位于飞马座以北，肉眼看上去是一串暗淡的小星星，弯弯曲曲地排列着。这个并不起眼的星座暴露了宇宙的一大秘密，科学家在蝎虎座中的 BL 天体上发现了奇怪的射电信号，开始时人们以为是一颗变星，后来发现这是存在巨大黑洞的星系，黑洞的洞口正对着地球，而且从黑洞中喷出的巨大能量流也是正对着地球。科学家们顺着喷流可以直接看到蝎虎天体的核心，即可以看到围绕着黑洞的吸积盘发出的光和释放的辐射。

9. 巨星系

巨星系是光度强且质量大的一类星系，绝对星等为－20——22 等，质量为 10^{11} 太阳质量，其中包含有数以千亿计的恒星。此外，还有绝对星等为－23——24 等、质量为 10^{12}—10^{13} 太阳质量的星系，成为“超巨星系”，是光度和质量最大的巨星系。巨星系的直径为几十万光年。巨星系包含正常星系中的各类星系，例如其中一个巨星系包含银河系和仙女星系，它们都是巨大的旋涡星系，常有巨大的星系晕，而且往往还是强射电源，有剧烈的活动。

最新观测到的现象说明，108 亿年前的巨星系群已经在引力作用之后稳定存在，而不是通常人们所认为的 60 亿到 70 亿年前。为保证观测结果正确无误，天文学家们在澳大利亚东部通过盎格鲁—澳大利亚望远镜首次观测到现象后，又通过智利的美洲国家塞罗·陀洛洛天文台予以核实。

天文学家观测到的巨星系群体积庞大。例如：从地球上看，一个巨星系群仅仅是位于天鹤座南面天空的满月大小的斑点，但该星系群之间距离大约为 3 亿光年，1 光年相当于大约 10 万亿千米。这个巨星系群有 37 个星系，数量并不多，但这仅仅是那片天空里最亮的星系，估计还有数以千计、甚至更多的星系因为亮度不够而隐藏其中。

10. 多重星系

多重星系是 3 个到 10 多个星系的集团，性质类似双重星系。如银河系和大、小麦哲伦云构成一个三重星系，仙女座大星云和它的 4 个伴星系构成一个五重星系。银河系不是多重星系，它有着标准的漩涡状旋臂和旋盘，我们的太阳系就在距半人马座（旋臂）外的1/4处。再如上面提到的银河系与大小麦哲云的关系。那两个不规则星系和我们的银河系共同组成了一个超星系团，这三个星系被一个超大而且极度稀薄的氢气云包围着。近几年的研究显示，银河系正在吞并大小麦哲伦星云，所以在未来的几十亿年之后，也可以说“大银河系是一个多重星系”，但是至少现在，绝对不是。补充一点，银河系和麦哲伦星云都被仙女座星系统治着，世界上第一个疑似的真正黑洞也是在仙女座星系发现的。

11. 矮星系

矮星系是光度最弱的一类星系，其绝对星等M为－8——16等，所以在5万秒差距之外是看不到的。有的矮星系是椭圆星系，也有的是I型不规则星系。这两种矮星系都是小的，成员星通常也不多，质量只有10^6—10^9太阳质量。椭圆矮星系是椭圆星系中质量小的星系。它们与球状星团很类似，二者的不同仅仅在于前者直径约为后者的10倍，其数目占多数。不规则矮星系包含着大量的中性氢，并且包含着星族I的恒星。

尽管矮星系的天体在整个宇宙当中属于较小的天体，但是矮星系在宇宙进化当中起到了至关重要的作用。天文学家称，也许宇宙中最先形成的就是矮星系，而且是矮星系构成了大的星系。迄今为止，矮星系是宇宙中最多的星系，天体也是宇宙中最多的，是它们组成了最基本的宇宙。早期预言的宇宙遗留下来的矮星系数目比我们现在所能够观测到的多许多，大约有120—200个在独立地绕银河系运动，但至今人们才总共发现了20个。

12. 环状星系

宇宙中有这样一类星系：它们呈恒星状，周围有一个光度均匀、结构对称的环。它们虽有着酷似行星状星云的外表，实际上却是一个星系。用世界上最大的天文望远镜可以看见它的核心呈红色，环则有些发蓝。这类特殊的星系叫环状星系或华格天体。

美国天文学家奥康涅尔等人曾专门研究过这类星系的环。与椭圆星系的环相比，华格天体的环光度均匀，结构匀称，十分完美。他们还拍摄到了华格天体的光谱，谱线红移的速度相当于 12750 千米/秒，证明这种天体确实是在银河系之外。

以色列特拉维夫大学天文台的布洛施也发现，华格天体的环发出的光比核发出的光还要强。他认为华格天体的环属于旋涡星系的环中的一种特例，由于星系中棒状结构的不稳定，搅动星系盘而形成了环状结构。卡内基学院的弗·施维策等人则认为，华格天体是椭圆星系中的一种特例。这种环的形成是一星系被另一星系吸积的结果，就是说大约在二三十亿年前，另一星系与华格天体相吸后又分离，环状结构则是另一星系被“打劫”留下的“买路钱”。

第三节　星系团

星系不是单独存在的，而是有成团的倾向。星系一方面自成独立系统，同时它以一个“成员”的身份参加星系团的活动。通常我们把超过 100 个星系的天体系统称作“星系团”，100 个以下的称为“星系群”。星系团和星系群只是数量和规模上的差别而已，它们都是以相互的引力关系聚集在一起的。各星系团的大小相差不是很大，一般为 1600 万光年上下。星系团内成员星系之间的距离，大体上是百万光年。目前观测到的星系团总数在 1 万个以上。

1. 星系团

就像银河系中恒星分布一样，在宇宙中星系的分布也是不均匀的。星系一般成群出现，聚集为各种星系的集团。由两个星系组成的称双重星系，由三个到十来个星系组成的称多重星系。双重和多重星系约占星系总数的一半。多重结构可进一步构成由 100 个以内星系组成的星系群。例如银河系所在的星系群称本星系群。它大约有 40 个星系，直径可达 400 万光年。

比星系群更大的成团的星系结构称为星系团。一个星系团可包括几百到几千个星系。目前已发现大约 1 万个星系团。离我们最近的最著名的星系团是室女座星系团。在梅西耶星云星团表中共有 34 个河外天体，室女星系团的成员星系就占了其中的 16 个，其整个星系团拥有的星系超过 2500 个，平均视向速度为每秒 1180 千米，距离 19 百万秒差距（6000 光年）。它的结构相当复杂，可能是几个星系团的投影。

比星系团更高一级的星系结构称超星系团，其直径可达 2 亿—3 亿光年。其中包括本星系群在内的超星系团又称本超星系团。在本超星系团中，室女座星系团处于中央位置，而银河系所在的本星系群只处于边缘位置。

2008 年 8 月 25 日，欧洲航天局的天文学家利用欧洲 XMM 牛顿天文望远镜在宇宙深处发现了已知最大质量的星系团——编号为“2XMM J083026＋524133”的庞大星系团，它包含的星系质量总计大概相当于 1000 个银河系，其中绝大多数物质呈炽热气体状，并发散出耀眼的光芒。据天文学家估算，这个星系团距离地球约 77 亿光年。

2. 星系团分类

星系团按形态大致可分为规则星系团和不规则星系团两类。

规则星系团以后发星系团为代表，大致具有球对称的外形，有点像恒星世界中的球状星团，所以又可以叫球状星系团。规则星系团往往有一个星系高度密集的中心区，团内常常包含有几千个成员星系，其中至少有 1000 个的绝对星等亮于－16 等。规则星系团内的成员星系全部或几乎全部都是椭圆星系或透镜星系。近来发现这种星系团往往又是 X 射线源。

不规则星系团，又称疏散星系团。它们结构松散，没有一定的形状，也没有明显的中央星系集中区，例如武仙星系团。它们的数目比规则星系团更多。大的不规则星系团的成员星系数多达 2500 个以上；小的只包含几十个甚至更少的成员星系，本星系群就属这一类。范围比较大的不规则星系团可以有几个凝聚中心，在团内形成一种次一级的成群结构。整个团就是这些较小群的松散集合体，又可称为星云或超星系。不规则星系团总是各种类型星系的混合体，其中往往以暗星系占绝对优势，这也是与规则星系团的不同之处。另外，就目前所知，只有少数不规则星系团发射 X 射线。

3. 星系团的运动特征

星系团的运动特征可以从两个方面，即从整个团的视向运动和团内各成员星系间的随机性相对运动来认识。星系团作为整体的视向速度同星系团的距离满足哈勃定律，即距离越远视向速度越大。例如较近的室女星系团离我们约19百万秒差距，视向速度为1180千米/秒；而长蛇II星系团离我们约有1000百万秒差距，视向速度则高60000千米/秒。

一个星系团内不同成员星系间的相对运动情况可用速度弥散度来表示。一般说来，随着星系团范围的扩大和成员数的增加，速度弥散度也就越来越大。小星系团的速度弥散度约为250—500千米/秒；大星系团的速度弥散度高达2000千米/秒。对星系团速度弥散度的研究具有重要的意义。一方面我们可以根据速度弥散度，利用维里定理来估算团内每个星系的平均质量；另一方面，对星系团内部运动的研究又与探索星系团的稳定性问题密切相关。目前对这一问题有两种相反的看法：一种认为整个星系团的能量是负的，因而星系是一种稳定的天体系统；另一种看法认为，星系团内成员星系的速度弥散度很大，整个系统的能量是正的，因此它们是不稳定的，整个团正处在膨胀、瓦解之中。

4. 本星系群

本星系群指的是以包括地球所在之处银河系为中心，半径约为300多万光年的空间内的星系之总称，也有人把本星系群的中心定义为银河系和仙女星系（M31）的公共重心。目前已知本星系群的成员星系和可能的成员星系有40个左右。本星系群中的全部星系覆盖在一块直径大约1000万光年的区域。本星系群又属于范围更大的室女座超星系团。

本星系群中两个质量最大的成员是银河系与仙女座星系。这两个旋涡星系又都各自拥有一个自己的卫星星系系统。银河系的卫星星系系统包括人马座、大麦哲伦星云、小麦哲伦星云、大犬座矮星系、小熊座矮星系、天龙座矮星系、船底座矮星系、六分仪座矮星系、御夫座矮星系、天炉座矮星系、狮子座I、狮子座II以及杜鹃座矮星系。仙女座星系的卫星星系系统包括M32、M110、NGC147、NGC185，仙女座I、仙女座II、仙女座III以及仙女座IV。M33是本星系群中第三大的星系，它可能是也可能不是仙女座星系的伴星系。

本星系群是一个典型的疏散群，没有向中心集聚的趋势。但其中的成员三五聚合为次群，至少有以银河系和仙女星系为中心的两个次群。银河系和仙女星系二者质量之和占了本星系群的绝大部分。

据推测，本星系群的主要成员仙女座星系与我们所在的银河系，会落入合为一体的命运。不过，由于这两个星系的距离有230万光年，因此两个星系要合为一体恐怕需要相当长的时间。但在几千亿年后的遥远未来，两个巨大的星系将会合为一体并长成更为巨大的星系。与仙女座星系和我们的银河系合并一样，其他的星系或许也会相互接近并合为一体。随着数千亿年的时光流逝，本星系群的所有星系会互相合并，最终形成一个巨大的星系。星系的旋转运动会随着合并的发生慢慢消失，最终会出现一个巨大的椭圆星系。

5. 超星系团

若干星系团集聚在一起构成的更高一级的天体系统，又名二级星系团。星系团聚合成超星系团的现象叫作星系的超级成团或二级成团。

超星系团的质量范围为10^{15}—10^{17}太阳质量；通常在一个超星系团内只含有2—3个星系团。拥有几十个成员星系团的超星系团是不多的。超星系团往往具有扁长的外形，长径范围为60—100百万秒差距，长短径之比平均约为4:1，这种扁形结构可以说明超星系团通常有自转。超星系团内的成员星系团的速度弥散度大约为每秒1000—3000千米，但各成员星系团之间的引力相互作用要比星系团内各成员星系之间的引力作用弱得多，因而有人认为超星系团可能是不稳定的系统。超星系团的存在，表明宇宙空间的物质分布至少在100百万秒差距的尺度上是不均匀的。至于是否所有的星系团都是不同大小的超星系团的成员，由于观测资料的极其不足和分析方法上的困难，这个问题还远未取得一致意见。此外，还有人认为超星系团可以进一步成团，形成三级星系团以至更高级的星系集团。

6. 本超星系团

本超星系团是包括本星系群在内的超星系团。包括银河系在内的本星系群在人类看来已经是十分巨大的了，但它在宇宙中只是更高一级天体系统“本超星系团”的一小部分。除了太阳系之外，本超星系团还包括其他五十来个星系团和星系群。本超星系团的直径约在1亿—2亿光年之间，核心部分在室女星系团。银河系在本超星系团的边缘附近，距离边缘二三百万光年。本超星系团的所有成员星系都在围绕着本超星系团中心作公转运动，银河系的公转周期大约是1000亿年。

1937年，霍姆伯格在分析了双重星系和多重星系的分布后认为，存在着一个“总星系云”，尺度范围100百万秒差距，这是本超星系团最初的概念。20世纪50年代，沃库勒重新提出关于本超星系团的概念，并为后来的研究所证实。沃库勒认为，本超星系团的长经为30—75百万秒差距，它是许多星系云和星系团的集合体，包括本星系群、室女座星系团、大熊星系团以及50个左右较小的群和团，它们共同构成一个巨大的扁平状天体系统。其中亮于13.5等的明亮星系集中在天空中的一个大圆上，这个大圆称为超星系赤道。本超星系团的中心在室女星系团附近银经283°银纬+75°；大圆的极坐标在国际天文学联合会银道坐标系中是银经47.37°银纬+6.32°。对沿超星系赤道的星系视向速度的分析表明，本超星系团可能正在自转和膨胀。

7. 后发座星系团

后发座星系团中几乎每一个天体都是一个星系，是已知最密集的星系团之一，里面包含了数千个星系。它们如同我们的银河系一样，每一个中都有数十亿颗恒星。虽然和其他的星系团比起来，后发座星系团是比较近的，但由它所发出的光还是要经过数亿年的时间才会到达我们这里。实际上后发座星系团是非常大的，光从它的一端飞到另一端，就要数百万年之久。后发座星系团及其他星系团里的星系，大部分都是椭圆星系，只有在星系团外部才有旋涡星系。

2007年6月，美国宇航局的斯必泽太空望远镜已经在后发座星系团探测到一千多个以前不知道的矮星系，这些星系距地球大约3.2亿光年。尽管与较大的星系比起来显得很小，但矮星系在宇宙演变中起着关键的作用。

8. 室女座星系团

室女座星系团是离我们银河系最近的星系团，室女座星系团的质量非常巨大。它包含类似于银河系那么大的星系 2500 多个，包括旋涡星系、椭圆星系和不规则星系。它距离我们约数千万光年。室女座星系团不仅有普通的星系，还拥有温度高到会发出 X 射线辐射的云气。星系团内外星系的运动表明，星系团所含的暗物质超过了可见的物质。

目前，室女座星系团正以每秒 1150 千米的速度远离地球而去。而我们现在看到的室女座，则是几百万年前的室女座，因为它现在发射的光要几百万年后才能传到地球。

9. 武仙座星系团

武仙座星系团是众多星系中的一个“岛屿”，它距离我们有 6.5 亿光年。这个星系团拥有很多旋涡星系，这些旋涡星系具有丰富的气体和尘埃，恒星就在此诞生。不过它也拥有相对较少的椭圆星系，而这些椭圆星系则是缺少气体和尘埃以及与此相关的新星。研究人员认为，武仙座星系团和宇宙初期的年轻星系团很相似，因此探索武仙座星系的型态和它们如何互相影响，可以找出星系和星系团演化的线索。

第三章

银河系

第一节　银河系及其构成

夏日的夜晚，我们在晴朗的夜空中会看到一条淡淡的光带从东北向南横贯天穹，宛如一条奔腾的长河，这就是我们太阳系的家园——银河系。古代中国人称它为天河、银河或星河。1610年，伽利略首先用望远镜观察发现了“银河”。

银河系的外貌像一个中间突起的透镜，直径约为8.5万光年（比早期值小），中间厚，边缘薄。中间厚度约为1万光年，边缘只有1000光年，靠近地球的地方厚约3000—6000光年。

其实，我们虽然已经撩开了银河系的面纱，但还没有看清它的真面目。

1. 银河系

银河系是太阳系所在的恒星系统，包括1200亿颗恒星和大量的星团、星云，还有各种类型的星际气体和星际尘埃。它的总质量是太阳质量的1400亿倍。在银河系里，大多数的恒星集中在一个扁球状的空间范围内，扁球的形状好像铁饼。扁球体中间突出的部分叫“核球”，半径约为7千光年。核球的中部叫“银核”，四周叫“银盘”。在银盘外面有一个更大的球形，那里星少，密度小，称为“银晕”，直径为7万光年。银河系是一个旋涡星系，具有旋涡结构，即有一个银心和两个旋臂，旋臂相距4500光年。其各部分的旋转速度和周期，因距银心的远近而不同。太阳距银心约2.3万光年，以250千米/秒的速度绕银心运转，运转的周期约为

2.5 亿年。

银河系的发现经历了漫长的过程。望远镜发明后，伽利略首先用望远镜观测“银河”，发现“银河”由恒星组成。20 世纪初，天文学家把以银河为表观现象的恒星系统称为银河系。H. 沙普利应用造父变星的周光关系，测定球状星团的距离，从球状星团的分布来研究银河系的结构和大小。他提出的模型是：银河系是一个透镜状的恒星系统，太阳不在中心。沙普利得出，银河系直径为 80 千秒差距，太阳离银心 20 千秒差距。这些数值太大，因为沙普利在计算距离时未计入星际消光。20 世纪 20 年代，银河系自转被发现以后，沙普利的银河系模型得到公认。

关于银河系的年龄，目前占主流的观点认为，银河系在宇宙诞生的大爆炸之后不久就出现了，用这种方法计算，银河系的年龄大概在 145 亿岁左右，上下误差各有 20 多亿年。

2. 银河系的特征

银河系大约包含两千亿颗星体，其中约 90%的为恒星。恒星的种类繁多，按照恒星的物理性质、化学组成、空间分布和运动特征，可以分为 5 个星族。最年轻的星族Ⅰ恒星主要分布在银盘里的旋臂上；最年老的星族 II 恒星则主要分布在银晕里。一般认为，银河系中的恒星多为双星或聚星。而 2006 年，科学家有了新的发现并认为，银河系的主序星中 2/3 都是单星，其余有大量的双星和 1000 多个星团。银河系里还有气体和尘埃，其含量约占银河系总质量的 10%，它们分布不均匀，有的聚集为星云，有的则散布在星际空间。20 世纪 60 年代以来，科学家在银河系中发现了大量的星际分子，如 CO、H_2O 等。分子云是恒星形成的主要场所。

银河系是一个相当大的螺旋状星系，它有三个主要组成部分：包含旋臂的银盘、中央突起的银心和晕轮部分。银河系核心部分，即银心（银核），是一个很特别的地方。它发出很强的射电、红外、X 射线和 γ 射线辐射。银心性质尚不清楚，那里可能有一个巨型黑洞，据估计其质量可能达到太阳质量的 250 万倍。银河系有 4 条旋臂，分别是人马臂、猎户臂、英仙臂和天鹅臂。太阳位于猎户臂内侧，旋臂主要由星际物质构成。银河系也有自转。太阳系以每秒 250 千米速度围绕银河中心旋转。银河系有两个伴星系：大麦哲伦星系和小麦哲伦星系。对于银河系的起源和演化，目前知之尚少。

3. 银河系的结构

银河系由下列几个部分组成：

(1) 银盘

银河系物质的主要部分组成一个薄薄的圆盘，即银盘。

(2) 核球

银盘中心隆起的近似于球形的部分叫核球。

(3) 银核

银核是核球区域恒星高度密集，其中心有一个很小的致密区。

(4) 银晕

银晕在银盘外面，是一个范围更大、近于球状分布的系统，其中物质密度比银盘中低得多。

(5) 银冕

银晕外面还有银冕，它的物质分布大致也呈球形。

4. 银盘

银河系的物质密集部分组成一个圆盘，称为银盘。银盘内有旋臂，这是气体、尘埃和年轻恒星集中的地方。银盘是银河系的主要组成部分，在银河系可探测到的物质中，有九成都在银盘范围以内。银盘外形如薄透镜，以轴对称形式分布于银心周围，其中心厚度约1万光年，不过这是微微凸起的核球的厚度，银盘本身的厚度平均只有2000光年，直径近10万光年，可见总体上说银盘非常薄。

除了1000秒差距范围内的银核绕银心作刚体转动外，银盘的其他部分都绕银心作较差转动，即离银心越远转得越慢。银盘中的物质主要以恒星形式存在，占银河系总质量不到10％的星际物质，绝大部分也散布在银盘内。恒星主要由星族Ⅰ天体组成，如G—K型主序星、巨星、新星、行星状星云、天琴RR变星、长周期变星、半规则变星等。星际物质中，除含有电离氢、分子氢及多种星际分子外，还有10％的星际尘埃，这些直径在1微米左右的固态微粒是造成星际消光的主要原因，它们大都集中在银道面附近。

由于太阳位于银盘内，所以我们不容易认识银盘的起初面貌。为了探明银盘的结构，根据20世纪40年代巴德和梅奥尔对旋涡星系M31（仙女座大星云）旋臂的研究得出旋臂天体的主要类型，进而在银河系内普查这几类天体，发现了太阳附近的3段平行臂。由于星际消光作用，光学观测无法得出银盘的总体面貌。有证据表明，旋臂是星际气体集结的场所，因而对星际气体的探测就能显示出旋臂结构，而星际气体的21厘米射电谱线不受星际尘埃阻挡，几乎可达整个银河系。光学与射电观测结果都表明，银盘确实具有旋涡结构。

5. 银心

银心是指银河系的中心，即银河系的自转轴与银道面的交点。银心在人马座方向。银心除作为一个几何点外，它的另一含义是指银河系的中心区域。太阳距银心约10千秒差距，位于银道面以北约8秒差距。银心与太阳系之间充斥着大量的星际尘埃，所以在北半球用光学望远镜难以在可见光波段看到银心。射电天文和红外观测技术兴起以后，人们才能透过星际尘埃探测到银心的信息。

中性氢21厘米谱线的观测揭示，在距银心4千秒差距处，有氢流膨胀臂，即所谓“3千秒差距臂”（最初将距离误定为3千秒差距，后虽订正为4千秒差距，但仍沿用旧名）。大约有1000万个太阳质量的中性氢，以每秒53千米的速度涌向太阳系方向。在银心另一侧，有大体同等质量的中性氢膨胀臂，以每秒135千米的速度离银心而去。它们应是1000万至1500万年前，以不对称方式从银心抛射出来的。在距银心300秒差距的天区内，有一个绕银心快速旋转的氢气盘，以每秒70—140千米的速度向外膨胀。盘内有平均直径为30秒差距的氢分子云。在距银心70秒差距处，则有激烈扰动的电离氢区，也以高速向外扩张。

现已得知，不仅大量气体从银心外涌，而且银心处还有一强射电源，即人马座A，它发出强烈的同步加速辐射。银心区有一个大质量致密核，或许是一个黑洞。在星系包括银河系的演化史上，曾有过核心激扰活动，这种活动至今尚未停息。

6. 银晕

银河系是一个透镜形的系统，银河系为直径约30千秒差距的银晕笼罩。银晕弥散在银盘周围的一个球形区域内，银晕直径约为9万8千光年，这里恒星的密度很低，分布着一些由老年恒星组成的球状星团。有人认为，在银晕外面还存在着一个巨大的呈球状的射电辐射区，称为银冕，银冕至少延伸到距银心100千秒差距或32万光年远。

银晕主要由晕星族天体，如亚矮星、贫金属星、球状星团等组成，没有年轻的O、B型星，有少量气体，其中最亮的成员是球状星团。银晕中物质密度远低于银盘。银晕长轴直径约30千秒差距，年龄约10^{10}年，质量还不十分清楚。在银晕的恒星分布区以外的银冕是一个大致呈球形的射电辐射区，其性质目前还不是很了解。

7. 银河系旋臂

如果有机会从上方俯瞰我们的银河系平面，它更像是一只巨大的“八爪鱼”。因为银河系中的恒星并不是均匀分布的，各种星际物质形成的星云、开放星团、新星等集合在一起，看上去就像是从银河系中心向外依逆时针方向延伸出的多条“手臂”，天文学上将它们称为“银河旋臂”。

银河系包括4条大的和2条小的旋臂。太阳系坐落在较短的猎户座旋臂上，位于英仙座旋臂和人马座旋臂之间。旋臂是银河系里新的恒星诞生的摇篮。事实上，银河系每年都会有约10颗新恒星生成，每100年至少会有一颗星老化。新生的星就出现在银河的旋臂上。

在研究银河系旋臂时，光学方法受到很大限制。关于银河系旋臂的知识主要来源于射电观测。在太阳附近，射电观测探测到3段旋臂，即英仙臂、猎户臂和人马臂，太阳靠近猎户臂的内侧。20世纪70年代，人们通过探测银河系一氧化碳分子的分布，又发现了第4条旋臂，它跨越狐狸座和天鹅座，是一条离银心4千秒差距的旋臂，称为3千秒差距臂，正以约50千米/秒的速度向外膨胀。现已得知，旋臂是气体、尘埃和年轻恒星集中的地方。旋臂内主要是极端星族Ⅰ天体，如O型和B型星、金牛座T型变星、经典造父变星、疏散星团、超巨星、星协等。旋臂内还有大量的中性氢、电离氢、分子云和尘埃。旋臂的起源和演化问题尚未解决。科学家巧妙采用了一种名为“三角视差”的方法，用射电望远镜成功捕捉到了来自“英仙臂”的一个宇宙激光发射源，并把太阳和地球的间距作为基线，进行几何计算后得出了这个辐射源的距离。最后得出结论：太阳到英仙座旋臂的距离为 1.95 千秒差距，约 6370 光年，误差不到 2.1%。

2008 年 6 月 5 日，美国天文学家描绘出了银河系最真实的地图，最新地图显示，银河系螺旋手臂与之前所观测的结果大相径庭，原先银河系的四个主螺旋手臂，现只剩下两个主螺旋手臂，另外两个手臂处于未成形状态。对银河系的最新探测是用美国航空航天局的尖头式太空望远镜完成的，这种太空望远镜可以检测出红外光。因为所有发热物体均可发出红外线，红外线光波可以穿过尘埃。用这种方法得到的银河全景包括了 80 万张照片，共有 1.1 亿颗星星包含其中。通过计算星星的数目，科学家们发现，两条主要的旋臂分别是半人马座旋臂和英仙座旋臂；有两个主要旋臂，也是类银河星系的普遍结构。在这两条主要的旋臂上，既聚集着年轻明亮的恒星，也聚集着“星龄”很老的红巨星。

旋臂理论仍存在巨大争议。

8. 银河系的自转

太阳系中我们知道的每个物体，上至太阳下至火星与木星轨道间的小行星都在自转，只是一些物体比另一些物体转得快。这就提供给我们一个想法，其他行星一定也在自转，事实上，甚至整个银河系也在自转。

1887 年，P.O. 斯特鲁维首次利用自行数据研究银河系自转。20 世纪 20 年代，经 B. 林德布拉德、J.H. 奥尔特等人的研究，最终确定银河系在自转。根据太阳的旋转周期和离中心的距离，就可以计算出星星的中心球体的质量。结果是银河系的质量——或者是组成银河系的最少的星星的质量——大约是太阳质量的 1000 亿倍，但这并不意味着银河系中有 1000 亿颗星星，因为太阳不是一颗有代表性的星星。或许，银河系中 3/4 的星星是红矮星，而且足有 90%的星星比太阳轻。如果普通星星的质量是太阳质量的一半，那在银河系中就大约存在着 2000 亿颗星星。

银河系自转的方式既不同于刚体旋转，又不同于开普勒旋转，而是一种较差旋转。银河系自转的线速度为 220 千米/秒，自转周期约 2.5×10^8 年。

银河系作为一个整体在自转着，银盘上所有的恒星也都各自沿着近乎圆形的轨道绕银河系中心旋转，而且运动速度不同。其中，太阳绕银心的公转速度为 250 千米/秒，绕银心一周需要 2.3 亿年。

9. 银河系的空间运动

银河系作为一个整体系统，除了自转以外，也在宇宙空间运动着。由于我们住在银河系里，不能直接观测它在宇宙空间的运动。但可以从一些河外星系相对于银河系的运动，来研究银河系的本身运动。天文学家已经测出，银河系除了自转外，还以 211 千米/秒的速度朝麒麟座的方向运动着。也就是说，银河系一边旋转一边飞驰，像一个巨大的飞盘，沿着一条复杂而奇妙的路线在太空运转着。

10. 银河系的磁场

20 世纪 30 年代，天文学家就开始讨论银河系广阔的星际空间存在磁场的可能性。20 世纪 40 年代起，发现了一些确凿的证据，表明星际空间确实存在磁场。但是，对星际磁场的较可靠的测量却是 20 世纪 60 年代以后的事。

磁场存在的观测证据，主要有下述四个方面。

（1）宇宙线

观测表明，宇宙线基本上是各向同性的。但宇宙线来源于银河系，而银河系里的天体的分布并不是各向同性的，如果认为银河系里存在磁场，这种矛盾就可以解决。宇宙线的主要成分是带电的原子和 α 粒子。磁场的存在能使这些带电粒子改变运动方向。由于星际空间的磁场形状很复杂，本来可能是分布不均匀的宇宙线，到达地球时就可能成为各向同性了。

（2）银河背景射电辐射

银河系的背景射电辐射具有非热辐射的性质。最合理的解释是，背景射电辐射是相对论性电子在磁场中运动时产生的同步加速辐射。

（3）弥漫星云的形状

有些弥漫星云具有纤维状结构，表明那里存在着磁场。许多弥漫星云呈扁长形，而且大多同银道面相平行，这说明银河系里存在着平行于银道面的磁场。

（4）星光偏振

1949 年，J. S. 霍尔等人发现，很多恒星的光具有微小的偏振。一般说来恒星越远，星光偏振度也越大。这种星光的偏振不是由星际气体而是由星际尘埃造成的。星际尘埃呈长条形，而且排列有规律，才会引起星光偏振，否则，即使每粒尘埃可引起星光偏振，但平均效果也会互相抵消。这些长条形的尘埃之所以有规律地排列，就是磁场作用的结果。

11. 银河系的早期观测

虽然从非常久远的古代，人们就认识了银河系。但是对银河系的真正认识还是从近代开始的。1750 年，英国天文学家赖特认为银河系是扁平的。1755 年，德国哲学家康德提出了恒星和银河之间可能会组成一个巨大的天体系统；随后的德国数学家郎伯特也提出了类似的假设。到 1785 年，英国天文学家威廉·赫歇耳绘出了银河系的扁平形体，并认为太阳系位于银河的中心。1918 年，美国天文学家沙普利经过 4 年的观测，提出太阳系应该位于银河系的边缘。1926 年，瑞典天文学家林得布拉德分析出银河系也在自转。

第一个通过观测研究恒星系统本原的是 F. W. 赫歇耳。他用自己磨制的反射望远镜，计数了若干天区内的恒星。1785 年，他根据恒星计数的统计研究，绘制了一幅扁而平、轮廓参差、太阳居其中心的银河系结构图。他用 50 厘米和 120 厘米口径望远镜观测，发现望远镜贯穿本领增加时，观察到的暗星也增多，但是仍然看不到银河系的边缘。F. W. 赫歇耳意识到，银河系远比他最初估计的大得多。

F. W. 赫歇耳死后，其子 J. F. 赫歇耳继承父业，将恒星计数工作范围扩展到南半天。19 世纪中叶，开始测定恒星的距离，并编制全天星图。1906 年，卡普坦为了重新研究恒星世界的结构，提出了“选择星区”计划，后人称为“卡普坦选区”。他于 1922 年得出与 F. W. 赫歇耳的类似的模型，也是一个扁平系统，太阳居中，中心的恒星密集，边缘稀疏。沙普利在完全不同的基础上，探讨银河系的大小和形状。他利用 1908—1912 年勒维特发现的麦哲伦云中造父变星的周光关系，测定了当时已发现有造父变星的球状星团的距离。在假设没有明显星际消光的前提下，于 1918 年建立了银河系透镜形模型，太阳不在中心。到 20 世纪 20 年代，沙普利模型已得到天文界公认。由于未计入星际消光效应，沙普利把银河系估计过大。到 1930 年，特朗普勒证实星际物质存在后，这一偏差才得到纠正。

银河系物质约 90%集中在恒星内。1905 年，赫茨普龙发现恒星有巨星和矮星之分。1913 年，赫罗图问世后，按照光谱型和光度两个参量，得知除主序星外，还有超巨星、巨星、亚巨星、亚矮星和白矮星五个分支。1944 年，巴德通过仙女星系的观测，判明恒星可划分为星族Ⅰ和星族 II 两种不同的星族。星族Ⅰ是年轻而富金属的天体，分布在旋臂上，与星际物质成协。星族 II 是年老而贫金属的天体，没有向银道面集聚的趋向。1957 年，根据金属含量、年龄、空间分布和运动特征，进而将两个星族细分为中介星族Ⅰ、旋臂星族（极端星族Ⅰ）、盘星族、中介星族 II 和晕星族（极端星族 II）。

恒星成双、成群和成团是普遍现象。20 世纪初，巴纳德用照相观测，发现了大量的亮星云和暗星云。1904 年，恒星光谱中电离钙谱线的发现，揭示出星际物质的存在。随后的分光和偏振研究，证认出星云中的气体和尘埃成分。近年来通过红外波段的探测发现，在暗星云密集区有正在形成的恒星。射电天文学诞生后，利用中性氢 21 厘米谱线勾画出银河系旋涡结构。根据电离氢区的描绘，发现太阳附近有三条旋臂：人马臂、猎户臂和英仙臂；太阳位于猎户臂的内侧。此外，在银心方向还发现了一条 3 千秒差距臂。旋臂间的距离约 1.6 千秒差距。1963 年，用射电天文方法观测到星际分子 OH，这是自从 1937—1941 年间，在光学波段证认出星际分子 CH、CN 和 CH＋以来的重大突破。到 1979 年底，发现的星际分子已超过 50 种。

银河系演化的研究近年来才有一些成就。关于太阳附近老年恒星空间运动的资料表明，在原银河星云的坍缩过程中，最早诞生的是晕星族，它们的年龄是 100 多亿年，化学成分是氢约占 73%，氦约占 27%。而大部分气体物质集聚为银盘，并随后形成盘星族。近年还从恒星的形成和演化、元素的丰度变迁、银核的活动及其在演化中的地位等角度探讨银河系的整体演化。20 世纪 60 年代发展起来的密度波理论，很好地说明了银河系旋涡结构的整体结构及其长期的维持机制。

12. 银河系中的黑洞

黑洞被认为是类星体死亡后的产物，类星体是星系的心脏，它能量巨大，放射出明亮无比的光线。是爱因斯坦最先提出了黑洞概念，根据广义相对论，引力场将使时空弯曲。当恒星的体积很大时，它的引力场对时空几乎没什么影响，从恒星表面上某一点发的光可以朝任何方向沿直线射出。而恒星的半径越小，它对周围的时空弯曲作用就越大，朝某些角度发出的光就将沿弯曲空间返回恒星表面。等恒星的半径小到一特定值（天文学上叫“史瓦西半径”）时，就连垂直表面发射的光都被捕获了。到这时，恒星就变成了黑洞。说它“黑”，是指它就像宇宙中的无底洞，任何物质一旦掉进去，“似乎”就再不能逃出。实际上黑洞是“隐形”的，但它跟白矮星和中子星一样，很可能也是由恒星演化而来的。

要了解黑洞的形成，就不能不先来了解一下白矮星和中子星形成的过程。当一颗恒星衰老时，它的热核反应已经耗尽了中心的燃料（氢），由中心产生的能量已经不多了。这样，它再也没有足够的力量来承担起外壳巨大的重量。所以在外壳的重压之下，核心开始坍缩，直到最后形成体积小、密度大的星体，重新有能力与压力平衡。质量小一些的恒星主要演化成白矮星，质量比较大的恒星则有可能形成中子星。而根据科学家的计算，中子星的总质量不能大于3倍太阳的质量。如果超过了这个值，那么将再没有什么力能与自身重力相抗衡了，从而引发另一次大坍缩。据科学家的猜想，物质将不可阻挡地向着中心点进军，直至成为一个体积趋于零、密度趋向无限大的“点”。而当它的半径一旦收缩到一定程度（史瓦西半径），正像我们上面介绍的那样，巨大的引力就使得即使光也无法向外射出，从而切断了恒星与外界的一切联系——“黑洞”诞生了。

“黑洞”无疑是20世纪最具有挑战性、也最让人激动的天文学说之一。许多科学家正在为揭开它的神秘面纱而辛勤工作着，新的理论也在不断地提出。1992年，肖德勒领导的小组开始追踪一颗代号S2的天体的移动轨迹。在接下来的10年中，小组成功地描绘出S2椭圆形轨迹的2/3。S2的轨迹被称为人马座A的天体运行，天文学家普遍认同人马座A位于银河系的中心，可能就是黑洞本身。人马座A距离地球约3万光年，放射出强劲的无线电波。科学家推测，这些无线电波是因物质被黑洞吞噬而产生的。而S2绕轨道运行一周的时间约15年，比木星绕太阳周期长4年，它是迄今科学家观测到的最靠近假设黑洞的天体。其他绕黑洞运行的天体的轨道周期多在数百和数千万年之间。还要说明的是：S2的体积是太阳的7倍，其运行速度必定相当快，才能逃脱被中央黑洞吞噬的命运。

类似的现象使天文学家得出结论认为，在许多星系的中心都可能存在类似黑洞，然而，S2的轨道是迄今为止星系中央存在黑洞的最有力证据。科学家们认为S2的椭圆形轨道与它围绕质量50万倍于太阳的小体积超密度物体运行的推测完全吻合。较早对人马座A附近天体的观测也显示，在银河系中央存在质量相当于太阳 50 倍的物体。

13. 黑洞的性质和类型

黑洞是一种特殊的天体，具有与我们熟知的天体很不一样的特性。黑洞的特性很简单，只有质量、电荷和角动量三个参数。根据黑洞质量来区分，有恒星级质量黑洞和星系级质量黑洞；按有无旋转来分，有不旋转的史瓦西黑洞和旋转的克尔黑洞。

（1）黑洞的性质

黑洞具有许多奇异的特性。它有一个边界，被称为“视界”。球状黑洞的视界就是以史瓦西引力半径为径向坐标的球面。视界外面的任何物体或可以朝向或离开视界而运动，也可以绕着黑洞做轨道运动。但是，物质（包括光）一旦落入视界之内，就再也不能逃出视界。我们接收不到黑洞视界里面的任何信息。黑洞是黑的，是看不见的。在黑洞视界以内，物体受巨大引力以极快的速度落到黑洞中心。除中心有物质外，其他地方完全是空无一物，中心点称为奇点。普遍来说，黑洞是只有质量、电荷和角动量的暗黑而空虚的球体。这是一个很难理解的奇怪天体。

按照广义相对论推出的黑洞，在其中心的那个几何点，物质密度、引力和起潮力都是无穷大。这就是所谓“中心奇点”的状态。在中心奇点附近，一切物理定律根本不适用，广义相对论也不再正确了。

（2）黑洞的类型

就黑洞性质来分，主要有史瓦西提出的球状黑洞、克尔提出的旋转黑洞和霍金提出的量子黑洞。还有一种黑洞是带有电荷的，是史瓦西黑洞的一种推广。

史瓦西球状黑洞。史瓦西球状黑洞就是所谓“寻常黑洞”，它是直接由较大的恒星演化而来的。恒星到晚期时核燃料消耗殆尽，辐射压（光压）急剧减弱，星体在其自身引力的作用下坍缩。若质量（指原恒星的质量）大于 8 倍的太阳，其产物就是黑洞。在宇宙空间里，此类黑洞居多数，其最大质量一般不超过 50 倍太阳。

从数学上来说，史瓦西球状黑洞就是其外部的引力场符合史瓦西解的黑洞。史瓦西研究的黑洞是在绝对真空中完全球对称的，在塌缩过程中没有丝毫物质异动，不带电荷，没有丝毫旋转的，标准理想化恒星的塌缩过程，以及它内外时空的场方程解。

史瓦西黑洞是寻常黑洞的发祥地，它有一个视界和一个奇点。

视界是物体能否回到外部宇宙的分界面，在视界外面，物体可以离开或者接近黑洞而保持安全。而在视界上，只有光速运动的物体可以保持不进入黑洞，但是连光也无法从这个面中逃脱。如果不幸进入了视界内部，那么就再也无法出来或者取得联络了。此外，视界也是时间和空间属性颠倒的地方，在视界内，空间是类时的，时间是类空的。

奇点是黑洞奇异性的来源，也就是黑洞中允许相对论和量子理论同时大规模作用于同一个物体的源泉。任何接触到奇点的物质（包括场）必然被奇点摧毁，被分解为纯粹的基本粒子和时空单体，即使是形成这个黑洞、这个视界、这个奇点的恒星，也将被它摧毁而不再对黑洞产生任何影响。

克尔旋转黑洞。所有恒星都在自转，没有理由认为黑洞没有自转。自转将造成黑洞偏离球形而成为椭球体。史瓦西球状黑洞只是球形物体的引力场，与真实的恒星坍缩为黑洞的情况有所偏离。新西兰物理学家罗伊·克尔得到旋转黑洞的引力场的解。

旋转黑洞的特性和史瓦西黑洞很不相同，史瓦西黑洞只有一个质量参量，而克尔黑洞有两个参量：质量和角动量。我们知道，中子星的自转非常快，最快的毫秒脉冲星的自转达到每秒600次，中子星的自转是根据观测到的周期而得到的。我们观测不到黑洞，因此克尔黑洞的自转究竟有多快我们无法测量。但是，按照角动量守恒的原理，大质量恒星坍缩为直径小于中子星的黑洞，黑洞的自转角速度必然会超过中子星。像中子星一样，克尔黑洞的自转也是刚性的，视界上的所有点都以同样的角速度转动。

旋转黑洞的周围就像宇宙中的一个引力大旋涡，旋涡中心是黑洞，在旋涡附近的物体都会吸向旋涡中心。史瓦西黑洞只有一个视界，而旋转黑洞有两个视界：外视界和内视界。两个视界之间的区域称为能层，在能层内的物质会被黑洞的自转所带动，但仍有机会逃离黑洞的魔掌。内视界才是真正的死亡线，一旦进入就永远别想逃脱。在外视界外面的物体，如飞船之类的物体可以自由飞行。

特大质量黑洞。从理论上讲，黑洞是没有质量上限的，可以极端地大。特大质量的黑洞可能经过三个途径形成：首先，如果比较大的恒星级黑洞（如10个太阳质量）的周围有足够的物质存在，该黑洞可以逐步吞食附近的物质而变成特大型的黑洞；第二个途径是由恒星集团的引力坍缩而形成；第三个途径则是在宇宙早期形

成的特大质量的原初黑洞，大爆炸一方面引起宇宙膨胀，同时在局部区域引起凝聚，形成密度高于周围区域的团块，从而形成大大小小质量的黑洞，包括质量特大的黑洞。

14. 霍金的量子黑洞

黑洞真的就是漆黑一团吗？1974 年霍金发表了题为《黑洞会爆发吗?》的论文以后，黑洞理论才在观念上有突破性的进展。他证明，黑洞的边界不再是密不可透，黑洞能辐射能量，并且损失质量。霍金黑洞理论允许粒子逃离黑洞，这是爱因斯坦的广义相对论所不能允许的，黑洞的“霍金辐射”被认为是划时代的贡献。

霍金依照的仍然是广义相对论原理，所不同的是他考虑了量子论的影响。当考虑量子效应后，黑洞就不再是完全“黑”的了，黑洞的边界不再是密不可透。根据量子力学，空间中充满了成双结对的粒子和反粒子。在黑洞附近，如果一个粒子或反粒子掉到黑洞里面去，留下它的伴侣在黑洞外面，那么就相当于是黑洞发射的辐射。量子力学允许粒子逃离黑洞，这是广义相对论不能允许的事情。

与普通炽热物体一样，黑洞的辐射也表现为热谱形式。黑洞的热平衡温度是与它的表面引力成正比，与其质量成反比的。引力越大温度越高，质量越大则温度越低。大黑洞的温度低，小黑洞的温度高。如果黑洞的质量与太阳相当，其温度只有绝对温度的千万分之几度。在这样低的温度下，它辐射的热能是微不足道的，相当于一种蒸发过程，称为“霍金蒸发”。这种很少的“蒸发”很容易被宇宙背景辐射全部淹没。所以，大质量的黑洞仍旧是一种看不见的暗天体。小质量黑洞就不同了，如一个质量只有 10 亿吨的小黑洞会具有 1200 多亿度的高温。在这样的高温下，发射强度很大，类似一种爆发，它每秒放出的能量约有 60 亿焦耳，相当于 6 座巨型核电站所能输出的功率。

我们可以设想，如果我们能把物体的质量压缩到它的引力半径以内，它就可以自己经引力坍缩而变为小黑洞。这在原理上是成立的，但在技术上却是不可能做到的。霍金指出，在宇宙大爆炸发生之际，在温度极高和密度极大的条件下，就存在这样的可能。在介质高度受压的区域内，密度的局部涨落可能使其中一部分物质的体积小于其引力半径规定的范围。例如把 10 亿吨的质量压缩到相当于质子大小的空间，它就成为一个小黑洞了。很可能宇宙早期形成的这种小黑洞正在我们太阳系或银河系中回荡着，也许它们现在正在爆炸。

第二节　星云的构成与分类

恒星之间广阔无垠的空间远不是真正的“真空”，而是存在着各种各样物质的空间。这些物质包括星际气体、尘埃和粒子流等，人们把它们叫做“星际物质”。宇宙空间中的星际物质分布并不均匀，在力场作用下，某些地方的气体和尘埃可能相互吸引而密集起来，形成云雾状。人们形象地把它们叫做“星云”。按照形态，银河系中的星云可以分为弥漫星云、行星状星云等几种。研究星云对探索恒星的形成、星前物质和星际物质的成分等，都有极为重要的意义。

1. 星云

星云包含了除行星和彗星外的几乎所有延展型天体。它们的主要成分是氢，其次是氮，还含有一定比例的金属元素和非金属元素。近年来的研究还发现含有有机分子等物质。星云是由星际空间的气体和尘埃结合成的云雾状天体。星云里的物质密度很低，若拿地球上的标准来衡量的话，有些地方是真空的。可是星云的体积十分庞大，常常方圆达几十光年。所以，一般星云较太阳要重的多。

星云的物质密度十分稀薄。根据理论推算，星云的密度超过一定的限度，就要在引力作用下收缩，体积变小，逐渐聚集成团。一般认为恒星就是星云在运动过程中，在引力作用下收缩、聚集、演化而成的。恒星形成以后，又可以大量抛射物质到星际空间，成为星云的一部分原材料。所以，恒星与星云在一定条件下是可以互相转化的。恒星也有自己的生命史，它们从诞生、成长到衰老，最终走向死亡。它们大小不同，色彩各异，演化的历程也不尽相同。恒星与生命的联系不仅表现在它提供了光和热。实际上构成行星和生命物质的重原子就是在某些恒星生命结束时发生的爆发过程中创造出来的。

1758 年 8 月 28 日晚，一位名叫梅西耶的法国天文学爱好者在巡天搜索彗星的观测中，突然发现一个在恒星间没有位置变化的云雾状斑块。梅西耶根据经验判断，这块斑形态类似彗星，但它在恒星之间没有位置变化，显然不是彗星。这是什么天体呢？在没有揭开答案之前，梅西耶将这类发现（截止到 1784 年，共有 103 个）详细地记录下来。其中第一次发现的金牛座中云雾状斑块被列为第一号，即 M1，“M”是梅西耶名字的缩写字母。

梅西耶建立的星云天体序列，至今仍然在被使用。他的不明天体记录（梅西叶星表）发表于 1781 年，引起英国著名天文学家威廉·赫歇尔的高度注意。在经过长期的观察核实后，赫歇尔将这些云雾状的天体命名为星云。

最初所有在宇宙中的云雾状天体都被称作星云。由于早期望远镜分辨率不够高，河外星系及一些星团看起来呈云雾状；后来随着天文望远镜的发展，人们的观测水准不断提高，例如哈勃测得仙女座大星云距离后，证实某些星云其实是和我们银河系相似的恒星系统，由此把原来的星云划分为星团、星系和星云三种类型。由于历史习惯，某河外星系有时仍被称之为星云，例如大小麦哲伦星云、仙女座大星云等。

2. 星云的分类

星云是由宇宙中的尘埃及气体所形成的，就形态来说，星云可以分为弥漫星云、行星状星云和超新星爆发后的剩余物质云。

（1）弥漫星云

指具有不规则形状，没有明确边界的星云。这类星云比行星状星云大得多，延伸范围平均大小为几十光年，但是要暗弱得多，而且密度也要稀薄得多，每立方厘米只有几个质子和电子。质量大小也不一，一般为太阳质量的 10 倍。大的可达太阳质量的数千倍，小的只有太阳质量几分之一，一般由气体和尘埃组成。在银河系里，弥漫星云分布很不均匀，有的也有成群结队的现象。这种星云种类很多，形态也不一样，大致可分为亮星云、暗星云、发射星云、反射星云以及球状体等。

（2）行星状星云

指外形呈圆盘状或环状的并且带有暗弱延伸视面的星云，属于发射星云的一种。从望远镜中看去，它具有像天王星和海王星那样略带绿色而有明晰边缘的圆面。1977 年，威廉·赫歇尔发现这类天体后，称它们为行星状星云。其中央部分有一个很小的核心，是温度很高的中心星。行星状星云的气壳在膨胀，速度为每秒 10 千米到 50 千米。其化学组成和恒星差不多，质量一般在 0.1—1 个太阳质量之间，密度在每立方厘米 100—10000 个原子（离子）之间，温度为 6000K 到 10000K 之间，中心星的温度高达 30000K 以上。据估计，行星状星云的寿命平均约为 30000 年左右。这类星云的出现，象征着恒星已到晚年。在银河系存在期间（大约 10 亿—100 亿年），将近有 10 亿—100 亿个恒星经历过行星状星云阶段。

（3）超新星遗迹

它们是超新星爆发时，星体的外层向空间迅猛地抛出的大量物质与星际物质作用，形成遗留在空间的丝状气体云和气壳。超新星遗迹是一类与弥漫星云性质完全不同的星云，它与行星状星云一样，体积也在膨胀之中，最后也趋于消散。

最有名超新星遗迹是金星座中的蟹状星云。它是由一颗在 1054 年爆发的银河系内的超新星留下的遗迹。在这个星云中央已发现有一颗中子星。中子星体积非常小，用光学望远镜不能看到。它是因为有脉冲式的无线电波辐射而发现的，并在理论上确定为中子星。

3. 行星状星云

行星状星云实质上是一些垂死的恒星抛出的尘埃和气体壳，直径一般在 1 光年左右。由质量小于太阳十倍的恒星在其演化的末期，其核心的氢燃料耗尽后，不断向外抛射的物质构成。

行星状星云是指外形呈圆盘状或环状的并且带有暗弱延伸视面的星云，属于发射星云的一种，有些与大行星很相像，因而得名。这类星云与弥漫星云在性质上完全不同，它们是如太阳差不多质量的恒星演化到晚期，核反应停止后，走向死亡时的产物。这类星云的体积在膨胀之中，最后气体逐渐扩散消失于星际空间，仅留下一个中央白矮星。在行星状星云的中央，都有一颗高温恒星，称为行星状星云的中央星。这是正在演化成白矮星的恒星。

在望远镜中看去，它具有像天王星和海王星那样略带绿色而有明晰边缘的圆面。用大望远镜观察显示出行星状星云有纤维、斑点、气流和小弧等复杂结构。它们主要分布在银道面附近，受到星际消光的影响，大量的行星状星云被暗星云遮蔽而难以观测，其中央部分有一个很小的核心，是温度很高的中心星。在银河系存在期间，将近有 10 亿—100 亿个恒星经历过行星状星云阶段。因此，这种天体很可能是一种普遍存在的天体。银河系中大部分恒星，很可能都要经过行星状星云而后才“死亡”。根据太阳附近的分布密度（约每千立方秒差距30—50个）估计，整个银河系中应该有四五万个行星状星云，现在观测到的只是其中很小的一部分。

行星状星云形成过程大致是这样：质量低于两倍太阳质量的恒星，一生中绝大部分的时间都在核心进行氢融合成氦的核聚变反应，由核聚变释放出来的能量阻挡住恒星自身重力的崩溃，使恒星保持稳定。经历数十亿年之后，恒星用尽了氢，从核心释放出来的能量将不足以产生足够的压力去支撑恒星的外层外壳，于是核心将收缩使温度上升。现在太阳核心的温度接近1500万开，但是当氢用尽时，收缩将使温度上升至1亿开。恒星的外壳因为核心温度的升高将剧烈的膨胀，急剧膨胀将导致外壳温度的下降，恒星成为红巨星。恒星的核心继续收缩并使温度再升高，而当温度达到1亿开时，核心的氦将开始核聚变为碳和氧，这一过程是宇宙中金属的来源。再度点燃的核聚变反应阻止了核心的收缩，燃烧的氦将在内部产生碳和氧的核心，外面则被燃烧中的氦包围着。氦的核聚变反应对温度极端的敏感，温度只要略有上升，就会迅速导致反应速率的增加，然后释放出更多的能量，进一步的提高温度，从而使外壳向外膨胀的速率增加，外壳的温度也更为降低。这使得恒星变得很不稳定，于是巨大的脉动组合产生了，恒星的气体外壳在反覆的收缩、膨胀之中，最后终将被抛入太空中。抛出的气体在恒星附近形成彩色的云层，而在中心剩下裸露的核心。随着越来越多的气体外壳被抛离恒星，恒星裸露出来的层次不断深入核心，露出部分的表面温度也越来越高。当露出的表面温度大约达到30000K时，就会有足够紫外线光子将大气层中的原子游离，于是气体开始产生受激辐射，行星状星云便诞生了。

著名的行星状星云有天琴座环状星云等。目前河外星系中也发现了大量的行星状星云，如仙女座星系中就已发现300多个行星状星云；大麦哲伦星系中发现400多个行星状星云；小麦哲伦星系中发现200多个行星状星云。

4. 弥漫星云

弥漫星云正如它的名称一样，没有明显的边界，常常呈现为不规则的形状，犹如天空中的云彩，但是它们一般都得使用望远镜才能观测到，很多只有用天体照相机作长时间曝光才能显示出它们的美貌。它们的直径在几十光年左右，主要分布在银道面附近。著名的弥漫星云中有猎户座大星云、礁湖星云（M8）、鹰嘴星云

(M16)、马蹄星云（M17）、三叶星云（M20）、玫瑰星云、猎户座马头星云等。

从外形上看，弥漫星云没有明显边界，平均直径在几十光年，常常呈不规则形状。平均密度为每立方厘米 10—100 个原子。弥漫星云的总质量有大有小，小的只有数 10 个太阳质量，而大的可到几十万个太阳质量，它们主要分布在银河系内的银道面附近。

弥漫星云又分为亮星云和暗星云，它们将在下面具体讲述。

5. 亮星云

亮星云只能在明亮的恒星附近被发现，正是这些明亮的恒星才把这些星云照亮。亮星云又分为反射星云和发射星云。以猎户座大星云和昴星团中的星云状物质为例。猎户座大星云的光谱图片显示有明线光谱，这表明星云中的气体处于低压状态，本身正在发光。这种星云因此而得名叫做发射星云。而昴星团中星云物质的光谱图片却表明，这些星云完全是反射其中嵌含的恒星的光，这些星云状物质的光谱为吸收光谱，同星团中最亮恒星的光谱一样，因此这种星云称之为反射星云。

著名的亮星云猎户座大星云（M42）位于猎户座三星下面的小三星中间。1656 年，被荷兰天文学家和物理学家惠更斯用自制的天文望远镜发现。现在，用一般小型天文望远镜也能观测到它。猎户座大星云和它周围的恒星组成一个疏散星团。这个星团中有许多高温恒星，它们发出强烈的紫外辐射，使这团气体受激发光。

6. 暗星云

既不反射所嵌含的恒星的光、自身也不发光的气体云叫做暗星云。这类天体的存在，可以通过它们对背后亮天体的部分遮掩来发现，例如猎户座天区里的马头星云。在宇宙空间中还有许多别的暗星云，表面看来它们空无一物，而实际上却是一块块巨大的气体和尘埃团，只是附近没有亮星照射它们罢了，例如南半球的煤袋暗星云。煤袋暗星云距离我们为 400 光年，其直径在 40 光年左右，用肉眼就很容易看到它。

7. 气体星云

气体星云主要由高温气体组成。组成星云的物质受附近的恒星发出的紫外线影响而带有电荷，并在它们降压的过程中放出射线（在很大程度上类似于霓虹灯）。这类星云通常都是红色的，因为它们的主要成分氢在此情况下呈红色（其他物质呈不同的颜色，但氢的含量远高于其他物质）。气体星云通常会孕育新的恒星。

8. 尘埃星云

尘埃星云是由尘埃组成的星云，它仅仅靠反射附近恒星发出的光而能被看到，所以也是反射星云。尘埃星云也常常成为恒星诞生的场所。它们看上去常呈蓝色，因为它们反射的蓝光较多。尘埃星云和气体星云一般都会呆在一起，有时它们一起被称作云雾状星云。

9. 猎户座大星云

猎户座大星云形似艳丽的棉桃，分外壮观。它的直径约 16 光年，质量约为太阳的 300 倍，离我们约 1500 光年，是离地球最近的星云。猎户座的中间有 3 颗排列整齐的亮星，好比猎人的腰带。在猎人腰带的下面，另外还有斜着排列的 3 颗小星，好像猎人的佩剑。猎户座大星云的视亮度达 4 等，是全天唯一能用肉眼看见的气体星云。晴朗的夜晚，不用望远镜就能看出 3 颗小星中间有一颗隐隐约约地泛着红光的星，其实它并不是一颗恒星，而是猎户座大星云。当初，由于猎户座大星云仅凭肉眼就能看到，因此古代天文学家早已注意到它，只不过他们没有看出它是星云，而把它当作恒星命名为猎户座 9 星。

猎户座大星云中心区域有著名的“四边形聚星”。这 4 颗星都是温度很高的刚刚诞生不久的年轻恒星。这些年轻恒星的强紫外辐射使星云中的氢原子电离并发射出美丽的红色光辉。天文学家发现猎户座四边形区域正在诞生新的恒星，因此长期密切关注它的情况。哈勃太空望远镜也重点观测过它。从哈勃太空望远镜拍摄的猎户座四边形区域的照片中，我们可以看出在明亮的 4 颗星周围，有许多“小星际云”，也称为原行星盘。一些原行星盘像小蝌蚪一样长出了尾巴。这是因为在周围高温亮星所放射出的强紫外线的照射下，原行星盘内气体和尘埃不断蒸发，随风飘逸，形成了小蝌蚪一样的尾巴。我们还可以看出原行星盘中的新生恒星已经很明显，这些原行星盘将来即将形成与我们的太阳系相类似的行星系统。

10. 螺旋星云

螺旋星云永远是黑暗宇宙中的亮点，星体、灰尘、气体和等离子等物质由于重力的作用汇集到一起就形成了螺旋星云，看上去它就像是一个在黑暗的宇宙中划过的火风车。

“NGC 1068”螺旋星云距离地球约 6000 万光年，运动速度为每秒 1000 余英里。由于它的亮度非常高，所以早在 1780 年就被法国天文学家查尔斯·迈歇尔发现了，当时被命名为“M77”，因为它是当时发现的第 77 个肉眼可见的星云。尽管后来根据新的命名规则改变了这一星云的名称，但它仍然是 200 多年来科学家们研究的重点目标。1999 年以来，随着如远紫外线分光镜探测卫星（FUSE）等先进的探测工具的应用，科学家们对这一神秘的星云有了更多更深入的认识。

2001 年 11 月 29 日至 12 月 1 日，远紫外线分光镜探测卫星曾经对“NGC 1068”螺旋星云中心的凸起部分进行过探测，搜集了大量的资料。科学家们通过对这些资料的研究发现，如果把整个星云比做一个鸡蛋的话，那么其中心的凸起部分就相当于蛋黄，周围的部分就相当于蛋清。而且星云中心的探测结果与银河系中心的探测结果基本一致。

科学家们还对“NGC 1068”螺旋星云进行过离子化程度很高的“氧 6”探测，结果发现星云中气体的温度之高足以破坏分子结构，而且随着温度的升高，电子会从氧原子的束缚中脱离出来。通常的氧分子中有六个电子，而“氧 6”分子则只有三个，在“氧 6”分子中出现电子脱离现象只有当温度达到 10 万度以上时才有可能。

科学家们研究中还发现，在螺旋星云的附近存在着一个巨大的黑洞，而黑洞与星云之间的关系还有待进一步的研究。

11. 北美星云

北美星云（NGC 7000）跨度约 15 光年，距离我们大约 1500 光年，方向指向天鹅座。北美星云能够制造恒星。它和在地球上的大陆相似，状如中美洲和墨西哥的明亮部分实际上是一张气体、尘埃和新形成的恒星的温床，被称为天鹅座围墙。这一恒星形成的围墙正在被明亮的年轻恒星照亮和侵蚀，并且部分地被那些恒星制造的暗尘埃所掩盖。

12. 哑铃星云

在全天的行星状星云中，狐狸座哑铃星云无疑是最美丽的一个，它位于梅西耶星团星云星表的第 27 位，故又称 M27 星云。它的形状像两个圆锥顶对顶对接起来的哑铃，因此被称为哑铃星云。在行星状星云中它并不是最大的，也不是最亮的。由于较大的行星状星云均比较暗，而最亮的行星状星云又很小，因此狐狸座哑铃星云就成为最容易观测的了。

狐狸座哑铃星云很明亮，视星等为 7.6 等，在满布恒星的星空背景中显得很突出。当用大的望远镜观测时，能够看到柔和的蓝绿色的光晕包围在“哑铃”的周围。观测表明，它的光晕长轴方向的方位角为 125°，有颗 12 等的核星靠近哑铃形的西边缘。另外，在它以北 25′处，仅有一颗 5 等星，即狐狸座 14 星。

13. 蟹状星云

这个星云是在 1731 年被一位英国医生拜维斯最早发现的，因为这个星云的形状有点像螃蟹故名蟹状星云。

蟹状星云在 1054 年 7 月 4 日（宋仁宗至和元年五月二十六日）的《宋史·天文志》上就有记载。600 多年后，英国业余天文学家拜维斯在金牛座中发现了一个模糊的云雾状天体。法国天文学家梅西叶从 1771 年起开始编制他的星表，并把这一云雾状天体列为第一号天体，称为 M1。19 世纪中叶，英国人罗斯仔细观察了这一天体，发现它具有纤维状结构，酷似蟹钳，因此把它叫做蟹状星云。1921 年，美国洛威尔天文台的兰普兰特和威尔逊天文台的邓肯分别比较了相隔 8 年和 11.5 年的蟹状星云的照片，互相独立地发现了蟹状星云在膨胀。1929 年，美国天文学家哈勃根据蟹状星云的膨胀速度推算出它大约是在 900 年前从一个点上膨胀开来的，提出它就是 1054 年中国人发现的“客星”，即今天所说的超新星爆发。其实，蟹状星云是一个独一无二的天体。

20 世纪 40 年代，通过对蟹状星云观测发现其辐射包括射电辐射、红外、光学、X 射线和 γ 射线，而且都是电子的同步加速辐射。同步加速辐射是美国的科学家在同步加速器的玻璃窗里发现的。实验表明：当高能电子以接近光速的速度运动时，在电子运动方向上会发出很强的光，这种辐射是高能电子在磁场中绕磁感应线螺旋运动时发出的，这种辐射本身并没有奇特之处。但是经计算表明，若要使电子速度高到足以激发 X 射线同步加速辐射，仅 1 年左右就会消耗掉蟹状星云大部分的能量，而蟹状星云已存在了近千年，因此蟹状星云中高能电子的来源成为一个谜。

1968 年，也就是发现脉冲星（脉冲星实际上就是高速自转的中子星）的第二年，在蟹状星云中发现了一颗脉冲星，自此蟹状星云之谜大白于天下：当大质量的恒星演化到晚期，由于核反应不能产生足够的压力来抗衡引力，星体会快速坍缩，最大坍缩速度可达 10^7 米/秒以上；但越接近中心，坍缩速度越小，当中心密度达到原子核密度以上时，坍缩被阻止，但星体外层仍在坍缩，于是便会产生反弹，把星体表层抛射出去，形成超新星爆发，其中心则压缩成一颗中子星或黑洞，蟹状星云中的脉冲星就是这样产生的，而蟹状星云本身则是超新星爆发抛出的气壳；中子星具有极强的磁场，在磁层外弥漫的带电粒子被磁场“挟持”随星体高速旋转，当速度接近光速时就产生同步加速辐射，这种辐射在星体磁赤道平面内最强，在空间形成一个扁平的“盘”，如果磁轴与星轴不一致，这个“盘”就会在空间急速摆动，形成我们所观测到的射电脉冲。

蟹状星云集超新星爆发、中子星、同步加速辐射于一体，是天文学中独一无二的精品。一位著名的天文学家曾认为现代天文学中蟹状星云研究占了一半，其他领域占了另一半，这一说法固然有些过分夸张，但可以看出蟹状星云在天文学中的重要地位。

14. 玫瑰星云

美丽的玫瑰星云（NGC 2237）是一个距离我们 3000 光年的大型发射星云。玫瑰星云位于麒麟座一个庞大分子云的末端。这个分子云集团包括 NGC 2237、NGC 2238、NGC 2239、NGC 2244 和 NGC 2246 五个 NGC 天体。星云中心有一个编号为 NGC 2244 的疏散星团，它与玫瑰星云关系相当密切，NGC 2244 内的恒星是由玫瑰星云的物质所形成的。该星团与星云距离地球大约 5200 光年，直径大约为 130 光年。星云的质量估计约有 10000 倍太阳质量。

星云内丰富的氢气，而它的中心拥有非常炙热且年轻的恒星，在这些年轻亮星的激发下，玫瑰星云在大部分照片里呈现红色的色泽。星团内恒星所发出的恒星风，已经在星云的中心吹出一个大洞。这些恒星大约是在 400 万年前从它周围的云气中形成的，而空洞的边缘有一层由尘埃和热云气的隔离层。天文学家在玫瑰星云内，发现了一些快速移动的分子团，不过它们的起源仍是未知。

15. 三叶星云

1747 年，法国天文学家勒让蒂尔首先发现了三叶星云。三叶星云比较明亮也比较大，为反射和发射混合型星云，视星等为 8.5 等。这个星云上有三条非常明显的黑道，它的形状就好像是三片发亮的树叶紧密而和谐地凑在一起，因此被称作三叶星云。由于星云上面那格外醒目的三条黑纹，也有天文学家将它叫做三裂星云。

三叶星云位于人马座。由于人马座的位置比较偏南，所以地球上北纬 78°以北的地区根本看不到这个星座，北纬 45°以南的地区才能够看到。人马座也是著名深空天体云集的地方，除了三叶星云之外，另外还有 14 个梅西叶天体，如著名的礁湖星云 M8、马蹄星云 M17 等等。三叶星云在梅西叶星表中排行 20，简称 M20。三叶星云距离我们 5600 光年。

在三叶星云的中心有一个包含有炽热年轻恒星的疏散星团。这些恒星发出强烈的辐射轰击周围星云中的氢原子，使它们失去了电子；当电子与质子再次组合时，它便发射出奇特的光——其中之一就是在星云中所能见到的红色。

16. 礁湖星云

礁湖星云位于人马座，属于发射星云，发射星云是气体星云的一种。它们形状大都很不规则，而且往往没有明晰的边界，所以又称弥漫发射星云。在这些星云中间通常都有一个或一团高温恒星。这些高温恒星丰富的紫外辐射使星云内的气体激发，从而产生光致电离而形成星云的发射光谱，所以称为发射星云。在发射星云中除大量炽热气体外，也包含少量尘埃物质。星云中的物质密度，从暗星云中的每立方厘米十几个原子到较亮星云中的几百个、上万个原子。它们的电子温度一般在1万度左右。银河系中的发射星云大都分布在银道面附近和旋臂上，与一些年轻恒星群的分布是一致的。

礁湖星云是最受欢迎的一道风景。18世纪，宇宙搜寻者查尔斯·梅西耶把这明亮的星云命名为M8，但现代天文学家们认为礁湖星云是一个活跃的恒星孕育场，它距离我们有5000光年远，位于我们银河系中心的方向上。

17. 马头星云

马头星云也称为巴纳德天体33，是一个寒冷的暗尘埃云。猎户座猎人腰带三星右边一颗是2等星参宿一，参宿一南边有一个不太亮的条状星云IC434，马头星云就位于IC434的前面。这个星云是一个完美的马头形象。马头的正面朝向北边；南边也就是马头的鬃毛那边，是这个星云最黑暗的部分；马的颈部变宽，同时渐渐隐没在向着东边延伸的暗云之中。马头星云很暗，很不容易被观测到。1988年，哈佛大学天文台在查看他们拍摄的猎户座照片底版时，首先发现了这个形状极不寻常的暗星云。

马头星云被发现之后，它那与众不同的奇特形状，立刻引起了广泛的关注，许多人都想亲眼看一看这个名副其实的“天马”。然而，要想从一个勉强能看见的相当暗弱的IC434中再分辨出一个根本看不见的马头星云来，对天文爱好者们是一个极大的挑战，所以业余爱好者经常将马头星云作为检验他们观测技巧的测试目标。

2001年，哈勃太空望远镜将镜头对准了茫茫太空中的“马头”。在哈勃太空望远镜发回的马头星云照片中，组成这个星云的一缕缕暗淡冰冷的气体和尘埃显得非常清晰。星云后面衬托着明亮红色的星云，左上侧有一颗正在形成之中的新星，被气体和尘埃遮掩着。

马头星云是暗星云，暗星云本身不发光，它们在亮的星空背景的衬托下，才显出暗黑的形象来，假如没有明亮星空背景的衬托，那么我们也就无缘欣赏这匹充满魅力的“黑马”了。

18. 黑眼睛星云

在后发星座中部的一群亮星的下方有一个由三颗 5 等星（后发座 26、35 和 M64）组成的等边三角形，在最东边后发座 26 的东 3°处是后发座 35，在其东北 1°处就是 M64，它被称为“黑眼睛星云”。

德国天文学家波德于 1779 年首先发现了这个天体，称它为“一颗小小的尘雾状星体，位于后发座 35 东北约 1°处”。第二个发现“黑眼睛星云”的是法国天文学家梅西耶。在短时间曝光的照片上可以看到这个星系中心和它周围的亮区明显地分隔开。M64 较近的边缘是朝南的。M64 是除鲸鱼座 M77 外所有的梅西耶天体中最大的一个，其质量相当于 7900 亿颗太阳的质量。

M64 是一个很明亮的星系，绝对星等为－22.3 等，在所有梅西耶天体的星系中它是唯一超过 M77 星系的一个。M64 的光谱型为 G7。虽然 M64 和仙女星系团位于同一方向上，但它不是仙女星系团的成员，它距离地球没有仙女星系团那么远。

M64 同仙女座的大多数星系比较起来，尺寸较大，轮廓分明，看上去略呈椭圆形，中心的核很小。不过，要想辨认出星系中心北边暗的“黑眼睛”区域，需要使用口径大于 20 厘米的天文望远镜。

19. 环状星云

环状星云又称为 M57 或 NGC6720，它是形状像环的行星状星云。它位于北天的天琴星座内，大小约为 1 光年，距离我们约有 2000 光年远。

除了环状的土星外，环状星云（M57）可能是天空中最著名的环状天体了。这个外观单纯且优雅的行星状星云，可能是我们从地球看出去的视线恰好穿过筒状云气的投影结果，而这团云气是由一颗垂死的中心星所抛出来的。使用太空望远镜所拍摄的照片显示：蓝色代表靠近高温中心星区域的炽热气体，慢慢地转变为较外面也是较低温的绿色和黄色区域，以及最边缘也是最低温的红色气体。除此之外，在星云的边缘附近还可以看到许多黝黑的条状结构。

20. 猫眼星云

猫眼星云位于天龙座。这个星云特别的地方在于其结构几乎是所有有记录的星云当中最为复杂的一个。从哈勃太空望远镜拍得的图像显示，猫眼星云拥有绳结、喷柱、弧形等各种形状的结构。这个星云是最被广为研究的星云之一，它的视星等为＋8.1，拥有高表面光度。由于该星云处于接近正北黄极点的位置，在良好天气的情况下，只要在黄极点附近寻找，应该不难找到。

猫眼星云其中较亮的内星云部分直径约为 20 角秒，其扩张星云晕物质直径约为 386 角秒（6.4 角分）。它的星云晕物质是原有恒星演化为红巨星阶段时喷出的。根据观测结果，星云主体的密度约为每立方厘米有 5000 颗粒子，温度约为 8000K，外层星云晕的温度更高，达 15000K，而密度方面则比内部更低。

星云中央拥有一颗 O 型恒星，其温度约为 80000K，光度约为太阳的 10000 倍，半径为太阳的 0.65 倍。据光谱学分析，由于受恒星风的影响，中央恒星的质量正以每秒 20 兆吨的速度不断流失，相等于每年 3.2×10^{-7} 个太阳质量，恒星风的风力时速为每秒 1900 千米。根据计算结果，中央恒星的质量与太阳差不多，约为 1 个太阳质量，演化前的恒星质量估计约为太阳的五倍。

该星云于 1786 年 2 月 15 日由威廉·赫歇尔首先发现。人们曾以电磁波谱对之进行观测。据哈勃望远镜多年来的观测结果，猫眼星云以每年 10 角毫秒的速度膨胀，在速度上则为每秒 16.4 千米，把这些结果以正弦计算，可得出猫眼星云距离地球大约 1000 秒差（3×10^{19} 米）。与不少天体一样，猫眼星云的物质主要为氢和氦，并拥有少量重元素。

21. 蝴蝶星云

借助哈勃太空望远镜这个“超级眼镜”，我们能够欣赏这个壮丽景观：一个新星遗迹留下的行星状星云酷似一只展翅的“蝴蝶”，它是由于灼热的气体向两端扩散形成的。

编号为NGC 6302的蝴蝶星云，位于天空南半球。蝴蝶星云有着一对像翅膀的结构并且惊人地对称。在它的中心有一个气体盘面，盘面的中央有两颗互绕运行的恒星，它们之间的距离是冥王星轨道的10倍。即将死亡的恒星从气体盘面抛出气体，形成这样的双极外观。目前对形成这种行星状星云的物理机制还不是很清楚。它距离我们约2100光年，位于人马座。

蝴蝶星云属于所谓的行星星云一类，行星星云是由分割开的电离气体组成的膨胀气团，电离气体围绕在中央恒星的周围。蝴蝶星云中央就有一颗这样的恒星，以前某个时候蝴蝶星云中的该恒星曾是一颗红巨星，而现在它已接近自己生命的终点。蝴蝶星云外部已经喷溅到周围空间，只剩下它的核心部分。

在照片上，蝴蝶星云中央的恒星看不见，它被尘埃云团所遮蔽。现在蝴蝶星云看上去非常动人，但是经过几千年之后它就不会像现在这样明亮，因为它的中央恒星会变冷而成为一颗白矮星。

22. 爱斯基摩星云

爱斯基摩星云又名为NGC 2392，它是天文学家威廉·赫歇尔在1787年发现的。由于从地面看去，它像是一颗载着爱斯基摩毛皮兜帽的人头，所以得到了这种昵称。

哈勃太空望远镜于1999年底被修复后不久，马上拍摄了爱斯基摩星云，用它来测试新系统的功能。拍摄图像中的星云结构非常复杂，以至于天文学家到目前为止，还是无法完全了解它的由来。唯一可以确定的是，爱斯基摩星云的确是一个行星状星云，而且它在1万多年前，还是一颗很像太阳的恒星的表层物质。在哈勃拍摄的图像中，星云内部的丝状物是来自中央主星强烈恒星风所喷出来的物质。外层的圆盘状区域，有许多长度为1光年的橘红色细丝，它们可能是这颗恒星在红巨星阶段从它的赤道所喷出的物质形成的。

23. 鹰状星云

鹰状星云也是一个十分著名的深空天体，由它的形状像一只展翅翱翔的雄鹰而得此名。鹰状星云在梅西耶星表中排名 16，因此简称为 M16。鹰状星云位于巨蛇座。每年夏季都是观察巨蛇座的有利时机。巨蛇尾靠近银河，巨蛇头远离银河，中间隔着蛇夫座。而鹰状星云就“翱翔”在巨蛇尾的东南部边缘。鹰状星云距离我们大约 6000 光年，它的视面积与满月差不多大小，视星等为 6.5 等，使用小型天文望远镜就能欣赏到它那极具魅力的美妙景象。

鹰状星云 M16 实际上是一个疏散星团和一个弥漫气体星云的复合体，看上去像是宇宙中的一朵蘑菇：疏散星团是蘑菇的柄，气体星云是蘑菇的头。鹰状星云本身并不发光，它是被 M16 星团中的恒星照亮了才发光的。

M16 星云中心部位有几个黑色的“大象鼻子”，这早就引起了天文学家的注意，他们猜想那里可能是恒星诞生的一个巨大“孵化场”。1995 年 4 月 1 日，哈勃太空望远镜拍摄到了 M16 那与众不同的中心部分的特写照片，让我们清楚地看出了那几个“象鼻”是由稠密的分子云和尘埃组成的一个个高耸的柱状物，从它们的底部到顶部比 1 光年还长；在其顶端，流动的气体像倾盆大雨似的浇下来。M16 中心区域的这几个柱状物是亮的电离氢区和暗黑的分子云之间的边界。天文学家期望这个边界区域能成为研究光子蒸发过程的一个理想的实验室（光子蒸发就是指来自年轻的高温恒星的紫外辐射侵蚀近邻星云的过程，这些高温恒星将会逐步电离它们周围的一切物质，最终导致星云的瓦解）。

24. 马蹄星云

马蹄星云（M17）也被称为天鹅星云或龙虾星云（南半球的称呼），是恒星形成区域，受到年轻恒星的高能辐射激发而发光。与许多其他的发射星云不同，马蹄星云中的这些恒星在光学图像中并不明显，而是隐藏在星云之中。星云中的恒星形成过程不是正在进行，就是刚刚停止。一个由 35 颗明亮、但被遮挡的恒星组成小星团深埋在星云物质中。

马蹄星云的颜色偏粉红色。这种颜色来自于高温的氢气，它们被星云中刚形成的炽热恒星激发而发出红光。然而，其中最明亮的区域是白色的，这种现象是高温气体的发射线与反射自这一区域中明亮恒星的光线相互混合的结果。星云中包含了大量黑暗的遮光物质，形成了明显的暗斑。这些物质被隐藏的年轻恒星加热，发出明亮的红外光。

星云中气体的总质量估计为太阳的800倍左右，足够形成一个明显的星团，比猎户座星云M42所含的气体更多。虽然明亮的星云看起来只有15光年大小，但总的气体云，包括低亮度的物质，似乎延伸到40光年以外。对它与地球距离的估计分布在相当大的范围之内，但现代的数据都介于5000—6000光年之间，比它的近邻M16和鹰状星云，距离我们更近。

与许多弥漫星云一样，这个天体的总亮度很难估计，不同的资料来源给出不同的结果，约在6.0等左右。对于北半球纬度不高的地方来说，在良好的观测条件下，可以用肉眼看见这个天体。

25. 蚂蚁星云

蚂蚁星云（简称Mz3）是一个位于矩尺座的行星状星云，于1997年7月20日被华盛顿大学天文学家布鲁斯·贝里克和莱登大学天文学家文森特·艾克在研究哈勃太空望远镜的影像时发现的。Mz3被称为蚂蚁星云是因为它的影象十分像一只蚂蚁的头部和胸部；而从地面的望远镜看去，这个星云长得很像一只蚂蚁。

用哈勃望远镜拍摄，该星云的精细结构变得比地面清楚十倍，就连两端突出的波瓣也一览无遗。蚂蚁星云是所有已发现的行星状星云中最值得研究的，因为从研究中可以了解我们太阳未来的命运。与蚂蚁星云相类似的行星状星云还有蝴蝶星云，它们都处于恒星迈向死亡的阶段，而蚂蚁星云的规模比蝴蝶星云要大，爆发速度也快十倍。

为何蚂蚁星云的外形如此怪异？天文学家对它形成的原因尚不是很了解，不过目前有两种理论假说。第一种理论是说一颗将死亡的恒星曾有一颗伴星以近距离方式互绕，在爆发时，因为有强大的潮汐力在互绕的平面上约束，所以物质只能沿着两极喷出，随着物质的喷出规模愈来愈大并超过该伴星的距离后，强大的星风也足以把伴星给吹散了。另一种理论是这颗恒星可能具有很强的磁场及快速的自旋，物质被强大的磁力线束缚，并只能沿着磁力线的方向喷出，这有点像太阳风的原理；

差别是这种星风浓度比太阳风高了约一百万倍，速度更高达约每秒 1000 千米。这样强力的星风不仅可以被中央残星所照亮，更因为星风间的互相磨擦而发出强力的紫外线，两组天文学家用不同的滤镜拍摄，组合后便成这样的照片了。

26. 沙漏星云

沙漏星云（MyCn18）距地球约 8000 光年，它是一颗年轻的行星状星云。人们根据它的模样取了个形象的名字——“沙漏星云”，因为它很像古代记时用的沙漏。它是一个位于南三角座、距离地球 8000 光年之遥的奇特的行星状星云。

对产生这个行星状星云的恒星来说，它的来日的确是不多了。当一颗类似太阳的恒星，用完它中心的核燃料后，会经过这种短暂但很美丽生命终结阶段，在它抛出外层的气壳后，它的核心将成为一颗逐渐冷却和慢慢变暗的白矮星。

27. 天鹅星云

天鹅星云 M17 大约距离我们 6000 光年，坐落在充满星云的射手座，大小约横跨 20 光年。天鹅星云是一个暴烈的混乱星云，巨大的炽热恒星喷射出放射物和凶猛的带电粒子风。用双筒望远镜就可以看到天鹅星云。

在天鹅星云 M17 这一片充满分子气体与尘埃的云气深处，一直有新的恒星诞生。与有名的亚美加星云与马头星云一样，M17 中黑暗部分是由具有碳元素的烟雾般尘埃粒子所组成的分子云吸收背景星光所造成的。当巨大的亮星形成之后，它们发出炽热的光线，渐渐地会将周遭的暗黑云气蒸发掉。

28. 麦哲伦星云

1519—1521 年，葡萄牙航海家麦哲伦进行了人类首次环球航行。在他到达南半球时，发现天空中有两团亮的星云，一个较大，一个较小，后来就分别取名为大、小麦哲伦星云。经过观测发现，它们实际上都是河外星系。

大麦哲伦星云在围绕着银河系的轨道上每 15 亿年旋转一圈，旋转时发生许多变化。5 亿年前，大麦哲伦星云离银河系 40 万光年，从它的最远点向银河系行进。

2.5 亿年前，当大麦哲伦星云又在 15 万光年远的地方经过银河系时，许多气体和恒星被拉落。现在，大麦哲伦星云又朝外运行，留下了一条气体流尾巴。小麦哲伦星云已经被撕裂，它的恒星将成为银河系的一部分。

大麦哲伦星云在南天的剑鱼星座内，离南天极只有 20°，实际大小为银河系的 1/4，质量为银河系的 1/10。大麦哲伦星云属于不规则星系，因为它离我们很近，所以是天文学家的“座上宾”，受到特别关注。它中间有不少变星和星团，因而知道它的年龄有 10 亿年左右。更有趣的是，它中间还有一个特别巨大的星云——蜘蛛星云，它的直径达 250 光年，如果移到银河系内，则可把整个猎户星座都挡住。

由于大、小麦哲伦星云都在南天，因此我国只有在纬度较低的海南岛以南的地区才能看到它。

第四章

恒　星

第一节　恒星及其构成

恒星是宇宙中最主要的天体。我们所看见的天上星辰，绝大多数是恒星。恒星是由炽热气体组成的，能够自身发光的球形或类球形天体。肉眼能看到的天上的星星，全天有6000多颗，除了太阳系内的行星和流星、彗星之外，都是恒星。太阳是离我们最近的一颗恒星。它们之所以被称为“恒星”，是由于它们相互之间的相对位置，在很长的时间内，用肉眼看不到有任何改变。其实，它们都在运动着，只是由于离我们非常遥远，用肉眼觉察不到而已。

1. 恒星

恒星是由炽热气体组成的，能自己发光的球状或类球状天体。离地球最近的恒星是太阳。除了太阳以外，离我们最近的恒星是半人马座的比邻星，它离地球约4.0×10^{13}千米，它发出的光到达地球需要4.22年。晴朗无月的夜晚，在无光污染的地区，一般人用肉眼大约可以看到6000多颗恒星。借助于望远镜，则可以看到几十万乃至几百万颗以上。估计银河系中的恒星大约有一两千亿颗。恒星并非不动，只是因为离我们实在太远，不借助于特殊工具和方法，很难发现它们在天上的位置变化，因此古代人把它们认为是固定不动的星体，叫作恒星。

恒星也有自己的生命历程，它们也会从诞生、成长到衰老，最终走向死亡。它们大小不同，色彩各异，演化的历程也不尽相同。恒星与生命的联系不仅表现在它提供了光和热。实际上构成行星和生命物质的重原子就是在某些恒星生命结束时发生的爆发过程中创造出来的。

除了那些已经死亡的恒星，恒星都是气体星球，它们没有固态的表面，气体依靠自身的引力，聚集成球体。恒星区别于行星的一个最重要的性质是它们像太阳一样自己依靠核反应产生能量，在相当长的时间内稳定地发光。其他的恒星也是因为离我们非常遥远，看上去才只是一个闪烁的亮点。

2. 恒星的温度

夜晚的星空，粗看起来星星都是亮晶晶的，但仔细看来有的发红、有的发黄、有的发蓝，也有的发白。这是因为每一颗恒星都是一个炽热的气体球。它们的中心是一个高温、高压的环境。在这样的高温、高压下，中心附近的物质便进行剧烈的热核反应，释放出巨额的能量。中心附近产生的热量通过辐射、对流等过程向外输送，使星球的表面增温而发光。

我们有这样的常识：蓝白色的火焰温度高，红色的火焰温度低。天上的星星也是如此。它们的不同颜色代表表面温度的不同。一般说来，蓝色恒星表面温度在10000K以上，如参宿七、水委一和轩辕十四等。白色恒星表面温度在11500—7700K，如天狼星、织女星、牛郎星、北落师门和天津四等。黄色恒星表面温度在6000—5000K，如太阳、五车二和南门二等。红色恒星表面温度在3600—2600K，如参宿四和心宿二等。新建的光谱L型矮星的表面温度在2000—1500K。

2008年4月，加拿大和法国的科学家利用近红外和红外观测仪器在离地球仅40光年的宇宙空间发现了一颗最“冷酷的”恒星，这颗恒星是迄今为止表面温度最低的恒星，打破了人类所知的恒星的最低温度记录，这颗新发现的恒星被编号为CFBDS0059。这颗“冷酷的”恒星的质量是木星质量的15—30倍，但它的表面温度仅为华氏660度（摄氏350度），这颗恒星的赤道温度只相当于水星赤道附近的温度，而低于金星赤道表面的温度，是一颗非常“凉爽”的恒星。

3. 恒星的能量

一直到20世纪30年代末期，人们才确定了太阳和恒星的主要能源是在它们内部进行着的热核反应。

英国著名天文学家爱丁诺在 1920 年指出，恒星内部的核心是具有产能作用的热气体球，并以辐射的方式向外传输它的能量。恒星内部的物质越向中心密度越高，一般来说，恒星内部温度在几百万至数千万度的状态，不断地向宇宙空间辐射巨大的能量。那么，恒星如此长期消耗能量，靠什么来补充？1938 年，美国物理学家、诺贝尔物理学奖得主贝特指出，热核反应是长期维持恒星能量消耗的主要能源。恒星内部的产能方式是 4 个氢原子核聚变为一个氦原子核的原子核反应。现已弄清，氢是恒星演化第一阶段内部产能的“燃料”，氦是恒星“烧完的灰渣”，碳则是“燃烧”过程的“催化剂”。当然，更进一步的研究发现，在核心氢燃尽后，形成的氦又可以聚变产能，但维持的时间就要短多了。

目前，在太阳其内心进行着的热核反应中，1 克氢转化为氦时释放出的能量大到 6×10^{11}焦，相当于 15 吨煤燃烧时释放出的热量。氢是恒星上最丰富的化学元素，对于刚形成的太阳，氢约占质量的 78%，所以对于太阳来说，用氢作燃料，可以在约 100 亿年的时间内供应全部所需要的能量。

像太阳那样，恒星在其一生的大部分时间里，辐射的能源是由其中心区热核反应提供的。很多恒星最重要的热核反应是氢核聚变为氦核（氢燃烧）。氢燃烧有两种反应：质子—质子反应的产能率大体上正比于温度的 4 次方；碳氮循环的产能率正比于温度的 18 次方。中心温度高于 1.6×10^{7}K 的恒星，碳氮循环占优势；中心温度较低的恒星，以质子—质子反应为主。当温度低于 7×10^{6}K 时，这两种反应都不起作用。在恒星演化的后期阶段，发生其他的热核反应。例如，温度接近 2×10^{8}K 时，3 个氦核可聚变成一个碳核（氦燃烧）：$3\,^{4}He\rightarrow\,^{12}C+\gamma$（$\gamma$ 代表光子），因为 α 粒子就是氦原子核，这个反应又称为“3α 反应”。碳核又可通过更复杂的反应聚变成氧、钠、镁……碳之后的反应对恒星能量的贡献很小，它们主要的作用在于恒星内部合成了重元素。

4. 恒星的大小

恒星的大小相差很大，有的是“巨人”，有的是“侏儒”。地球的直径约为 13000 千米，太阳的直径是地球的 109 倍。巨星是恒星世界中个头最大的，它们的直径要比太阳大几十到几百倍。超巨星就更大了，红超巨星心宿二（即天蝎座 α）

的直径是太阳的600倍；红超巨星参宿四（即猎户座α）的直径是太阳的900倍，体积相当于10亿个太阳。假如它们处在太阳的位置上，那么水星、金星、地球、火星统统都要装进它们的肚子里去。它们还不算最大的，目前已知体积最大的恒星是御夫座ε（中文名柱一），其伴星比主星还大，直径是太阳的2500倍，体积相当于90亿个太阳，把土星的轨道也都包括进去了。这些巨星和超巨星都是恒星世界中的“巨人”。

看完了恒星世界中的“巨人”，我们再来看看它们当中的“侏儒”。在恒星世界中，太阳的大小属中等，比太阳小的恒星也有很多，其中最突出的要数白矮星和中子星了。白矮星的直径只有几千千米，和地球差不多，中子星就更小了，它们的直径只有20千米左右，白矮星和中子星都是恒星世界中的“侏儒”。我们知道，一个球体的体积与半径的立方成正比。如果拿体积来比较的话，上面提到的柱一就要比太阳大90多亿倍，中子星就只有太阳的几百万亿分之一。由此可见，“巨人”与“侏儒”的差别有多么悬殊。

恒星的体积是如何测量出来的呢？天文学家是用天文和物理的方法计算出恒星的体积。一颗恒星温度越高，体积越大，离我们越近，看起来就会越亮。天文学家经过多年的观测和研究，已经掌握了恒星的亮度、距离、大小和温度这四者之间的准确关系。因此，只要用其他方法得到了恒星的亮度、温度和距离，就很容易算出它的大小了。

通常所使用的方法有：

干涉法。利用光学技术测量来自恒星不同部分的星光之间相互干涉产生的条纹，来测量恒星的角直径。

月掩星法。月亮穿行在恒星之间，某个恒星被月轮挡住的现象称为月掩星。在月轮从刚开始与恒星相切到完全被挡住这个很短的过程中，恒星的亮度有微小的变化，用非常灵敏的光电仪器测量这一变化，可以换算出恒星的角直径。

光度法。根据物理定律和恒星的光度数据得知恒星的直径。

前两种方法比较可靠但只适应于较近的恒星。

5. 恒星的质量和密度

恒星的质量是恒星的物理量，是恒星结构和演化的决定因素。利用双星的轨道运动是确定恒星质量最根本、最可靠的方法。一般恒星质量在 0.05—120 个太阳质量之间。多数恒星在太阳质量的 0.1—10 倍之间，处于银河系旋臂中的多数大恒星，质量大都是 6—60 倍之间。如果质量再大的恒星，它就很不稳定，难以存在；如果恒星质量过小，它的中心温度和压力不够，难以产生持久高效的核反应提供能量，即不能成为具有恒星性质的天体。

现在已知质量最大的恒星之一如 HD93250 星，它的质量大约是太阳质量的 120 倍；HR 2422 双星的主星和伴星质量大约都是太阳的 59 倍；角宿一双星的主星质量约为太阳的 10 倍；五车二双星中两星质量各为太阳的 2.7 倍和 2.6 倍；天狼星主星质量为太阳的 2.1 倍。质量最小的恒星是鲸鱼座的 UV 星，它是一对双星，大的一个质量是太阳质量的 8%，小的一个只有太阳质量的 4%，因此小的一个已经失去了作为恒星的资格。75%的白矮星质量在太阳的 0.45—0.65 倍之间，许多红矮星的质量不到太阳的一半乃至小于太阳的 1/10。可见，在恒星世界里，太阳质量也居中等地位。当然，目前已准确测出质量的恒星还不多，还有许多研究工作要做。

以体积除质量就得到平均密度。作为恒星世界中的“巨人”红超巨星，它们的体积比太阳大几百万、几万万倍，而质量却只比太阳大几十倍，它们的平均密度仅仅为水的百万、千万甚至万万分之一，其稀薄程度可想而知了。例如，仙王座 VV 红超巨星的平均密度几乎跟实验室的真空相差无几。在恒星世界中，密度大得惊人的要数中子星和白矮星，白矮星密度达每立方米 10^{11} 千克，1 立方厘米这样的物质的重量就有好几十吨，它们的体积小得出奇，质量却和太阳不相上下。中子星的密度达每立方米 10^{17}—10^{18} 千克，这是实验室无法达到的超密态。

人们熟知的天蝎座 α 星（中名星宿二，古代劳动人民称它为大火）是一颗红巨星，它的体积是太阳的 2.2 亿倍，可质量只是太阳的 25 倍，这样，它的密度每立方厘米只有六百二十万分之一克。又比如，天狼星的伴星是一颗比较著名的白矮星，它的半径只有太阳的一百四十分之一，然而它的质量却和太阳相当，据计算，这颗白矮星的密度高达每立方厘米 3800 千克，这个像小孩玩的玻璃弹子大小的物质，假如每辆卡车装 4 吨的话，就要用 4 辆大卡车才能拖动它。

20 世纪 60 年代，人们发现了脉冲星（即快速自转的中子星）。通过对中子星的研究，人们发现大多数中子星的直径只有 10 千米左右，可是它的密度却高达每立方厘米 1 亿吨。20 世纪 70 年代，人们还观测到黑洞的密度为每立方厘米数十亿吨。

6. 恒星的命名

为了研究方便，人类为每颗恒星起了名字。

我国古代有十分系统的天文学。中国从战国时代起就已命名肉眼能辨别到的恒星：或是以它所在星官命名，如天关星、北河二等；或是根椐传说命名，例如织女星（织女一）、牛郎星（河鼓二）、老人星等；或根据二十八宿排列顺序命名，把天球划分为若干区域，每个区域的最亮星命名为一，依次类推，如角宿一、河鼓二、叁宿三、天津四、大陵五等。

在西方，1603 年德国业余天文学家拜耳建议将每个星座中的恒星按照从亮到暗的顺序，以该星座的名称加上一个希腊字母顺序表示。例如猎户座 α（参宿四）、猎户座 β（参宿七）（但事实上猎户座 β 比猎户座 α 还要亮）等。如果某个星座的恒星数目超过 24 个希腊字母，则接续采用小写的拉丁字母（a、b、c……），仍不足再使用大写拉丁字母（A、B、C……）。英国首任的天文台长佛兰斯蒂德创立了数字命名法，将各星座内肉眼可见的恒星由西向东、由北向南依序编号。

现在国际通行的命名法是依据罗马、希腊神话，将天球划为 88 个星座，每个星座的最亮星称为主星，命名为“星座名”＋α，第二亮星为“星座名”＋β，依次类推，有大犬座 α（即天狼星）、大犬座 β 等等。如果是希腊字母不够用，就用数字，1 相当于 α，2 相当于 β。所以，大犬座 1 和大犬座 α 是一颗星，但习惯上能用字母就用字母。

7. 恒星的亮度与星等

我们所看到的恒星有明有暗，其明亮程度称为它的视亮度。自古以来，天文学家就把恒星的亮度分成若干等级，相应的星等称为视星等。整个天空肉眼能见到的恒星约有 6000 颗，天文学家把它们分为 6 等。肉眼刚能看到的最暗的定义为 6 等星，比 6 等星亮一些的为 5 等，以此类推，亮星为 1 等，更亮的为 0 等以至负星等。

最早进行这一工作的是古希腊学者喜帕恰斯，他生活在距今大约 2000 年前。

另一位是在亚力山大工作的古希腊学者、生活在150年前后的托勒密继续和发展了他的工作。后者把天上的恒星分成6等，以肉眼看来最亮的星为1等星，而以肉眼勉强可见的暗星为6等星。所有后来给恒星划分星等的工作都沿袭了喜帕恰斯和托勒密最初使用的方法。这样一来，恒星的星等值越高，星就越暗，而比1等星更亮的太阳、行星、月亮等的星等值只能以负值来表示了。

一等星：特别明亮，全天共21颗，它们在天空中显得非常突出，如牧夫座、大角星、狮子座的轩辕十四、北落师门、天蝎座的心宿二、织女星、牛郎星等。

二等星：比较明亮，北极星和北斗星可作为代表。

三等星：不大明亮，但在薄雾和城市灯光下，一般可见，猎户上的腰带三星。

四等星：较为黯淡，在上述条件下，隐匿不见。

五等星：很黯淡，天空全黑时才可见。

六等星：最黯淡的星，只有在良好的观测条件下方能看到。

到了19世纪，天文学家们发现，从1等星到6等星之间，亮度相差了大约100倍。因为1到6之间有5个间隔，任意两个星等相差1等的恒星，星等值高的要比星等值低的暗2.512倍。从此之后，给恒星划分星等的工作就建立在“数字化”的基础之上，比以前精确得多了。例如，天空中最亮的天狼星，由于它比肉眼可见最暗的恒星亮100倍还多，因此它的星等就被重新确定为－1.4等，而不是原先的1等。望远镜发明之后，人类可以观测到的恒星数量大大增加，可观测到的暗星也远远超过了6等。今天，通过放在地面的现代大型光学望远镜，可以观测到25等以上的暗星；而哈勃太空望远镜因为是在地球大气层之外进行观测，它的可观测极限星等超过了28等。

实际上，不同恒星到地球的距离，有远有近，各不相同。假定有两颗亮度本来相同的恒星，一颗离我们远些，一颗离我们近些，那么在我们看来它们亮度并不相同，而是一颗暗些，一颗亮些。这一规律遵从光的反平方定律，即接收到的光强度与光源到观察者距离的平方成反比。所以，前面说到的星等只是视星等或者相对星等，即它是与在地球上看到的恒星亮度有关的星等。在考虑了距离因素以后，天文学家又制定了绝对星等系统。这个系统把所有的恒星都放在一个“标准距离”上考虑，这一距离是10秒差距或32.6光年（1秒差距＝3.26光年）。这样，星等值就只和恒星自身的亮度有关，而不再受与观察者之间的距离影响了。

8. 恒星光谱

前文提过，我们可以从恒星的颜色判断出它的温度。恒星的温度通常用绝对温度K表示。K与摄氏温度的换算关系是0℃约等于273K。表面温度在绝对温度3万K以上的恒星发蓝光，温度在3万—1万K的恒星颜色蓝白，温度在1万—7500K的恒星颜色纯白，7500—6000K的恒星呈黄白色，温度在6000—5000K时恒星的颜色发黄，温度在5000—3500K度时恒星的颜色为红橙，温度在3500—2000K的恒星颜色发红。

恒星的光谱和太阳的光谱一样，除了连续光谱以外，还有代表各种元素的线状光谱。测量这些谱线，可以得到恒星的化学成分的信息。天文学家根据恒星的温度以及谱线特征，把恒星分成如下几种类型：

O型星，淡蓝白色，25000—40000K，吸收线相对少，由于温度很高，有电离氦和其他元素的电离谱线，但氢线很弱。代表星参宿一、参宿三。

B型星，蓝白色，11000—25000K，出现中性氦谱线，氢线较O型星变强。代表星猎户座β（参宿七）、室女座α（角宿一）。

A型星，蓝白色，7500—11000K，有很强的氢线，出现一次电离的镁、硅、铁、钛、钙等的谱线，也有一些微弱的中性金属线。代表星大犬座α（天狼星）、天琴座α（织女星）。

F型星，白色，6000—7500K，氢线变弱，但仍然明显，一次电离金属线和中性金属线同时存在。代表星小犬座α（南河三）。

G型星，黄白色，5000—6000K，电离钙线非常明显，其他电离金属线和中性金属线同时存在。代表星太阳、御夫座α（五车二）。

K型星，橙黄色，3500—5000K，以中性金属线为主。代表星牧夫座α（大角星）、金牛座α（毕宿五）。

M型星，红色，约3500K，中性金属线很强而且开始出现分子谱线。代表星猎户座α（参宿四）、天蝎座α（心宿二或“大火”）。

又有天文学家根据各型中某些特定的吸收线强度的差别，把每个光谱型分为10个子型。例如，G型被分成了G1、G2、G3、G4等。还有人注意到，同一光谱型中的恒星，不只谱线的强度有差别，谱线的宽度也很不相同。根据物理学中“压力展宽”的机制，恒星谱线的宽度一般可以作为确定恒星大气压力大小的依据之一。所以，大气压力最小的恒星谱线最细，例如巨星和超巨星；反之，大气压力最大的恒星谱线最宽，例如白矮星。于是，又把 7 个基本光谱型中的每一个按谱线宽度分为 7 个子型，用罗马字母表示。它们依次是：I—超巨星、II—亮巨星、III—巨星、Ⅳ—亚巨星、Ⅴ—主序星和矮星、Ⅵ—亚矮星、Ⅶ—白矮星。

有了这样完善的光谱分类，我们一看到一颗恒星的光谱型，就可大致知道它的温度、压力等物理状态。如太阳的光谱型是“G2Ⅴ”，我们则可马上想到太阳应是一颗黄色的、温度和压力都适中的主序星。

9. 恒星磁场

1946 年美国人 H. W. 巴布科克用大望远镜折轴摄谱仪测出，室女座 78 星的磁场强度约为 1500 高斯（非国际通用的磁感应强度单位，为纪念德国物理学家和数学家高斯而命名）。这是除太阳外第一次测得的恒星的磁场。60 多年来，天文工作者对恒星磁场进行了大量的观测和研究，发现了 100 多颗磁场强度高达几千乃至几万高斯。所有恒星按理均应存在磁场，但是大多数恒星视亮度太暗，表面场强又太小，很难精确测定。我们把具有强磁场的那些恒星叫作磁星，并将其中磁场有变化的叫作磁变星。磁星几乎都是磁变星，且绝大多数是 A 型特殊星（即 AP 型星），不仅磁场常有变化，光谱、视向速度和光度也都有相应的变化。另外，化学成分也具有某些与一般恒星不同的特征。为了解释这一系列的性质，目前已提出几种磁星模型，其中比较成熟的是斜转子模型。这种模型认为，磁星的磁场本身是稳定的，但磁轴与自转轴的方向不一致，而且表面化学元素的分布也不均匀，因而磁场和光谱就都有周期性的变化。

至于强磁场的来源，一般认为是在恒星形成过程中星际物质中的磁场被冻结并保留了下来。对于冻结在等离子体中的磁场来说，磁场强度与物质密度的 2/3 次方成正比。白矮星的密度很大（10^5—10^7 克/立方厘米），它的表面磁场高达 10^5—10^7 高斯。这时不仅其谱线会因塞曼效应而分裂成左旋与右旋两种圆偏振子线，甚至连续光谱也会被分解出左旋与右旋两种圆偏振成分，因而可以用来测定磁场的强度。中子星的密度比白矮星还高得多，因此磁场也应该强得多（约达 10^{10}—10^{14} 高斯）。20 世纪 70 年代测得武仙座 X—1 的硬 X 射线谱线是走向验证这一理论的重要一步。普通恒星的绝大部分物质都处于高温等离子体状态，它们的物态、运动、结构和演化均与磁场有密切关系。在一般恒星（例如太阳）内部，估计磁场高达 10^5—10^7 高斯，强磁场的存在会使恒星产生各种非热辐射，甚至是爆发性的辐射（如宇宙 X 射线爆发、宇宙 γ 射线爆发等）。强磁场还会产生不可忽视的磁压力。因此，磁场对恒星的辐射、内部结构及其形成和演化都有巨大影响。

10. 恒星的距离测定

恒星的星等相差很大，这里面固然有恒星本身发光强弱的原因，但是离我们距离的远近也起着显著的作用。测定恒星距离最基本的方法是三角视差法，此法主要用于测量较近的恒星距离，过程如下：先测得地球轨道半长径在恒星处的张角（叫作周年视差），再经过简单的运算，即可求出恒星的距离。这是测定距离最直接的方法。在 16 世纪哥白尼公布了他的日心说以后，许多天文学家试图测定恒星的距离，但都由于它们的数值很小以及当时的观测精度不高而没有成功。直到 19 世纪 30 年代后半期，才取得成功。然而对大多数恒星说来，这个张角太小，无法测准。目前，用三角视差法已测定了约 1 万颗恒星的距离，这些恒星视差角都不超过一角秒。更遥远的恒星视差角非常小，很难确定它们的距离，只有用其他方法来测定，如分光视差法、星团视差法、统计视差法以及由造父变星的周期光度关系确定视差等。这些间接的方法都是以三角视差法为基础的。

自 20 世纪 20 年代以后，许多天文学家开展这方面的工作，到 20 世纪 90 年代初，已有 8000 多颗恒星的距离被测定。在 20 世纪 90 年代中期，依靠“依巴谷”卫星进行的空间天体测量获得成功，在大约 3 年的时间里，以非常高的准确度测定了 10 万颗恒星的距离。

天文单位是天文学中测量距离的基本单位。天文学上所用的数字，往往是巨大的，如用“米”或“千米”这把尺作为单位，实在太小了，书写起来很不方便，也容易产生差错。于是，天文学家就把太阳到地球这段距离当成 1 个单位，叫做“天文单位”，作为测量天体（特别是太阳系天体）之间距离的“尺子”。如天王星距离太阳为 19.28 个天文单位。天文单位是一个长度的单位，约等于地球跟太阳的平均距离。但实际上地球绕日的轨道不是一个圆形，而是一个椭圆形——最初天文单位的定义就是上述椭圆的半长轴的长度。1976 年，国际天文学联会把 1 天文单位定义为1颗质量可忽略、公转轨道不受干扰而且公转周期为365.2568983日（即1高斯年）的粒子与1个质量相等约1个太阳的物体的距离。当前被接受的天文单位是149597870691±30米（约一亿五千万千米或9300万英里）。

太阳系以外的恒星、星系与我们的距离数据就更大了。目前，就我们已观测到的最遥远的天体——类星体，远在1900万亿亿千米以外。对于这种大距离，天文学家聪明地采用了一种“光尺”，叫做“光年”的单位表示。所谓“光年”，就是光线在1年里所走过的距离。光线的传播速度是每秒30万千米，照这样计算，1年365天，1天24小时，1小时60分，1分60秒，1年大约有3100多万秒，光线大约可走94600亿千米，这就是1光年的距离了。如用光年作单位，上面所说的离我们最远的那颗类星体是200亿光年。就是说，现在看到它的光，是200亿年前发出的。

天文学家还使用一种更大的“量天尺”——秒差距。它的定义是，当恒星的周年视差为1″时恒星与我们的距离。1秒差距等于206265个天文单位，即3.2616光年或308568亿千米。秒差距简写作“pc”。在测量遥远星系时，秒差距单位太小，常用千秒差距（kpc）和百万秒差距（mpc）为单位。使用秒差距来表示恒星的距离是最为方便的，因为它和恒星的周年视差互为倒数，只要测得恒星的周年视差，就可以不必复杂的计算，便能得到恒星的距离。

11. 恒星的运动

恒星的空间运动，由三个部分组成。第一是恒星绕银河系中心的圆周运动，这是银河系自转的反映。第二是太阳参与银河系自转运动的反映。在扣除这两种运动的反映之后，才真正是恒星本身的运动，称为恒星的本动。

1718年，英国天文学家哈雷发现，他所观测到的4颗最亮恒星的位置，即大犬座α、金牛座α、牧夫座α和猎户座α的位置，与古代天文学家喜帕恰斯和托勒密观测记录中的都很不一致。经过排除各种可能的误差和审慎的分析，哈雷指出，可能所有的恒星都有其自己的运动。

由于恒星可能在空间中的任意方向上运动，为了研究的方便，天文学家把恒星的运动分解为与我们视线方向平行的分量和与视线方向垂直的分量两个分量。其中，平行于视向的分量不能直接观察到，而垂直于视向的分量原则上可以直接观察到。假定在一段时间间隔的前后两次观测同一颗恒星，如果有可能观测到位置移动的话，两次观测的视线方向就会略有不同，会有一个小的夹角。这一角度就来自恒星运动的垂直于视向的分量。用角度的大小除以这段时间间隔，得到的商就被称为恒星的“自行”。由于这一角度非常之小，恒星自行通常用角秒/年来表示（1 角秒等于 1 度的 1/3600）。由于恒星距我们太遥远了，恒星自行在我们看来非常缓慢，通常要用间隔几十年甚至上百年的对同一恒星的观测资料，才能得到不等于零的恒星自行值。

经过一代代天文学家们的辛勤工作，现在已经观测到近 30 万颗恒星的自行。由于恒星自行的存在，在漫长的历史岁月中，恒星的相对位置要发生变化。英国天文学家赫歇尔在 1783 年曾致力于研究恒星的自行。他发现大犬座 α（天狼）、小犬座 α（南河三）、双子座 α（北河二）、双子座 β（北河三）、天鹰座 α（河鼓二）、狮子座 α（轩辕十四）和牧夫座 α（大角）这些著名的亮星，似乎都在沿着以武仙星座内的一点为中心而散开的方向运动着。这一事实提醒天文学家得出这样的推断：太阳正携带着太阳系全体成员，以每秒约 20 千米的速度朝武仙座方向运动。

关于恒星运动的视向分量，由于它是与我们视线的方向相平行的，所以不能直接观测出来。可是，却可以用测量恒星光谱的“多普勒移动”方法来确定恒星的视向运动状态。

12. 恒星的大气

恒星大气层是恒星的最外层区域，位置在核心、辐射层和对流层之上，依照独特的特征可以分为数层。

光球层。这是大气层的最底层，也是我们能观察到的大气层中温度最低的一层。来自恒星的光经由这一层从穿越更高的数层后，由恒星的表面逃逸入太空。太阳的光球层温度为 5700K，星斑是光球层上受到磁场扰乱而温度较低的区域。

色球层。在光球层之上的是色球层，这一层开始时的温度会下降，然后随着高度上升逐渐增温至光球层的 10 倍左右。

过渡区。在色球层之上还有过渡区，在这里温度在约 100 千米的距离内迅速的增加至百万开。

星冕。在这之上就是恒星大气层的外围部分，是由非常稀薄但极端高温（百万

K）的等离子构成的星冕，过渡区和星冕是在主序带上所有的恒星都有的外观。但不是所有演化中的恒星都是如此，只有一些巨星和极少数的超巨星才有星冕。

以太阳为例，当日全食之际，太阳的光球层被遮蔽时，大气层中的其他层次便被显露出来。在这种情况下，色球层呈现出略带红色的圆环，而日冕（太阳的星冕）像装了一簇缨球的光晕。

13. 恒星的结构

根据实际观测和光谱分析，我们可以了解恒星的基本结构。

一般认为在恒星中，最外层有一个类似日冕状的高温低密度星冕，它常常与星风有关。有的恒星已在星冕内发现有产生某些发射线的色球层，其内层大气吸收更内层高温气体的连续辐射而形成吸收线。人们有时把这层大气叫作反变层，而把发射连续谱的高温层叫作光球。其实，形成恒星光辐射的过程说明，光球这一层相当厚，其中各个分层均有发射和吸收。光球与反变层不能截然分开。太阳型恒星的光球内，有一个平均约 1/10 半径或更厚的对流层。在上主星序恒星和下主星序恒星的内部，对流层的位置很不相同。能量传输在光球层内以辐射为主，在对流层内则以对流为主。

对于光球和对流层，可以利用根据实际测得的物理特性和化学组成建立起来的模型进行较详细的研究。我们可以从流体静力学平衡和热力学平衡的基本假设出发，建立起若干关系式，用以求解星体不同区域的压力、温度、密度、不透明度、产能率和化学组成等。在恒星的中心，温度可以高达数百万度乃至数亿度，具体情况视恒星的基本参量和演化阶段而定；在那里，进行着不同的产能反应。

14. 恒星的空间分布

恒星在宇宙中的分布是不均匀的，并且通常都是与星际间的气体、尘埃一起存在于星系中。一个典型的星系拥有数千亿颗的恒星，而在可观测的宇宙中，星系的数量也超过一千亿个，并且现在在星系际的空间中也已经发现恒星。天文学家估计宇宙至少有 7×10^{22} 颗恒星。

星空中除了单独的恒星之外，宇宙空间还分布着众多的联星系统。在联星系统中可以是两颗或更多的恒星受到重力的约束而在轨道上互绕着。而因为轨道要稳定的缘故，这些联星系统经常会形成共轨联星。也存在着少数更大的、被称为星团的集团——范围从只有几颗恒星到最庞大的拥有数十万颗的恒星。

联星系统是长期处在特定重力场约束下的恒星集团，通常都由巨大的O型和B型恒星组成，而且80%的恒星联星系统是多星系统。但单独恒星的部分因为更小的天体被发现而有所增加。因为85%的恒星是红矮星，而仅有25%的红矮星被发现有伴星，所以在银河系内多数的恒星都是单独的。

由于相对于星系的中心，恒星的距离是非常开阔的，因此恒星的相互碰撞是非常罕见的。但是在球状星团或星系的中心，恒星碰撞则很平常。这样的碰撞会形成蓝掉队星，这些异常的恒星比在同一星团中光度相同的主序带恒星有着更高的表面温度。

15. 展示恒星特性的赫罗图

天上的星星虽然差别很大，但它们之间又有许多共同之点，并且存在着一定的联系。1911年，丹麦天文学家赫茨普龙（1873—1967年），对众多恒星的光谱型、温度、光度和大小进行了分析和统计，把它们一一点在一张坐标图上，发现绝大部分恒星在图上的分布很有规律。他以光度（绝对星等）为纵坐标轴，自下而上光度增大；以颜色（温度或光谱型）为横坐标轴，自左而右温度降低。根据他所掌握的一些恒星的光度—颜色（光谱型），一一点在坐标图上，发现它们大都沿着由左上角到右下角的对角线分布。

两年以后，美国天文学家罗素（1877—1957年）也绘制了一幅恒星的光度与光谱型关系分布图。结果，人们惊奇地发现，这两幅图十分相似，颇有异曲同工之妙。所以，1933年以后，人们把这种光度—光谱型图称为“赫茨普龙—罗素图”，简称“赫罗图”。

在赫罗图上，多数恒星分布在从左上角到右下角的对角线附近的主星序带上。这些星称为“主序星”，太阳也是其中之一。主序星意味着表面温度越高，光度也越大。但也有少数星分布在赫罗图的右上角或上方。这意味着它们的表面温度虽低（光谱型为K或M），但光度大。科学家们认为，它们一定是靠个头大才赢得巨大光亮的，所以把这类星叫做“巨星”和“超巨星”。另外，还有少数恒星分布在赫罗图的左下角位置上，这意味着它们的表面温度一定很高，但光度却很小。它们就如同熊熊篝火旁的那盏小电灯，是非常“精悍”的小个子，所以天文学家形象地称它们为“白矮星”。

赫罗图的诞生是天文学发展史上的一个里程碑，它揭示了恒星世界的许多规律，是研究恒星内部结构和恒星演化的基础。它在天文学研究中的意义，就相当于元素周期表在研究化学元素性质变化规律中的意义一样重要。

赫罗图的发明者都曾研究过恒星的演化问题。罗素根据他所描绘的赫罗图，认为恒星最初是体积很大、密度很小的红巨星，由于收缩温度不断升高，红巨星在赫罗图上从右向左移。当收缩所产生的热量不足以弥补辐射所引起的能量损失时，恒星移到主星序左上方，以后随着表面温度下降，沿着主星序下移。当时，罗素尚不知恒星的能源是热核反应所致。后来，他在肯定热核反应为恒星的主要能源之后，就放弃了自己的理解。

赫罗图上有巨星、主序星、白矮星，它们有着不同的物理性质，反映了它们不同的年龄，即“生老病死”的不同演化阶段。但如何根据这幅图解释恒星的演化过程，只有随着天体物理学的发展，才能最终建立起为多数天文学家所接受的恒星演化理论。

16. 最亮的恒星

天狼星又名大犬座 α，是全天最亮的星星。天狼星是由甲、乙两星组成的目视双星。甲星是全天第一亮星，属于主星序的蓝矮星。乙星一般称天狼伴星，是白矮星，质量比太阳稍大，而半径比地球还小。

德国天文学家于 1844 年观测后称，天狼星是一颗双星，因为该星在附近空间中沿一条呈波形的轨迹运动，从而得出它有一颗伴星和绕转周期约为 50 年的结论。这颗伴星于 1862 年被美国天文学家最先看到。天狼星及其伴星都在偏心率颇大的轨道上互相绕转，平均距离约为日地距离的 20 倍。尽管主星光芒四射，用大望远镜还是不难看到那颗 7 等的伴星。

在古埃及，每当天狼星在黎明时从东方地平线升起时（这种现象在天文学上称为“偕日升”），正是一年一度尼罗河水泛滥的时候，尼罗河水的泛滥，灌溉了两岸大片良田，于是埃及人又开始了他们的耕种。由于天狼星的出没和古埃及的农业生产息息相关，所以那时的人们把它视若神明，并把黎明前天狼星自东方升起的那一天确定为岁首。可以说，我们现在使用的“公历”这种历法，最早就是从古埃及诞生的。

17. 最美的恒星

南河三又名小犬座α星，被誉为是最美丽的恒星，它发出的光线柔和而明亮。它的视星等0.38等，绝对星等2.64等，距离地球大约11.44光年，比天狼星稍远一些，是一颗亚巨星。它的光度为太阳的6.9倍，表面温度大约为6510摄氏度，与天狼星相比，颜色有些发黄。

南河三是小犬座中的一等亮星，是全天第八亮星。它与大犬座α星（即天狼星）和猎户座α星（即参宿四）共组成一个巨大的等边三角形，十分醒目地挂在冬季的夜空中。这个等边三角形称做“冬季大三角形”，南河三就在它偏东的一个顶点上。南河三从正东偏北方的地平线上升起，然后比天狼星迟2—3小时沉入西方。在古代，埃及人对天狼星十分崇拜，因为每当它出现在黎明的东方地平线上时，正是每年尼罗河泛滥的季节，而出现在天狼星之前的南河三，就成为了这一季节到来的第一个预兆。

南河三与天狼星相同，也有一颗黯淡的白矮星作为伴星（南河三B）。1896年，天文学家发现南河三旁有一颗黄白色的伴星，它的视星等是10.8等，绝对星等13.1等，它的绕转周期约为40年。与天狼星的伴星一样，南河三的伴星也是一颗处于生命晚期的白矮星。大小只有地球的2倍，质量却为太阳质量的一半。

18. 织女星和牛郎星

大家可能都听说过牛郎织女的故事，也都知道他们最后升到太空当了星星。其实牛郎星和织女星是两颗像太阳那样的恒星，它们也是能够自己发光发热的。牛郎星正式的中国名称是河鼓二，它和其他几颗星合成一个星座，叫天鹰座。织女星正式的中国名称是织女一，它和其他几颗星合成一个星座，叫天琴座。

牛郎星和织女星离我们很远，牛郎星离地球是16光年，织女星离地球是27光年。它们之间的距离也十分遥远，足足有16光年，所以它们是根本不可能“相会”。在中国民间传说中，织女和牛郎情投意合，心心相印。当然实际上，织女星比牛郎星还大得多、亮得多，它的质量是太阳的 2.4 倍，半径是太阳的 60 倍。

第二节 恒星的演变

恒星形成后开始进入生命周期中的氢燃烧阶段，氢的原子核聚变成氦，并向外发放光和热。随后，在星球密度很大、温度极高的中心部分发生氦的燃烧，氦核聚变成铍、碳和氧。当恒星中心部分的碳和氧消耗殆尽并富含硅时，便开始了硅的燃烧阶段，硅转化成硫、氩和其他一些更重的元素。如果恒星通过收缩，能使内部温度升到 30 亿开左右，那么恒星便开始了它生命周期中的平衡阶段，形成铁及附近的一些元素。铁在所有元素中，其原子核最为稳定，因此一颗恒星燃烧到生命的终结，将形成一个铁球，它的末日也便来临了。

1. 恒星演化理论

恒星演化理论是论述恒星生成与走向衰亡过程的理论。

20 世纪 20 年代初，英国天文学家爱丁顿（1882—1944 年）通过研究认为：恒星在演化后期内部燃料即将耗尽，所产生的能量不足以抵消星体内部物质间的引力，于是体积收缩、密度增大，演化为质密的白矮星。1925 年，天文学家在观测中发现了第一颗白矮星。

1939 年，美国物理学家奥本海默（1904—1967 年）提出：质量很大的恒星由于其引力巨大，将使它的最后归宿不是白矮星，它会继续收缩，原子和原子核均被挤碎，带正电的质子与带负电的电子在强大引力作用下被结合成中性的中子，庞大星体收缩成为体积极小、质量和密度极大的小球——中子星。同年，印度裔美国天文学家钱德拉塞卡（1910—1995 年）预言：质量小于太阳 1.44 倍的恒星将会演化为白矮星；质量大于太阳 1.44 倍的恒星或是以大爆发的形式抛掉部分质量后演化为白矮星，或是继续收缩，经超新星爆发演化为密度更高的中子星或黑洞。1967 年，英国射电天文学家赫威斯和他的研究生贝尔发现了第一颗中子星。

20 世纪 50 年代，美国天文学家史瓦西预言：超大质量恒星爆发后不断收缩，当它的引力强到足以使光都不能外逸时，就会成为“黑洞”。1974年，英国理论物理学家霍金证明：黑洞中将产生正反粒子对，其中的正能粒子会逸出，形成黑洞“蒸发”的现象。据此，天文学家们如今已发现了几个可能是黑洞的天体，但尚无法彻底证实。

人类对恒星演化过程的研究目前尚未完成，探索还将不断继续下去。

2. 星胎：恒星的孕育

星胎也称星坯。在宇宙中，当星际气体密度增加到一定程度时，其内部引力的增长比气体压力的增长要快得多，于是这团气体云开始缩小。这样的倾向一开始，其本身的引力便促使巨量物质的密度同时升高，质量大得惊人的星际物质同时变得不稳定起来。

随着这些巨量的星际气体与星际尘埃物质坍缩得越来越迅猛，部分气体形成了较小的云团，它们的密度也分别增大了。这些较小的云团从周围吸引更多的气体与尘埃，并随引力收缩的加剧和温度的上升，继续收缩、碎裂，逐渐形成原始恒星的星胎。

3. 原恒星：恒星的诞生

原恒星就是处于“原始状态”（处于慢收缩阶段的天体）的恒星。原恒星由“大爆炸”后产生的星际云（星际云很大，直径可达上千光年）演变而来。它是在星际介质中的巨分子云收缩下出现的天体，是恒星形成过程中的早期阶段。

根据弥漫说的理论，恒星形成可分为两个阶段，开始时先由极其稀薄的物质凝聚成星云并进一步收缩成原恒星，然后原恒星才发展成为恒星。星际空间普遍存在极稀薄的物质，由于分布不均匀往往分裂成团块，并向中心凝聚，成为弥漫星云。弥漫星云在逐步凝聚收缩过程中进一步分裂，变成体积和质量更小而密度却更高的小球状星云。星云很庞大，半径起码有好几光年。它的外缘物质自由地向中心坠落，收缩进行得相当快，但也需几百万年的时间才能落到中心区。随着快速收缩过程的进行，星云内部的密度迅速增大，温度快速升高，气压也相应增强，随之发生一系列的反应，使外缘物质下落的速度和小球状体的收缩速度减缓，即进入慢收缩阶段。

一般把处于慢收缩阶段的天体称为原恒星。慢收缩开始后，中心区受强烈压缩而升温并发出热辐射，直到最后中心温度升到700万—1000万摄氏度，由氢原子核聚变为氦原子核的热核反应提供足够的能量，使内部压力与引力处于相对平衡状态，一颗恒星就正式诞生了。原恒星进一步形成恒星的收缩过程要持续几百万到几千万年的时间。

4. 主序前星：恒星的少年

原恒星诞生以后，在自身引力作用下继续收缩，内部反应加剧，中心温度增加，开始闪烁发光。随着原恒星的继续演化，内部压强逐渐增大，最终阻止塌缩。此时总质量不再增加，星体内部气体处于完全对流状态，原恒星成长为“少年星”——主序前星。主序前星的内部温度达到3000—5000K，其引力能的一部分用于维持向外的辐射，一部分用于增加内部的热能，使其内部温度不断升高。

5. 主序星：恒星的青年

当原恒星中心的温度达到1000万开左右时，氢核聚变为氦核的热核反应持续不断地发生。恒星以内部氢核聚变为主要能源的发展阶段就是恒星的主序阶段。处于主序阶段的恒星称为主序星。主序阶段是恒星的青年期，恒星在这一阶段停留的时间占整个寿命的90%以上。这是一个相对稳定的阶段，向外膨胀和向内收缩的两种力大致平衡，恒星基本上不收缩也不膨胀。

质量不同的恒星维持热核反应的时间大不一样。大质量恒星的核心温度更高，热核反应消耗氢的速度比小质量恒星快得多，因此其生命历程相对来说要短得多。比如，质量等于太阳质量的15倍、5倍、1倍和0.2倍的恒星，处于主序阶段的时间分别为1000万年、7000万年、100亿年和1万亿年。

目前的太阳也是一颗主序星。太阳现在的年龄为46亿多年，它的主序阶段已过去了约一半的时间，还要50亿年才会转到另一个演化阶段。与其他恒星相比，太阳的质量、温度和光度都大概居中，是一颗相当典型的主序星。主序星的很多性质可以从研究太阳中得出，恒星研究的某些结果也可以用来了解太阳的某些性质。

太阳从整体说来，是一个很稳定的恒星，它在进入主星序以来的40多亿年中，光度没有什么变化。如果有过较大变化的话，一定会在地球上反映出来。但是，太阳上局部区域在一定时期内会出现很大的变动，这就是太阳活动。太阳活动的规模、释放的能量比地球上最猛烈的台风和最猛烈的火山爆发都要大得多，但却没有大到足以影响整个太阳的程度。

有些主序星在早期也会不稳定，例如，它们可以由于某种原因而长时间地抛射大量物质，成为沃尔夫——拉叶星（简称WR星或W星）或天鹅P型星。自转很快的B型主序星会在赤道区抛射物质，形成一个环绕恒星旋转的星云环。由于环里发生发射线，它们被叫做B型发射星。一般的B型主星序在光学波段只有吸收线，没有发射线。

6. 红巨星：恒星的壮年

当一颗恒星度过它漫长的青年期，步入老年期时，它将首先变为一颗红巨星。称它为“巨星”，是它的体积巨大。在巨星阶段，恒星的体积将膨胀到十亿倍之多。称它为“红”巨星，是因为在这恒星迅速膨胀的同时，它的外表面离中心越来越远，所以温度将随之而降低，发出的光也就越来越偏红。不过，虽然温度降低了一些，可红巨星的体积是如此之大，它的光度也变得很大，极为明亮。肉眼看到的最亮的星中，许多都是红巨星。

恒星依靠其内部的热核聚变而熊熊燃烧着。热核聚变的结果，是把每四个氢原子核结合成一个氦原子核，并释放出大量的原子能形成辐射压。处于主星序阶段的恒星，核聚变主要在它的中心（核心）部分发生。辐射压与它自身收缩的引力相平衡。氢的燃烧消耗极快，中心形成氦核并且不断增大。随着时间的延长，氦核周围的氢越来越少，中心核产生的能量已经不足以维持其辐射，于是平衡被打破，引力占了上风。有着氦核和氢外壳的恒星在引力作用下收缩，使其密度、压强和温度都升高。氢的燃烧向氦核周围的一个壳层里推进。

这以后恒星演化的过程是：内核收缩、外壳膨胀——燃烧壳层内部的氦核向内收缩并变热，而其恒星外壳则向外膨胀并不断变冷，表面温度大大降低。这个过程仅仅持续了数十万年，这颗恒星在迅速膨胀中变为红巨星。红巨星一旦形成，就朝恒星的下一阶段——白矮星进发。

预计太阳在红巨星阶段将大约停留 10 亿年时间，光度将升高到今天的好几十倍。到那时侯，地面的温度将升高到今天的两三倍，北温带夏季最高温度将接近 100℃。

7. 白矮星：恒星的老年

白矮星是一种低光度、高密度、高温度的恒星。因为它的颜色呈白色、体积比较矮小，因此被命名为白矮星。白矮星是一种很特殊的天体，它体积小、亮度低，但质量大、密度极高。比如天狼星伴星（它是最早被发现的白矮星），体积比地球大不了多少，但质量却和太阳差不多。也就是说，它的密度在每立方米 1000 万吨左右。

白矮星是一种晚期的恒星。根据现代恒星演化理论，白矮星是在红巨星的中心形成的。当红巨星的外部区域迅速膨胀时，氦核受反作用力却强烈向内收缩，被压缩的物质不断变热，最终内核温度将超过一亿度，于是氦开始聚变成碳。

经过几百万年，氦核燃烧殆尽，现在恒星的结构组成已经不那么简单了：外壳仍然是以氢为主的混和物；而在它下面有一个氦层，氦层内部还埋有一个碳球。核反应过程变得更加复杂，中心附近的温度继续上升，最终使碳转变为其他元素。

与此同时，红巨星外部开始发生不稳定的脉动振荡：恒星半径时而变大，时而又缩小，稳定的主星序恒星变为极不稳定的巨大火球，火球内部的热核反应也越来越趋于不稳定，忽而强烈，忽而微弱。此时的恒星内部核心实际上密度已经增大到每立方厘米十吨左右。我们可以说，此时在红巨星内部，已经诞生了一颗白矮星。

白矮星形成时的温度非常高，但是因为没有能量的来源，因此将会逐渐释放它的热量并逐渐变冷（温度降低），这意味着它的辐射会从最初的高色温随着时间逐渐减小并且转变成红色。经过漫长的时间，白矮星的温度将冷却到光度不再能被看见，而成为冷的黑矮星。但是，现在的宇宙仍然太年轻（大约 137 亿岁），即使是最年老的白矮星依然可以辐射出数千度开的温度，因此还不可能有黑矮星的存在。

目前人们已经观测发现的白矮星有 1000 多颗。根据观测资料统计，银河系中大约有 3%的恒星是白矮星，但理论分析与推算认为，白矮星应占全部恒星的 10%左右。

8. 恒星的归宿

恒星是在光芒四射中诞生的，但恒星并不永恒，当它的核燃料“烧”光了，也就走到了生命的尽头。有意思的是，越临近死亡，恒星们越发变得活跃，并按照不同的质量等级，各自走上迥然不同的“死亡”之路。

我们知道，太阳是一个中等体积的恒星。它首先燃烧的是宇宙最初始形成的氢元素。氢经过热核聚变为氦，同时释放出巨大的核能。它至今已“烧”了46亿年，再有50亿年，所有的氢都将聚变成氦。随着引力继续增强，当核心温度增高到1亿摄氏度以上时，氦的热核聚变就开始启动，将把氦聚变为碳，就是在太阳的核心内又诞生一个新太阳。更高温的太阳会把“老太阳”推出去，体积将膨胀100万倍，变成了红巨星。到那时，熊熊的“烈焰”将直抵地球附近，我们的家园就会变成一片焦土。但太阳质量有限，没有能力再启动碳的核聚变。因此，大约再过10亿年，当氦燃料也“烧完”时，百亿岁的太阳就危在旦夕了。此时的太阳很不稳定，除喷出一些物质形成艳丽的气体光环外，大部分物质仍然被引力牢牢地控制，再也没有力量抗衡引力收缩了。物质受到极大的压缩，原来由电磁力支撑的原子格架被打破了，原子核被迫紧挨在一起，电子则在原子核的间隙内汇聚成“电子气”。这样，太阳就变成一颗与地球体积差不多，但密度大几十万倍、微弱发光的白矮星。再过几十亿年，油尽灯枯，太阳就变成了暗物质，一颗没有任何生气的黑矮星了。

当恒星质量超过太阳的2—3倍时，就是另外一番模样，在行将死亡之际会出现超新星爆炸。数小时内，爆炸的光芒比10亿个太阳还灿烂。就在这一刹那，在极其强大的爆发力面前，没有任何元素可以用电磁力来阻挡原子核的碰撞。因此，元素的热核聚变可以一直进行下去，制造出宇宙中所有的元素。但是，由于大恒星体积庞大，消耗物质多而快，热核聚变速度远超于小恒星，因此寿命比小恒星短得多。譬如，比太阳大3倍的恒星，寿命只有约1300万年。超新星的外壳爆开后，它的核心又会再度强烈塌缩，甚至将核外带负电的电子都压进了原子核，与带正电的质子中和变成了中子。此时，它的密度达到难以想象的程度，一个小玻璃球般的中子星物质达1亿吨，如果它落到地球上，就会直穿到地心。而它的引力可以强大到光也要弯曲成抛物线才能挣脱。

如果有更大质量和引力的恒星，就会出现物质的极限状态，它们的死亡结局就更为诡异。虽然它们也会像超新星那样炸开，核心保留巨大的质量，但核心的引力足以打破中子们建立起的核壁垒，也就是连原子核也被压碎了。由于没有任何抵抗力，物质最终将被压缩到一个点，即“奇点”。在这里，任何星光皆无法逃脱，任何物质都会被吸入。人们认为这里的物质、时间和空间都化为无形，物质在这里真的“死亡”了、消失了。这就是“黑洞”。

正如动植物的死亡将成为下一代生命的原料一样，恒星的死亡也都有一个共同的特征，即将其本体中的大量物质抛射到星际空间中，这些物质逐渐弥漫在宇宙空间中，以气体或尘埃的形式成为新一代恒星的原材料。同时正是在恒星的演化过程中通过热核聚变形成了许多构成生命所必需的重元素，这些重元素在恒星死亡后弥散在宇宙空间中，才有可能导致像人这种生命的诞生。

第三节 星团

星团中的恒星是在同一时间由同一种物质形成的，天文学家通过研究它们来了解恒星是如何演化的。使众多的恒星团结在一起的是万有引力。根据其紧密程度，一般又将星团分为疏散星团和球状星团。疏散星团包含的星体从几十个到1000个以上，通过望远镜可以分辨出其中单颗的恒星，因而得名。与疏散星团相比，球状星团在天空中显得更为壮丽。这一群群密集的含有将近100万颗恒星的星团游离于寂寞的银河系边缘。我们的银河系可能包含200个球状星团，其他星系包含的则可能更多。球状星团有很重要的科学意义：它们中的恒星在银河系中最古老，因此被用来测定银河系的年龄。

1. 星团

一个星团是由于物理上的原因聚集在一起并受引力作用束缚的一群恒星，其成员星的空间密度明显高于周围的星场。星团按形态和成员星的数量等特征分为两类：疏散星团和球状星团。星团中相邻的恒星彼此靠得很近，空间运动大致相同，很可能是具有相同起源的集合体。不同的星团形成于不同的时代，经历不同的演化过程。组成星团的恒星也各有自己的特色，有高温的也有低温的，有质量大的也有质量小的。演化速度和过程也都不一样，虽然在同一时刻，但都处在不同的状态下。有的恒星会因种种原因脱离星团集体而单独行动，也有一些外来的天体会突然闯入星团。总之，作为恒星集体的星团，也有产生、发展、瓦解和死亡的过程。

星团的命名一般采用相应的星表中的号码，最常用的是梅西叶星表，简写为“M”，它只包括了较亮的星团。

2. 疏散星团

疏散星团形态不规则，包含几十至两三千颗恒星，成员星分布得较松散，用望远镜观测，容易将成员星一颗颗地分开。少数疏散星团用肉眼就可以看见，如金牛星座中的昴星团（M45）和毕星团、巨蟹星座中的鬼星团（M44）等等。

在银河系中已发现的疏散星团有 1000 多个。它们高度集中在银道面的两旁，离开银道面的距离一般小于 600 光年。大多数已知疏散星团离开太阳的距离在 1 万光年以内，更远的疏散星团无疑是存在的，它们或者处于密集的银河背景中不能辨认，或者受到星际尘埃云遮挡无法看见。据推测，银河系中疏散星团的总数有 1 万—10 万个。

疏散星团的直径大多数在 3—30 光年范围内。有些疏散星团很年轻，与星云在一起（如昴星团），甚至有的还在形成恒星。

3. 球状星团

球状星团呈球形或扁球形，与疏散星团相比，它们是紧密的恒星集团。这类星团包含 1 万—1000 万颗恒星，成员星的平均质量比太阳略小。球状星团名副其实，它们的形状都呈球形或椭球形，里面包含着密密麻麻、成千上万颗恒星，越往中心密度越大，所以使用大型天文望远镜也无法将它们的一个个成员分辨清楚。

球状星团与银核一样是银河系内恒星分布最密集的区域，它们的直径一般为 100—300 光年，而包含的星却都多达几千颗、几万颗、几十万颗，最多的甚至达几百万颗。假如我们的太阳是球状星团中的一个成员，那么我们的地球在那儿将永远不会有黑夜，它的四周到处都是光辉灿烂、大大小小的“太阳”。

银河系中大约一共有500多个球状星团，至今已经被确认的只有100多个，它们大都分布在银晕中。天文学家认为，银河系中所有的球状星团都分布在一个巨大的球形空间内，这个球的中心与银河系的中心重合。可能还有许多球状星团隐藏在银盘中，目前还未被人们发现。

同一个球状星团中，都有相似的初始化学成分。球状星团是银河系内很老的天体，它们的年龄大约有100亿年甚至更长。然而近年来，天文学家发现在大麦哲伦云（距离我们最近的星系）中既有年老的球状星团，也有年轻的球状星团。这个发现对于球状星团和恒星演化的理论可能会提出新的挑战。

4. 半人马座ω星团

半人马座ω星团是全天最大最亮的球状星团，视星等4等，肉眼清晰可见，遗憾的是它位于南天，我国大部分地区都看不到它。17世纪初期，天文学家还不知道它是球状星团，因而把它当作一颗恒星命名。直到1677年，英国著名天文学家哈雷首先发现它比一般恒星显得大些，并且看上去有些模糊，这才得知原来它是一个球状星团。

ω星团距离我们1.6万光年，是我们已知的距离最近的球状星团之一。它的年龄大约为150亿年和我们银河系的年龄差不多，是最年老的星团。它所包含的恒星估计大约有100万颗。这100万颗恒星密密麻麻地聚集在一起，通过一个较大的望远镜可以把它的外围部分分解开，但是愈往星团中心，恒星密度越大，根本分不清是哪一颗星发出的光，景象相当壮观。

半人马座ω是用拜耳命名法命名的名称，人们并没有因为它不是单独的恒星而变更传统的名称。在大量观测之后，科学家们发现半人马座ω不同于其他的球状星团：首先，它包含几种不同世代的恒星，在澳大利亚科学家在研究半人马座ω内的恒星时，推测它可能是一个比现在要大数百倍的矮星系核心，被我们的银河扯碎和吸收掉了。

全天只有两个球状星团是不需望远镜就能看见的，除了半人马座ω星团，另外一个是杜鹃座47星团，它也在南天。这两个亮星团的名字用的都是恒星的名称，因为古代天文学家没有发现它们是星团而把它们看成了恒星。

5. 昴星团

昴星团是疏散星团之一，从北半球看，是位于西方大而明亮的疏散星团，位于金牛座，在晴朗的夜空单用肉眼就可以看到它。它的几个亮星位于昴宿，由此而得名。梅西叶星表编号为M45，肉眼通常见到有六七颗亮星，所以又常被称为是七姊妹星团，它是离我们最近也是最亮的几个疏散星团之一。昴星团总共含有超过3000颗的恒星，它的横宽大约13光年，直径约4秒差距。

根据来自日内瓦的一个科学家小组发表的最新计算结果，昴星团的年龄为1亿年。还有计算表明，昴星团可以以星团的形式继续存在约2.5亿年；此后，它们会沿着各自的轨道分散成单颗恒星（或是聚星）。欧洲航天局的天文测量卫星Hipparcos直接用视差法测量了昴星团的距离，根据这些测量，昴星团距我们380光年(此前采用的数值是408光年)。

6. 毕星团

毕星团是疏散星团之一，它是著名的银河星团之一，位于金牛座。它的几颗亮星构成二十八宿中的毕宿，因此称为毕星团。但是毕宿中最亮的毕宿五并不是这个星团的成员。毕星团几乎是球形的，它有300多个成员星，总质量约300个太阳质量。它的视直径约15°，线直径约10秒差距。这是一个中心聚度很高的星团，约有一半的质量位于半径为6秒差距的球内，中心附近的恒星密度达每立方秒差距0.5个恒星，比太阳附近的恒星密度大好几倍。毕星团还是一个移动星团，它的成员星的自行辐射点在猎户座α星以东5°处。大约在8万年以前，毕星团离太阳只有现在距离的一半，它的中心同太阳的距离为44秒差距约130光年。而现在它正以每秒43千米的速度离开我们。6000万年以后，毕星团将成为一个普通的银河星团，那时最亮的成员星为12等。在毕星团中，光谱型最早的恒星为A1型，所有早于A5型的恒星都已离开主星序，此外，还有4个光谱型为K的红巨星。因此，毕星团的年龄要比昴星团老，估计约为4亿年。

第四节 双星

在浩瀚的银河系中，我们发现的半数以上的恒星都是双星体，它们之所以有时被误认为单个恒星，是因为构成双星的两颗恒星相距得太近了，它们绕共同的质量中心作圆形轨迹运动，以至于我们很难分辨它们，这其中包括著名的第一亮星天狼星。对于天体物理学家来说，从双星中可以得到比单个恒星更多的信息和恒星演化的秘密。

1. 双星

我们如果用望远镜观测星空，常常可以看到一些恒星两两成双靠在一起。当然，这其中很多只是透视的结果，实际上两颗星相距很远，只是都在一个视线方向上罢了。可是，天文学家发现，其中不少两星之间有力学上的联系，相互环绕转动。这样的两颗恒星，就称为双星。组成双星的两颗恒星都称为双星的子星。其中较亮的一颗，称为主星；较暗的一颗，称为伴星。主星和伴星亮度有的相差不大，有的相差很大。

其实，有许多双星相互之间距离很近，即使用现代最大的望远镜，也不能把它们的两颗子星区分开。但是，从天文学家用分光方法得到的光谱，可以发现它们是由两颗恒星组成的。这样的双星称为分光双星。于是，上面说的可以用望远镜把两颗子星分辨开来的双星，相应地就称为目视双星。

有的双星在相互绕转时，会发生类似日食的现象，从而使这类双星的亮度周期性地变化。这样的双星称为食双星或食变星，食双星一般都是分光双星。还有的双星不但相互之间距离很近，而且有物质从一颗子星流向另一颗子星，这样的双星称为密近双星。有的密近双星，物质流动时会发出 X 射线，称为 X 射线双星。

在银河系中，双星的数量非常多，估计不少于单星。天文学家重视对双星的研究，不仅因为有趣，而且还因为有用，他们通过对双星的观测来确定遥远恒星的质量。我们知道，除了太阳之外，许多单个恒星的质量是很不容易求得的，即使求得也很难准确，而双星却为测定遥远天体的质量创造了条件。根据牛顿修改后的开普勒行星运动定律知道，两颗绕转天体的质量之比与它们的绕转周期和距离有一定比例关系。而周期和距离可通过观测求得，由此便可推算双星的质量。研究双星，不但对于了解恒星形成和演化过程的多样性有重要的意义，而且对于了解银河系的形成和演化，也是一个不可缺少的方面。

2. 目视双星

目视双星是指通过望远镜，用人眼或照相能直接分辨出由两颗子星所组成的双星。这类双星的两颗子星相距都较远。目视双星相互绕转的轨道半径都比较长，自然绕转的周期也比较长，一般都超过 5.7 年，周期最短的是 1.59 年，周期最长的可达上万年之久。目视双星的公转周期短的 1 个月，长的达几百年以上，一般是 70 年左右。

目视双星的颜色是绚丽多彩的，如：天蝎座 α，主星为红色，伴星则为绿色；狮子座 α（轩辕十四），主星为白色，伴星为浓蓝色。一些比较明亮的目视双星，用小望远镜就可以看出它们，或者红黄相伴，或者白青成双，或者黄蓝辉映，或者白紫对射。现已发现目视双星 8 万多对，它们之中互相绕转的轨道周期，最短的有 1 个月，最长的在几百年以上，绝大多数的轨道周期为几年。

3. 分光双星

分光双星是指通过对某天体谱线位置变化的观测分析，能判断出的双星。因为这类双星的两颗子星间的距离很近，绕转周期也很短（大部分小于 10 天），因此通过望远镜、用肉眼或照相方法都不能分辨出它们的两颗子星。根据多普勒效应，恒星接近我们运动时，其谱线便移向紫端，恒星远离我们运动时，谱线便移向红端。随着两子星的绕转，恒星光谱的谱线便发生有规律的移动，据此，我们可以发现双星。如果两子星一颗亮一颗暗，就只能看到一颗亮星的光谱线作周期性的移位，另一颗较暗的光谱线看不到，这样也能发现双星。这些方法发现的双星都称为分光双星。从子星视向速度的变化而判知的双星，两个子星谱线都已测得的叫双谱分光双星（又名双线分光双星），只测到一子星谱线的叫单谱分光双星（又名单线分光双星）。前者一般可用简写符号 SB2 表示，后者可用 SB1 表示。

在望远镜中，一般还不能直接分辨分光双星的两颗子星（成为目视双星）。只有采用干涉测量法和掩星观测等方法，才能分辨出愈来愈多的分光双星的子星。现已发现分光双星 5000 多对，轨道周期最短的分光双星是天箭座 WZ 星，轨道周期为 82 分钟；最长的是蛇夫座 70 星，轨道周期为 88 年。大多数分光双星的轨道周期为几天。

4. 共生双星

共生双星又称共生星，是具有共生光谱的恒星。光谱中既有低温恒星的吸收线，又有高激发发射线。一般认为它们是由一颗红巨星和一颗 B 型或 0 型的亚矮星组成的双星，两颗子星由一个共同的气壳包围着。已发现的共生双星约 50 对，如仙女座 I、飞马座 AG 等。1941 年梅里尔首先把这种在光谱中既出现低温吸收线又出现高温发射线，光谱性质很不相同但又互为依存的星取名为共生星。共生星的光度与谱变有一定的相关性：往往当光度增强时，晚型吸收谱和高激发发射线减弱或消失，B 型气壳谱增强；当光度变弱时，晚型吸收谱和高激发发射线又重新出现或加强。共生星的空间分布与行星状星云相似，集中在银道面附近，属年龄较老的盘星族。

共生星是单星还是双星一直是有争论的。单星说认为共生星是小而热的蓝星，周围有一个变化的星周壳层。双星说认为共生星是由一颗晚型冷星和一颗低光度的热星组成的，它们有一个共同的气体包层；假定冷星是正常巨星，则热星在赫罗图上位于主星序的下方，与行星状星云的中心星、某些新星的热子星位置相近。

提出了“单星”说的科学家认为这种共生星中心是一个属于红巨星之类的冷星，周围有一层高温星云包层。红巨星是一种处于比较晚期的恒星，它的密度很小，体积却大得多，表面温度只有两三千度。可是星云包层的高温是从何而来，人们却无法解释。太阳表面温度只有 6000 度，而它周围的包层——日冕的温度却达到百万度以上，能不能用它来解释共生星现象呢？但日冕的物质非常稀薄，完全不同于共生星的星云包层。因此，太阳不算共生星，也不能用来解释共生星之谜。

提出了“双星”说的科学家认为共星是由一个冷的红巨星和一个热的矮星（密度大而体积相对较小的恒星）组成的双星。但是，当时光学观测所能达到的分辨率不算太高，其他观测手段尚未发展起来，人们通过光学观测和红移测量测不出双星绕共同质心旋转的现象。而这是确定是否为双星的最基本物质特征之一。

近些年，天文学家用可见光波段对冷星光谱进行的高精度视向速度测量证明，不少共生星的冷星有环绕它和热星的公共质心运行的轨道运动，这有利于说明共生星是双星。人们还通过具有高的空间分辨率的射电波段进行探测，查明了许多共生星的星云包层结构图，并认为有些共生星上存在“双极流”现象（从一个星的两个极区向外喷射物质）。现在，大多数天文学家都认为，共生星可能是由一个低温的红巨星或红超巨星和一个具有极高温度的看不见的极小的热星，以及环绕在它们周围的公共热星云包层组成。它是一种处于恒星演化晚期阶段的天体。

有的天文学家对共生星现象提出了这样一种理论模型：共生星中的低温巨星或超巨星体积不断膨胀，其物质不断外溢，并被邻近的高温矮星吸积，形成一个巨大的圆盘，即所谓的“吸积盘”。吸积过程中产生强烈的冲击波和高温。由于它们距离我们太远，我们区分不出它们是两个恒星，而看起来像热星云包在一个冷星的外围。

有的共生星属于类新星，类新星是一种经常爆发的恒星。所谓爆发是指恒星由于某种突然发生的十分激烈的物理过程而导致能量大量释放和星的亮度骤增许多倍的现象。仙女座 Z 型星是这类星中比较典型的，这是由一个冷的巨星和一个热的矮星外包激发态星云组成的双星系统，经常发生爆发，爆发时亮度可增大数十倍，它具有低温吸收线和高温发射线并存的典型的共生星光谱特征。

但是双星说并未能最后确立自己的地位。这其中一个重要原因是迄今为止未能观测到共生星中的热星。科学家只不过是根据激发星云所属的高温间接推论热星的存在，从理论上判断它是表面温度高达几十万度的矮星。许多天文学家都认为，对热星本质的探索，应当是今后共生星研究的重点方向之一。另外，还要加强对双星轨道的测量；进一步收集关于冷星的资料，以探讨其稳定性。

5. 交食双星

交食双星亦称食双星、光度双星、食变星等，是指两颗恒星在相互引力作用下围绕公共质量中心运动，相互绕转彼此掩食（一颗子星从另一颗子星前面通过，比如月亮掩食太阳）而造成亮度发生有规律的、周期性变化的双星。这类双星的轨道面与视线几乎在同一平面上，因此相互遮掩发生交食现象、引起双星的亮度变化而得名。双星的光变周期就是它们的绕转周期。光变周期最短的只有几小时，如大熊座 UX 星，光变周期为 4 小时 43 分；最长的如半人马座 V644 星，光变周期长达 65 年。

交食双星的光变曲线可分为三种类型：一是大陵五型，食外变化较小；二是渐台二（天琴座 β）型，食外也显著变光，但主极小食甚比次极小食甚暗得多；三是大熊座 W 型，食外显著变光，主极小食甚比次极小食甚稍暗。

交食双星大概有 4000 多对，但真正研究清楚的只有其中很少一部分。食双星要求双星轨道面刚好与视线在一个平面上，这毕竟是难得的巧合，所以食双星只占双星很少的一部分。

6. X 射线双星

X 射线双星是 X 射线脉冲星中由一颗寻常的恒星和一颗发射 X 射线的子星组成的食双星。发射 X 射线的子星的性质，可以通过 X 射线的脉动周期和估计质量来推测，目前大多数学者都认为 X 射线子星是中子星或黑洞一类的致密星。根据卫星的观测结果和一系列的证认工作，已经确认为双星的 X 射线源有：小麦哲伦云 X－1、天鹅座 X－1、半人马座 X－3、4U0900－40、4U1700－37、武仙座 X－1、天蝎座 X－1、天鹅座 X－3 和圆规座 X－1 等。其中最引人注目的是武仙座 X－1和天鹅座 X－1。武仙座 X－1 发射的 X 射线，具有 1.24 秒的非常规则的脉冲周期。

在 X 射线双星系统中，通常认为 X 射线是由光学恒星快速流出的物质被吸积到致密 X 射线子星上而引起的。致密星表面引力场很强，落向致密星的物质可以获得很大的能量。这部分能量就可以转变为 X 射线波段的辐射能量。

7. 密近双星

凡一子星影响另一子星演化的物理双星都可称为密近双星。实际上，人们常把分光双星和测光双星（后者包括交食双星）统称为密近双星。肉眼可见的五车二、角宿一、大陵五、渐台二都是密近双星。著名的天琴座 β 星（渐台二），既是交食变星也是一个密近双星。

密近双星的运动周期，有较长的12年以上，也有短到只有17分钟。其中一子星如果像超新星一样爆发时，不少情况下仍保持为双星，但也有被拆散的。密近双星是恒星世界中一种普遍存在的天体，双星中约一半是密近双星，在聚星、星协、星团、行星状星云、河外星系中都发现过，在天文学研究中意义很大。

密近双星演化的最后结果由系统中较重恒星的质量多少来决定。如果质量小于15个太阳质量，则主星将演化成白矮星；如果质量大于15个太阳质量，则演化过程将会十分不同，最后主星将演化成中子星或黑洞，当物质经由吸积盘进入中子星或黑洞时会辐射出X射线，因而也称为X射线双星。在目前已知的黑洞观测方式中，双星观测是直接发现黑洞的唯一方法。

第五节　变星

变星是指亮度有起伏变化的恒星。变星命名法由阿格兰德于1844年创立，每一个星座内的变星，按发现的先后，在星座后用R—Z记名。按照亮度和光谱变化的不同，现在把变星分为几何变星、脉动变星和爆发变星三大类。其中，脉动变星和暴发变星又属于物理变星，而且已发现的两万多颗变星中，大部分都是物理变星，它们是一些不稳定恒星。由于这类变星对科学研究具有特别重要的意义，而且研究它们困难很大，因此格外引起天文科学工作者们的重视。

1. 变星

引起恒星亮度变化的原因有几何的原因（如交食、屏遮）和物理的原因（如脉动、爆发），以及两者都兼有（如交食加上两星间的质量交流）的因素在其中。有些恒星虽然亮度没有变化，但其他物理性质有变化的或光学波段以外的电磁辐射有变化的也归入变星之列，如光谱变星、磁变星、红外变星、X射线新星等。

有些恒星的亮度变化肉眼就能发现，但大多数变星必须用一定的仪器、一定的观测技术才能发现。照相测光和光电测光技术的应用，使变星数目迅猛增加。1985年出版的《变星总表》已收集到了28450颗变星和变光体。分光技术提供了变星物理性质的重要信息，不仅为发现变星也为研究其亮度变化的原因提供了条件。但在已知变星中，做过光谱观测的仅占25%左右。

少数变星在发现亮度变化前已经定名，现仍继续延用；此外，绝大多数变星都按国际通用的命名法命名，即用拉丁字母加上星座名作为变星的名字。对每一个变星，按发现的顺序，从字母R开始一直到Z，然后用两个字母，从RR、RS起到ZZ，再用前面的字母AA、AB……一直到QZ，其中字母J完全不用，从第335个起，用V335、V336……加上星座名。

变星种类繁多，涉及恒星演化的各个阶段，变星的研究将促进恒星理论的发展。变星按其光变原因，可以分成内因变星和外因变星。前者的光变是光度的真实变化，光谱和半径也在变，又称物理变星；而后者的光度、光谱和半径不变，它们是双星，光变的原因是由于轨道运动中子星的相互掩食（称食双星或食变星）或椭球效应，又称为几何变星或光学变星。内因变星占变星总数的80%，又可分为脉动性质和爆发性质迥异的两大类。脉动变星占内因变星的90%，光变是由星体脉动引起的；爆发变星的光变是由一次或多次周期性爆发引起的。脉动变星和爆发变星又可以分成若干次型。变星的分类法随着人们认识的不断深化而逐渐改变，近年来发现，越来越多的双星不仅是几何变星，同时也是物理变星。

变星分属于中介星族Ⅰ、旋臂星族、盘星族、中介星族Ⅱ和晕星族五种不同空间结构次系，对银河系结构和动力学的研究有重要意义。

2. 几何变星

几何变星是由于几个天体间的几何位置发生变化，或者由于天体自身的几何形状特殊，因而发生亮度变化的恒星。食变星是这类变星中最为人熟悉的一种。它是由于两个恒星（两颗子星）互相绕转（组成双星），发生两子星相互掩食的现象，引起双星的亮度变化。有些恒星本身为椭球形，自转时观测者所见到的发光面积有所变化，引起其亮度变化的几何变星称为椭球变星；有些恒星位于星云之中；有些则位于星云之后，当星云移动时，这类恒星的亮度随之变化的这种几何变星称之为星云变星。大部分几何变星属于稳定恒星，但近几年来发现有越来越多的食变星，不仅是几何变星，也是物理变星。它们是研究恒星演化的重要对象。

3. 爆发变星

爆发变星是一种亮度突然激烈增强的变星。造成这类变星光度变化的原因是星体本身。爆发前，星体处于相对稳定（或缓慢变化）的状态，后经过一系列内部的反应，星体发生爆炸。这种恒星一旦爆发，星体的亮度可以迅速增加到原来的几千或几亿倍，有的甚至在白天都可见到，而后经过一段时期又逐渐暗弱下来。爆发变星爆发的规模有大有小，亮度的变化也有高有低，有的星爆发还不止一次。

狭义的爆发变星通常包括：新星、再发新星、矮新星、类新星，有人也称这几种变星为激变变星，除此之外，还有超新星和耀星。广义的爆发变星还可以包括任何非几何原因的光度突然增强的变星，例如某些金牛座 T 型变星、某些共生星等。

4. 星云变星

星云变星是指出现在各种亮的或暗的弥漫星云之中或其附近，并同星云有物理联系的变星。这种变星可分为五类：御夫座 RW 型变星、猎户座 T 型变星、金牛座 T 型变星、某些耀星和特殊星云变星。这种分类主要根据光变曲线性状，但也参考光谱特征。

星云变星有成集团出现的倾向，不仅本身成群，而且往往几类星云变星聚集在一起。星云变星的光变是不规则的，光谱型和光度级范围较宽。猎户座 T 型变星的光谱型范围最宽，从早 B 型到晚 K 型都有，但以早型较多。御夫座 RW 型变星大部分是 G 型到 K 型，但也有少量具有较早的光谱型。金牛座 T 型变星全部都是从 G 型到 K 型、M 型，而耀星则更晚，绝大多数都是 K 型、M 型（见恒星光谱分类）。猎户座 T 型变星大部分是温度较高的巨星。御夫座 RW 型变星除少数是巨星外，多数是矮星。金牛座 T 型变星和耀星都是矮星。它们的光谱，有的是星带发射线的早型恒星光谱，有的是金牛座 T 型和类金牛座 T 型光谱，有的没有发射线。金牛座 T 型变星和弥漫星云及年轻星团有密切的物理联系，都有较高的锂丰度（锂是少数几种在大爆炸中生成的元素之一，研究锂丰度对于探讨各种元素核合成理论以及星系的早期化学演化规律都具有十分重要的意义）。当前多数天文学家认为恒星起源于星际物质云，所以对于星云变星进行系统的观测和分析研究，对探讨恒星的形成和演化有重要意义。

5. 磁变星

磁变星是磁场有变化的磁星，一般指磁场很强（可达3万多高斯）且有变化的恒星。1946年美国威尔逊山天文台的天文学家发现了第一颗磁变星，即室女座78。此后共发现一百多颗的磁变星。磁变星大多为A型特殊星，某些金属元素的吸收线特别强。有时还根据这类星的最强金属线命名为锰星、锶星等。

它们所含的稀土族元素或更重的化学元素要比一般恒星多。光度和光谱有周期性的或完全不规则的变化。这同磁场的周期性变化或非周期性变化有关。例如猎犬座α（中名常陈一）的磁场周期性地从－1420高斯变到＋1620高斯，光度和光谱都有相应的周期性变化。磁变星的自转要比正常A型星慢。磁变星不仅包括A型特殊星，还包括天琴座RR、飞马座AG等其他类型的星。著名的老人星也是一颗磁变星。目前，一般认为磁变星的磁场本身是稳定的，但磁轴和自转轴的方向不一致，所以就观测者看来，磁场就会有周期性的变化。

6. 光谱变星

许多A型特殊星和金属线星在可见光波段的光度变化不大，但谱线强度有明显的周期性的变化，称为光谱变星。最早发现的光谱变星是猎犬座α星，因此光谱变星亦称作猎犬座α型变星。它们的光谱中有异常强的金属线和稀土族元素谱线，谱线强度随著光度的变化而变。光变周期范围1—25天，变幅通常不超过0.1个星等，如猎犬座α的光电目视星等最亮时为2.85，最暗时为2.92。另有周期更短（0.5—2小时）和变幅更小的二级变化迭加在主周期上。此外，光度与光谱也存在长期性的缓慢变化。

这些光度和颜色方面的较小变化同磁场强度有关。观测表明，它们具有数量级达10^{10}高斯的强表面磁场，磁场强度的变化周期往往与光度变化的周期相同而位相相反。跟同一谱型的正常星相比，它们的自转速度较低。一般采用斜转子模型、磁振子模型或双星模型来解释光谱变星的各种现象。B型星中也存在光谱变星，氦星HD125823即是一例。各类变星普遍存在光谱变化，而光度变化微小，光谱变化明显的也不限于上述的恒星，如英仙座 S3 是 B 型谱线轮廓变星，蝎虎座 10 也都是光度变化微小或难以测出而谱线轮廓有周期变化的恒星，又如大角也是光谱变星，等等。

7. 脉动变星

脉动变星是指由脉动引起亮度变化的恒星。这些变星亮度的变化，可能是由于恒星体内（自身的大气层）一会儿膨胀一会儿收缩，这种周期性的变化而引起的。恒星周期性的膨胀与收缩，必然引起恒星半径周期性的增大与减小，继而恒星的表面积周期性的增加与减少，温度和总辐射能量都发生变化，光度也就会周期性的增大与减小，这样，恒星的亮度也就会周期性的变亮与变暗。另外，其颜色、光谱型和视向速度，有时甚至磁场也都随之发生变化。

在已发现的变星中，脉动变星占了一半以上，银河系中约有 200 万个。脉动变星的周期可以相差很大，短的在一小时以内，长至几百天甚而 10 年以上。星等变化从大于 10 到小于千分之几都有。根据亮度变化曲线的形状，脉动变星可分为规则、半规则和不规则的三种不同的类型。

规则的，按亮度变化周期长短分为短周期造父变星（如天琴座 RR 变星）和长周期造父变星（如经典造父变星）；半规则的，亮度变化有一定规律但周期不定，或者平均亮度不变，如金牛座 RV 变星。因为脉动变星的密度和绝对光度都与脉动周期有一定的关系，因此就为研究恒星的物理本质和宇宙尺度提供了重要的依据。

8. 造父变星

造父变星是变星的一种，它的光变周期（即亮度变化一周的时间）与它的光度成正比，可用于测量星际和星系际的距离。大多数这类变星在光度极大时为 F 型星（中等温度的热星）；在光度极小时为 G 型星（像太阳那样比较冷的星）。典型的造父变星是仙王座 δ。1784 年约翰·古德利发现了它的光变现象，1912 年哈佛天文台的勒维特发现了仙王座 δ 的光变周期与光度关系。

造父变星现被分为两种性质不同的类型：

(1) 经典造父变星

它的周期—光度关系很明显，具有 1.5 天到长达 50 天的光变周期，是比较年轻的恒星，大多见于星系的旋臂，属于星族Ⅰ。

(2) 短周期造父变星

它又称星团变星或天琴座 RR 型变星，光变周期短于 1 天，光变周期和光度之间没有明显的关系。由于天琴座 RR 型变星的绝对星等是相同的，因而也可用它们作为距离的指示天体。短周期造父变星属于星族Ⅱ，是年老的恒星，位于银河系的银核和银晕中。

经典造父变星的绝对星等可根据它们的光变周期估出，一旦知道绝对星等，变星的距离便可从绝对星等和视星等（可直接测得）算出。

仙王座 δ 星最亮时为 3.7 星等，最暗时只有 4.4 星等，这种变化很有规律，周期为 5 天 8 小时 47 分 28 秒，此为它的光变周期。这类星的光变周期有长有短，但大多在 1—50 天之间，而且以 5—6 天为最多。我国古代将“仙王座 δ”称为“造父一”，所以天文学家便把此类星都叫做造父变星。人们熟悉的北极星也是一颗造父变星。

9. 周光关系

周光关系是造父变星的光变周期和光度之间的关系。20 世纪初，美国女天文学家勒维特对小麦哲伦云中的 25 颗造父变星的研究发现，这些星的视星等几乎线性地随周期对数的增加而减小。由于它们都在小麦哲伦云中，到太阳的距离近似相等，这实际上反映了绝对星等和周期对数之间的线性关系，后来被称为造父变星的周期光度关系，简称周光关系。

勒维特发现的光变周期与视星等的关系可以视为是光变周期与绝对星等的关系。由视星等转化为绝对星等需要解决周光关系的零点标定问题。1913 年，丹麦天文学家赫茨普隆利用视差法测定了银河系中几颗较近的造父变星的距离，距离尺度得到标定。1915 年，美国天文学家沙普利成功解决了造父变星的零点标定问题。

1940 年代，美国工作的德国天文学家巴德发现，造父变星分为两类，它们具有不同的周光关系。对于属于星族Ⅰ的典型造父变星，绝对星等与 M 光变周期 P 的关系为：$M=-1.80-1.741\mathrm{Lg}P$；对于属于星族Ⅱ的短周期造父变星，绝对星等 M 与光变周期 P 的关系为：$M=-0.35-1.75LgP$。

可以通过造父变星的光变周期求得绝对星等，进而求出距离模数，最终求得造父变星的距离。这一方法广泛应用于测量星团、近距离河外星系的距离。

10. 金牛座 T 型变星

金牛座 T 变星是一种不规则变星，光变幅度一般为 1—3 个星等，光谱型为 G—M 型，质量估计为 0.3—3.0 个太阳质量，半径和光度分别在 1—5 个太阳半径和 0.6—86 个太阳光度范围内。晚型恒星光谱加上发射线，从吸收线定出的光谱型为 F、G 和 K 型。典型星是金牛座 T，是乔伊于 1945 年首先发现的。有人估计在太阳周围一千秒差距内约有 12000 个金牛座 T 型变星，整个银河系内的总数达 100 万个。

金牛座 T 型星总是跟星云在一起，多数位于星云的边缘，少数埋藏在星云的中央。这类星有很强的红外超。许多金牛座 T 型星光谱中的谱线有蓝移，表明正在向外抛射物质；少数金牛座 T 型星光谱中的谱线红移，表明在吸积物质。谱线红移的这部分恒星十分年轻，仍处于星云物质向里下落阶段；而大多数金牛座 T 型星吸积已停止。年轻的金牛座 T 型星拥有过丰富的锂，并且是 T 星协的主要成员，处在通过引力收缩向主序演化的阶段，是主序前变星，在恒星起源和演化的研究中占有重要地位。

11. 大陵五

深秋的夜晚，在天空正南方，可以看到一个形状像“人”字的星座，叫作“英仙星座”，其中有一颗很有名的星，叫“大陵五”。

大陵五是英仙座 β 星，视星等为 2.12 等，亮度排行全天第 60，绝对星等－0.2 等，距离 72 光年，是颗著名的食变星，变光周期为 2 日 20 时 49 分 9 秒。

在研究恒星演化的过程中，科学家们发现：大陵五较小质量的伴星较先演变，与较大恒星生命周期较短的理论不符，这就是“大陵五伴谬”的问题。大陵五很特别，它的亮度总在不断的变化：先是很亮，后来逐渐暗下来，暗到它的正常亮度的 1/3 时，又逐渐亮起来。这样周而复始，大约每隔 2 天 21 小时便变化一次。古代科学不发达的时候，人们对这样奇怪的现象无法解释，便把它归于超自然的魔力，称大陵五为“魔星”，说它是“变幻莫测的神灵”。

原来，大陵五主星是颗 B8V 型主序星，绝对星等－0.4 等，质量为太阳的 3.7 倍，半径仅为太阳的 0.3 倍；伴星为 G5 型星，绝对星等 3.1 等，质量为太阳的 0.8 倍，半径达到太阳的 3.4 倍。当伴星运行到主星和观测者之间时，便遮住主星，使大陵五亮度下降到 3.39 等，持续约 9.7 小时；掩食结束，亮度恢复到 2.12 等。当主星掩食伴星时，亮度也会下降 0.06 等。当暗星转到挡住亮星的位置，我们就看到大陵五变暗了；当亮星从暗星背后转出来时，大陵五就又亮了。在宇宙间，像大陵五这样的双星，还有很多，统称“大陵型变星”。大陵五是这种变星的一个典型代表。

12. 长周期变星

长周期变星是周期为几百天至一千天以上的晚型脉动变星，光变幅为 5—8 个星等。可根据变幅大小、周期长短、空间分布和光谱特征分为长周期变星和蒭藁增二型变星两类。前者变幅不超过 2.5 个星等；后者变幅大于 2.5 个星等，多系红巨星或红超巨星。当前，天文学界一般把长周期变星理解为蒭藁增二型变星。蒭藁增二型变星的变幅大多大于 5 个星等，因而易于发现。一个星座中首先被观察到的变星往往就是蒭藁增二型变星，典型代表是蒭藁增二（鲸鱼座 O），其目视波段极大亮度和极小亮度之差可达 2000 倍左右。它的光变现象发现于 1596 年。除超新星和新星外，它是最早得以确认的变星。

蒭藁增二型变星光变周期约 80—1000 天，目视星等变幅 2.5—10 个星等，甚至更大。在光变过程中，周期和变幅均有不规则变化，偏离平均值达 15%。它们同造父变星、天琴座 RR 型变星和仙王座 β 型变星等脉动变星相似，也有双重周期性和双重极大值的情况。

蒭藁增二型变星的连续光谱受分子吸收谱带的影响，偏离黑体的能量分布。除氢发射线外，在极大亮度时刻附近，有电离硅、电离铁和电离钙的谱线，这是它们与光度不变的正常红巨星的主要区别之一。蒭藁增二型变星和正常的红巨星都是冷星，能量主要分布在近红外区。长周期变星有大量金属吸收线和分子吸收带，在这方面它们与正常红巨星的情况一样。红外观测和射电观测表明，长周期变星外部似乎有星周物质，它们是这些恒星向外膨胀的大气的延伸部分。

第六节　其他恒星和星体

恒星虽然大多是能自行发光、发热、质量巨大的星球，但它们又是各具个性，形成形态各异、多姿多彩的恒星世界。有位科学家这样说过，分类法是可能发现自然界秩序的最简单的方法，从许多不同性质的个体之间找出它们的共通性而形成一类，从而从复杂多变的自然界中找出它们的秩序。同样，在人类认识恒星的历史上，分类法也曾经起过巨大的作用。恒星的化学组成基本一致，质量差异也不大，可谓大同小异。但是，它们存在的形式却五花八门、复杂多样。总之分类法不同，结果就不同。

1. 聚星

三颗到六七颗恒星在引力作用下聚集在一起，这样组成的恒星系统称为聚星。由三颗恒星组成的系统又可称为三合星，四颗恒星组成的系统称为四合星，以此类推。例如：北斗柄中间的那颗大熊座ζ星，中文名开阳，是由7颗星组成的聚星系统；在开阳近旁有一颗肉眼可见的，中文名叫“辅”的暗星，相距约1.9万个天文单位，用小望远镜可以看到。

也有少数所谓四边形聚星，通过理论研究和观测表明：四边形聚星成员间的距离相差不多，成员星的运动各有不同的方向，没有周期性，整个系统是不稳定的。最著名的四边形聚星是猎户座四边形聚星。

大熊星座中的ζ星是2等星；伴星大熊星座80号星中名辅星是4等星，离开大熊星座ζ星11角分（1角分是圆周上1°的1/60）。多年观测表明了这两颗恒星之间有力学联系。用望远镜观测大熊星座ζ星，可以发现它本身就是一颗目视双星，两子星相距14角秒（1角秒是1角分的1/60），大熊星座ζ星的伴星绕主星转动的周期是20.5天，离开主星的距离只有地球到太阳距离的1/3左右。

2. 耀星

耀星是一类特殊的变星。它们的亮度在平时基本上不变，有时则无规则地在几分钟甚至几秒钟内突然增大，光度的变幅从零点几到几个星等，个别的可达到 10 个星等以上，经过几十分钟后又慢慢复原，这种现象称为“耀亮”或“耀变”。

科学家们观测最多的是太阳附近的耀星，经过多年的国际联合观测，在可见光、射电和 X 射线波段都积累了不少资料。耀星的主要特点是：耀亮时在宽广的波段内，从 1—7 千电子伏的 X 射线到约 196 兆赫的射电波都能测到辐射，既有连续辐射也有发射线。在光学波段，一般紫外变幅最大，蓝光次之，黄光最小。在不同波段辐射的变幅之间并没有相关性，即几个波段不一定同时出现耀亮。

对某些耀星的长达十年以上的光谱观测表明，其发射线的年平均强度变化缓慢，变化周期与太阳的活动周期相似。太阳附近耀星的耀亮同太阳的耀斑活动性质相似，但规模比太阳耀斑活动大得多。目前在太阳附近已发现近 100 颗耀星，其中包括半人马座比邻星。经过多年的观测，在一些星团或星协中也发现了耀星。例如，在昴星团区发现 460 多颗，在猎户座大星云区发现 300 多颗，在北美洲星云区发现 50 多颗，在鬼星团区发现的超过 30 颗。这些耀星主要用来研究在不同年龄的星团中它们与其他类型天体在演化上的联系。

近年来又发现了一些所谓非经典耀星，即在蚀双星大熊座 W 星、密近双星大熊座 UX 星、双子座 U 型星和早型星上都发现了耀亮现象。

3. 新星

新星是爆发变星的一种，又称新见星、暂星或客星。新星不是新产生的星，只是这种星在爆发前比较暗，只在爆发后一段时期内才能看见，故名新星。

新星光度增加阶段所经的时间不长，其光度却会突然增加到原来的几万、几十万甚至几百万倍，然后又逐渐衰减，缓慢地恢复到原来的亮度。这是恒星演化比较晚期阶段所发生的小规模爆发现象。按光度下降速度，可分为快新星、慢新星、非常慢新星三类。不止一次爆发的新星称为再发新星，爆发规模和光度增亮比新星更大的称为超新星。一般新星回复到爆发前的亮度要经历 1 年甚至 10 多年的时间。

从新星光谱随光变发生阶段性的变化可得知爆发时新星会以每秒100—5000千米的速度抛射物质。

新星在银河系中已发现200多个。据估计，银河系每年出现30—50颗新星。新星的命名通常是在星座名称前面加英文字母N，在后面加爆发年代，如NCyg1975表示1975年天鹅座新星；有时也用变星命名法表示，如1975年天鹅座新星又记作V1500Cyg。

4. 超新星

超新星是爆发变星的一种，又称灾变变星，用符号SN表示。超新星是某些恒星在演化接近末期时经历的一种剧烈爆炸。这种爆炸极其明亮，过程中所突发的电磁辐射经常能够照亮其所在的整个星系，并可持续几周至几个月才会逐渐衰减变为不可见。在这段期间内，一颗超新星所辐射的能量可以与太阳在其一生中辐射能量的总和相媲美。恒星通过爆炸会将其大部分甚至几乎所有物质以最高至1/10光速的速度向外抛散，并向周围的星际物质辐射激波。这种激波会导致形成一个膨胀的气体和尘埃构成的壳状结构，这被称作超新星遗迹。

一颗超新星在爆发时输出的能量可高达10^{43}焦，这几乎相当于我们的太阳在它长达100亿年的主序星阶段输出能量的总和。超新星爆发时，抛射物质的速度可达每秒10000千米。光度最大时，超新星的直径可大到相当于太阳系的直径。1970年观测到的一颗超新星，在爆发后的30天中直径以每秒5000千米的速度膨胀，最大时达到3倍太阳系直径，在这之后直径又开始收缩。

根据现在的认识，超新星的爆发就是一颗大质量恒星的“暴死”。对于大质量的恒星，如质量相当于太阳质量的8—20倍的恒星，由于质量的巨大，在它们演化的后期，星核和星壳彻底分离的时候，往往要伴随着一次超级规模的大爆炸。在银河系和许多河外星系中都已经观测到了超新星，总数达到数百颗。

历史上有记载的超新星的确切数目还不得而知，但不会超过10个。由中国人在古代观察到的三个超新星只被很简短地记录下来。一个于185年出现于半人马座，有20个月之久能被看到；第二个是396年在天蝎座，持续了8个月；另一个也在天蝎座，时间是827年。1006年的豺狼座超新星有着来自不同区域的记载，因而其可靠性可以确认。欧洲人（中世纪欧洲的修道院作了记载）、阿拉伯人、中国人和日本人都看到了它。它肉眼可见达25个月之久，而且按照来自伊拉克的描述，它明亮得超过了弦月。

历史上最著名的超新星是1054年由日本人和中国人观察到的。最细致的描述由一位熟知星象的中国宋代宫廷天文学家杨修德作出。1054年7月4日，杨修德注意到了天空中一颗奇怪星的出现：日出前几分钟，一颗陌生的星升起到地平线上，比金星或天空中能见到的任何星都明亮得多。这位皇家天文学家称之为“客星”，并记录下来，他向皇上报告，并解释说这是一个吉祥的预兆，然后继续仔细地观察。杨修德所看到的，是一个光度为太阳25亿倍的超新星爆发，由于这颗星的距离，爆发实际上是在他看到之前5000年发生的。随后在1751年，一位英国业余天文学家约翰·贝维斯在金牛座发现一个星云，这个弥漫状天体在著名的梅西叶表中被列为第一号。1919年，宋代的这段史料被翻译出来，瑞典天文学家隆德马克首先意识到贝维斯发现的蟹状星云与1054年超新星之间的联系。最后，现代宇宙学之父埃德温·哈勃在1928年测出了蟹状星云的膨胀速度，并由此反推出它的年龄大约是900年，与爆发时间1054年相符，中国人的记载再次为世人所瞩目。

5. 超新星1987A

加拿大天文学家伊恩·谢尔顿，在南美洲智利安第斯山上的拉斯坎珀纳斯天文台工作。1987年2月23日的夜晚，他的一位智利籍助手在户外散步。忽然，他在熟悉的星空中发现了一颗从未见过的亮星，这颗亮星，位于明亮的大麦哲伦星云的边缘上。谢尔顿的这位助手，立刻把这个发现告诉了谢尔顿。仅仅几个小时之后，这个消息就传遍了全世界。这颗新星就是轰动整个天文学界的“超新星1987A”。这是自1604年德国天文学家开普勒记录到“超新星”以来的第一颗肉眼可见的这类天体。许多天文学家马上把他们的望远镜对准了大麦哲伦星云。随后的几个月里，人们对超新星1987A的变化，做了最详尽的记录。

超新星1987A出现在南天著名的大麦哲伦星云中。为什么这颗超新星叫做1987A呢？这很简单，“1987”指的是发现超新星的年份，“A”指的是超新星的序号，也就是这一年发现的第一颗超新星。超新星并不是新诞生的一颗星，而是一颗老年恒星在走向死亡之前的一次极其宏伟壮观的爆发。

2008年5月，美国科学家透过厚厚的星际尘埃观测到了银河系内迄今最年轻的超新星。北卡罗莱纳州立大学天体物理学家斯蒂芬·雷诺兹和其研究小组成员在天文观测中发现这颗超新星 G1.9+0.3 非常年轻，他们对 2007 年美国宇航局钱德拉 X 射线观测台的星体目标和 80 年代中期的无线电观测数据进行了对比，进而证实了他们之前的猜测，结果显示：G1.9+0.3 这颗超新星仅有 140 年历史，它比之前 17 世纪观测发现的仙后座 A 超新星要年轻至少 200 年。

6. 再发新星

再发新星是爆发变星的一种。一般认为再发新星和新星之间并没有严格的区别，只是有的新星在第一次爆发之后，经过数年或数十年，又发生第二次、第三次甚至更多次的爆发，所以就称这种新星为再发新星。按一般分类法划分的再发新星已有 12 颗。再发新星在银河系中的分布与新星相似，有向银心方向会聚的趋向，同属于盘星族。

再发新星在每次爆发中抛向星际空间的物质约为 10 太阳质量，比新星的质量损失小。通过监视观测可知，老新星和再发新星当光度降到极小时，也并不宁静，像北冕座 T 、蛇夫座 RS 等，都不时有较小规模的爆发活动。

对一批再发新星的测光、光谱和轨道数据的分析表明，它们都可能各包含一颗巨星。光度极小时，再发新星的目视光度主要由其中的巨星决定，而新星的目视光度主要由其中的吸积盘决定，矮新星则由其中的热斑决定；再发新星的绝对目视星等为最亮，新星次之，矮新星最暗。

7. 矮新星

矮新星是一类爆发规模较小、频次较高的爆发变星。矮新星在许多方面同新星和再发新星类似。矮新星准周期地爆发，爆发时光度会陡然增亮，又慢慢变暗。不过光度变幅较小，一般不超过 6 个星等。爆发平均周期较短，约 10—200 天不等。

矮新星有两类：一类称双子座 U 型星或天鹅座 SS 型星，目前已发现 250 个以上；另一类称为鹿豹座 Z 型星，已发现 30 个以上，它们的变幅比双子座 U 型星小，平均 2—3 个星等，周期更短，为 10—20 天左右。

许多矮新星也是双星，是由一颗黄矮星或红矮星和一颗白矮星或蓝亚矮星组成的密近双星系统，轨道周期约几小时。对双子座 U 的观测表明，爆发时随着亮度的增加，由“食”引起的变光深度越来越浅，“食”的开始时间越来越早，持续时间越来越长。根据综合光谱和光度资料可以认为：矮新星爆发的主要原因是冷星的变热，其次是冷星体积的变大和热星吸积盘的变亮。这同新星的爆发是由于壳层抛射，因而有效光球面积增大致使光度突增是不一样的。至于冷星表面温度会突然增高，很可能是因为它的物质抛射率突然增加，外层大气很快脱离冷星而露出了温度较高的内层所造成的。有人认为矮新星是大熊座 W 型密近双星演化的产物，但对此争议很大。

8. 中子星

中子星又称脉冲星，是恒星演化到末期经由重力崩溃发生超新星爆炸之后可能成为的少数终点之一，于 1987 年首次被发现。中子星是在老年恒星的中心形成的，只不过能够形成中子星的恒星，其所需质量更大罢了。根据科学家的计算，当老年恒星的质量大于 10 个太阳的质量时，它就有可能最后变为一颗中子星，而质量小于 10 个太阳的恒星往往只能变化为一颗白矮星。

典型中子星的直径为 20 千米，质量约等于太阳的质量。因此，它们的密度极高，为每立方厘米 10^{11} 千克，也就是每立方厘米的质量竟为一亿吨之巨！在某种程度上，中子星可以认为是由其自身引力吸在一起的巨核。在其密度最大的中心处，物质主要是超子和介子；在中介层则多为中子，而且可能处于“超流”状态。尽管其自身温度可能达到百万度的高温，最外面的 1000 米还是固体的。它外壳由各种原子核组成的点阵结构和自由电子气所组成。

中子星另一个重要特征是存在强度极高的磁场，超过 1012 高斯，它使表层的铁聚合成长长的铁原子链：每个原子都被压缩并沿磁场被拉长，而且首尾相接，形成从表面向外伸出的“须状物”。在表面以下，由于压力太高，单个原子不能存在，这使中子星沿着磁极方向发射束状无线电波（射电波）。中子星自转非常快，能达到每秒几百转。中子星的磁极与两极通常不吻合，所以如果中子星的磁极恰好朝向地球，那么随着自转中子星发出的射电波束就会像一座旋转的灯塔那样一次次扫过地球，形成射电脉冲，因此人们又称这样的天体为脉冲星

9. “黑寡妇”脉冲星

“黑寡妇”脉冲星是一种密度极大、快速旋转的中子星，也是超新星爆发后的残骸。

借助“钱德拉”X射线观测望远镜，天文学家在编号为B1957＋20脉冲星周围发现了一个由高能粒子组成的特殊气囊。B1957＋20脉冲星属于所谓毫秒脉冲星中子星一类，该名称表示它在以极高的速度旋转——围绕自己轴旋转的周期仅为几毫秒，它的“年龄”为10亿年左右。B1957＋20脉冲星之所以高速旋转，是因为它有一颗伴星，而它正在不断吸收伴星的物质。吸收的物质流迫使脉冲星旋转得越来越快，就像抽打陀螺加速飞转一样，B1957＋20脉冲星因此获得绰号——“黑寡妇”。虽然B1957＋20脉冲星质量超过太阳质量1.5倍，但其直径总共只有16千米左右，它离开我们地球的距离约为5000光年。

在这次历史性发现中，人们观测到这颗脉冲星发出的高能宇宙射线正在摧毁其伴星。该脉冲星的发射频率仅为一千六百分之一秒。同时，其移动速度达每小时1百万千米，发出的冲击波可以通过光学望远镜观测到。但最令人惊异的是，该脉冲星由于高速移动后在其尾部形成压力而产生的第二道冲击波发射出了大量高能粒子。这是人类首次观测到的现象。

第五章

太阳和太阳系

第一节　太阳系及其构成

在芸芸众星之中，太阳只是一颗极普通的中等恒星。但是，在银河系几千亿颗恒星中，太阳系却是目前唯一发现拥有智慧生命的恒星系统。地球生命就在这个摇篮中诞生。

我们所栖居的地球，并不是绝无仅有的“世界”。现在能够看到的和地球属于同一等级的大行星还有 7 个，它们是水星、金星、火星、木星、土星、天王星和海王星。它们都是地球的“同胞姊妹”。地球在金星与火星之间，排行第三。另外，还有许多小行星、卫星、彗星和流星体。它们共同组成了以太阳为中心、“人口”众多、地位分明的大家庭——太阳系。

1. 太阳系

太阳系是以太阳为中心，和所有受到太阳引力约束的天体的集合体，这里有八颗行星、至少 165 颗已知的卫星、2 颗已经辨认出来的矮行星和数以亿计的太阳系小天体。这些小天体包括小行星、柯伊伯带的天体、彗星和星际尘埃。

广义上讲，太阳系的领域包括太阳，4 颗同地球一样的内行星、由许多小岩石组成的小行星带，4 颗充满气体的巨大外行星、充满冰冻小岩石、被称为柯伊伯带的第二个小天体区，在柯伊伯带之外还有黄道离散盘面、太阳圈和依然属于假设的奥尔特云。

依照距离太阳的远近，行星依次为水星、金星、地球、火星、木星、土星、天王星、海王星。8 颗行星中的 6 颗有天然的卫星环绕，这些星习惯上因为地球的卫星被称为月球而都被视为月球；距太阳较远的外侧行星都由尘埃和许多小颗粒构成的行星环环围绕着。除地球之外，肉眼可见的行星以五行为名，在西方则全都以希腊和罗马神话故事中的神仙为名。

太阳系的主角是位居中心的太阳，它是一颗光谱分类为 G2V 的主序星，拥有太阳系内已知质量的 99.86%，并以引力主宰着太阳系。木星和土星，是太阳系内最大的两颗行星，又占了剩余质量的 90%以上。目前仍属于假说的奥尔特云，还不知道会占有多少百分比的质量。

太阳系内主要天体的轨道，都在地球绕太阳公转的轨道平面（黄道）附近。行星都非常靠近黄道，而彗星和柯伊伯带天体，通常都有比较明显的倾斜角度。

由北方向下鸟瞰太阳系，所有的行星和绝大部分的其他天体，都以逆时针（右旋）方向绕着太阳公转。有些例外的，像哈雷彗星。环绕着太阳运动的天体都遵守开普勒行星运动定律，轨道都是以太阳为焦点的椭圆，并且越靠近太阳速度越快。行星的轨道接近圆形，但许多彗星、小行星和柯伊伯带天体的轨道则是高度椭圆的。

在这么辽阔的空间中，有许多方法可以表示出太阳系中每个轨道的距离。但太阳系各行星之间的距离并不等同，通常距离太阳越远的行星或环带与前一个的距离就会更远，而只有少数的例外。例如，金星在水星之外约 0.33 个天文单位的距离上，而土星与木星的距离是 4.3 个天文单位，海王星又在天王星之外 10.5 个天文单位。曾有些关系式企图解释这些轨道距离变化间的交互作用，但这样的理论从未获得过证实。

2. 太阳系起源

太阳系的形成至今至少有 46 亿年。这一点已被公认，然而太阳系的成因尚属探讨中的问题。太阳系由何而来？至今已有 50 多种不同的学说或假设，但就其实质而言，大致可归结为两大阵垒：灾变说和星云说。灾变说的实质是认为太阳系大体是在一次突然的巨大的剧变中产生的，太阳先于行星和卫星形成；星云说则主张整个太阳系包括太阳都是由同一块星云物质凝聚而成的。从最近半个世纪的发展看来，星云说取得了很大的进展，占据了主导地位。

(1) 星云说

这种观点首先是由德国的哲学家康德提出来。几十年以后，法国数学家拉普拉斯又独立提出了这一观点。他们认为，整个太阳系的物质都是由同一片原始星云形成的，星云的中心部分形成了太阳，星云的外围部分形成了行星。不过，康德和拉普拉斯的观点也有着明显的分歧，康德认为太阳系是由星云的进化性演变形成的，先形成太阳，后形成行星；拉普拉斯则相反，认为原始星云是气态的，且十分灼热，因其迅速旋转，先分离成圆环，圆环凝聚后形成行星，太阳的形成要比行星晚些。尽管他们的观点有这样大的差别，但是大前提是一致的，因此人们便把他们捏在一起，称这一理论为“康德—拉普拉斯假说”。

(2) 灾变说

由于“康德—拉普拉斯假说”无法解释太阳和各行星之间动量矩的分配问题，因此在20世纪初，灾变说又盛行起来。这一假说的代表人物英国天文学家金斯认为，行星的形成是一颗恒星偶然从太阳身边掠过，把太阳上的一部分物质拉了出来的结果——太阳受到那颗恒星的潮汐力的作用，从表面抛出一股气流；气流凝聚后，变成了行星。这一假说有许多变种，如美国天文学家张伯伦等人提出的星子说、杰弗里斯提出的恒星与太阳相撞说等等。

(3) 俘获说

除了上述两大主要观点，有的天文学家经过计算认为，气体中的物质在空间弥散开来之后，不会产生凝聚现象。这是对灾变说的釜底抽薪。于是，“俘获说”便应运而生，这一假说最早是苏联科学家施密特提出来的。他认为，当太阳某个时候穿过气体尘埃星云时，把星云中的物质“据为己有”，形成绕太阳旋转的星云盘，并逐渐形成各个行星及其卫星。德国的魏扎克、美国的何伊伯都是这一观点的拥护者，但他们的看法与施密特稍有不同。

各种假说都有充分的观测、计算和理论根据，但也都有致命的不足，所以没有哪一种被人们普遍接受。看来，太阳系究竟是怎样产生的仍然是个谜。

3. 太阳系形成和演化

总星系大爆炸后，爆炸物沿着一条共轭曲线在空间运动，爆炸物离爆炸中心越来越远，当运动达到π时，爆炸物又向中心逐渐接近，环行一周后又回到原来的爆炸点，但与原来的点不重合，这称之为共轭曲线。也就是说，爆炸物的运动轨迹实际上是一条曲线。爆炸物在长期的曲线运动中，会逐渐转动，形成盘状、扁球状的原始星云，随后一些星云在大块、小块暗物质的作用下向暗物质坠落形成类星体，形成恒星系、行星系等。在总星系中，星系是处在60亿光年的总星系边缘，距离大爆炸中心约140光年。也就是说，所有星系包括我们的银河系、太阳系都是60亿年前或更早一点时间形成的。每个独立的恒星系，如银河系的所有恒星、气体、星云均围绕其中心旋转。

爆炸后产生的太阳系星云的主要物质是氢气，其次是一些基本粒子。太阳系星云具有自转，其在自转的向心力作用下向中心凝聚。氢分子坠落的势能转化为动能，逐渐产生各种元素，一些星云逐渐形成初始太阳。初始太阳再收缩并形成今天太阳的过程中，残留在2.90个天文单位空间的高温岩浆细沫、尘埃、水汽、气体等形成了类地行星。以木星的形成为例。初始太阳表层的大量气体、轻物质随着日冕抛弃到类木行星的星云里。类木行星星云在高温作用下，在转动中逐渐形成类木行星。高温的类木行星星云又把部分的水蒸汽、轻物质向外喷射。这导致了没有受到日冕高温作用的柯伊伯带内的星云团发生转动。在绕太阳运动的过程中，各星云团在空间收缩成条状或孤形带的物质。尔后这些具有转动的条状带物质收缩成小行星，条状物质带在中间断裂形成双星，处于最外层的由冰块等轻物质凝聚成的是彗星。这就是太阳系演化的大致情形。

4. 太阳系结构

太阳系是以太阳为中心，和所有受到太阳引力约束的天体的集合体。广义上，太阳系的领域包括太阳，4颗像地球的内行星，由许多小岩石组成的小行星带，4颗充满气体的巨大外行星，充满冰冻小岩石和被称为柯伊伯带的第二个小天体区。在柯伊伯带之外还有黄道离散盘面、太阳圈和依然属于假设的奥尔特云。

5. 内太阳系

内太阳系在传统上是类地行星和小行星带区域的统称，主要是由硅酸盐和金属组成的。这个区域挤在靠近太阳的范围内，半径比木星与土星之间的距离还短。

水星、金星、地球、火星四颗内行星或是类地行星的特点是高密度、由岩石构成、只有少量或没有卫星，也没有环系统。它们由高熔点的矿物，像是硅酸盐类的矿物，组成表面固体的地壳和半流质的地幔，以及由铁、镍构成的金属核心所组成。四颗中的三颗——金星、地球和火星有实质的大气层，全部都有撞击坑和地质构造的表面特征，如地堑和火山等。内行星容易和比地球更接近太阳的内侧行星（水星和金星）的概念混淆。

水星（0.4 个天文单位）是最靠近太阳，也是最小的行星（地球质量的 0.055）。金星（0.7 个天文单位）的体积尺寸与地球相似（地球质量的 0.86）。地球（1 个天文单位）是内行星中最大且密度最高的，也是唯一地质活动仍在持续进行中并拥有生命的行星。火星（1.5 个天文单位）比地球和金星小（地球质量的 0.17）。

内太阳系也包含许多“淘气”的小行星与尘粒，其中有许多都会穿越内行星的轨道。小行星是太阳系小天体中最主要的成员，主要由岩石与不易挥发的物质组成。主要的小行星带位于火星和木星轨道之间，距离太阳 2.3—3.3 个天文单位，它们被认为是在太阳系形成的过程中，受到木星引力扰动而未能聚合的残余物质。

6. 中太阳系

太阳系的中部地区是气体巨星和它们有如行星大小尺度卫星的家，许多短周期彗星，包括半人马群也在这个区域内。此区没有传统的名称，偶尔也会被归入“外太阳系”，虽然外太阳系通常是指海王星以外的区域。在这一区域的固体，主要的成分是“冰”（水、氨和甲烷），不同于以岩石为主的内太阳系。

在外侧的四颗行星——木星、土星、天王星、海王星，也称为类木行星，它们囊括了太阳系除太阳之外 99％的已知质量。木星和土星的大气层都拥有大量的氢和氦，天王星和海王星的大气层则有较多的“冰”，像是水、氨和甲烷。有些天文学家认为它们该另成一类，称为“天王星族”或是“冰巨星”。这四颗气体巨星都有行星环，但是只有土星的环可以轻松地从地球上观察。“外行星”这个名称容易与“外侧行星”混淆，后者实际是指在地球轨道外面的行星，除了外行星外还有火星。

木星（5.2个天文单位）主要由氢和氦组成，质量是地球的318倍，也是其他行星质量总合的2.5倍。土星（9.5个天文单位）因为有明显的环系统而著名，它与木星非常相似，例如大气层的结构。天王星（19.6个天文单位）是最轻的外行星，质量是地球的14倍。海王星（30个天文单位）虽然看起来比天王星小，但密度较高，其质量仍有地球的17倍。

彗星归属于太阳系小天体，通常直径只有几千米，主要由具挥发性的冰组成。它们的轨道具有高离心率，近日点一般都在内行星轨道的内侧，而远日点在冥王星之外。短周期彗星是轨道周期短于200年的彗星，长周期彗星的轨道周期可以长达数千年。

半人马群是散布在9—30个天文单位的范围内，也就是轨道在木星和海王星之间，类似彗星，以冰为主的天体。有些天文学家将半人马群归类为柯伊伯带内部的离散天体，而视为是外部离散盘的延续。

7. 外太阳系

在海王星之外的区域，通常称为外太阳系或是外海王星区，仍然是未被探测的广大空间，主要为柯伊伯带。这片区域似乎是太阳系小天体的世界（最大的直径不到地球的1/5，质量则远小于月球），主要由岩石和冰组成。

柯伊伯带最初的形式，被认为是由与小行星大小相似，但主要是由冰组成的碎片与残骸构成的环带，扩散在距离太阳30—50个天文单位之处。柯伊伯带大致上可以分成共振带和传统带两部分，共振带是由与海王星轨道有共振关系的天体组成的（它当海王星公转太阳三圈时就绕太阳二圈，或海王星公转两圈时只绕一圈），其实海王星本身也算是共振带中的一员。传统带成员则是不与海王星共振、散布在39.4—47.7个天文单位范围内的天体。

冥王星（39个天文单位）是一颗矮行星，也是柯伊伯带内已知的最大天体之一。当它在1930年发现后被认为是第九颗行星，直到2006年才重分类为矮行星。

离散盘与柯伊伯带是重叠的，但是它向外延伸至更远的空间。离散盘内的天体应该是在太阳系形成的早期过程中，因为海王星向外迁徙造成的引力扰动才被从柯伊伯带抛入反覆不定的轨道中。多数黄道离散天体的近日点都在柯伊伯带内，但远日点可以远至150天文单位；轨道对黄道面也有很大的倾斜角度，甚至有垂直于黄道面的。有些天文学家认为黄道离散天体应该是柯伊伯带的另一部分，并且应该称为“柯伊伯带离散天体”。

8. 最远区域

太阳系于何处结束，以及星际介质开始的位置，并没有明确定义的界线，因为这需要由太阳风和太阳引力两者来决定。太阳风能影响到星际介质的距离大约是冥王星距离的4倍，但是太阳引力所能及的范围，应该是这个距离的千倍以上。

太阳圈可以分为两个区域，太阳风传递的最大距离大约在95个天文单位，也就是冥王星轨道的3倍之处。此处是终端震波的边缘，也就是太阳风和星际介质相互碰撞与冲激之处。太阳风在此处减速、凝聚并且变得更加纷乱，形成一个巨大的卵形结构，即所谓的日鞘，外观和表现得像是彗尾，在朝向恒星风的方向向外继续延伸约40个天文单位，但是反方向的尾端则延伸数倍于此距离。太阳圈的外缘是日球层顶，此处是太阳风最后的终止之处，外面即是恒星际空间。

太阳圈外缘的形状和形式很可能受到与星际物质相互作用的流体动力学的影响，同时也受到在南端占优势的太阳磁场的影响。例如它的形状在北半球比南半球多扩展了9个天文单位（大约15亿千米）。在日球层顶之外，大约230个天文单位处存在着弓激波，它是当太阳在银河系中穿行时产生的。因为还没有太空船飞越到太阳系层顶之外，所以还不能确知星际空间的环境条件。而太阳圈如何保护在宇宙射线下的太阳系，目前所知甚少。为此，人们已经开始提出能够飞越太阳圈的任务。

考量邻近的恒星，估计太阳的引力可以控制2光年（125000个天文单位）的范围。奥尔特云向外延伸的程度，大概不会超过5万个天文单位。总之，我们的太阳系仍然有许多未知数。

9. 行星视运动

八大行星都围绕太阳运动，最靠近太阳的是水星，依次是金星、地球、火星、木星、土星、天王星、海王星。它们都绕太阳作近似匀速圆周运动。它们绕太阳公转的角速度是不相同的，水星最快，其他行星依次变慢。而且，所有行星的运动轨道都差不多在同一平面上。由于地球绕太阳公转，所以从地球上看来，太阳在天球上作一年一圈的视运动。太阳的轨迹就是黄道，因此其他行星的视运动轨迹均在黄道附近。

按照行星相对于太阳的视运动，可把行星分为两类：地内行星，即地球轨道以内的水星和金星，它们总是在太阳附近来回摆动，角距离有一定范围；地外行星，即地球轨道以外的火星、木星、土星、天王星、海王星和冥王星，它们和太阳的角距离不受任何限制。

（1）地内行星的视运动

地内行星和太阳的地心黄经相等时，称为地内行星合日，简称“合”。经过合以后，地内行星逐渐偏离太阳向东。在这种情况下，太阳落山后，地内行星出现在西方天空，故称为昏星。地内行星向东偏离太阳的角距离一天天增加，当达到一定的角度不再增加时，称为东大距。东大距以后，地内行星又一天天靠近太阳，只要仍在太阳以东，还是昏星。当地内行星的黄经再次和太阳黄经相等时，又合日。此时，地内行星几乎和太阳一齐从东方升起，白天淹没在太阳的光辉之中，傍晚又和太阳一齐下山，所以我们看不见。“合”以后，地内行星便偏离太阳往西，由于先于太阳升起，在黎明前的东方可以看到，故称为晨星。此后地内行星向西偏离太阳的角距离一天天增加，一直到西大距为止。过了西大距，地内行星又一天天靠近太阳，一直到再与太阳相合。以后它再次成为昏星，重复上述视运动。为了分清两次合，我们把成为昏星以前的那次合称为“上合”，另一次合称为“下合”，连续两次上合或下合的间隔时间叫作会合周期。

水星大距时同太阳的角距离变化在18°—28°之间。由于角距离总是很小，所以水星几乎经常被黎明曙光或黄昏的暮光所淹没，我们很难看到它，只有在大距附近时才能看到。

金星大距时同太阳的角距离在45°—48°之间。它在大部分时间里同太阳的角距离较大，所以经常能够看到。它特别明亮，除太阳和月亮外，是全天最亮的天体，因而经常引起人们的注意。当它是昏星时，中国古代称为长庚星；当它是晨星时，则称为启明星。

（2）地外行星的视运动

地外行星在其地心黄经和太阳黄经相等时，便同太阳相“合”，此时与太阳同升同落，我们看不到。合以后，地外行星偏离太阳向西，因而每天黎明前在东方天空会看到。地外行星同太阳的角距离一天天加大，每天升起的时间也就一天天提早。当其和太阳的黄经差 90°时，称为西方照。此时，半夜 12 点左右地外行星就从东方升起，等太阳升起时，已转到正南方。以后地外行星继续偏离太阳向西，升起的时间转到上半夜，并逐日提早。当地外行星和太阳的黄经正好相差 180°时，称为“冲日”，简称“冲”。冲时，傍晚太阳刚落山，地外行星就从东方升起，至次日早晨，太阳刚升起时，就在西方落山，所以整夜可见。冲以后，地外行星继续向西偏离太阳，由于角距离超过 180°，因此也可以说，地外行星在太阳以东的 180°慢慢靠近太阳。当地外行星从东方升起的时间由傍晚提早到下午时，太阳落山后，就在东南方向出现，下半夜地外行星由西边落山，大半夜可以见到。当地外行星和太阳黄经差 90°时，称为东方照。东方照时，太阳一下山，地外行星就出现在南方天空；到半夜，在西方落山，之后继续由东边靠近太阳，当和太阳黄经又相等时，又合日了。以后，地外行星重复这样的视运动。两次合的间隔时间称为地外行星的会合周期。

肉眼可以看到的地外行星有火星、木星、土星；视力好的人有时勉强可以看到天王星；借助于望远镜，还可以看到海王星、冥王星和许多小行星。

10. 行星际物质

行星际物质是填充太阳系的物质，太阳系内较大的天体，如行星、小行星和彗星都运行在其间。

行星际物质包括行星际尘埃、宇宙射线和来自太阳风的热等离子。行星际物质的温度大约是 10 万 K，但密度非常低，在地球附近的空间，每立方厘米只有 5 个粒子。密度是随着与太阳距离的增加，以每平方反比的速率在降低。密度的变化也受到磁场和日冕喷发的影响，密度可以上升到每立方厘米 100 个。由于行星际物质是等离子，并且它具有的等离子特性远多于单纯的气体。例如，它其中携带着的太阳的磁场，有高的电传导性，形成等离子双层，侵入行星空间并与磁气圈结合，或是在太阳风冲激层上显示出丝状，好比极光。太阳系的边陲是太阳风和星际物质交会的场所，边界就是所谓的太阳风冲激层，目前认为这个位置距离太阳 110—160 个天文单位。行星际物质就充满在这个大略是球形的太阳圈内。

在地球上可以观察到一些行星际物质造成的现象，例如黄道光。黄道光是沿着黄道面伸展开来、散布得很广但很微弱的光，可以在某些季节的日出前或日落后看到。这是被散布在地球与太阳之间行星际物质中的尘埃颗粒散射的阳光。另一个相似的现象是对日照，出现在夜晚背向太阳位置的天空上，它比黄道光还要暗弱许多，是在地球轨道外的尘埃粒子反射阳光造成的。

11. 卫星

卫星是指在围绕行星轨道上运行的天然天体或人造天体。

月球就是最明显的天然卫星的例子。在太阳系里，除水星和金星外，其他行星都有天然卫星。太阳系已知的天然卫星总数（包括构成行星环的较大的碎块）至少有 160 颗。天然卫星是指环绕行星运转的星球，而行星又环绕着恒星运转。就比如在太阳系中，太阳是恒星，我们地球及其他行星环绕太阳运转，月亮、土卫一、天卫一等星球则环绕着我们地球及其他行星运转，这些星球就叫做行星的天然卫星。木星的天然卫星最多，其中 17 颗已得到确认，至少还有 6 颗尚待证实。天然卫星的大小不一，彼此差别很大。其中一些直径只有几千米大，例如火星的两个小月亮，还有木星、土星、天王星外围的一些小卫星。还有几个却比水星还大，例如土卫六、木卫三和木卫四，它们的直径都超过 5200 千米。

而随着现代科技的不断发展，人类研制出了各种人造卫星，这些人造卫星和天然卫星一样，也绕着行星（大部分是地球）运转。目前正在环绕地球飞行的共有 795 颗各类卫星，而其中一半以上属于世界上唯一的超级大国美国，它所拥有的卫星数量已经超过了其他所有国家拥有数量的总和达 413 颗，军用卫星更是达到了四分之一以上。

12. 行星环

行星环是围绕行星运转的物质环，由许多小物体构成，因反射太阳光而发亮，又称光环。已知木星、土星、天王星和海王星 4 颗行星有环带。

土星环从云顶一直延伸 32 万千米，主要由大小冰块组成，所以特别明亮。土星环密密麻麻、数以千计，而且结构十分复杂，有的大环中套有小环，有的几条扭缠在一起，有的凹凸不平，有的呈锯齿形、辐射状，而且还在不断变化。它的环总质量约 10^{20} 千克，环的温度约 65—75K，环内的带电物质发出射电辐射。

天王星环是 1977 年一次天王星掩恒星时发现的，共有 20 条，很暗弱，构成的物质大如巨石，小似砂粒，反照率很小，所以无法用望远镜直接观测到。

木星环由微米大小的尘埃组成，现在已确定共有 2 条，主环在内，其宽度不足 9000 千米，厚几千米，内边缘离木星表面 5 万千米左右，并以比木星自转还快的速度在飞速转动，周期约 7 小时。外面的暗环亮度仅及主环的 5%，有人称为薄纱环，几乎透明，它一直延伸到离木星 21 万千米远处。主环周围还有一个扁球状的晕，晕向内延伸到木星表面，但其中的物质密度更稀。

海王星环是旅行者 2 号于 1989 年发现的。现已确证有 5 条，里面 3 条比较模糊，外面 2 条比较明亮，但只有其中一条是较完整的环，另一条只有几个环段弧比较明亮。

关于行星环的起源主要有 3 种观点：

潮汐理论。它认为卫星与行星太近时被行星巨大的潮汐力瓦解成碎块，逐渐弥散开形成环。

凝聚理论。它认为因为形成行星、卫星的原始物质位于行星的洛希极限范围内，它们只能凝聚成环体而无法集聚为卫星。

碰撞理论。它认为巨陨星轰击行星表面，撞击的物质在空中形成环，或是陨星、流星体把原有卫星撞碎而形成环。

13. 行星连珠

所谓“行星连珠”只存在于人们心目中，因此“行星连珠”与其说是天文学的研究对象，不如说是人们感兴趣的“视觉现象”。对于“行星连珠”现象，至今并没有一个严格的定义。通常用肉眼望去，当太阳系内的几个主要行星差不多处在一条直线上时，人们就称之为“行星连珠”。简言之，其他行星来到地球与太阳连线附近时，将会发生“行星连珠”的现象。

距现在最近的一次“行星连珠”发生在 2000 年 5 月 20 日零时，上一次“七星连珠”发生在 1965 年 3 月 6 日 9 时，到 2149 年 12 月 6 日 4 时发生的将是“八星连珠”。2000 年 5 月 20 日这样的“行星连珠”为 30 年一遇，就人的一生来说是少见的，但从时间的大尺度来看是频繁发生的，并不罕见。

14. 奥尔特云

1950 年，荷兰天文学家简·奥尔特推断：在太阳系外沿有大量彗星，后来这些彗星被称为奥尔特星云。奥尔特云假设认为：它其实是在比柯伊柏带更接近太阳的地区形成的，与其他行星及小行星相似；但由于它经常被大行星的引力影响，并且以后将被仍年轻的大型气体行星，诸如木星等天体的强大引力逐出太阳系内部，这就使它们拥有椭圆或抛物线状的轨道，散布于太阳系的最外层；同时，这个过程将使它们的轨道偏离黄道面，并逐渐形成球状的形态，而一些在远处的天体轨道又被附近的恒星摄动，使之变为圆浑，并长期处于太阳的远方；而远离八大行星的物体因不受大行星的影响，散布于接近黄道面的盘状区中，形成柯伊柏带。这个理论解释了为何奥尔特云不像柯伊柏带和八大行星的轨道一样接近黄道面，而是呈独特的圆球状。

奥尔特的理论建立于对彗星的多年观察上。因为彗星出现的时间间隔意味着大多数彗星都有很长的环形运动轨迹，因此奥尔特认为彗星源于带外行星亿万千米以外的云状区域。该区域非常遥远，太阳无法将其纳入太阳系中。在望远镜发明后的 4 个世纪里，奥尔特星云中只有很小一部分彗星被人们观测到进入过太阳系。这些彗星受到寒冷的高层宇宙空间的保护。奥尔特云从被提出到现在，对于它们的形成，科学界各有不同说法。但近年来，天文学家认为奥尔特云是 50 亿年前形成太阳及其行星的星云之残余物质，并包围着太阳系。

这一理论使人们相信：除太阳外的其他恒星也会有自己的奥尔特云存在，并且如果两颗恒星互相靠近，其奥尔特云会出现重叠，导致彗星走进另一恒星的太阳系内部。预计在 1000 万年以内，最有可能摄动奥尔特云的恒星是 Gliese710。

15. 柯伊伯带

柯伊伯带位于太阳系的尽头，其名称源于荷兰裔美籍天文学家柯伊伯。早在 20 世纪 50 年代，柯伊伯就预言，在海王星轨道以外的太阳系边缘地带，充满了冰封的物体，它们是原始太阳星云的残留物，也是短周期彗星的来源地。

1992年，人们找到了第一个柯伊伯带天体。如今已有约1000个柯伊伯带天体被发现，直径从数千米到上千千米不等。许多天文学家认为，由于冥王星的个头和柯伊伯带中的小行星大小相当，所以冥王星应该被排除在太阳系行星之外，而归入柯伊伯带小行星的行列当中，而冥王星的卫星则应被视作其伴星。国际天文学联合会第26届大会5号决议投票，通过新的行星定义，冥王星被排除在行星行列之外，而将其列入“矮行星”。自此，九大行星成为历史，“八大行星”的时代已经开始。

第二节 太阳及其构成

太阳系的中心是太阳，太阳以自己强大的引力将太阳系中所有的天体紧紧地控制在自己周围，使它们井然有序地围绕自己旋转。同时，太阳又带着太阳系的全体成员围绕银河系的中心运动。太阳系中的各个天体主要由氢、氦、氖等气体，冰（水、氨、甲烷）以及含有铁、硅、镁等元素的岩石构成。

1. 太阳

太阳是银河系的恒星之一，距银心约3万光年。它以每秒250千米的速度绕银心旋转。太阳是一个致密的炽热气体球，其表面绝对温度为6000K。我们通常看到的太阳表面，是发光的“光球层”，它相当于地球的地表。早在1970年前后，科学家就构建出了太阳内部结构的标准模型：从内到外依次是持续进行热核聚变反应的“中心核”、以辐射方式将能量外运的“辐射层”、以对流方式将能量继续外运的“对流层”。太阳储备的能量虽然很大，但终有耗尽的一天。一颗恒星内的10%的氢被烧完，它就会明显地显现出核能被耗尽的种种迹象。科学家们认为太阳还可以均匀地辐射50亿年，不会发生重大变化。

太阳是太阳系的母星，也是最主要和最重要的成员。它有足够的质量让内部的压力与密度足以抑制和承受核融合产生的巨大能量，并以辐射的形式，例如可见光，让能量稳定地进入太空。太阳在分类上是一颗中等大小的黄矮星，不过这样的名称很容易让人误会，其实在我们的星系中，太阳是相当大与明亮的。太阳在恒星演化的阶段正处于壮年期，尚未用尽在核心进行核融合的氢。太阳的亮度仍会与日俱增，早期的亮度只是现在的75%。

科学家们计算过太阳内部氢与氦的比例后认为太阳已经完成生命周期的一半，在大约50亿年后，太阳将离开主序带，并变得更大与更加明亮，但会变成表面温度降低的红巨星，届时它的亮度将是目前的数千倍。

太阳是在宇宙演化后期才诞生的星族Ⅰ恒星，它比星族Ⅱ的恒星拥有更多的比氢和氦重的金属。比氢和氦重的元素是在恒星的核心形成的，必须经由超新星爆炸才能释放到宇宙的空间内。换言之，第一代恒星死亡之后宇宙中才有这些重元素。最老的恒星只有少量的金属，后来诞生的才有较多的金属。高金属含量被认为是太阳能发展出行星系统的关键，因为行星是由累积的金属物质形成的。

除了光，太阳也在不断地放射出电子流（等离子），也就是所谓的太阳风。这条微粒子流的速度为每小时150万千米，在太阳系内创造出稀薄的大气层（太阳圈），范围至少达到100天文单位（日球层顶），也就是我们所认知的行星际物质。太阳的黑子周期和频繁的闪焰、日冕物质抛射在太阳圈内造成的干扰，产生了太空气候。伴随太阳自转而转动的磁场在行星际物质中所产生的太阳圈电流片，是太阳系内最大的结构。

2. 太阳的寿命

太阳是个炽热的气体球，它的表面温度有6000℃左右，中心温度可达上千万度。太阳的热能主要来源于它内部的核聚变反应。构成太阳的主要元素是氢，约占3/4，其次是氦，约占1/4，在高温高压的状况下，4个氢原子核聚变成1个氦原子核，从而释放出大量的热能。

太阳是一颗黄矮星，黄矮星的寿命大致为100亿年，目前太阳大约46亿岁。在大约50亿年之内，太阳内部的氢元素会全部消耗尽，太阳的核心将发生坍缩，导致温度上升，这一过程将一直持续到太阳开始把氦元素聚变成碳元素。由于氦燃烧产生的能量比氢燃烧产生的能量多，因此太阳的外层将膨胀，并且把一部分外层大气释放到太空中。当转向新燃料的过程结束时，太阳的质量将稍微下降，外层将延伸到地球或者火星目前运行的轨道处（这时由于太阳质量的下降，这两颗行星将会离太阳更远）。

由于太阳能量的增长与半径增长不相称，太阳表面的温度将比现在低，从而变成一颗红巨星。这颗红巨星经过几十亿年后，氦燃料也将消耗完毕。当太阳成为一颗红巨星时，外表直径增加到现在的100多倍。从地球上看，白天太阳几乎占满了天空。虽然太阳表面温度低了一些，但因太阳面积增大几万倍，离地球又近，太阳照到地球上的能量过多使地面太热，地面的水变成蒸汽，海洋成为沙漠，人类就不可能在此生存了。也就是说，估计50亿年后，太阳会变成可怕的红巨星，这就是地球的末日。

那时我们如何逃生呢？唯一的生路，就是寻找新的“太阳”，移民到太阳系以外适合我们生存的行星上去。所幸的是我们银河系就有1000亿个发亮的恒星。每一恒星附近常有好几个行星。太阳是一颗普通大小的恒星，在离银河系中心3/4的外围中。宇宙中至少有1000亿个不同的银河系，几乎是有无限大的空间和资源。宇宙中的行星多得难以计算，我们的机会不少。想必那时人类的宇航科技应该是高度发达的，这项“外星移民”工程必将能够实现。

3. 太阳的结构

太阳的结构从里向外主要分为：中心为热核反应区，核心之外是辐射层，辐射层外为对流层，对流层之外是太阳大气层。

从核物理学理论推知，太阳中心是热核反应区。太阳中心区占整个太阳半径的1/4，约为整个太阳质量的一半以上。这表明太阳中心区的物质密度非常高，每立方厘米可达160克。太阳在自身强大重力吸引下，太阳中心区处于高密度、高温和高压状态，是太阳巨大能量的发祥地。

太阳中心区产生的能量的传递主要靠辐射形式。太阳中心区之外就是辐射层，辐射层的范围是从热核中心区顶部的0.25个太阳半径向外到0.86个太阳半径，这里的温度、密度和压力都是从内向外递减。从体积来说，辐射层占整个太阳体积的绝大部分。

太阳内部能量向外传播除辐射外，还有对流过程。即从太阳0.86个太阳半径向外到达太阳大气层的底部，这一区间叫对流层。这一层气体性质变化很大、很不稳定，形成明显的上下对流运动。这是太阳内部结构的最外层。

太阳对流层外是太阳大气层。太阳大气层从里向外又可分光球层、色球层和日冕层。

我们看着的太阳这么耀眼，就是因为太阳大气层中光球层发出了强烈的可见光。光球层位于对流层之外，属太阳大气层中的最低层或最里层，光球层的厚度约500千米，与约70万千米的太阳半径相比，好似人的皮肤和肌肉之比。我们说太阳表现的平均温度约6000℃，指的就是这一层。

光球之外便是色球。平时由于地球大气把强烈的光球可见散射开，色球便被淹没在蓝天之中。只有在日全食的时候才有机会直接饱览色球红艳的姿容。太阳色球是充满磁场的等离子体层，厚约2000千米。其温度从里向外增加，与光球顶衔接的部分约4300℃，到外层达几万摄氏度。密度则随高度增加而降低。整个色球层的结构不均匀，由于磁场的不稳定性，太阳高层大气经常产生爆发活动，产生耀斑现象。

日冕是太阳大气的最外层。日冕中的物质也是等离子体，它的密度比色球层更低，而它的温度反比色球层高，可达上百万摄氏度。日全食时在日面周围看到放射状的非常明亮的银白色光芒即是日冕。

4. 太阳的能量及其利用

太阳发出的能量很大很大。如果把太阳的能量减少一半，地面的温度就会下降到零度以下，河海都会冻结。如果太阳的能量增加三四倍，海洋里的水将会沸腾成为蒸汽。

那么，太阳如此巨大的能量是从哪儿来的呢？科学研究的结果告诉我们：太阳的能量来源于原子核反应，即每4个氢原子核合成一个氦原子核。热核反应放出的能量很大，1克重的氢变成氦时，放出来的能量等于燃烧15吨汽油。在太阳那里，这种热核反应在一刻不停地进行着。

地球上除原子能和火山、地震以外，太阳能是一切能量的总源泉。那么，太阳发射出多大的能量？地球又接受了多少呢？科学家们设想在地球大气层外放一个测量太阳总辐射能量的仪器，在每平方厘米的面积上，每分钟接收的太阳总辐射能量为8.24焦。这个数值叫太阳常数。如果将太阳常数乘上以日地平均距离作半径的球面面积，这就得到太阳在每分钟发出的总能量，这个能量约为每分钟2.273×10^{28}焦。而地球上仅接收到这些能量的22亿分之一。太阳每年送给地球的能量相当于100亿亿度电的能量。太阳能取之不尽，用之不竭，又无污染，是最理想的能源。

相对其他能源形式，太阳能利用对人类来说是一种新能源——大约在 50 万年前，人类开始学会使用火。在中世纪，风车和水车开始为人类所利用。在 250 年前的工业革命时期，煤和化石能源开始被大量使用。而石油则在中东发现大规模油田之后才开始使用。相比之下，太阳能发电至今大约仅 30 年。

像太阳能这样的新能源，既不局限于某一地区专有，人人都可平等共享，又不会污染空气。所以，全世界都将它推广成为环境友好型的能源。至 2005 年，全世界光伏电池产量为 120 万千瓦，累计已安装了 600 万千瓦。

在太阳能热利用方面，由于技术成熟，经济性好，2005 年全世界太阳能热水器的总集热面积已达到约 1.4 亿平方米。在中国，大约有 2/3 的国土面积年日照小时数在 2200 小时以上，年太阳辐射总量大于每平方米 5000 兆焦，属于太阳能利用条件较好的地区，尤其是青藏高原地区太阳能资源最为丰富。

5. 太阳自转和公转

太阳像其他天体一样，也在不停地绕轴自转，这在 400 年前是无人知道的。最早发现太阳自转的人是意大利科学家伽利略，他在观测和记录黑子时，发现黑子的位置有变化，终于得出太阳在自转的结论。他给出的太阳自转周期为一个月不到。

太阳跟地球一样也以通过其中心的一根轴为中心自西向东旋转。我们把转轴与表面相交的两点叫做太阳的两“极”，而把在两极中间的那个最大的圈叫做太阳的“赤道”。太阳赤道的自转周期是 25.38 天，而太阳赤道的长度是地球赤道的 110 倍，因此它的自转速度是地球的 4 倍以上。太阳赤道的自转速度约为每秒两千米。

这种自转的有趣之处是离赤道愈远的地方自转周期也愈长。在太阳的南北极附近，自转周期约为 36 天。假如太阳也同地球一样是固体，它的各部分的自转速度就要一致的。因此太阳就绝不可能是固体，至少在表面一层是这样。

太阳赤道与地球轨道平面的夹角是 7°它的方向在我们看起来，春天它的北极背离我们 7°，而所看见的圆面中心在太阳赤道南边约 7°，夏天秋天就轮到与此相反的一种情形。

太阳不仅在自转，而且还率领着整个太阳系，以每秒钟 250 千米的速度绕着银河系的中心飞转。我们把这种运动称为“太阳的公转运动”。太阳公转一周大约需要2.5亿年。太阳在绕银河系的中心公转的同时，还以每秒钟20千米的速度向着武仙座方向大踏步地飞奔。

太阳以这么快的速度运动着，我们为什么看不出来呢？这是因为太阳系的所有成员都跟随太阳运动，每个成员都带有太阳的运动速度。因此，每个成员都感觉不到自己与太阳相同的那一部分运动，而只能感觉到自己与太阳之间的相对运动。这正如人们感觉不到自己在跟随地球自转一样。

6. 太阳耀斑

太阳耀斑是一种最剧烈的太阳活动。一般认为发生在色球层中，所以也叫“色球爆发”。其主要观测特征是，日面上（常在黑子群上空）突然出现迅速发展的亮斑闪耀，其寿命仅在几分钟到几十分钟之间，亮度上升迅速，下降较慢。特别是在耀斑出现频繁且强度变强的时候。

别看它只是一个亮点，一旦出现，就是一次惊天动地的大爆发。这一增亮释放的能量相当于10万至100万次强火山爆发的总能量，或相当于上百亿枚百吨级氢弹的爆炸；而一次较大的耀斑爆发，在一二十分钟内可释放巨大能量，除了日面局部突然增亮的现象外，耀斑更主要表现在从射电波段直到X射线的辐射通量的突然增强；耀斑所发射的辐射种类繁多，除可见光外，有紫外线、X射线和伽玛射线，有红外线和射电辐射，还有冲击波和高能粒子流，甚至有能量特高的宇宙射线。

1859年9月1日，两位英国的天文学家分别用高倍望远镜观察太阳。他们同时在一大群形态复杂的黑子群附近，看到了一大片明亮的闪光发射出耀眼的光芒。这片光掠过黑子群，亮度缓慢减弱，直至消失。由于这次耀斑特别强大，在白光中也可以见到，所以又叫“白光耀斑”。白光耀斑是极罕见的，它仅仅在太阳活动高峰时才有可能出现。耀斑一般只存在几分钟，个别耀斑能长达几小时。耀斑是先在日冕低层开始爆发的，后来下降传到色球。用色球望远镜观测到的是后来的耀斑，或称为次级耀斑。

耀斑按面积分为4级，由1级至4级逐渐增强，小于1级的称亚耀斑。耀斑的显著特征是辐射的品种繁多，不仅有可见光，还有射电波、紫外线、红外线、X射线和伽玛射线。耀斑爆发时，发出的大量高能粒子到达地球轨道附近时，将会严重危及宇宙飞行器内的宇航员和仪器的安全。当耀斑辐射来到地球附近时，与大气分子发生剧烈碰撞，破坏电离层，使它失去反射无线电电波的功能。无线电通信尤其是短波通信，以及电视台、电台广播，会受到干扰甚至中断。耀斑发射的高能带电粒子流与地球高层大气作用，产生极光，并干扰地球磁场而引起磁暴。

此外，耀斑对气象和水文等方面也有着不同程度的直接或间接影响。正因为如此，人们对耀斑爆发的探测和预报的关切程度与日俱增，正在努力揭开耀斑迷宫的奥秘。

7. 太阳光球

现在，人们通过各种各样的望远镜，对太阳的外部三个圈层了解得一清二楚。人们习惯上把这三个圈层叫做太阳大气，从下到上依次是光球层、色球层和日冕层。

太阳的光球层，厚度只有 500 千米，这与巨大的太阳半径相比，简直是薄薄的一层鸡蛋壳。李白把月亮比喻成白玉盘，也有人把太阳比喻成白玉盘。人们肉眼所看到的这个白玉盘，正是这薄薄的光球部分。这里的温度约 5770℃。如果仔细观看，太阳这个白玉盘并不光滑，好像它上面镶嵌了无数珍珠，天文学家称之为“米粒组织”。这些米粒并不稳定，而是此起彼伏，有如烧开锅的气泡，不停歇地翻腾。这正是从太阳深处上升到表层的一股股热气流。

“光球”这个名称，是 18 世纪一位天文爱好者给起的，其意是“发光的球”，我们地球上所接受的光和热，便是从这里发出的。人们出于对太阳无私奉献的崇敬，便称誉光球层为光和热的“圣地”。

8. 太阳光斑

太阳光球层上比周围更明亮的斑状组织就是太阳光斑。用天文望远镜对它观测时，常常可以发现在光球层的表面有的明亮有的深暗。这种明暗斑点是由于这里的温度高低不同而形成的，比较深暗的斑点叫做“太阳黑子”，比较明亮的斑点叫做“光斑”。光斑常在太阳表面的边缘“表演”，却很少在太阳表面的中心区露面。因为太阳表面中心区的辐射属于光球层的较深气层，而边缘的光主要来源于光球层较高部位，所以，光斑比太阳表面高些，可以算得上是光球层上的“高原”。

光斑也是太阳上一种强烈风暴，天文学家把它戏称为“高原风暴”。不过，与地面风暴相比，高原风暴的性格要温和得多。光斑的亮度只比宁静光球层略强一些，一般大10%；温度比宁静光球层高300℃。许多光斑与太阳黑子还结下不解之缘，常常环绕在太阳黑子周围“表演”。少部分光斑与太阳黑子无关，活跃在70°高纬区域，面积比较小。光斑平均寿命约为15天，较大的光斑寿命可达三个月。

光斑不仅出现在光球层上，色球层上也有它活动的场所。当它在色球层上“表演”时，活动的位置与在光球层上露面时大致吻合。不过，出现在色球层上的不叫“光斑”，而叫“谱斑”。实际上，光斑与谱斑是同一个整体，只是因为它们的“住所”高度不同而已。

9. 太阳磁场

太阳磁场是指分布于太阳和行星际空间的磁场，分大尺度结构和小尺度结构。前者主要指太阳普遍磁场和整体磁场，它们是单极性的；后者则主要集中在太阳活动区附近，且绝大多数是双极磁场。

太阳普遍磁场指日面宁静区的微弱磁场，它在太阳南北两极区极性相反。近年的观测发现，通过光球的大多数磁通量管被集中在太阳表面称作磁元的区域，其半径为100—300千米，场强为0.1—0.2特斯拉（在国际单位制中，磁感应强度的单位是特斯拉，简称特，符号是T，它是磁通量密度或磁感应强度的国际单位制导出单位。垂直于磁场方向的1米长的导线，通过1安培的电流，受到磁场的作用力为1牛顿时，通电导线所在处的磁感应强度就是1特斯拉），大多数磁元出现在米粒和超米粒边界及活动区内。在太阳风作用下，太阳磁场还弥漫整个行星际空间，形成行星际磁场。它的极性与太阳整体磁场一致，随着离开太阳的距离增加而减弱。各种太阳活动现象都与磁场密切相关：耀斑产生前后，附近活动区磁场有剧烈变化（如磁场湮灭）；黑子的磁场最强，小黑子约0.1特斯拉，大黑子可达0.3—0.4特斯拉甚至更高；谱斑的磁场约0.02特斯拉；日珥的形成和演化也受磁场的支配。目前对太阳磁场的测量只限于太阳大气。至于太阳内部磁场，还不能直接测量，只能用理论方法作粗略的估计。有人认为它可能比大气的磁场强得多。

太阳的绝大部分物质是高温等离子体，太阳的物态、运动和演变都与磁场密切相关。太阳黑子、耀斑、日珥等活动现象，更是直接受磁场支配。因此，对太阳磁场的研究具有重要意义。

10. 太阳常数

太阳常数是在地球大气外距离太阳一个天文单位的地方，垂直于太阳光束方向的单位面积上，在单位时间内接收到的所有波长的太阳总辐射能量。以人造卫星测得的数值是每平方米大约 1368 瓦特（国际单位制的功率单位。瓦特的定义是 1 焦耳/秒（1J/s），即每秒钟转换、使用或耗散的（以焦耳为量度的）能量的速率。在电学单位制中，是 1 伏特·安培（1V·A）。日常生活中更常用千瓦作为单位，1 千瓦=1000 瓦特），地球的截面积是 12740 万平方千米，因此整个地球接收到的能量是 1.740×10^{17} 瓦特。由于太阳表面常有黑子等太阳活动的缘故，太阳常数并不是固定不变的，一年当中的变化幅度在 1%左右。

太阳常数包括所有形式的太阳辐射，不是只有可见光的范围，它可以联系到太阳的视星等是 −26.8 等。太阳常数和太阳的视星等是描述太阳亮度的两种方法，但是视星等只是测量太阳在可见光部分的能量输出。从太阳看地球的角直径只有 1/11000 弧，所以从太阳看地球的立体角只有 1/140000000 球面度。因此，太阳辐射出的能量是地球获得的 20 亿倍，也就是大约 3.826×10^{26} 瓦特。

太阳常数是一个相对稳定的常数，依据太阳黑子的活动变化，它所影响到的是气候的长期变化，而不是短期的天气变化。

1957 年，国际地球物理年决定采用 1380W/m^2。

1976 年，美国宇航局根据高空平台的观测结果，发布的太阳常数值为 1353（±21）W/m^2。

1981 年，世界气象组织（WMO）公布的太阳常数值是 1368W/m^2。

11. 太阳发光

太阳主要由氢组成，氢占太阳总质量的 71%。而且太阳很大，中心位置的压力也非常大，所以温度就非常高。在这样高的温度下，氢原子核以极高的速度进行热运动，因为速度很快，所以有大量氢原子核相对运动时克服了库仑力，进入了强力起作用的极短距离，从而结合成一个氦核。这个过程中，氦核比聚变前的两个氢核的质量之和少了 0.7%。损失的质量根据质能转化公式转化成能量，这种能量的形式就是内能，也就是大量的热。这些热以辐射和对流的形式到达太阳表面，把太阳大气的光球层加热到 5000 多摄氏度。在这么高的温度下，气体原子里的电子受到激发，发出以可见光为主要波段的电磁辐射。由于覆盖在光球层上的色球层和日冕层十分稀薄，几乎是完全透明的，所以光球层的辐射可以完全进入宇宙空间，我们在地球上看到的太阳光就是这样来的。

12. 太阳活动

我们肉眼看到太阳表面，明亮而又平静。但如果用各种太阳望远镜来观测，就会发现日面上有着形形色色的结构和变化，相应地太阳发出的各种辐射也有着或大或小的起伏。这些变化和起伏，称为太阳活动。日面上经常会出现一些暗黑的斑点，称为太阳黑子，它们是日面上温度较低而磁场很强的区域。

太阳活动与太阳磁场密切相关，许多活动现象甚至直接受着磁场的支配。黑子本身就是由于太阳磁场在太阳自转的作用下产生的，而太阳的活动，特别是剧烈的活动变化，一般都产生于磁场甚强而结构又十分复杂的区域——这种区域也就在黑子群及其附近的范围，称为太阳活动中心或日面活动区。由于太阳活动及其他许多物理因素使得日面上的磁场不断变化，并且越来越复杂，在某些特别强而复杂的区域中，就形成了这类活动区。活动区中的物质状态是不稳定的，除了黑子之外，还有着其他许多诸如谱斑、日珥和暗条等太阳的活动现象和活动结构。

太阳活动中最激烈、最重要的现象是所谓耀斑爆发，它是太阳活动各种现象的最集中、最综合性的表现，而大多剧烈的太阳活动也都和耀斑爆发有关。这是在黑子密集、磁场复杂、极性交错活动区内突然产生的激烈的爆发现象。一次耀斑爆发释放出来的能量可达 10^{30}—10^{33} 尔格，相当于几亿到几十亿颗百万吨级氢弹的爆炸，或相当于地球上几万至几十万座火山爆发的能量。耀斑爆发产生的能量迅速转变成各种波段的电磁波辐射，从而形成射电波、紫外线和 X 射线等波段的爆发事件。对于某些特大的耀斑，甚至还会产生 γ 射线外，而形成极为罕见的白光耀斑。

13. 日地关系

日地关系是指太阳发射的各种形式能量的变化对地球环境的影响，以及地球表面、低层大气、电离层、磁层的相互关系。太阳的能量以电磁辐射和微粒辐射两种形式不断地向周围发射出来。这些辐射经过地球时，对地球磁层、等离子体层、电离层，和中、低层大气等产生影响，甚至可能影响到生物圈和气象等。日地关系主要研究太阳发射能量的变动部分与地球物理现象之间的关系，也研究日地系统的稳定状态，因为稳定状态给出了衡量变动的基准。

太阳电磁辐射对地球表面和大气层的加热，形成了大气层的温度垂直分布结构和大气环流，尤其是在对流层中造成了各种复杂的大气现象。太阳电磁辐射中，波长短于1400埃（公制长度单位，一万万分之一厘米，常用以表示光波的波长及其他微小长度。这个单位名称是为纪念瑞典物理学家埃斯特朗而定的）的紫外部分，是造成地球大气电离层和臭氧层的主要电离源。太阳微粒辐射在稳定状态下即为太阳风，它与地球磁场作用形成了地球磁层。

日地关系是一个多学科的课题。随着日地关系研究的进展，人类将逐渐提高预测环境变化的能力，包括对于天气和气候、宇航环境和生物圈状况的预测。这对工农业生产、交通运输、水文气象、卫生保健、通信广播和开发空间资源以及加强国防事业都有实用价值。

目前，大多数日地关系方面的研究结果都还不是定量的。全世界有关领域的科学工作者，都在致力于解决日地关系根本机制问题。其中认识比较一致的是太阳活动对磁层、电离层的影响，而太阳活动与天气、气候的关系，以及太阳活动和生物圈的关系，则是很活跃的科研领域。

14. 黄道光

黄道光是位于地球上低纬度和中纬度地带的人于春季黄昏后在西方地平线上或于秋季黎明前在东方地平线上所见到的太阳上淡弱的三角形光锥。黄道光沿着黄道向上伸展，可达地平线以上30°左右。它的可见时间不长。春季黄昏后见到的黄道光，随着夜幕完全降临就逐渐消逝；秋季黎明前见到的黄道光，随着东方逐渐吐白而隐没于晨曦之中。

在空气透明度非常好、天空又十分暗黑的条件下进行观察，会发现黄道光越往上越窄，其尖端部分直达黄道（太阳在天球上的周年视运动轨迹）。实际上，黄道光是沿着黄道形成的一圈光带。即使在黄道光不明显的深夜，仔细观察沿着黄道的那条光带（黄道带，天球上黄道南北两侧各 8°宽的环形区域），也可以在天球上与太阳相对的位置看到一段淡淡的亮带。夜晚，在与太阳正对方向的黄道上出现的微弱光斑叫做“对日照”。

早些时候，人们曾对这种现象做过多种解释。例如有人猜测地球有“气尾”，气尾中被激发的原子和分子的辐射形成对日照。现在的看法则已经一致，知道那是太阳系内位于黄道面上大小为几微米的尘埃粒子散射太阳光形成的。我们都有这样的经验，打扫房间拂起的灰尘会散射从窗口射入的太阳光而显现为光带。同样的道理，太阳系空间存在的尘粒也会散射太阳光，而且距离太阳越近，所看到的散射光越强，因而在天空靠近太阳的区域这种散射光带看起来较宽（黄道光）。同时，在光的散射中，正反射的光最强（满月最亮也是同样的道理），因此在距离太阳 180°的对日点能够看到比较亮的散射光，从而形成对日照。

每年 1—3 月间在日落之后的西方天空，10—11 月间在黎明前的东方天空，都比较容易看到黄道光。这是因为在这两段时间，黄道与地平线的交角比较大，不会受银河干扰的缘故。室外照明会恶化天文观测条件，甚至会看不见银河。在这个意义上，也可以说黄道光是夜空中“濒临绝灭的物种”，而对日照，则已经是“绝灭物种”。

15. 太阳黑子

太阳光球并非白璧无瑕，“白玉盘”上还不时沾染上黑色斑点，天文学家称之为“黑子”。太阳黑子一般无法用肉眼直接观测，因为太阳太耀眼了。只有用装有滤光片的望远镜才能观测它的身影。黑子虽然经常出现，但它的大小和多少却不断变化。黑子本身并不黑，之所以看起来黑是因为比起光球来，它的温度要低一二千度，在更加明亮的光球衬托下，它就成为看起来像是没有什么亮光的、暗黑的黑子了。

太阳黑子是在太阳的光球层上发生的一种太阳活动，是太阳活动中最基本、最明显的活动现象。一般认为，太阳黑子实际上是太阳表面一种炽热气体的巨大漩涡，温度大约为4500℃。因为比太阳的光球层表面温度要低，所以看上去像一些深暗色的斑点。太阳黑子很少单独活动，常常成群出现。

太阳黑子由本影和半影构成，本影是特别黑的部分，半影不太黑，是由许多纤维状纹理组成的，具有旋涡状结构。当大黑子群具有旋涡结构时，就预示着太阳上将有剧烈的变化。

人类发现太阳黑子活动已经有几千年了。天文学家对黑子活动从1755年开始标号统计，确定太阳黑子的平均活动周期为11.2年。黑子最少的年份为一个周期的开始年，称作“太阳活动宁静年”，黑子最多的年份则称作“活动峰年”。

近几十来年，太阳黑子峰值年变化比较稳定，基本上保持在11年，上一次活动周期的峰值年出现在2000年，1996年是低谷期，预计下一个峰值年将会是2011或2012年。专家们还预言，下一个周期的太阳黑子活动会比较强，将有140个黑子于2011年10月达到活动高峰。而另一半专家预言太阳黑子的活动较弱，认为会有90个黑子于2012年8月达到活动高峰。黑子异常活跃产生的高负荷带电粒子流，如果抛射到地球上，会对地球上的电力、通讯等产生干扰。有研究表明，黑子爆发对人体健康、交通事故也有一定的影响。太阳活动高峰期，地球磁场发生变化后会使人体磁场出现异常，可能会导致人体神经系统反应能力下降，使驾驶行为出错率上升。

16. 太阳风

太阳风是一种连续存在、来自太阳并以每秒200—800千米的速度运动的等离子体流。这种物质虽然与地球上的空气不同，不是由气体的分子组成，而是由更简单的比原子还小一个层次的基本粒子——质子和电子等组成，但它们流动时所产生的效应与空气流动十分相似，所以称它为太阳风。当然，太阳风的密度与地球上的风的密度相比，是非常稀薄而微不足道的，一般情况下，在地球附近的行星际空间中，每立方厘米有几个到几十个粒子。而地球上风的密度则为每立方厘米2687亿亿个分子。太阳风虽然十分稀薄，但它刮起来的猛烈度，却远远胜过地球上的风。在地球上，12级台风的风速是每秒32.5米以上，而太阳风的风速，在地球附近却经常保持在每秒350—450千米，是地球台风最大风力的上万倍，最猛烈时可达每秒800千米以上。太阳风从太阳大气最外层的日冕向空间中持续抛射出物质粒子流。这种粒子流是从冕洞中喷射出来的，其主要成分是氢粒子和氦粒子。太阳风有两种：一种持续不断地辐射出来，速度较小，粒子含量也较少，被称为“持续太阳风”；另一种是在太阳活动时辐射出来，速度较大，粒子含量也较多，这种太阳风被称为“扰动太阳风”。

太阳风虽然猛烈，却不会轻易吹袭到地球上来。这是因为地球有着自己的保护伞——地球磁场。地磁场把太阳风阻挡在地球之外，然而仍然会有少数漏网分子闯进来，尽管它们仅是一小撮，但还是会给地球带来一系列破坏。它会干扰地球的磁场，使地球磁场的强度发生明显的变动；它会影响地球的高层大气，破坏地球电离层的结构，使其丧失反射无线电波的能力，造成我们的无线电通信中断；它还会影响大气臭氧层的化学变化，并逐层往下传递，直到地球表面，使地球的气候发生反常的变化，甚至还会进一步影响到地壳，引起火山爆发和地震。

17. 极光

极光是唯一能用肉眼看见的地球高层大气中的物理现象。因为这种现象时常发生在地球两极附近，所以叫做极光。地球上的大多数人都居住在中低纬度的地区，没有机会看到极光。

极光出现的高度，下端离地面约73千米，上端离地面可达998千米；它在刚闪现时，由一条中等亮度的光弧，以直线或稍弯曲的形状横过长空伸展开去，宽度为十几千米或几十千米，长度达几百千米，甚至几千千米。它能以每秒几十千米的速度往返扫动，在几分钟内亮度可增大1000倍。

极光千变万化，有时它是光幕、光弧、光带、光柱、光斑、光束，有时它为均匀片状、线条或斑点。它一般呈白色、绿色或翠绿色，有时则呈红色或紫色和蓝色。极光有时出现在天顶，有时在地平线微露；有单层的，也有双层甚至多层的；有时稳静不动，有时却变化很快，犹如金蛇狂舞。

绚丽多彩的极光是如何产生的呢？其实，极光是出现在高纬度地区特别是南北两极电离层中的一种电离放电现象。由太阳发出的大量带电微粒高速射入地球大气层，被地球磁场吸引到地球两极附近，与地球大气电离层中的气体原子和分子碰撞便在夜空形成壮观的发光现象。由于气体中的原子和分子具有不同的能量和密度，因此碰撞后发出的光就有不同的亮度和形状。极光的颜色则取决于带电微粒所在的空间高度和它的直径大小。

18. 日珥

日珥是突出在日面边缘外面的一种太阳活动现象。日珥出现时，大气层的色球层酷似燃烧着的草原，玫瑰红色的舌状气体如烈火升腾，形状千姿百态，有的如浮云，有的似拱桥，有的像喷泉，有的酷似团团草丛，有的美如节日礼花，而整体看来它们的形状恰似贴附在太阳边缘的耳环，由此得名为“日珥”。

根据形态和运动的特征，日珥可以分为若干类型。已经提出几种不同的日珥分类法，比较流行的是把日珥分成六大类：活动日珥、爆发日珥、黑子日珥（出现在黑子群上空）、龙卷日珥（像龙卷风一样，具有扭曲形状）、宁静日珥、冕珥（从日冕空间发出的细流状日珥）。每一大类又分为若干小类。分类的界限并不绝对，例如有的宁静日珥可以突然转变为活动日珥或爆发日珥。

日珥的数目和面积都与11年的太阳活动周期有关，随黑子相对数而变化。但变化幅度没有黑子相对数那样大。日珥的上升高度约几万千米，大的日珥可高于日面几十万千米，一般长约20万千米，个别的可达150万千米。日珥的亮度要比太阳光球层暗弱得多，所以平时不能用肉眼观测到它，只有在日全食时才能直接看到。

日珥是非常奇特的太阳活动现象，其温度在5000—8000K之间，大多数日珥物质升到一定高度后，慢慢地降落到日面上，但也有一些日珥物质漂浮在温度高达200万K的日冕低层，即不附落也不瓦解，就像炉火熊熊的炼钢炉内居然有一块不化的冰一样奇怪，而且日珥物质的密度比日冕高出1000—10000倍，两者居然能共存几个月，实在令人费解。

19. 日冕

日全食时，黑暗的太阳外围是银白色的光芒，像帽子似地扣在太阳上，因此称为日冕。日冕是太阳最外围大气，平时要观测日冕需要用特别的日冕仪。日冕的范围很大，用日冕仪只可以观测到接近太阳表面的那部分日冕，一般叫做内冕。它的边界离太阳表面约有3个太阳半径那么远，或者说约为200万千米。在此以外的日冕叫做外冕，它向外延伸到地球轨道之外。日冕的物质非常稀薄，内冕密度稍微大一些，但它的密度也低于地球大气的十亿分之一，几乎接近真空。日冕的形状很不规则，有时候呈圆形，有时候呈扁圆形，结构也很精细，在太阳赤道四周有很多向外流动的“冕流”伸向远处，太阳极区则有一些纤细的羽毛状的“极羽”。

2002 年 5 月 15 日，美国航空航天局公布了一张日冕环景象的照片。这一壮观景象是因太阳磁场增强并穿过光球层和色球层影响到日冕层产生的。增强后的磁场控制日冕层的离子流并呈现拱形或环形的管状形态。日冕环形态多样，大多数体积巨大，其跨度往往超过数个地球。日冕的温度非常高，可达 200 万摄氏度。令人不可思议的是，离太阳中心最近的光球，温度是几千度；稍远些的色球，温度从上万度到几万度；而距离太阳中心最远的日冕，温度竟然高达百万度。这一反常的现象意味着什么，科学家们目前还未找到合理的解释。

20. 冕洞

冕洞是用 X 射线或远紫外线拍下的日冕照片上可以观察到的在日冕中存在的大片不规则的暗黑区域。1950 年，瑞士天文学家瓦德迈尔从日冕仪观测的太阳图象中，发现日冕中有些暗黑的区域，他把这种区域叫做“洞”，后来天文学家把这些“洞”定名为“冕洞”。冕洞是日冕中密度比较小的区域。它的平均密度约为一般宁静区的 1/3，中心密度甚至小到 1/10。冕洞是低温区，日冕的温度为 150 万—200 万摄氏度，而冕洞的温度约为 100 万摄氏度。因此，从密度和温度来看，冕洞的确是个黑暗的“洞”。冕洞的面积可以缓慢地变大或缩小，但是它们在太阳表面上的位置变化不大，随着太阳自转，延伸型冕洞 27 天旋转一周，所以地球上的磁暴呈现出 27 天的周期。

冕洞分为三种：极区冕洞，在太阳的两极常年存在；孤立冕洞，位于低纬地区，面积较小；延伸冕洞，成长条形，从南北极一直延伸到赤道。

现在看来，“冕洞”这个名字取得并不十分恰当，因为冕洞基本上都是长条形的，或是不规则形的。冕洞是太阳大气中一种寿命较长的现象，但并非永久存在，尤其是两极地区之外的冕洞。它们有生有灭，小冕洞也许只存在一个太阳自转周期，即约 27 天；稍大的平均寿命为五六个太阳自转周期，最长的可在 10 个周期以上。太空实验室在观测太阳时发现，太阳两极的冕洞相当稳定，长期存在，而且似乎存在着一种奇妙的、另人费解的关系，即一个极处的冕洞扩大时，另一个极处的冕洞就缩小，反过来也是如此，好像两处冕洞的面积总和，非得是常数不可。至于冕洞的产生、扩大、缩小和消亡等问题，目前仍在探索和研究中。但有一点已得到了确认，冕洞就是太阳风的出风口。

21. 日食

日食是月球绕地球转到太阳和地球中间时，如果太阳、月球、地球三者正好排成或接近一条直线，月球挡住了射到地球上去的太阳光，月球身后的黑影正好落到地球上，这时就会发生日食现象。在地球上，月影里的人们开始看到阳光逐渐减弱，太阳面被圆的黑影遮住，天色转暗，直至全部遮住时，天空中可以看到最亮的恒星和行星，几分钟后，从月球黑影边缘逐渐露出阳光，开始生光、复圆。由于月球比地球小，只有在月影中的人们才能看到日食。月球把太阳全部挡住时发生日全食，遮住一部分时发生日偏食，遮住太阳中央部分发生日环食。

日全食发生时，根据月球圆面同太阳圆面的位置关系，可分成五种食象：

*初亏。*月球比太阳的视运动走得快。日食时月球追上太阳。月球东边缘刚刚同太阳西边缘相“接触”时叫做初亏，是第一次“外切”，是日食的开始。

*食既。*初亏后大约一小时，月球的东边缘和太阳的东边缘相“内切”的时刻叫做食既，是日全食的开始，这时月球把整个太阳都遮住了。

*食甚。*是太阳被食最深的时刻，月球中心移到同太阳中心最近处。

*生光。*月球西边缘和太阳西边缘相“内切”的时刻叫生光，是日全食的结束；从食既到生光一般只有二三分钟，最长不超过七分半钟。

*复圆。*生光后大约一小时，月球西边缘和太阳东边缘相“接触”时叫做复圆，从这时起月球完全“脱离”太阳，日食结束。

公元前 1217 年 5 月 26 日，居住在我国河南省安阳地区的人们，正在从事着各种各样的正常活动，可是一件惊人的事情发生了。人们仰望天空，之前光芒四射的太阳，突然产生了缺口，光色也暗淡下来。但是，在缺了很大一部分后，却又开始复原了。这就是人类历史上关于日食的最早记录。它刻在一片甲骨文上。

日食持续的最长时间为 7 分 31 秒。1955 年发生在费城西部持续时间为 7 分 8 秒的日食是近年时间最长的一次。据预测，2186 年大西洋中部地区将发生一次持续时间 7 分 29 秒的日食。

中国科学院国家天文台在线发布了 2009 年 7 月 22 日中国主要城市日全食预报：当天上午 8 时左右，将发生本世纪最重要的一次日全食，中国是全球最佳观测地。这次世纪罕见的日全食发生时，全食带的覆盖宽度可达 250 千米，自西向东经过西藏南部、四川中部、湖北南部、河南南部、安徽南部、江苏南部、浙江北部和上海等省市，基本贯穿整个长江流域。从初亏的那一刻到太阳完全复圆，全过程长达两个多小时，其中太阳被月球完全遮挡的时间最长可达 6 分钟，将成为“白天里的黑夜”。

由于月球、地球运行的轨道都不是正圆，日、月同地球之间的距离时近时远，所以太阳光被月球遮蔽形成的影子，在地球上可分成本影、伪本影（月球距地球较远时形成的）和半影。观测者处于本影范围内可看到日全食；在伪本影范围内可看到日环食；而在半影范围内只能看到日偏食。

无论是日偏食、日全食或日环食，时间都是很短的。在地球上能够看到日食的地区也很有限，这是因为月球比较小，它的本影也比较小而短，因而本影在地球上扫过的范围不广、时间不长，由于月球本影的平均长度（373293 千米）小于月球与地球之间的平均距离（384400 千米），就整个地球而言，日环食发生的次数多于日全食。

22. 日震

科学家经过研究发现，不但地球上有地震，在太阳、月球和别的星球上也有类似地震的现象。太阳上发生的“地震”叫日震。早在 1962 年，美国天文学家莱顿等人在研究太阳表面的气体运动时，观测到一个惊人的事实：太阳上的气体从太阳表面快速地垂直上升，随后又落下。太阳表面上有 2/3 左右的地方，每隔 2—5 分钟，即有一次这样的振动，而且振动的规模很大，振动的步调基本一致（同时起落）。即一些气流同时冉冉上升，另一些气流同时徐徐下降。太阳就像是一颗巨大的心脏不停地一胀一缩地脉动，大约每隔 5 分钟上下振动一次。

科学家们在做了进一步的观测和研究之后，发现太阳振动周期还不只一个。除了 5 分钟的振动周期外，还存在着 160 分钟振动一次的周期。此外，太阳上还有从每 7 分钟一次到每几小时一次的许多种振动周期。为什么会发生太阳振动呢？

一些太阳科学家认为，太阳 5 分钟振动是太阳对流层发出的声波所致，属于压力型的；160 分钟振动可能是太阳对流层下面的重力波引起的，属于引力型的。“对流层”是指从光球向下延伸至太阳中心 1/4 个太阳半径处的一层太阳大气。遗憾的是，由于观测上的重重困难，科学家们迄今对其详情还知道得很少。

近年来，国际上一些天文台对“日震”进行联合观测，其观测网分布于美国、西班牙、印度、中国、澳大利亚和智利等国。通过对太阳振动的长期连续观测和研究，可以获取太阳内部及日核的许多信息，这对于研究太阳自转、太阳磁场起源、太阳活动规律都有着非常重要的意义。

23. “尤利西斯”号探测器

“尤利西斯”号探测器是美国宇航局与欧洲航天局联合研制的一颗太阳极区和恒星际环境探测器，以希腊神话中智勇双全的奥德塞的拉丁文名字命名，目的是研究日球的性质，加深对太阳风、太阳极区以及行星际磁场等方面的了解。

“尤里西斯”号的四大任务：一是了解太阳风和太阳磁场的三维结构情景；二是了解太阳的日冕、耀斑、电磁辐射的成因、变幻情景；三是了解太阳系星际空间、行星际气体的空间分布情景；四是了解太阳极区宇宙尘、伽马射线、宇宙射线、X 射线、等离子体，以及重力波脉冲等的成因和活动情景。通过这些研究，为爱因斯坦提出的广义相对论所预示的重力波的存在找到证据。

1990 年 10 月 6 日，“尤里西斯”号探测器从美国“发现”号航天飞机舱内推出，之后探测器用它自身的三级火箭加速，向着绕地轨道飞走，背向太阳而去。这是人类第一次从三维立体角度探测太阳的南北极。经 16 个月的航行，它于 1992 年 2 月到达木星，利用它巨大的引力绕进一个轨道；接着沿垂直轨道航行两年零 3 个月，于 1994 年 5 月 25 日到达太阳南纬 70°上空，用 4 个月时间在太阳南极上空飞行、考察，其中在 1994 年 7 月到达离太阳最高点，开始向北飞行；然后于 1995 年 2 月初，它在距太阳 2.2 亿千米上空，从南向北跨越太阳赤道；1995 年 5 月 26 日飞抵太阳北纬 70°地区上空，也用 4 个月时间探测、考察太阳北极地区，于 1995 年 7 月飞越北极最高点，9 月再飞到北纬 70°上空飞离北极区。这个奇特的运行轨道，实际上是利用引力跳板技术，让探测器在太阳面前突然沿竖起 90°的新轨道向太阳两极飞去，它的总航程为 30 亿千米，历时 5 年。欧空局科学计划委员会已一致批准让大获成功的“尤利西斯”号探测器继续工作到2009年3月。

与其他的太空船不同的是，“尤利西斯”号能够对太阳极地的太阳风进行取样，在地球上是很难观测到太阳极地的太阳风的。以下是探测器的成就：其有利的证明了太阳的磁极的南北极与太阳的南北极是颠倒的；发现了太阳磁极的冕洞，并且太阳风可以从冕洞散发出来；它证明了太阳的磁极有大量的太阳风粒子和宇宙射线产生；发现太阳南极有异常温度。

第三节　水星

水星是在太阳系的最内侧绕转的行星，自转周期约59天，公转周期约88天。水星直径为4880千米，平均密度在太阳系中仅次于地球，属于地球型行星。水星难得一露尊容，它之所以不易被看到，是因为它距离太阳太近，两者几乎形影不离。从地球上看去，水星和太阳的角度永远小于钟表上1点钟时的时针与分针间的角度。白天阳光强烈，使我们无法观察水星；一到夜晚，水星却又消失得和太阳一样快。因此观察水星只能在日出或日落前水星刚刚高于地平线的时候。

1. 水星

水星在八大行星中是最小的行星，比月球大1/3，同时也是最靠近太阳的行星。水星目视星等范围是0.4—5.5等。水星太接近太阳，所以常常被猛烈的阳光淹没，它的轨道距太阳4590万—6970万千米之间，因此望远镜很少能够仔细观察它。水星也没有自然卫星。水星是太阳系中运动最快的行星，绕太阳一周只需88天，自转一周需58天15小时30分钟，水星上的一天相当于地球上的59天。

最早时，水星曾被当成两个不同的行星，这是因为它时常交替地出现在太阳的两侧。当它出现在傍晚时，它被叫做墨丘利；但当它出现在早晨时，为了纪念太阳神阿波罗，它被称为阿波罗。毕达哥拉斯后来指出它们实际上是相同的一颗行星。

由于离太阳近，水星受到太阳强烈的烘烤曝晒，表面平均温度为167℃，特别是在赤道附近的盆地里，温度高达450℃。在水星这个干燥的星球上，大气层稀薄到几乎不存在，所以保存不了热量，这样一来，夜晚温度就下降很快，甚至能降到－180℃。在一个昼夜温差几乎有600℃的星球世界，不可能有生命物质存在。

2. 水星地形地貌

水星的外表第一眼看上去很像月球。由于没有风或者水改变它的坑洼地貌，实际上水星多年以来一直保持原样没有变化。水星表面大部分为平原所覆盖。水星平原可分为两类：撞击坑交错的平原和光滑平原。前者的陨击坑的直径大多在15千米以上，表明它们是古老的；光滑平原则是年轻的，上面的陨击坑很少，这种平原出现在卡洛斯盆地周围。科学家在这一盆地的对面观测到一种“古怪地形”——一大片多山地形，他们认为这是由撞击形成的。撞击期间产生的冲击波环绕水星传播，然后聚集到一起并形成高压，将水星表面撕破，最终形成了“古怪地形”。

靠近过水星的探测器——美国水手10号的观测资料显示，水星表面散布着许多撞击形成的“麻点”，其中有巨大的多环盆地和许多熔岩流。撞击坑的直径在几十千米到几百千米之间，最大的撞击坑是卡洛斯盆地和斯基纳卡斯盆地。前者直径1550千米，周围有山环抱，中间类似月海，有平坦的黑色熔岩平原；后者是已知最大的水星盆地，直径1600千米。这些撞击坑是不同年代留下的，一些年轻撞击坑有明显的周围地带，有明亮的“射线”射出。另一些撞击坑则已高度退化，流星轰击点周围地带已经变得光滑。

美国宇航局的信使号飞船于2008年1月15日凌晨飞掠水星，其轨道距离水星表面最近时只有约200千米。这是人类探测器时隔30多年后再次飞掠水星。信使号飞船在2008年10月6日再次飞越水星时，发回1287张新图片，这些图片展示了近1/3以前从没看到过的水星表面。从图片上可以看出，水星的西半球地区看起来比东半球平坦30％。信使号在飞越水星的过程中，用照相机拍到这颗行星上的一种奇特地貌，即一条所谓的“皱脊”，它大约有1968英尺高（约600米），高度几乎是火星上的相同地貌高度的两倍，这说明水星在形成初期的冷却过程中，曾经历过剧烈的收缩过程。信使号还在水星稀薄的大气层里首次发现了镁。

3. 水星的五个极端

水星是太阳系八大行星之一，同金星、地球和火星一道，属于内行星。不过，与其他内行星相比，水星显得很特殊，这表现在它明显存在五个“极端”：离太阳极端近、温差极端大、体积极端小、密度极端高、人类对它考察得极端少。

水星是太阳系中最接近太阳的大行星，到太阳的距离最近时只有4600万千米，最远时有7000万千米，平均5800万千米，约等于地球到太阳平均距离的1/3。由于接近太阳，受到强大的太阳引力吸引，水星时时都有被拉向太阳的危险。为了抵御强大的太阳吸引力而不至于落到日面，水星依照万有引力定律在轨道上快速奔跑，以利用奔跑产生的离心力平衡太阳的强大吸引力。据计算，水星的运行速度平均为每秒47.89千米，88天就绕太阳运行1圈。

由于接近太阳，水星深深地沐浴在太阳的光辉之下，使得其表面温度差异很大。在阳光照耀下，水星表面温度能高到450℃；而在水星两极常年照不到阳光的陨击坑中，温度却低到零下180℃。因此，到目前为止，只有水手10号和信使号两艘飞船考察过水星，其中水手10号只拍摄到44%的水星表面图像。此外，这两艘飞船还都是在环绕太阳运行的轨道上接近水星的。因为被观测得太少，因此水星至今在许多方面都还是谜。

水星的直径是4880千米，不到地球的2/5，仅比月球大一点，比太阳系里最大的两颗卫星——木卫三和土卫六还小。以前说在太阳系九大行星中，水星仅比冥王星大，现在冥王星已被逐出“大行星”行列，水星便成为太阳系中体积最小的“大行星”。

别看水星体积小，它却是太阳系里星体物质最稠密的天体。水星密度为每立方厘米5.43克，略小于地球。这里所说的密度不包含“引力压缩效应”，也就是说，没有考虑行星引力对行星密度的影响。如果考虑“引力压缩效应”，水星密度为每立方厘米5.3克，地球为4.4克，水星密度比地球大。因此，可以说水星是太阳系天体中密度最大的天体。

4. 水星的核心

行星从里到外将分为核心、幔和壳层三部分。核心是行星最里面部分，因为那里温度很高，所以核心常常是熔化的流体；壳层是行星的固体外壳，一般由岩石矿构成；幔位于核心与壳层之间，熔点比壳层低，幔里的物质推测也是熔化的。

水星的核心很大，其体积在水星体积中所占比例比地球核心大1倍多，约占总体积的 40%以上，而地球核心则只占到 17%。这个比例在其他大行星中也是最高的。有这样高的密度，水星的核心一定含有丰富的铁。地质学家估计，水星组成中约 70%是金属，30%是硅酸盐矿（岩石）。最近的研究表明，水星的核心是熔化的，在核心周围是厚 600 千米的幔。

水星的巨大铁核是怎么形成的呢？科学家提出了以下两种理论：

第一种，水星是由太阳周围的热气体云形成的。在那里，高熔点金属可以凝结成固体，而岩石物质却因温度高而浓缩不到一起，最终留下了金属含量丰富的行星胚胎——原始水星。

第二种，在太阳系形成初期，一颗质量为原始水星 1/6 的微行星穿过原始水星，将其壳层和幔撞碎，从而留下巨大的铁质核心。原始水星形成于太阳剧烈加热以前。在年轻的太阳热起来时，水星外层的岩石物质被蒸发。最近有科学家对水星的形成进行了计算机模拟。结果显示，在早期的太阳系周围，有巨大的小行星状天体穿越、撞击和聚集。科学家据此推测，或许有一颗从火星或火星轨道外来的天体非常猛烈地撞进水星，把许多水星外层物质撞到太空中，留下的行星只有原来的一半大小，后来就变成了今天的水星。

水星的巨大铁核产生了磁场。水手 10 号的观测暗示，水星的磁场强度约为地球磁场强度的 1/100。水星有巨大的铁核，是指它的铁核相对于它的体积而言的。同地球核心相比，水星的铁核依然很小，其直径只有地球核心的一半。因此，在水星内部导电区域产生的磁场是比较弱的。

磁场是行星的保护伞，较强的行星磁场能够在行星周围形成磁层，保护行星不受太阳风粒子和宇宙线粒子的轰击。地球上的生命能够安然无恙地生活、活动和工作，全靠地球磁层的保护。水手 10 号的测量结果表明，水星磁场强度有足够能力反射太阳风等离子体，在水星周围形成磁层。但是，也有人提出，水星的自转很慢，59 天才自转 1 圈，几乎只有地球自转速度的 1/60。这样慢的自转不太可能产生大的环流，因此难以在水星上产生较强的全球磁场。另外，至今我们还没弄明白：究竟是什么东西使水星内部保持熔化状态？因此，水星磁场仍是一个谜。

5. 水星天体运动

水星离太阳的平均距离为 5800 万千米，绕太阳公转轨道的偏心率为 0.206，故其轨道很扁。太阳系天体中，要算水星的轨道最扁了。水星在轨道上的平均运动速度为48千米/秒，是太阳系中运动速度最快的行星，它绕太阳运行一周只需要88天。除公转之外，水星本身也有自转。过去认为水星的自转周期应当与公转周期相等，都是88天。1965年，美国天文学家戈登·佩蒂吉尔和罗·戴斯用安装在波多黎各阿雷西博天文台的、当今世界上最大的射电望远镜测定了水星的自转周期，结果并不是88天，而是58.646天，正好是水星公转周期的2/3。

地球每自转一周就是一昼夜，而水星自转三周才是一昼夜。水星上一昼夜的时间，相当于地球上的176天。与此同时，水星也正好公转了两周。因此人们说水星上的一天等于两年。由于水星在近日点时总以同一经度朝着太阳，在远日点时以相差90°的经度朝着太阳，所以水星随着经度不同而出现季节变化。

（1）水星的公转

水星的运行轨道是偏心的，半径从4600万千米到7000万千米变化。这种围绕太阳的缓慢岁差不能完全地被牛顿经典力学所解释，以致于在一段时间内很多人用设想的另外一个更靠近太阳的行星（有时被称为火神星）来解释这个混乱，称为“水星近日点进动”。无论如何，爱因斯坦的广义相对论后来提供了一种可以消除这个小误差的解释。

（2）水星的自转

上文提到，直到1965年，美国天文学家才测量出了水星自转的精确周期58.646天。在同一个水星日里、在水星表面上的一些地方，一个观测者（在太阳升起时）可以看见太阳先上升，然后倒退又落下，最后再一次上升。出现这种现象是因为大约四天的近日点周期里，水星轨道速度完全等于它的自转速度，以致于太阳的视运动停止；当运行到近日点时，水星的轨道速度超过自转速度，因此太阳看起来会逆行性运动；在通过近日点后的四天，太阳恢复正常的视运动。

1965年使用雷达观测后，观察数据否决了水星对太阳是潮汐固定的想法：自转使得所有时间里水星保持相同的一面对着太阳。水星轨速振谐为3∶2，这就是说自转三次的时间是围绕太阳公转两次的时间；水星的轨道离心使这个谐振持稳。最初天文学家认为它有固定的潮汐是因为水星处于最好的观测位置，它总是在3∶2谐振中的相同时刻，展现出相同的一面，就如同它完全被固定住一样。水星的自转比地球慢59倍。因为水星3∶2的轨速比率，一个恒星日（自转的周期）大约是58.7个地球日，一个太阳日（太阳穿越两次子午线之间的时间）大约是176

个地球日。

6. 水星凌日

水星绕太阳运行的公转轨道在地球轨道之内，当水星运行到太阳和地球之间时，在太阳圆面上会看到一个小黑点自东向西缓慢穿过，这就是罕见的“水星凌日”。

水星凌日有着严格的规律，它必须同时满足两个条件：一是水星正好位于太阳和地球之间；二是此时地球和水星同时运行到水星轨道与黄道的交点附近。由于轨道交点有两个，所以水星凌日只可能在 5 月 8 日和 11 月 10 日这两日前后发生，其道理与日食类似。不过，水星比月亮离地球远，视直径仅为太阳的九十万分之一，水星所能遮住太阳的面积太小，不足以使太阳亮度减弱，所以肉眼是看不到水星凌日的，只能通过望远镜进行投影观测。

在人类历史上，第一次预告水星凌日的是“行星运动三大定律”的发现者、德国天文学家开普勒。他在 1629 年预言：“1631 年 11 月 7 日将发生稀奇天象——水星凌日。”当日，法国天文学家加桑迪在巴黎亲眼目睹到有个小黑点（水星）在日面上由东向西徐徐移动。水星的会合周期为 115.88 天。从 1631 年至 2003 年，共出现 50 次水星凌日，其中发生在 11 月的有 35 次，发生在 5 月的仅有 15 次。每 100 年，平均发生水星凌日 13.4 次。

7. 水星的极地

由于水星距离太阳很近，所以光学望远镜在观测水星方面作用不大。从 1991 年开始，天文学家用雷达测量水星，即先向水星发射雷达波，然后用接收机接收从水星反射回来的回波，分析这些回波以获取水星知识。在观测中，天文学家发现，雷达波射向水星极区后，接收到很强的回波，而且是反射信号。这种信号与从火星极冠和木星的冰卫星上反射回来的波相似。这暗示水星反射物质很可能是冰。雷达回波还给出另一种信息：雷达屏幕上的亮点与在水星极区陨击坑中见到的其他特征相同，这表明冰存在于水星极区陨击坑内，这些陨击坑是“寒冷的陷阱”。

在极强的阳光照耀下，水星表面热得能将铅都熔化掉，为何在水星极区还有冰沉积呢？原来，水星没有大气保温，在太阳直射的地区，温度很高，能热到450℃，而在没有太阳照耀的地区，温度骤然降低到零下180℃。水星极区陨击坑内长期处在阴影当中，所以温度很低不足为怪。

水星的名字很可能会让人误认为水星上也有水，但事实上水星是一个无水的世界。那么，水星极地上的冰又是从哪里来的呢？要弄清这个问题，就需要了解水星冰的组成。这种“冰”可能是水冰，也可能是其他物质，例如硫结成的冰。如果水星极区的沉积物是水冰，那一定是彗星撞击留下的；如果是硫结成的冰，则可能来自水星内部，是火山活动的结果。由于雷达测量的精度较差，测不出细节，所以目前还无法对此下结论。

目前，探测水星的信使号飞船上装有的伽玛射线和中子频谱仪，可以探测出水星极区是否沉积有氢，从而确定极区是否可能有水。而这艘飞船上的紫外频谱仪和高能粒子频谱仪，则能直接测出沉积物蒸发的硫。换句话说，这些仪器有可能揭示水星极区冰的组成。2008年1月15日，当信使号接近水星时，飞船位于水星赤道区域上空，探测不到极区陨击坑。为了探测极区陨击坑里的冰，科学家将使信使号于2011年再次接近水星，对它作进一步探测。2013年，欧洲空间局和日本宇航局将联合发射一艘专门探测水星的飞船——“贝皮·科伦波”。利用这些飞行器，人类或许最终可以揭开水星极区冰体之谜。

8. 水星“殖民地”

为了向太空进发，人类选择了太阳系中的行星最为地球发展的“殖民地”。但作为太空殖民地的候选地之一的水星，其缺点却显而易见：缺乏明显的大气、过于接近太阳、自转缓慢。

首先，能否成为太空殖民地，大气是一个重要因素。它是行星的“保护伞”，不仅能为地球人提供呼吸的氧气，而且能散射阳光，调节温度，保护行星表面不受外来宇宙射线的袭击。在一颗行星上能否建设殖民地，在很大程度上取决于它具不具备大气。而一颗恒星有没有大气，则同它自身的质量、表面温度和大气成分有关。水星是太阳系内最小的大行星，没有能力保存周围的气体，因此水星周围的大气在很久以前就逃进行星际空间去了。

水手10号当初3次接近水星时，对它的大气进行了多次检测，结果发现水星大气的气压只有地球表面气压的万亿分之一。如此稀薄的大气没有能力散射阳光，因此水星的天空是漆黑的，就像罩上了一层黑色的天鹅绒。在“天鹅绒”上群星璀璨，相互争辉，但见不到大气造成的星星“眨眼”。

水星很靠近太阳，这是建立水星殖民地的最致命弱点。在阳光照耀下，水星表面温度高达450℃，而常年位于阴影中的水星极区陨击坑内温度却低到零下180℃。环绕水星作轨道运行的飞行器，时而处在高温下，时而落入寒冷中。这种巨大的温差不但使飞行器上的仪器设备寿命变短，性能变坏，甚至无法工作，而且更不适合人类居住。另外，由于水星离太阳很近，飞行器处在巨大的太阳引力之下，将被拉向太阳，很难进入环绕水星的轨道。

因此，水星居民将只能生活在常年结冰的极区陨击坑中，最多能偶尔到赤道区域作短期旅行。

9. 水星的空间探测

虽然目前人们对水星的了解还比较少，但对水星的探测却从来都没有停止过，近年来更是如此。

美国宇航局在2004年8月美国东部时间3日凌晨2时15分56秒发射了信使号探测器，准备对水星进行深入探测。水星离我们约9100万千米，信使号直接飞到水星要3个月左右。但是，为了降低费用，信使号采取借助地球、金星和水星的引力降速，最终进入水星轨道的方法，因此需要近七年的时间才能到达水星。在经历绕太阳15周、飞近地球1次、金星2次、与水星擦肩而过3次的长达79亿千米的旅程之后，预计于2011年3月信使号正式进入水星轨道，随后将对水星展开为期至少1年的科学探测。信使号携带了摄像机、远程化学分析分光仪、磁场强度计以及测量地貌的激光测高计等。由于离太阳太近，信使号携有用陶瓷和纤维复合材料制成的矩形曲面屏，以保护探测仪器。

虽然发射环绕水星飞行的飞行器在技术上有很多困难，欧洲空间局和日本宇航局还是联手研制并准备在2013年发射环绕水星的“贝皮·科伦波”飞船。这艘飞船将用高科技设备对水星进行最全面、精度最高的探测，包括拍摄水星表面图像、测定水星表面成分和水星结构，探索水星大气和磁场，进而考察太阳系内行星。

“贝皮·科伦波”是以20世纪意大利著名科学家贝皮·科伦波的名字命名的，

以彰显他对水星所做的先驱性研究。“贝皮·科伦波”由两个独立轨道站组成，一个是欧洲空间局研究水星的“水星行星轨道站”（MPO），另一个是日本宇航局研究水星磁层的“水星磁层轨道站”（MMO）；另外，“贝皮·科伦波”还将携带一个转移舱。它的飞行将采用两种轨道。它将在日心轨道上飞行6年，行程70亿千米，然后于2019年8月抵达水星。在飞往水星途中，它将利用月球、地球、金星以及水星本身的引力对轨道进行调整。在水星附近，飞船将运用太阳能推进力和化学能推进力抵消太阳的吸引力，降低飞行器速度，使之顺利进入观测状态。在观测期间，MPO和MMO两个轨道站将分开飞行，在各自的极轨轨道上环绕水星飞行。MPO轨道的近星点（轨道上距离水星最近的一点）为400千米，远星点（轨道上距离水星最远的一点）为1500千米，2.3小时运行1圈。MMO的近星点为400千米，远星点为12000千米，9.2小时运行1圈。

“贝皮·科伦波”将力图回答关于水星的以下12个问题：为什么我们可以通过探测水星来了解太阳系原始星云成分和行星系统的形成？为什么水星的无“引力压缩密度”明显高于其他所有类地行星和月球？水星的核心是液体的还是固体的？水星现在有板块活动吗？为什么水星有磁场，而金星、火星和月球却没有？为什么光谱仪的观测没有揭示水星上任何铁的存在，而这种元素却被想象为水星的主要成分？水星极区长期有阴影的陨击坑中的冰，是水冰还是硫结的冰？尚未看到的水星那半个表面，跟“水手10号”拍摄的那半个表面有明显不同吗？水星外逸层的产生机制是什么？在没有电离层的情况下，磁场如何同太阳风作用？水星磁环境是由极光暗示的特征来表征的吗？既然水星近日点进动可以用时空弯曲来解释，那么我们利用水星接近太阳的优势就能提高检验广义相对论的精度吗？

这些探测意义重大，不仅有益于澄清水星谜题，而且有助于破解地球乃至太阳系所有内行星的奥秘。

第四节　金星

从地球的角度望去，在星光灿烂的夜空上，金星是最明亮的一颗星星。只要它一露面，除了月亮之外，所有的星辰与之相比，无不黯然失色。金星的最大特点是表面有浓厚的大气。这层大气仿佛是一层厚厚的面纱，挡住了人们的视线。近30

年来，人类发射的宇宙探测器多次抵达金星，深入金星大气；有的探测器还在金星表面软着陆。这样，美神“维纳斯”的面纱终于被人类撩开了。

1. 金星

金星是太阳系八大行星之一，是除了水星之外距离太阳最近的行星，也是离地球最近的行星。中国古代一般称之为太白或太白金星。它有时是晨星，黎明前出现在东方天空，被称为“启明”；有时是昏星，黄昏后出现在西方天空，被称为“长庚”。金星是全天中除太阳和月亮外最亮的星，亮度最大时为－4.4等，比著名的天狼星（除太阳外全天最亮的恒星）还要亮14倍，犹如一颗耀眼的钻石，于是古希腊人称它为阿佛洛狄忒——爱与美的女神，而罗马人则称它为维纳斯——美神。

金星和水星一样，是太阳系中仅有的两个没有天然卫星的大行星。因此在金星上的夜空中没有“月亮”，在它上面看到的最亮的“星星”是地球。由于离太阳比较近，所以在金星上看到的太阳大小比地球上看到的大1.5倍。金星大气中的二氧化碳最多，占97%以上，同时，还有一层厚达20—30千米的由浓硫酸组成的浓云。金星表面温度高达465℃—485℃，大气压约为地球的90倍。

有人称金星是地球的孪生姐妹，确实，从结构上看，金星和地球有不少相似之处。金星的半径约为6073千米，只比地球半径小300千米，体积是地球的0.88倍，质量为地球的4/5，平均密度略小于地球。但两者的环境却有天壤之别：金星的表面温度很高，不存在液态水，加上极高的大气压力和严重缺氧等残酷的自然条件，金星上不可能有任何生命存在。因此，金星和地球只是一对“貌合神离”的姐妹。

2. 金星的自转和公转

金星的自转很特别，是太阳系内唯一逆向自转的大行星，即它的自转方向与其他行星相反，是自东向西。因此，在金星上看，太阳是西升东落。金星绕太阳公转的轨道是一个很接近正圆的椭圆形，且与黄道面接近重合，其公转速度约为每秒35千米，公转周期约为224.70天。但其自转周期却为243日，也就是说，金星的自转恒星日一天比一年还长。不过按照地球标准，以一次日出到下一次日出算一天的话，则金星上的一天要远远小于 243 天。这是因为金星是逆向自转的缘故；在金星上看日出是在西方，日落在东方；一个日出到下一个日出的昼夜交替只是地球上的 116.75 天。

金星逆向自转现象有可能是很久以前金星与其他小行星相撞而造成的，但是现在还无法证明。除了这种不寻常的逆行自转以外，金星还有一点不寻常。金星的自转周期和和轨道是同步的，这么一来，当他与地球距离最近时，金星总是以同一个面来面对地球（每 5.001 个金星日发生一次）。这可能是潮汐锁定的结果——当两颗行星靠得足够近时，潮汐力就会影响金星自转。当然，也有可能仅仅是一种巧合。

3. 金星的地形地貌

根据麦哲伦号金星探测器获得的最新探测数据，人们制作了一幅金星表面的全景图。金星没有板块构造，没有线性的火山链，没有明显的板块消亡地带。尽管金星上峡谷纵横，但没有那一条看起来类似地球的海沟。金星上有许多个火山口，它们是散发金星内部热量的出口，其中最大的一个火山口高出周围的平原高 20 千米，直径达 300 千米。金星上还分布着深邃的峡谷、广阔的平原和连绵起伏的高原。金星上的环形山不如月球和水星多，即使有陨石坑也都不超过 3.2 千米，这是因为它有浓密的大气作屏障，陨星不容易直接撞击它的表面，或者即使有流星等天体穿过了它的大气层，也都在到达金星表面之前发生了减速。

在金星表面的大平原上有两个主要的大陆状高地。北边的高地叫伊师塔地，大约有澳大利亚那么大，它拥有金星最高的麦克斯韦山脉（大约比喜马拉雅山高出两千米），它是根据詹姆斯·克拉克·麦克斯韦命名的，麦克斯韦山脉包围了拉克西米高原。金星的南半球有更大的阿芙罗狄蒂地，面积与南美洲相当。这些高地之间有许多广阔的低地，包括爱塔兰塔平原低地、格纳维尔平原低地以及拉卫尼亚平原低地。除了麦克斯韦山脉外，所有的金星地貌均以现实中的或者神话中的女性命名。

火山及火山活动在金星表面为数很多。至少 85％的金星表面覆盖着火山岩。除了几百个大型火山外，在金星表面还零星分布着十万多座小型火山。从火山中喷出的熔岩流产生了长长的沟渠，范围大至几百千米，其中最长的一条超过 7000 千米。金星火山造型各异。除了较普遍的盾状火山，这里还有很多复杂的火山特征和特殊的火山构造。到目前为止，科学家们在此尚未发现活火山，但是由于研究数据有限，因此仍不排除存在小部分火山依然活跃的可能性。

因为金星地表没有水，空气中也没有水份存在，其云层的主要成分是硫酸，而且较地球云层的高度高得多；并且由于大气高压，金星上的风速也相应缓慢。因此，金星地表既不会受到风的影响也没有雨水的冲刷，这就使得金星的火山特征能够清晰地保持很长一段时间。

有迹象表明，金星火山的喷发形式也较为单一。金星上凝固的熔岩层显示，大部分金星火山喷发时，只是流出熔岩流，没有剧烈爆发、喷射火山灰的迹象，甚至熔岩也不似地球熔岩那般泥泞粘质。这种现象不难理解。首先，金星上高气压，缺乏产生爆炸性火山喷发所需的熔岩中的巨大量气体成分。其次，在地球上促使熔岩剧烈喷发的主要气体是水汽，而金星上缺乏水分子。第三，地球上绝大部分粘质熔岩流和火山灰喷发都发生在板块消亡地带，但因为金星上缺乏板块消亡带，也就大大减少了金星火山猛烈爆发的几率。

4. 金星的地质结构

关于金星的内部结构，还没有直接的资料。从理论上推算得出，金星的内部结构和地球相似，有一个半径约 3100 千米的铁镍核，中间一层是主要由硅、氧、铁、镁等化合物组成的幔，而外面一层是主要由硅化合物组成的很薄的壳。

金星上最古老的特征仅有 8 亿年历史，大多数地区都相当年轻（但也有数亿年的时间）。大约 90%的金星表面是由新固化的玄武岩熔岩形成，当然也有极少量的陨石坑。这表明金星近来正在经历表面的重新构筑。来自麦哲伦号的最新数据表明：金星的地壳比起原来所认为的更厚也更坚固。由此可以推测：金星没有像地球那样的可移动的板块构造，但是却有大量的有规律的火山喷发遍布金星表面。另外，根据探测器的探测，发现金星的岩浆里含有水。金星可能与地球一样有过大量的水，但都被蒸发而消散殆尽了，使如今的地表变得非常干燥。地球如果再离太阳近一些的话也会有相同的命运。

5. 金星的大气环境

金星的“天空”是橙黄色的。金星的大气主要由二氧化碳组成，并含有少量的氮气。金星的大气压强非常大，为地球的 90 倍，相当于地球海洋下 1 千米深度时的压强。

金星的云层主要是由二氧化硫和硫酸组成，完全覆盖在整个金星表面。这让地球上的观测者难以透过这层屏障来观测金星表面。这些云层顶端的温度大约为－45℃，是金星上最低的，而表面温度却从不低于 400℃。金星浓厚的云层把大部分的阳光都反射回了太空，所以金星表面接受到的太阳光比较少，大部分的阳光都不能直接到达金星表面。金星热辐射的反射率大约是 60%，可见光的反射率就更大。2004 年的金星凌日发生时，在云层顶端，金星有着每小时 350 千米的大风，而在云层下却是风平浪静，风力每小时不会超过数千米。金星自转的速度如此的缓慢，243 个地球日才转一圈，但却有如此快速转动的上层大气，真是个令人不解的谜团。然而，考虑到大气的浓密程度，就算是非常缓慢的风也会具有巨大的力量来克服前进的阻力。

大量二氧化碳的存在使得温室效应在金星上大规模地进行着。温室效应是指透射阳光的密闭空间由于与外界缺乏热交换而形成的保温效应。金星上的温室效应强得令人瞠目结舌，表面温度最高达 447℃，原因在于金星的大气密度是地球大气的 100 倍，且大气 97%以上是“保温气体”——二氧化碳；同时，金星大气中还有一层厚达 20—30 千米的由浓硫酸组成的浓云。二氧化碳和浓云只许太阳光通过，却不让热量透过云层散发到宇宙空间。被封闭起来的太阳辐射使金星表面变得越来越热。温室效应使金星表面基本上没有地区、季节、昼夜的差别，这里没有我们熟悉的蓝天、白云。十分有趣的是，金星上空会像地球上空一样，出现闪电和雷暴。曾经记录到的最大一次闪电持续了 15 分钟。

6. 金星凌日

我们把太阳、金星和地球处在一条直线上，并且从地球上看到金星从日面穿过的现象称为“金星凌日”。届时，金星的身影穿过太阳的圆面，形成一个直径大约是太阳直径 1/30 的黑点。天文学中，往往把相隔时间最短的两次“金星凌日”现象分为一组。这种现象的出现规律通常是：8 年、121.5 年，8 年、105.5 年，以此循环。据天文学家测算，最近一组金星凌日的时间为 2004 年 6 月 8 日和 2012 年 6 月 6 日。这主要是由于金星围绕太阳运转 13 圈后，正好与围绕太阳运转 8 圈的地球再次互相靠近，并处于地球与太阳之间，这段时间相当于地球上的 8 年。

然而令人称奇的是，继 2004 年 6 月 8 日发生金星凌日之后，2012 年金星凌日将再次发生，但在整个 20 世纪的 100 年间，却没发生过一次金星凌日，这是怎么回事呢？原来，金星的轨道很特别，偏心率特别小，由此造成的金星凌日常是两次为一组，一组的两次之间相隔 8 年；而相继的两组间隔为两个多世纪。将 18 世纪发生金星凌日时的日期加上 243 年又 2 或 3 日（金星凌日的周期），我们便得到即将发生的金星凌日的时间：1761 年 6 月 6 日—2004 年 6 月 8 日；1769 年 6 月 3 日—2012 年 6 月 6 日。

18 世纪的金星凌日还有一个小故事。法国天文学家勒让提于 1760 年搭船去印度，想到那里去观测 1761 年 6 月的金星凌日。可是，那时英、法两国正在海上交战，妨碍了勒让提的行程，他到达目的地的时候，金星凌日的日期已经过去了。他决定留下来，等待 8 年，观测下一次 1769 年的金星凌日。8 年过去了，终于等到他认为幸运的时刻。当年 6 月的前两天，阳光灿烂，可是到了他期待了 8 年的那一天，天气突然变坏，正当金星凌日的时候，暴风突起，雷雨交加，连太阳的影子都看不见。老天好像故意开玩笑似的，在金星退出日面几分钟后，天气转晴，阳光又普照大地。观测的失败使勒让提垂头丧气，病倒在床上，并且不再与朋友通信。1771 年，他心灰意懒地回到法国，才知道由于音讯断绝，大家以为他早已客死他乡，他的科学院院士位置的遗缺已经被他人补上，他的财产也已经被人继承。金星跟这位科学家开了个大玩笑。

7. 美国的金星探测

20 世纪 60 年代初，美国宇航局根据肯尼迪总统提出的登月计划，全力开展探月活动，但又看到前苏联对金星的探测活动，格外着急。美国当局立即决定兵分两路，在实施登月计划的同时，拿出一部分力量来探测金星。美国于 1961 年 7 月 22 日发射“水手 1 号”金星探测器，升空不久因偏离航向，只好自行引爆。1962 年 8

月 27 日发射的“水手 2 号”金星探测器，飞行 2.8 亿千米后，于同年 12 月 14 日从距离金星 3500 千米处飞过时，首次测量了金星大气温度，拍摄了金星全景照片。但由于设计上的缺陷，在探测过程中，光学跟踪仪、太阳能电池板、蓄电池组和遥控系统都先后出了故障，未能圆满执行计划。1967 年 6 月 14 日发射“水手 5 号”金星探测器，同年 10 月 19 日从距离金星 3970 千米处通过，作了大气测量。1973 年 11 月 3 日发射“水手 10 号”水星探测器，1974 年 2 月 5 日路过金星，从距离金星 5760 千米处通过，对金星及其大气作了电视摄影，发回上千张金星照片。

从 1978 年起，美国把行星探测活动的重点转移到金星。1978 年 5 月 20 日和 8 月 8 日，分别发射了“先驱者”金星 1 号、2 号。其中 1 号在同年 12 月 4 日顺利到达金星轨道，并成为其人造卫星，对金星大气进行了 244 天的观测，考察了金星的云层、大气和电离层，研究了金星表面的磁场，探测了金星大气和太阳风之间的相互作用，还使用船载雷达测绘了金星表面地形图。

“先驱者”金星 2 号带着 4 个着陆舱一起进入金星大气层，其中一个着陆舱着陆后连续工作了 67 分钟，发回了一些图片和数据。探测显示：在金星的云层中不同层次具有明显的物理和化学特征，金星上降雨时，落下的是硫酸而不是水；金星上有极其频繁的闪电；金星地形和地球相类似，也有山脉一样的地势和辽阔的平原；存在着火山和一个巨大的峡谷，其深约 6 千米、宽 200 多千米、长达 1000 千米；金星表面有一个巨大的直径达 120 千米的凹坑，其四周陡峭，深达 3 千米。

为了在探测金星方面取得更大的成就，美国宇航局决定利用其在雷达探测技术方面的先进设备，透过金星浓密的云层，详细勘察金星的全貌和地质构造。1989 年 5 月 4 日，亚特兰蒂斯号航天飞机将麦哲伦号金星探测器带上太空，并于第二天把它送入金星的航程。麦哲伦号的中心任务是对金星作地质学和地球物理学探测研究，通过先进的雷达探测技术，研究金星是否具有与河床和海洋构造，因前苏联有科学家推测，大约 40 亿年前金星上有过汪洋大海。麦哲伦号金星探测器重量达 3365 千克，造价达 4.13 亿美元，是迄今最先进最为成功的金星探测器。麦哲伦号上装有一套先进的电视摄像雷达系统，可透过厚厚的云层测绘出金星表面上小如足球场的物体图像，其清晰度胜过以往所获金星图像的 10 倍。它装载的高分辨率综合孔径雷达，其发射、接收天线与著名的旅行者号探测器定向天线相似，也是 3.65 米直径的抛物面形天线，但其性能比前者提高了许多，它在金星赤道附近 250 千米高空时，分辨率也可达到 270 米。

麦哲伦号经过15个月的航行，于1990年8月10日点燃反向制动火箭，使其速度由每小时3.96万千米减至2.79万千米，进入围绕金星的轨道。其探测器运行中沿金星子午线绕一圈约需要189分钟，扫描宽度为20—25千米；从金星北极区域到南纬60度计划进行37分钟的观测，行程约1.5万千米。同年8月16日麦哲伦号发回第一批照片。麦哲伦号拍摄的金星绝大部分地区的雷达图像，与前苏联金星15号和金星16号探测器所摄雷达照片经常可以重合拼接起来，使判读专家得以相互印证，从而使得人们对金星有进一步的了解。麦哲伦号从1990年8月10日至1994年12月12日一直围绕金星进行探测，最后在金星大气中焚毁。1990年2月飞往木星的伽利略号探测器途径金星，成功地拍摄金星的紫外、红外波段的图像，照片上显示金星大气顶部的硫酸云雾透过紫外光非常突出。

虽说金星空间探测硕果累累，但仍然有许多待解之谜。譬如说，金星上确曾有过海吗？金星上的温室效应是在什么时候、怎样发生的？目前金星表面是经过大规模的火山活动而重新形成的吗？金星大气的精确化学成分是什么？等等。

8. 前苏联金星探测

前苏联于1961年1月24日发射巨人号金星探测器，在空间启动时因运载火箭故障而坠毁。1961年2月12日试验发射金星1号，这个成功飞往金星的探测器重643千克，在距金星9.6万千米处飞过，进入绕太阳轨道后失去联络，结果一无所获。1965年11月12日和15日发射的金星2号和金星3号均告失败。其中金星3号重达963千克，当它在金星上硬着陆后，一切通信遥测信号全部中断，估计是仪器设备摔毁了。尽管如此，前苏联科学家认为还是有收获的，因为取得可直接“命中”金星的首战告捷。

1967年1月12日，苏联成功发射了金星4号探测器，同年10月抵达金星，向金星释放了一个登陆舱，在它穿过大气层的94分钟时间里，测量了大气温度、压力和化学组成。1969年发射的金星5号和金星6号，再次闯入金星大气探测，探测器最后降落在金星表面上，由于硬着陆仪器设备损坏，因此不能探测金星表面情况。1970年8月17日，金星7号探测器成功发射，它穿过金星浓云密雾，冒着高温炽热，首次实现金星表面的软着陆。金星7号测得金星表面大气压强至少为地球的90倍，温度高达470℃。1972年到达金星表面的金星8号化验了金星土壤，还对金星表面的太阳光强度和金星云层进行了电视摄像转播：金星上空显得极其明亮，天空是橙黄色，大气中有猛烈的雷电现象，还有激烈的湍流。

1975 年至 1984 年是前苏联金星探测的高潮期。1975 年 6 月 8 日和 14 日先后发射的金星 9 号和金星 10 号，与同年 10 月 22 日和 25 日分别进入不同的金星轨道，并成为环绕金星的第一对人造金星卫星。两者探测了金星大气结构和特性，首次发回了电视摄像机拍摄的金星全景表面图像。1978 年 9 月 9 日和 14 日，前苏联又发射了金星 11 号、12 号，两者均在金星成功实现软着陆，分别工作了 110 分钟。特别是“金星 12 号”在 12 月 21 日向金星下降的过程中，探测到金星上空闪电频繁、雷声隆隆，仅在距离金星表面 11 千米下降到 5 千米的这段时间就记录到 1000 次闪电，有一次闪电竟然持续了 15 分钟！1981 年 10 月 30 日和 11 月 4 日先后上天的金星 13 号和金星 14 号，其着陆舱携带的自动钻探装置深入到金星地表，采集了岩石标本。研究表明，金星上的地质构造仍然很活跃，金星的岩浆里含有水分。1983 年 6 月 2 日和 7 日，金星 15 号和金星 16 号相继发射成功，二者分别于 10 月 10 日和 14 日到达金星附近，成为其人造卫星，它们每 24 小时环绕金星一周，探测了金星表面及其大气层的情况。探测器上的雷达高度计在围绕金星的轨道上对金星表面进行扫描观测，雷达的表面分辨率达 1—2 千米，可看清金星表面的地形结构，成功绘制了北纬 30°以北约 25％金星表面地形图。1984 年 12 月前苏联发射了金星一哈雷探测器，1985 年 6 月 9 日和 13 日于金星相会，向金星释放了浮升探测器——充氦气球和登陆舱，它们携带的电视摄像机对金星云层进行了探测，发现金星大气层顶有与自转同向的大气环流，速度高达每小时 320 千米，登陆设备还钻探和分析了金星土壤。金星一哈雷探测器在完成任务后利用金星引力变轨，飞向哈雷彗星。

综观前苏联金星探测的特点，主要是投放降落装置考察，以特殊的工艺战胜金星上高温高压，取得了金星表面宝贵的第一手资料。

第五节　地球及月球

地球是太阳系的第三颗行星，也是太阳系中直径、质量和密度最大的行星。地球和其他太阳系的行星在太阳星云（由灰尘和太阳形成之后留下的气体组成的碟状物质）中形成。地球自西向东自转，同时围绕太阳公转。地球是上百万生物的家园，包括人类，它也是目前宇宙中已知存在生命的唯一天体。地球诞生于46亿年前，而生命诞生于十亿年内。

月球俗称月亮，也称太阴，在太阳系中是地球唯一的天然卫星，也是离地球最近的天体。月球的年龄大约有46亿年。它有壳、幔、核等分层结构，最外层的月壳平均厚度约为60—65千米。月球是一颗同转卫星，月球的正面永远向着地球。

1. 地球

地球是太阳系八大行星之一，按离太阳由近及远的次序为第三颗。它有一个天然卫星——月球，二者组成一个天体系统：地月系统。地球作为一个行星，远在46亿年以前起源于原始太阳星云。地球自西向东自转，同时围绕太阳公转。地球自转与公转运动的结合产生了地球上的昼夜交替和四季变化。地球自转的速度是不均匀的。同时，由于日、月、行星的引力作用，以及大气、海洋和地球内部物质的各种作用，使地球自转轴在空间和地球本体内的方向都会产生变化。地球自转产生的惯性离心力使得球形的地球由两极向赤道逐渐膨胀，成为目前的略扁的旋转椭球体，极半径比赤道半径约短21千米。地球可以看作由一系列的同心层组成，它的内部有核、幔、壳结构，外部有水圈、大气圈，还有磁层，它们形成了围绕固态地球的外套。

2. 地月系

地球与月球构成了一个天体系统，称为地月系。地月系的形成，多数科学家认为是月球撞击地球的结果。在远古的某个时候，火星般大的月球，突然撞击地球，在高温高压的作用下，地球板块爆裂分开成为后来的大西洋。当月球碰撞地球的能量达到最大值时，加上地球回归物的反冲力和地球自转产生的离心力的共同作用迫使月球脱离地球而去。地月系随即产生。

在地月系中，地球是中心天体，因此一般把地月系的运动描述为月球对于地球的绕转运动。然而地月系的实际运动，是地球与月球对于它们的公共质心的绕转运动。它们绕公共质心旋转一周的时间为27天7小时43分11.6秒，也就是

27.32166 天。公共质心的位置在离地心约 4671 千米的地球体内。由于地球质量同月球质量相差悬殊（81.1：1），地月系的质量中心距地球中心只有约 1650 千米。通常所说的日地距离，实是太阳中心和地月系质心的距离。

3. 地球的起源和演化

有关地球的起源，自古以来便是人们关心的问题。在古代，人们就曾探讨过包括地球在内的天体万物的形成问题，关于创世的各种神话也广为流传。自 1543 年，波兰天文学家哥白尼提出了日心说之后，天体演化的讨论才开始步入科学范畴，逐渐形成了诸如星云说、遭遇说等学说。但事实上，任何关于地球起源的假说都有待证明。德国哲学家康德在 1755 年提出星云说。他根据当时的天文观测资料，认为宇宙中存在着原始的分散的物质微粒，这些物质微粒产生围绕中心的旋转运动，并逐渐向一个平面集中，最后中心物质形成太阳，赤道平面上的物质则形成地球等行星和其他小天体。这个星云说后来渐渐形成了太阳系起源学说的一种流派。

根据星云理论，地球原星体大约比现在重 500 倍，直径大约是现在的 2000 倍，由于重量的差异，重元素物质下沉形成厚而重的核心，周围是轻的物质。当太阳收缩到内部产生反应时，太阳发热、发光、辐射出大量粒子，这些粒子扫射到地球表面时，把地球表面轻物质“赶跑”。于是地球就剩下那些密度大的，基本上都是固态的物质了。

还有一些假说，也有一定的道理。如：有人认为地球是从太阳中甩出来的；有人认为是太阳一颗孪生伴星变成碎块后，其中的一块成为了地球。但这些假说，不像星云说那样为大家所接受。

地球表面由于内部运动和太阳光、大气、水、生物活动等外部作用，不断发生变化。有的变化进行得很快很激烈，如地震、火山喷发、山崩等。有的极其缓慢。现在地球表面的千姿百态，仅是地球演变漫长历史中的一个镜头。

远在 46 亿年前，在原始太阳系星云中，太阳周围的气体和尘埃不断吸积，生成无数小行星。在地球轨道附近，有约 100 亿个直径约 10 千米左右的小行星。这些小行星不断反复撞击、凝聚形成原始的地球。不久，大约在 38 亿年前，一个同现在火星差不多大的天体突然和地球碰撞，飞散的碎片在地球的吸引下形成了月球。

小行星高速撞击地球放出大量的热量，使原始地球表面处于熔融状态。重的物质慢慢下沉，形成地核；蒸发的物质形成浓密的大气。随着撞击的减少，地表逐渐冷却形成地壳。大气中的水蒸气变成暴雨倾注地面，海洋开始形成。在海洋里，各种物质相互作用，生成有机物，诞生了最原始的生命。这大约是40亿年前的事。大约在25亿—20亿年前，海洋中藻类大量繁殖，光合作用生成的氧气供给大气。随着部分物质下沉，较轻的物质上升，海洋中形成海岭向两侧运动，约19亿年前生成了超大陆。超大陆反复多次分裂、漂移、集结。

由于地球磁场和臭氧层的形成，生物避免了宇宙射线和紫外线的辐射。大约在5亿4千万年前，生物种类数量呈爆发式增加。约4亿2千万年前，首先是植物，接着是鱼类、两栖类动物开始由海洋转向陆地生活。约2亿4千5百万年前，超大陆又一次分裂，由于频繁的火山爆发、地震等环境变化，许多低级生物灭绝，只有高级生物适应了生存环境，开始出现爬行类动物。大量生物反复地灭绝发复，使新的较高级生物不断出现。约在2亿800万年前，恐龙出现了；到了侏罗纪，由于气候温暖，许多恐龙开始大型化。至6500万年前，恐龙突然灭绝。最普遍的说法是认为当时有一颗巨大陨石撞击地球，使生存环境急剧变化。恐龙灭绝后哺乳类动物占主导地位，逐渐适应进化，并开始繁荣起来。约500万年前哺乳类中的部分灵长类动物在非洲进化成了猿人。在1万2000年前的第四纪冰川期，人类开始向世界各地迁徙扩散。

4. 地球圈层结构

地球圈层分为地球外圈和地球内圈两大部分。地球外圈可进一步划分为四个基本圈层，即大气圈、水圈、生物圈和岩石圈；地球内圈可进一步划分为三个基本圈层，即地幔圈、外核液体圈和固体内核圈。此外在地球外圈和地球内圈之间还存在一个软流圈，它是地球外圈与地球内圈之间的一个过渡圈层，位于地面以下平均深度约150千米处。这样，整个地球总共包括八个圈层，其中岩石圈、软流圈和地球内圈一起构成了所谓的固体地球。对于地球外圈中的大气圈、水圈和生物圈，以及岩石圈的表面，一般用直接观测和测量的方法进行研究；而地球内圈，目前主要用地球物理的方法，例如地震学、重力学和高精度现代空间测地技术观测的反演等进行研究。地球各圈层在分布上有一个显著的特点，即固体地球内部与表面之上的高空基本上是上下平行分布的，而在地球表面附近，各圈层则是相互渗透甚至相互重叠的，其中生物圈表现得最为显著，其次是水圈。

（1）大气圈

大气圈是地球外圈中最外部的气体圈层，它包围着海洋和陆地。大气圈没有确切的上界，在2000—16000千米高空范围仍有稀薄的气体和基本粒子。在地下，土壤和某些岩石中也会有少量空气，它们也可认为是大气圈的一个组成部分。地球大气的主要成分为氮、氧、氩、二氧化碳和不到0.04%比例的微量气体。地球大气圈气体的总质量约为5.136×10^{18}千克，相当于地球总质量的百万分之0.86。由于地心引力的作用，几乎全部的气体集中在离地面100千米的高度范围内，其中75%的大气又集中在地面至10千米高度的对流层范围内。根据大气分布特征，在对流层之上还可分为平流层、中间层、热成层等。

大气圈对人类和各种动植物的生存和成长具有极重要的作用。第一，大气是维持人体生命活动的第一需要，人可几日不食不眠，但不可几分钟不呼吸，停止了呼吸就意味着生命体的死亡。同样，各种生物体也需要呼吸，植物的光合作用同样离不开大气的介入。第二，大气的存在为人类和各种生物体提供了适宜的生存条件。第三，大气层遮挡了一些对人体有害的射线，如紫外线、X射线及其他宇宙射线，这些射线是诱发皮肤癌、白血病等一些疑难病症的凶手。第四，大气圈消除、减轻了来自星际间的流星对地球的袭击，起到了保护伞的作用。

（2）水圈

水圈包括海洋、江河、湖泊、沼泽、冰川和地下水等，它是一个连续但不很规则的圈层。从离地球数万千米的高空看地球，可以看到地球大气圈中水汽形成的白云和覆盖地球大部分的蓝色海洋，它使地球成为一颗“蓝色的行星”。地球水圈总质量为1.66×10^{21}千克，约为地球总质量的1/3600，其中海洋水质量约为陆地水（包括河流、湖泊和表层岩石孔隙和土壤中）的35倍。如果整个地球没有固体部分的起伏，那么全球将被深达2600米的水层所均匀覆盖。大气圈和水圈相结合，组成了地表的流体系统。

（3）生物圈

由于存在地球大气圈、水圈和地表的矿物，在地球上合适的温度条件下，形成了适合于生物生存的自然环境。人们通常所说的生物，是指有生命的物体，包括植物、动物和微生物。据估计，现在生存的植物约有40万种，动物约有110多万种，微生物至少有 10 多万种。据统计，在地质历史上曾生存过的生物约有 5 亿—10 亿种之多，但它们在地球漫长的演化过程中，绝大部分都已经灭绝了。现存的生物生活在岩石圈的上层部分、大气圈的下层部分和水圈的全部，构成了地球上一个独特的圈层，称为生物圈。生物圈是太阳系所有行星中仅在地球上存在的一个独特圈层。

（4）岩石圈

对于地球岩石圈，除表面形态外，是无法直接观测到的。它主要由地球的地壳和地幔圈中上地幔的顶部组成，从固体地球表面向下穿过地震波在近 33 千米处所显示的第一个不连续面（莫霍面），一直延伸到软流圈为止。岩石圈厚度不均一，平均厚度约为 100 千米。由于岩石圈及其表面形态与现代地球物理学、地球动力学有着密切的关系，因此岩石圈是现代地球科学中研究得最多、最详细、最彻底的固体地球部分。由于洋底占据了地球表面总面积的 2/3 之多，而大洋盆地约占海底总面积的 45%，其平均水深为 4000—5000 米，大量发育的海底火山就是分布在大洋盆地中，其周围延伸着广阔的海底丘陵。因此，整个固体地球的主要表面形态可认为是由大洋盆地与大陆台地组成，对它们的研究，构成了与岩石圈构造和地球动力学有直接联系的“地球构造学”理论。

（5）软流圈

在距地球表面下约 100 千米的上地幔中，有一个明显的地震波低速层。这是由古登堡在 1926 年最早提出的，称之为软流圈。它位于上地幔的上部即 B 层。软流圈的上届为地表以下约 50—150 千米，下界约 250—400 千米之间的地幔部分。板块构造说认为地幔对流体的运动就是在软流圈中进行的，岩石圈板块就是在软流圈之上受对流体的驱动而漂移。现代观测和研究已经肯定了这个软流圈层的存在。也就是由于这个软流圈的存在，将地球外圈与地球内圈区别开来。

（6）地幔圈

地震波除了在地面以下约 33 千米处有一个显著的不连续面（称为莫霍面）之外，在软流圈之下，直至地球内部约 2900 千米深度的界面处，都属于地幔圈。地幔圈与外核流体圈有个分界面，它是古登堡在 1914 年发现的，所以也称为古登堡面。由于地球外核为液态，在地幔中的地震波 S 波不能穿过此界面在外核中传播。P 波曲线在此界面处的速度也会急剧减低。地幔物质总体上具有固态特征。整个地幔圈由上地幔（33—410 千米深度的 B 层和 410—1000 千米深度的 C 层）、下地幔的D′层（1000—2700千米深度）和下地幔的D″层（2700—2900千米深度）组成。地球物理的研究表明，D″层存在强烈的横向不均匀性，其不均匀的程度甚至可以和岩石层相比，它不仅是地核热量传送到地幔的热边界层，而且极可能是与地幔有不同化学成分的化学分层。

（7）外核液体圈

地幔圈之下就是所谓的外核液体圈，它位于地面以下约2900—5120千米深度。整个外核液体圈基本上可能是由动力学粘度很小的液体构成的，其中2900—4980千米深度称为E层，完全由液体构成；4980—5120千米深度层称为F层，它是外核液体圈与固体内核圈之间一个很簿的过渡层。

（8）固体内核圈

地球八个圈层中最靠近地心的就是所谓的固体内核圈了，它位于5120—6371千米地心处，又称为G层。根据对地震波速的探测与研究，证明G层为固体结构。地球内层不是均质的，平均地球密度为每立方厘米5.515克，而地球岩石圈的密度仅为2.6—3.0克/立方厘米。由此，地球内部的密度大得多，并随着深度的增加，密度也出现明显的变化。地球内部的温度也随着深度的增加而上升。根据最近的估计：在100千米深度处的温度为1300℃，300千米处为2000℃，在地幔圈与外核液态圈边界处约为4000℃，地心处温度为5500℃—6000℃。

5. 地球的形状和大小

自从人造卫星上天后，从太空对地球进行了探测，获得了有关地球形状和大小的更精确的数据。目前人们普遍认为地球是一个相当接近正球体的椭球体。它的赤道半径较长，是6378.140千米；两极半径较短，是6356.755千米。两者相差不到22千米。一般所说的半径是指它的平均数，大约是6371千米。地球南北两半球并不对称。北半球较瘦长，北极略高出参考椭球体约10米；南半球较胖短，南极略低于参考椭球体约30米。这样看来，地球有点像梨形，但两极半径差异并不大，仅为40米左右。

对地球形状究竟应该怎样描述，可根据不同的需要而定。对于精密的大地测量和天文观测，需要掌握地球形状的精确数据，否则便会失之毫厘，差之千里。但在我们日常生活学习中，则无需计较那些半径的差异，它们和巨大的地球半径相比，是微不足道的。例如：如果我们制作一个半径30厘米的地球仪，它的赤道半径与极半径之差，就只有一毫米，至于“梨形”就更无法表现了。因此，我们不妨就把地球看成一个滚圆的正球体。

自从人们知道地球是个圆球，关于它的大小，便成为人们关心的问题了。公元前3世纪，居住在今埃及亚历山大港的希腊学者埃拉托斯尼（约公元前276—前194年）被认为是最早测算地球大小的人。他的办法很简单：在亚历山大港的正南方有个叫塞恩的地方，即今天的阿斯旺，那里有一口枯井。夏至这一天正午，阳光直射井底，这说明太阳正好从头顶上通过。可是在亚历山大港，这一天正午的太阳就不在头顶，而是向南倾斜的。若在地面立一根竖直的木杆，可以测知太阳光线与木杆的夹角是7.2°。这个夹角正是从塞恩到亚历山大港两地之间子午线（经线）弧所对应的圆心角。在塞恩跟亚历山大港之间有一条通商大道，骆驼队络绎不绝，从而知道两地间的距离大约为800千米。这样，根据夹角和弧长的关系，便可以容易地算出地球的周长了：地球周长÷800千米＝360°÷7.2°。计算结果为地球周长约4万千米，这和我们今天所知道的数值极为接近。埃拉托斯尼的测算原理和方法是正确的，如今的天文大地测量也是根据这个原理进行的。

现在认为地球的平均半径约为6371千米，照此推算，地球的周长是40076千米。地球的表面面积约5.1亿平方千米，相当于我国领土的53倍。地球的体积约有10832亿立方千米，可容纳60万亿亿吨物质。因为它有如此巨大的质量，才能产生强大的万有引力，把它周围的万物牢牢地吸引住。地球对我们这些生活在它上面的人类来说，是个很大的星球，我们无法直接测量它的质量，只能借助间接推算的方法求出它的质量。英国物理学家卡文迪什就是通过万有引力定律，首先得出了地球的质量。

6. 地球的磁场、磁层和辐射带

指南针是我国古代的四大发明之一，这表明我们的祖先早就认识到地磁现象的存在。地球附近空间的磁场，可以用在地心处放一个大磁棒所产生的磁场来表示，这叫做偶极磁场；偶极的磁轴与地球自转轴不重合，两者的夹角约11.5°。磁轴的延长线与地面的交点叫做地磁极，它们与地极不重合。地磁场的强度很弱，比一个小马蹄形磁铁的磁场强度还弱。根据400多年的地磁观测资料分析发现：北磁极在缓慢地向西漂移。由于受到来自太阳风等外空磁场的影响，地磁场实际上是由变化比较缓慢的基本磁场与变化比较迅速的变化磁场两部分组成，前者主要与地球内部物质的运动、变化有关，后者则主要与太阳活动、太阳风、宇宙线等有关。

在地面附近，地磁场的形态与一个巨大磁棒所产生的效应相似，但在距地球表面很远的地方，由于太阳风的作用，地磁场的磁感应线都向后弯曲，使地磁效应只限制在一定的范围之内，这个范围叫做磁层，磁层的边界叫做磁层顶。美国发射的探险者 18 号的观测资料表明：磁层顶面向太阳的一侧被太阳风压缩到 8—11 个地球半径处，在太阳活动激烈时它又被突然增强的太阳风压缩到 5—7 个地球半径的范围；而在背向太阳的方向，磁层延伸拉长，形成长达几百甚至几千个地球半径的磁尾，超过了地月之间的距离。

在地球高空还存在着辐射带，这是通过空间探测发现的，称为范艾伦辐射带。1958 年 1 月美国发射的探险者 1 号地球卫星上搭载着范·艾伦制作的粒子读数器，在离地面 1000 千米的高空发现了令人难以置信的辐射强度，致使所安装的读数器几乎全部出现故障。后来，经过探险者 3 号、4 号的再度探测，才证实了它是由行星际空间的高能带电粒子被地球磁场俘获所形成的辐射带造成的。地球辐射带分为内、外辐射带，内辐射带高度在 1—2 个地球半径之间，范围限于磁纬 ±40°之间，但东、西半球并不对称。外辐射带的高度在 3—4 个地球半径之间，起始高度为 1.3 万—1.9 万千米，厚度约为 6×10^3 千米，范围可延伸到磁纬 50°—60°。辐射带的范围和形状既受地磁场的制约，也和太阳活动有关。

7. 地球自转与公转

由于地球转动的相对稳定性，人类生活历来都利用它作为计时的标准。简单地说，地球绕太阳公转一周的时间叫做一年，地球自转一周的时间叫做一日。然而由于地球外部和内部的原因，地球的转动其实是很复杂的。

地球绕地轴的旋转运动，叫做地球的自转。地轴的空间位置基本上是稳定的。它的北端始终指向北极星附近，自转的方向是自西向东，即从北极上空看，呈逆时针方向旋转。地球自转一周的时间，约为 23 小时 56 分，这个时间称为恒星日。然而在地球上，我们感受到的一天是 24 小时，这是因为我们选取的参照物是太阳。由于地球自转的同时也在公转，这 4 分钟的差距正是地球自转和公转叠加的结果。

天文学上把我们感受到的这 1 天的 24 小时称为太阳日。地球自转产生了昼夜更替。昼夜更替使地球表面的温度不至太高或太低，适合人类生存。地球自转的平均角速度为每小时转动 15 度；在赤道上，自转的线速度是每秒 465 米。天空中各种天体东升西落的现象都是地球自转的反映。研究表明，每经过一百年，地球自转速度减慢近 2 毫秒，它主要是由潮汐摩擦引起的，潮汐摩擦还使月球以每年 3—4 厘米的速度远离地球。地球自转速度除长期减慢外，还存在着时快时慢的不规则变化，引起这种变化的真正原因目前尚不清楚。

地球绕太阳的运动，叫做公转。从北极上空看是逆时针绕日公转。地球公转的路线叫做公转轨道。它是一个近正圆的椭圆轨道。太阳位于椭圆的两焦点之一。每年 1 月 3 日，地球运行到离太阳最近的位置，这个位置称为近日点；7 月 4 日，地球运行到距离太阳最远的位置，这个位置称为远日点。地球公转的方向也是自西向东，运动的轨道长度是 9.4 亿千米，公转一周所需的时间为一年，约 365.25 天。地球公转的平均角速度约为每日 1 度，平均线速度约为每秒钟 30 千米。在近日点时公转速度较快，在远日点时较慢。

地球自转的平面叫赤道平面，地球公转轨道所在的平面叫黄道平面。两个面的交角称为黄赤交角，地轴垂直于赤道平面，与黄道平面交角为 $66°34'$，或者说赤道平面与黄道平面间的黄赤交角为 $23°26'$，由此可见地球是倾斜着围绕太阳公转的。

8. 地壳的组成

地壳是由岩石组成的固体外壳，它是地球固体圈层的最外层，是岩石圈的重要组成部分。整个地壳平均厚度约 17 千米，大陆地壳厚度平均为 33 千米。其中，高山、高原地区地壳很厚，最高可达 70 千米；平原、盆地地壳相对较薄。大洋地壳则远比大陆地壳薄，厚度只有几千米。青藏高原是地球上地壳最厚的地方，厚达 70 千米以上；而靠近赤道的大西洋中部海底山谷中地壳只有 1.6 千米厚；太平洋马里亚纳群岛东部深海沟的地壳更薄，是地球上地壳最薄的地方。

地壳分为上下两层。上层化学成分以氧、硅、铝为主，平均化学组成与花岗岩相似，称为花岗岩层，亦有人称之为“硅铝层”；此层在海洋底部很薄，尤其是在大洋盆底地区，太平洋中部甚至缺失，是不连续圈层。下层富含硅和镁，平均化学组成与玄武岩相似，称为玄武岩层，也有人称之为“硅镁层”；此层在大陆和海洋均有分布，是连续圈层。这两层以康拉德不连续面隔开。

地壳中已发现的化学元素有 92 种，即元素周期表中 1—92 号元素。地壳中不同元素的含量差别很大，含量最高的元素氧（47%）与含量最低的氡（10%—16%）差 10^{17} 倍。含量最高的三个元素氧、硅、铝的总量占地壳元素总量的 84.6%，若加上含量大于 1%的元素铁、钙、钠、钾、镁，总和达 98%，剩余的 84 个元素重量的百分含量之和仅为 2%。总体上，元素的原子丰度随元素的原子序数增大而降低，偶数原子序数的元素比相邻的奇数原子序数的元素丰度值高；惰性元素丰度偏低。

构成地壳的岩石类型复杂多样，按岩石形成的自然作用分类，可分为岩浆岩、沉积岩和变质岩三大类。

按地壳的物质组成、结构、构造及形成演化的特征，主要可分为大陆地壳与大洋地壳两种类型。大陆地壳主要分布于大陆及其毗邻的大陆架、大陆坡地区；大洋地壳主要分布在大陆坡以外的海水较深的大洋地区。

（1）大洋地壳

大洋地壳厚度较薄，一般为 8—10 千米，最薄处仅 1.6 千米。在一些洋隆或海山地区可达 10 千米以上。一般而言，地壳厚度在洋中脊地区较薄，远离洋中脊地区有增厚趋势。大洋地壳的结构和岩石类型比较简单，主体为厚 5—8 千米的玄武质岩石，上覆厚约 0.5—2 千米未固结的深海沉积物，玄武岩以下为变质橄榄岩，大多数学者认为它是地幔的组成部分。洋壳内部的岩石变形程度较弱，具有较统一的刚性性质。洋壳形成的年代较新，一般都在距今 2 亿年左右。

（2）大陆地壳

大陆地壳的厚度较大，平均厚度约 33 千米，在某些高山地区可厚达 70 千米，在较薄的地方仅 25 千米左右。大陆地壳的结构在横向和纵向上均表现出很强的不均一性。大陆地壳是否是分层结构，目前尚无一致意见。近年来，大多数学者认为可分为三层：

上地壳，一般厚 10—15 千米，主要由沉积岩和变质岩组成。

中地壳，一般厚 5—10 千米，主要由混合岩、花岗岩及糜棱岩等组成。

下地壳，一般厚 10—20 千米，主要为麻粒岩、角闪岩及片麻岩组成。

大陆地壳和大洋地壳之间还存在一类过渡型地壳，它们是岛弧和大陆边缘区的总称，一般厚度为 15—30 千米，这类地壳的体积和质量在地壳总体积中占的份额很小，但在地球演化史、矿藏资源、自然灾害研究等方面具有重要意义。

总体来看，陆壳的厚度变化较大，结构较复杂，物质成分相当于中、酸性岩，物质的平均密度较洋壳小。陆壳内岩石变形强烈，而且陆壳的形成年代较老，演化时间漫长。陆壳自地球形成的早期便开始发育，并一直演化至今。

9. 地球的大气层

大气层是地球的“气体外衣”，它紧紧包裹着地球。大气层的高度约为57600千米，质量为5.14×10^{18}千克，约占地球总质量的1%。这1%的质量是地球上绝大多数生命不可或缺的。大气层的空气，由氩、二氧化碳、氖、氦、氪、氢、臭氧等组成，大概来说，氮占78%，氧占21%，其余是微量其他气体。大气层中空气的密度越向上越稀薄，逐渐稀薄至乌有，进入浩浩太空。到约7千米高空，空气稀薄的程度，能令人在几分钟内窒息。换言之，高度越增加，大气粒子间的距离就越大。通常每升高20千米，空气密度低10倍，到200千米处，只及海平面上的百亿分之一左右，接近真空状态。不过，即使在这种高度，1立方厘米的空间里，也还有数以亿计的气体分子，足以形成可以探测出来的大气。

空气看似均匀的，其实科学家发现大气内分成几个显著的气层。最低一层称为对流层，这里出现的变化就是我们称为“天气”的现象。这是个湍流区，云和虹都在这里形成，还有大风、季风及沙暴，甚至暴雨、雹、雷、电等也都在此发生。气象探测气球从对流层顶向上升，进入空气薄而明净的平流层。从人类的立场来说，平流层中的臭氧保护着一切地球上的生命：假如紫外光全部都射到地球上，就会严重伤害地球上的生物。因此，臭氧层可以说是一把伞，替人类遮挡了太阳最危险的光线。到了80千米上空，海平面上80—1000千米的高空，称为电离层。这里漆黑如墨，可以看到太空中的繁星，该处是大气中间层之顶，温度降至－75℃。由于空气分子之间分隔得太远，声音无法传送，所以经常是一片死寂。这里的空气都带上了电荷。本来属中性的大气粒子带上电荷后，性质发生了改变，能够互相吸引或排斥。除了太空人之外，人类迄今只进入过四个（有时是五个）电离层中的第一层，叫“D层”，只有在阳光照耀时D层才会出现。所有四个离子层，都充满了带正、负电荷的原子碎屑。电离层也是大气领域中最奇妙的地区。极光在这里显现；低频率无线电波碰到这个带电荷的地区，就会像镜子一样反射回到地球，使短波无线电信号可以折射传到地球很远的地方。

到 92 千米高空，最后的云层像若隐若现的薄纱。它们都是“夜光云”——不是微细的冰晶就是尘埃。在破晓或薄暮时分，有时可以从地球上看到这些云层。大气高层区也是流星闪现的区域。这里的空气密度仅足以摩擦生出点燃“外太空射来的枪弹”的热。地球物理学家计算过，每天约有一亿块这类碎片落入大气层，变成白炽的流星，但只维持几秒钟就无害地烧成了气。能落到地面的为数极少。

大概在地球表面之上 960 千米，空气稀薄到难以置信的程度，但绝不是没有空气存在。这就是外大气圈。在这里，地球引力对大气粒子的影响已非常微弱。大气粒子的数量与大气较低层相比，也少了很多。但是因为直接暴露在太阳能之下，它们运动得更快。在这种情况下，有些粒子完全脱离了大气层，可能在太空中飘荡，直至进入另一颗星球的引力场为止；有些粒子可能绕着地球运行，像微小的卫星；还有一些会再向下坠潜入较低的大气层中。

外大气圈再向上伸展进入太空，变得无边无际，成为大气层中最高的一层。再向上就是范艾伦辐射带，以及宇宙远方近乎真空的范围了。

10. 地球的气候

从一个不断受陨星撞击、火山肆虐的火球，到布满海洋、森林和山脉，以及数百万种生物繁衍生息的乐园，地球的气候经历了翻天覆地的变化。人类影响气候，气候也影响人类。短时间的气候变化，特别是极端的异常气候现象往往会造成严重的自然灾害。长期的气候变化，即使变化缓慢，也会使生态系统发生本质性的改变，使生产布局和生产方式完全改观，从而影响人类社会。

在两个世纪前，气候的变化主要是由大自然自身引起的，变化的节奏缓慢、时间漫长。但随着人类活动的加剧，特别是机器的出现，人类对气候变化的影响越来越大了。

（1）过去的气候

远古的地球大气主要由很轻的氦气和氢气组成，它们很快就散发到宇宙中去了。与此同时，火山喷出的气体组成了新的大气，它主要由水蒸气、二氧化碳和少量的氮气组成。随后，连绵不断的大雨形成了海洋并溶解了大部分二氧化碳，水分子在紫外线的作用下发生分解，大气中出现了氧气和臭氧。由于臭氧层对紫外线的阻隔作用及植物的光合作用，大气中的氧气浓度始终保持稳定。在最近的6亿年中，大气中化学成分的比例基本上没有变化。

温室效应对生命的出现起了重要作用。在30亿—40亿年前，太阳的辐射强度只有现在的25%，然后开始直线上升。假如在大约20亿年前大气的组成与现在相同，那么地壳将会全部被冰雪覆盖，但这种景象从未发生。“弱早期太阳佯谬”理论认为，其原因是由于浓密的二氧化碳和水汽产生了很强的温室效应，使地球保持了温暖，并使35亿年前的地球上出现了最初的生命。

冰雪覆盖的地球。在大约5.8亿—7.5亿年前，地球表面曾4次几乎全部被冰雪覆盖，称为雪球时期。那时，太阳的辐射能大约比现在少6%，而陆地也主要集中在赤道附近，促使地球变冷。此外，由于冰雪覆盖的地球反射了大部分阳光，从而加速了地球变冷的速度。后来，由于大雨停止和火山不断喷发，大气中二氧化碳的浓度变高（比现在高350倍），产生了强烈的温室效应，才使冰雪逐渐融化。

白垩纪热浪。在大约1亿年前的白垩纪，地球达到较高温度。当时，地球的平均温度为22.8℃，比现在高7℃多，地球两极的冰雪全部融化。在如此炎热和潮湿的气候下，恐龙和各种植物生机勃勃。气候如此炎热，是由于火山喷发产生的大量二氧化碳造成了强烈的温室效应。此外，由于板块漂移造成了大陆的重新分布，也使聚集在赤道附近的热量可通过海洋暖流输送到地球的各个区域。

持续变冷的新生代。在新生代（5亿—6亿年前），地球的温度持续下降。这种降温看来应归因于大陆板块漂移。由于在高纬度地区浮出水面的陆地增加，使冰层的范围扩大，更多的太阳光被反射到了太空，而将赤道附近聚集的热量运送到两极的海洋暖流也中断了。新崛起的巨大山脉将二氧化碳以硅酸盐的形式固定在岩石中，大气中的二氧化碳因此减少，温室效应减弱，地球也就变冷了。

新仙女木冷期。大约在1.1万年前，地球刚脱离上一次的冰期却又忽然回到冰期，这就是著名的新仙女木冷期，它大约持续了1000年，原因是北大西洋深水输送带突然中断造成的。通过该输送带，冷而咸的海水沉入北大西洋的深谷而由较热的海湾暖流替代。北美冰川的融水先集中到了阿格西湖，当冰层后退时打开了一条向东的通道，大量比重较轻的淡水汇入北大西洋，结果堵塞了该输送带。

气候最适期。在新仙女木冷期后的最初几千年，地球的气候曾很热。在5000—9000年前，地球的温度升高了几摄氏度，形成了所谓的“气候最适期”。那时，欧洲的平均温度比现在高2℃—3℃，而且由于欧洲和非洲的季风比现在强，因此将大量雨水带到了撒哈拉地区。在随后的数千年里，温度在相对凉爽与温暖之间平缓波动。

500前的小冰期。1400—1500年，地球的温度又突然下降，历史上称为“小冰期”。1434—1435年，英国曾连续降雪40天。1608年冬季，英国所有的牲畜都被冻死，整个康斯坦茨湖都结了冰了，阿尔卑斯山的冰川也向前大大推进。1789年冬，几乎所有欧洲的河流都冻结了。只是在19世纪后半期冰川才开始后撤。出现小冰期的原因主要是太阳活动周期的影响，而小冰期处于周期中太阳辐射量最低的时期。

最近150年的气候变化。在最近一个世纪，地球开始迅速变热。1850—1980年，温度平均升高了0.6℃，其中大约0.26℃与太阳活动剧烈程度增加有关，其余是由于人类活动的影响。对冰芯的分析及从科学观测获得的资料都证实，由于人类活动排放出了大量的温室气体，特别是二氧化碳，使温室效应持续增强，从而造成了这种变化。

（2）现在的气候

由于人类的活动，最近几十年向大气层排放的物质越来越多，以至改变了空气的化学组成，对气候和动物的栖息地产生了消极影响。在大城市，灰尘、氮氧化物和臭氧的密度很高，恶化了空气质量。与此同时，热岛效应的增强使强风暴的次数增多，氯氟烃的排放破坏了使我们免受紫外线伤害的臭氧层。由于温室气体（二氧化碳、甲烷、氮氧化物、氯氟烃）排放的增多使返回地球的热量增加，结果不仅增高了地球的温度，而且大大增强了那些破坏力很大的自然现象（飓风、龙卷风、暴风雨和厄尔尼诺现象）。

极端天气和气候异常。极端天气和气候异常事件增多，这是气候极端化的突出表现。洪水和水灾比过去增多，厄尔尼诺现象更频繁、更强烈和更持久（1997—1998年的厄尔尼诺现象是最糟糕的一次）。北欧的大风暴也更频繁，仅20世纪90年代就发生了5次。最后还有强风暴雨，2002年夏季的倾盆大雨造成了中东欧近百年历史上最严重的水灾。

降雨区的移动。整个地球的降雨区正在发生移动。从1980年至今，欧洲的北纬50°—60°地区降雨增多，但在地中海地区的降雨就少得多，特别是在冬季。夏季的雨水也减少了，但一下雨就往往是倾盆大雨，并经常出现暴风雨。然而在最近10年，秋季的降雨增多了，造成水灾事件增加。从1950年到21世纪初，发生了5

次较大的水灾（1951 年的波河洪水、1966 年的佛罗伦萨水灾、1993 年的利古里亚水灾、1994 年皮埃蒙特水灾和 2000 年瓦莱·达奥斯塔水灾），其中 3 次发生在 20 世纪 90 年代。

（3）未来的气候

环境污染的后果主要表现在 3 个方面：平均温度升高、大气的总循环和气候的稳定性被打乱。

如果二氧化碳增加 1 倍。温室气体浓度的增加将在今后几十年内增强温室效应，使地球的平均温度持续升高。但在地球不同的区域，升高的速度是不均匀的，节奏也是不一样的。在有些地区，比如极地，将首先在较大程度上感受到温度的升高。如果在 21 世纪末大气中二氧化碳的浓度增加 1 倍，大部分陆地的平均温度将上升 4℃—5℃。

2030 年，全球平均温度将上升 1℃—2℃。由于气候的区域性差异，陆地比海洋增温快，南欧和北美比全球平均增温幅度大，夏季降水和土壤温度减小，亚洲季风将加强。到 2080 年，平均温度可能再升高 1.5℃—3℃，地中海地区可能升高 3.5℃—4℃。这就意味着意大利那时的风景可能与目前的北非差不多。平均温度的升高不仅使白天变得更热，而且使热浪变得更多、更强烈和更持久，甚至在秋季和冬季也会频频发生。

深水输送带可能被堵塞。在北极圈附近，逐渐升高的温度可能引起庞大的极地浮冰群融化，此外美国宇航局（NASA）的观测表明，格陵兰岛某些地区的冰层正在以每年 40—60 厘米的速度变薄。这样就会使大量淡水涌入大西洋，可能使海水的含盐量在今后的数十年内锐减。含盐量的减少可能影响北大西洋深水层，堵塞北大西洋深水输送带，使暖流无法抵达北欧。由于缺少暖流，因温室效应引起的过热势头可能部分地得到遏制。

海洋变热，海平面升高。地球温度的升高将对海洋产生很大的影响，因为海洋表面的水将比现在更热。这样，台风将变得更频繁和强烈，而且将扩展到温带的边缘地区。与此同时，一些中纬度的封闭盆地，比如地中海，可能变成名副其实的热带海洋。在 21 世纪末，如果二氧化碳浓度增加 1 倍，海平面将升高 10—90 厘米。这一方面是因为极地冰层的融化，一方面是因为较热的水将占据更大的空间。各大陆海岸的地理状态被打乱，沿岸的大都市将被海水淹没。

气候更不稳定。大气能量增大的另一个后果将是气候的不稳定性：在平均值附近摇摆的现象将增多，极端的自然现象将更频繁和不可预测（气候的极端化）。人们将感受到气候经常由酷热猛然转到非季节性的严寒，或看到在阳光明媚时突然下起倾盆大雨。

11. 地球爆炸假说

宇宙中万物都要经历诞生、成长、衰老直至消亡的过程。人类赖以生存的乐园——地球也不例外。但是地球不会在最近的将来就走向灭亡，更不会发生爆炸。爆炸是物体发生剧烈变化的一种形式，并在极短时间内释放大量的能量造成物体自身的解体。地球并不存在发生这种变化的条件。

要发生爆炸就需要具备一些内在条件。我们知道能释放出巨大能量的不外乎是核爆炸。原子弹利用了放射性物质发生核裂变的链式反应，氢弹是通过氢元素的核聚变来释放大量的能量，在地球上并不存在自然产生这两种核爆炸的条件。具有放射性的铀、钍等元素在地球上的丰度很低，只有百万分之几，而且以纯度不高的状态散布。

而且地球内部也没有与太阳相似的天然条件。太阳辐射出的大量能量是由核聚变维持的。由于太阳大气中氢含量极高，约占 71%；太阳的质量很大，是地球的 33 万倍，其中心压强极高，处于太阳中心的气体具有极高的温度，太阳气体中的氢元素通过质子—质子反应和碳氮循环就能使质子聚变成粒子，释放出巨大的能量。

可见地球并不存在爆炸的任何条件。当然，地球上的火山爆发、地震、造山运动等释放了相当惊人的巨大能量，但这只不过是地壳的构造活动，它能部分改变地壳的现状，造成地壳的隆起和沉陷，使沧海变成高山，平地变为海洋，但并不能造成地球爆炸。这种地壳构造活动自地壳形成以来从来就没有停歇过，地球以前没有发生过爆炸，今后也不会发生。

某些外因虽然也可能诱发地球解体，但这与地球爆炸绝不相同，而且这样的外因也并不存在。例如：如果有一个质量极大的天体运动到地球附近时其巨大的引潮力有可能造成地球破裂。目前并没有发现有任何巨大的天体闯到太阳系中来，更不用说接近地球了。由于宇宙空间中巨大天体之间的空间距离相当大，要使它们相遇并接近的概率微乎其微，这一可能目前是完全可以排除的。足够大的天体对地球的碰撞也有可能造成灾难性的后果，但也不会引发地球的爆炸。可能正是受到彗木相撞事件的启示，人们对可能与地球相撞的小行星正给予密切的注意。以现有的科学技术水平来看，人们完全有把握像预报彗木相撞事件那样，对行星际空间内天体与地球相撞作出准确的预报。研究发现，只有个别小行星的轨道与地球公转轨道有一定程度的接近，这与轨道相交是有区别的。即使是轨道相交，地球和小行星通过该交点的时间不同也不会发生碰撞。如此苛刻的碰撞条件不是轻易就会出现的。即使会出现，天文学家们也会准确作出预报，人类也会设法采取相应的应急措施，来避免悲剧的出现。

可见，地球并不存在爆炸或解体的内外部条件，我们仍然可以在这片乐土上舒适的生活。

12. 地球大灾难与彗星

当地球受到彗星或小行星袭击时将会出现什么样的情景呢？计算表明，如果彗星碎片总质量为350万吨，平均密度为每立方厘米0.003克，以每秒40千米的速度和30°的入射角进入地球大气层，那就可以引起大规模的爆炸。据科学家们估计：每经过1亿年左右，就会有大批彗星天体进入太阳系的范围，其中最大的彗核直径超过10千米，撞击速度可达30千米每秒。要是有这么一颗彗星到达地球，其后果是不堪设想的。

首先，彗星进入地球大气层内会引起巨大的冲击波，可以一下子杀死半个地球上的全部生物。到那时，地球的空气温度将上升到500℃左右。落地撞击时，在离撞击点2000千米处的风速可达每小时2500千米。撞击后，整个地球上空将会覆盖一层厚厚的尘埃幕布，太阳光线无法穿过它到达地面。这层尘埃云将会延续好几个月。另一方面，这颗巨大火流星中的一氧化氮会破坏大气中的臭氧层，因而在尘埃云最终沉息下来之后，地球表面就会直接受到太阳的紫外光照射，其强度是致命的。此外，撞击时会引起全球性大地震，由此导致的陆地起伏平均可达10米。

地球表面大部分地区是海洋，所以彗星击中海洋的可能性也许更大一些，其后果同样是极其严重的。首先，溅落中心区部分可能产生高度达几千米的巨浪，即使在离撞击中心区1000千米处，大浪的高度还可以达到500米。涛涛巨浪最终将进入大陆架并冲上陆地，这时，地核中的内部流动会受到强烈的干扰，并影响到地球磁场，而这种磁场扰动时，就可能同各类生命的大批死亡联系在一起。另一方面，原来支配大陆漂移的是一种缓慢的、带黏滞性的推进式运动。在彗星的猛烈撞击下，这种运动便会受到极大的干扰，结果引起板块运动：地壳上会出现10—100千米宽的大裂缝，造山运动变得十分剧烈，同时引起普遍性的火山爆发，地球最后变得面目全非。

根据上述理论可以作出一个预言，那就是：从银河系的时间尺度来看，许多地球物理现象应该是间歇性的。不仅如此，地球上生命的大规模消亡应该与剧烈的造山运动和大规模火山爆发同时发生，而且应当发生在磁场受干扰的时期之内。比如，恐龙的灭亡在时间上与地质史上最大规模火山爆发开始时期相一致，而且在这之前约500万年出现了延续时间长达2000万年的地磁扰乱。在二叠纪和三叠纪间的生物大规模绝灭期内，有96%的海洋生物突然死亡，它同样也发生在一场地磁场扰乱期内。这些事实正好同上面有关彗星对地球大规模轰击的概念相一致。

毫无疑问，从自然界中诞生发展起来的人类，终将会在世代交替的无穷过程中找到征服自然的途径。而在这一过程中地球发展史中的彗星灾变说也会最终得到检验。科学发展将是无止境的，无须在今天为几千年后可能遭到的来自天外的袭击，或者几千万年后可能发生超大规模彗星陨落事件而去杞人忧天。

13. 小行星撞地球

小行星是太阳系的小字辈，它们中的大多数是在太阳系形成期间由石块形成的，只有大约3%的小行星由铁等金属构成。小行星的轨道大多位于火星和木星之间的广大区域，只有少数不守规矩的“特殊小行星”在火星或木星的引力作用下，才会闯进内太阳系，撞击地球、月球和其他行星。

据研究，假如未来地球遭遇小行星撞击，其后果将十分可怕，可能导致数以万计的生命死亡。意大利比萨大学的安德烈·米勒尼指出：“在未来100万年内，直径1000米左右的小行星撞击地球已不是可能，而是差不多一定会发生!”南非金山大学地质学家沃尔夫·雷姆德指出，1000米直径的小行星能产生20千米直径的撞击坑，能使一个英国大小的地区在撞击声中消失！科学家们认为，小行星撞击地球的速率同它的大小有关，像导致恐龙灭绝那样大的撞击大约1亿年发生1次，足以引起海啸的撞击大约6.3万年发生1次，而规模较小的撞击出现的频率更高。

假如发生巨大的撞击，人类将付出代价，而具体付出多大代价取决于撞击发生的地点。若撞击发生在经济发达、人口稠密的地区，损失会很大；如果发生在人烟稀少的地区，损失可能较小。当然，人类不会因此灭绝，但造成全球性经济危机却是可能的。1908 年 6 月，一颗直径约 60 米的小行星在西伯利亚通古斯地区上空坠落，在约 6000 米高空爆炸，威力为 1000 万吨 TNT 当量，将超过 2000 平方千米的森林夷为平地，在一个世纪内发生类似这样的一次事件的可能性为 10%。直径 100 米及 100 米以上的小行星，爆炸威力可达 1 亿吨 TNT 当量以上，足以摧毁一座大城市。在 2100 年以前发生这样一次撞击的可能性为 2%。直径几百米的小行星撞击地球造成的危害将更大，如果冲进海里，引发的海啸会将沿海城镇淹没，这样的事件平均每 4 万年发生一次。直径超过 1000 米的小行星撞击地球有可能使整个人类文明遭到毁灭，其爆炸威力可达 1000 亿吨 TNT 当量，远远超过现今世界上所有核武器同时爆炸的威力，这样的碰撞平均约 50 万年发生一次。

为了避免小行星撞击地球造成的巨大危害，首先必须把有可能造成危害的那些小行星找出来，并对它们的运动进行监测。美国宇航局制定了“太空预警”计划，1998 年又开始编制 90%的直径在 1000 米以上的近地天体表格，并评估它们中的任何一颗撞击地球的可能性。其他一些大国或组织也加入到了这项工作中来，例如：欧洲空间局制定了近地天体探测计划；南非建立了“国家工作组”，评估近地天体撞击地球的危险性，并考虑如何减轻撞击带来的影响。

目前，科学家已在地球附近发现了 587 颗直径在 1000 米以上、对地球有潜在危险的小行星。大多数研究者认为，这个数字还只是能造成全球灾难的小行星数目的下限，估计还有 500 颗左右的小行星可能伤害地球。因此，在今后 10—20 年内，科学家准备在 1000 颗近地天体中，探测 90%的直径在 300 米左右和 97%的直径大于 1000 米的小行星。

14. 防范小行星与彗星

在对小行星和彗星进行探测的同时，科学家还千方百计地修筑“围栏”，以把这些“天空来犯者”堵在地球之外。最初，科学家提出了两个方案。

（1）改变小行星航线

即发射一艘飞船登陆小行星，再点燃飞船发动机，利用飞船的反推力把小行星推出撞击地球的轨道。这是由一位美国宇航员提出的。他指出，美国宇航局有能力发射一艘飞船，在1年内把直径200米大小的小行星安全地推出原来的轨道。但仔细分析会发现这一方案行不通，理由是：小行星的表面是粗糙的，对它们的形状和物理性质我们知之甚少；小行星既在空间飞行，也在空间旋转，飞船要想在小行星表面登陆，必须事先做好两件事——弄清小行星的表面形状和性质（以便选择最佳的登陆位置）和补偿小行星的自转运动（以便飞船安全登陆在小行星表面上）。然而，小行星的表面性状和自转速度都是未知的，在目前的科学水平下，我们很难得到这些知识。

（2）摧毁小行星

即用核武器把接近地球的小行星击毁。但是，这一方案对于较大的小行星是不合适的，因为摧毁较大的小行星需要用爆炸力巨大的核武器，而核武器势必给地球周围的太空带来可怕的核污染。换句话说，这个方案虽然消除了小行星的撞击危险，却引来了核污染危害，而这是国际上明令禁止的。不过，如果撞击地球的天体不大，使用很小的核武器就能将它摧毁，也不妨试一试。

随后，科学家又提出了更多的方案。举例如下：

“缆绳”方案。即发射一艘飞船在小行星上空盘旋，利用大于小行星和飞船间引力的无形力逐渐推动小行星离开原来的飞行路线。

导弹打击。意大利都灵天体动力中心的马可尼提出的方案很巧妙：用5枚导弹发射体构成一组防卫体系，每一枚导弹都位于所谓的“拉格朗日点”（指受两大物体引力作用下，能使小物体稳定的点。于1772年由法国数学家拉格朗日推算得出）上。在拉格朗日点上，地球和月球的引力大致平衡，因此每一枚导弹都维持在大致平衡的位置上。来到每一个拉格朗日点上的小行星都可以受到90度方向的打击。

强功率激光。俄罗斯科学家认为，大多数来到地球上空的小行星都可以用强功率激光加以破坏。为此，需要在地球轨道上布置10—12个平台组成的集合体，并需要装备可以摧毁前来撞击地球的近地天体的大功率化学激光器。

多弹头飞船。美国宇航局马歇尔空间飞行中心提出一个方案——小行星偏转器。小行星偏转器携带6枚导弹，在接近小行星时一枚一枚地引爆导弹，将小行星推到足够远的地方，从而保护地球。小行星偏转器将由阿里斯5号火箭从低地球轨道上发射。它将在2020年开始运行。

太阳能收集器。在所有反击小行星的方案中，目前最被看好的是太阳能收集器。这种收集器很像一个轨道探测器，它在小行星附近建立一个站，用一块直径为100米的膨胀膜把太阳光聚焦成一支“箭”，直接把能量射到小行星表面，加热小行星表面物质并使之蒸发。不过，这一方案比较费时，至少需要10年时间才能把小行星推开。

综上所述，小行星和彗星等近地天体撞击地球的危险虽然存在，但已有许多防范和消除措施。在未来的岁月里，我们有足够的理由相信，只要人类共同努力，我们就一定能化险为夷，为地球营造一个长久和谐平安的生存环境。

15. 月球

月球也称太阴，俗称月亮，是地球唯一的天然卫星。月球的年龄大约有46亿年。月球有壳、幔、核等分层结构。最外层的月壳平均厚度为60—65千米。月壳下面到1000千米深度是月幔，它占了月球的大部分体积。月幔下面是月核，月核的温度约为1000度，很可能是熔融状态。月球直径约3476千米，是地球的3/11，太阳的1/400。月球的体积只有地球的1/49，质量约7350亿亿吨，相当于地球质量的1/81，月球表面的重力差不多是地球重力的1/6。

月球早在史前就已被人所知道。它是空中仅次于太阳的第二亮物体。月球每月绕地球公转一周，地球、月球、太阳之间的角度不断变化。我们把它连续两次呈现相同的月相所经历的时间叫做一个朔望月。一个朔望月约等于29.5天（709小时），随月球轨道周期（由恒星测量）因地球同时绕太阳公转变化而变化。

月球表面没有大气，也没有水分，温度变化剧烈，缺乏生命存在的必要条件。虽然在月球物质中已发现有机化合物，但没有任何证据表明存在有生命能力的有机体。

月面重力加速度只及地面的1/6。人若来到月球，体重将减为原来的1/6，会感到身轻如燕。月球上只有极微量的气体，其密度不及地面大气密度的一万亿分之一，主要成分是氦和氩。登月的宇航员形容月球世界“有一种自成一格的荒凉之美”。在那里，声、光和热等物理效应，与地面上迥然不同：

没有大气，声音得不到传播。月球世界万籁俱寂，听不到一点声音。没有大气对光的散射作用，月球上不见蔚蓝色的天空，也没有迷人的晨昏蒙影，即使在白天，天空也是一片漆黑；星星不会闪烁，但不分昼夜地出现在天空。

没有大气，无法保持水分。因为水总是要蒸发为水汽，然后散逸到行星际空间。因此，月球上没有风云变幻，不见雨露霜雪，也不会出现雷电和彩虹。总之，月球天空没有人们所熟悉的“天气”变化。

根据对月壤和月岩样品的分析表明，月表含有大量的钛、铀、钍、稀土、镍、铬、钴、铁等宝贵矿产，仅在月海玄武岩中就蕴藏着100万亿吨的钛金属。此外，由于没有大气的吸收，月面上接受到的太阳能是地面的1.5倍，这是另一种宝贵的能源。经计算，每年达到月面的太阳能相当于全人类耗能总量的2.5万倍。有人设想，在月球上建立“太阳能发电系统”，将20—40个月球基地获取的太阳能输送到“微波发电机”内，转换为微波。随后，通过微波束向地球传输，地球地面上通过特殊的天线接收微波，并将微波再转化为电能，输送到千家万户。这种设想如果能够实现，月球很快就会成为人类竞相开发的一片热土。

16. 月球的成因

对于月球的起源，大致有三大派学说，但仍未定论。有些科学家认为，月球是46亿年前，与地球一样是由宇宙的气体和尘埃形成的；另一些人则认为，月球是地球的孩子，从地球分裂出去的。然而，月球探测器几次带回的数据显示，月球和地球的组成成分大不相同。还有不少科学家认为，月球在很多年以前，偶然被吸入地心引力范围，因而才意外地纳入地球的轨道。但也有人引用天体力学来反对这种说法。

（1）分裂说

这是最早解释月球起源的一种假设。早在1898年，著名生物学家达尔文的儿子乔治·达尔文就在《太阳系中的潮汐和类似效应》一文中指出，月球本来是地球的一部分，后来由于地球转速太快，把地球上一部分物质抛了出去，这些物质脱离地球后形成了月球，而遗留在地球上的大坑，形成了现在的太平洋。这一观点很快就得到了一些人的反对。他们认为，以地球的自转速度是无法将那样大的一块东西抛出去的。再说，如果月球是地球抛出去的，那么二者的物质成分就应该是一致的。可是通过对阿波罗12号飞船从月球上带回来的岩石样本进行化验分析，发现二者相差甚远。

（2）俘获说

这种假设认为，月球本来只是太阳系中的一颗小行星。偶然有一次，因为运行到地球附近，被地球的引力所俘获，从此再也没有离开过地球。还有一种接近俘获说的观点认为，地球不断把进入自己轨道的物质吸积到一起，久而久之，吸积的东西越来越多，最终形成了月球。但也有人指出，像月球这样大的星球，地球恐怕没有那么大的力量能将它俘获。

（3）同源说

这一假设认为，地球和月球都是太阳系中浮动的星云，经过旋转和吸积，同时形成星体。在吸积过程中，地球比月球相应要快一点，成为“哥哥”。这一假设也受到了客观存在的挑战。通过对阿波罗 12 号飞船从月球上带回来的岩石样本进行化验分析，人们发现月球要比地球古老得多。有人认为，月球年龄至少应在 70 亿年左右。

（4）大碰撞说

这一假设认为，太阳系演化早期，在星际空间曾形成大量的“星子”，星子通过互相碰撞、吸积而长大，合并形成一个原始地球，同时也形成了一个相当于地球质量 0.14 倍的天体。这两个天体在各自演化过程中，分别形成了以铁为主的金属核和由硅酸盐构成的幔和壳。由于这两个天体相距不远，因此相遇的机会就很大。一次偶然的机会，那个小的天体以每秒 5 千米左右的速度撞向地球。剧烈的碰撞不仅改变了地球的运动状态，使地轴倾斜，而且还使那个小的天体被撞击破裂，硅酸盐壳和幔受热蒸发，膨胀的气体以及高速度携带大量粉碎了的尘埃飞离地球。这些飞离地球的物质，主要由碰撞体的幔组成，也有少部分地球上的物质，比例大致为 0.85∶0.15。在撞击体破裂时，与幔分离的金属核因受膨胀飞离的气体所阻而减速，大约在 4 小时内被吸积到地球上。飞离地球的气体和尘埃，并没有完全脱离地球的引力控制，通过相互吸积而结合起来，形成全部熔融的月球，或者是先形成几个分离的小月球，在逐渐吸积形成一个部分熔融的大月球。

17. 月海

遥望月球时，我们会发现月面上有些黑暗色斑块，这些大面积的阴暗区就叫做月海。月海虽叫做“海”，但徒有虚名，实际上它滴水不含，只不过是较平坦的、比周围低洼的大平原而已，由于历史上的原因，这个名不副实的名称被保留下来。

已确定的月海有 22 个。这公认的 22 个月海绝大多数分布在月球正面，剩下的 3 个在背面，4 个在边缘地区。在正面的月海面积占月海总面积的 50%强，其中最大的“风暴洋”面积约 500 万平方千米，差不多有 9 个法国的面积总和。大多数月海呈圆形、椭圆形，且四周多为一些山脉封闭住，但也有一些“海”是连成一片的。

月海的地势一般较低，类似地球上的盆地，月海比月球平均水准面低 1—2 千米，个别最低的“海”如雨海的东南部甚至比周围低 6000 米。月面的返照率（一种量度反射太阳光本领的物理量）也比较低，因而看起来显得较黑。

覆盖月海的不是水。岩石的分析和科学研究表明，月海在 31 亿年前充满了熔融的岩浆，曾经确实是“海”，但不是由水构成的“海”，而是炽热的“岩浆海”。月海实际上是由类似地球玄武岩的岩石组成的。除了结晶的矿物外，月海的玄武岩中还含有大量的玻璃物质，颜色为绿色、桔黄色、褐色和黑色，但粒度都很小，一般都小于 1 毫米。这些玻璃物质是月球上火山喷发或陨石撞击产生的，形成年龄通常大于 30 亿年。

月球上除了“海”以外，还有 5 个地形与之类似的“湖”——梦湖、死湖、夏湖、秋湖、春湖，但有的“湖”比“海”还大，比如梦湖面积 7 万平方千米，比汽海等还大得多。月海伸向陆地的部分称为“湾”和“沼”，都分布在正面。“湾”有 5 个，露湾、暑湾、中央湾、虹湾、眉月湾；“沼”有 3 个，腐沼、疫沼、梦沼，其实两者没什么区别。

18. 月陆

月面上高出月海的地区称为月陆，一般比月海水准面高 2—3 千米，由于它返照率高，因而看来比较明亮。在月球正面，月陆的面积大致与月海相等，但在月球背面，月陆的面积要比月海大得多。从同位素测定知道月陆比月海古老得多，是月球上最古老的地形特征，形成年龄比地球上最古老的岩石（约 38 亿年）和月海玄武岩（31 亿—39 亿年）都要老，达 42 亿—43 亿年。

月面上的山脉大多数以地球上山脉的名字命名。虽然月球比地球小得多，但月球表面的最大起伏可达 16 千米（地球最高处和最低处相差约 20 千米）。月球山脉主要分布在月球的正面和背面月海的边缘，最大的山脉叫亚平宁山脉，长 6400 千米，许多山峰高达 4 千多米；最高的山是位于月球南极附近的莱布尼茨山脉，高达 6100 米，几乎可与地球上的喜马拉雅山比肩。

科学家发现，月陆平均含氧化铝（Al_2O_3）达 25%，而整个月球本身含 Al_2O_3 还不到 6%；月陆中的铀（U）、钍（Th）、钾（K）元素比月球内部的含量高出两个数量级；元素铕（Eu）在月陆中极为丰富，而在形成月海的玄武岩中却极为匮乏。上述这些事实说明：形成高地的岩浆源区很大，甚至达到整个月球体积的熔融。同位素的研究结果也证明，月球早期曾产生过广泛的大规模的熔融、分异和结晶过程。

那么月陆是怎样形成的呢？在月球历史的早期，月面上必定存在巨大的“岩浆洋”。对于“岩浆洋”的厚度，目前说法不一致，有的学者认为是 200 千米，有的认为是 800 千米，甚至有的认为整个月球为熔融的“岩浆洋”。随着时间的推移，岩浆洋逐渐冷却，一些矿物从岩浆中结晶出来：橄榄石首先晶出，相继低钙辉石、斜长石晶出。富钙的斜长石浮在熔融的“岩浆洋”顶部，逐渐冷凝就形成了月陆。

19. 月面辐射纹

月面上还有一个主要特征是一些较“年轻”的环形山常带有美丽的“辐射纹”，这是一种以环形山为辐射点的向四面八方延伸的亮带，它几乎以笔直的方向穿过山系、月海和环形山。辐射纹长度和亮度不一，最引人注目的是第谷环形山的辐射纹，最长的一条为 1800 千米，满月时尤为壮观。据统计，具有辐射纹的环形山有 50 个。

形成辐射纹的原因至今未有定论。实质上，它与环形山的形成理论密切联系。现在许多人都倾向于陨星撞击说，认为在没有大气和引力很小的月球上，陨星撞击可能使高温碎块飞得很远。而另外一些科学家认为不能排除火山的作用，火山爆发时的喷射也有可能形成四处飞散的辐射形状。

20. 月坑

月球表面另一类最常见的地貌特征要数月坑（一般又称环形山）了。星罗棋布的月坑中尤以那些具有放射线影像的月坑引人注目。大多数月坑是以各国历代著名天文学家或其他学者的名字来命名的，如月球背面的“郭守敬”环形山，嫦娥一号探测卫星就曾获取了清晰的“郭守敬”环形山的图像。

月坑是如何形成的呢？有两种解释：陨星碰撞和火山爆发。大量的研究数据表明，这两种方式都可形成月坑，但其中80％以上是由撞击作用形成的，不到20％的月坑可能是由月球火山爆发形成的。大的月坑多是小天体碰撞的产物。

月坑几乎布满了整个月面。最大的是月球南极附近的贝利环形山，直径295千米，比海南岛还大一点。小的甚至可能是一个几十厘米的坑洞。直径不小于1000米的大约有33000个，占月球表面积的7％—10％。

日本学者在1969年提出一个月坑分类法，分为克拉维型（古老的环形山，一般都面目全非，有的还山中有山）、哥白尼型（年轻的环形山，常有辐射纹，内壁一般带有同心圆状的段丘，中央一般有中央峰）、阿基米德形（环壁较低，可能从哥白尼型演变而来）、碗型和酒窝型（小型环形山，有的直径不到1米）。

21. 月背

月球背面由于远离地球，一直是一片不为人知的神秘地带。那么，月球的背向地球的一面是什么样子呢？靠在地球上观察是永远无法揭示的，为此，曾有人推想，月球背向地球那面可能和对着地球这面不大一样，甚至可能有生物存在。

1959年10月4日，前苏联发射月球3号——自动行星际站，经过两天半的飞行，于10月6日到距离月球中心约7900千米处时，开始绕向月球背面。从此人类第一次见到了月球背面的真面貌，揭开了这个谜团。1968年，乘坐阿波罗8号的宇航员还第一次直接观测到月球背面的情况。

月球背面的结构和正面差异较大。月背90％左右的地方是山地，月坑很多，存在很多巨大的同心圆结构。比起正面来，月背的地形异常凹凸不平，起伏更加悬殊。月背的颜色比正面稍红稍深些，大概由于两个半球上山区和“海”的面积相差较多的缘故。月海所占面积较少，月背上完整的“海”只有两个，占月背总面积的10％还不到，叫莫斯科海和理想海。莫斯科海长约290千米，宽约209千米。最长和最短的月球半径都位于背面，有的地方比月球平均半径长4千米，有的地方则短5千米。令人感兴趣的是，据探测，这里的磁场比周围地区强5倍。月背面未发现

“质量瘤”。背面的月壳比正面厚，最厚处达 150 千米，而正面月壳厚度只有 60 千米左右。月背上严格来说没有明显的山脉，不过莫斯科海四周海岸、一些月坑环壁和线状地形勉强也可以说成山脉。

22. 月食

月球围绕地球作周期性旋转。当月球转到和地球同一侧，而且日、地、月三者在同一直线上时，地球挡住了太阳射向月亮的光，月亮变黑了，这时便叫月食。换句话说，当月球进入了地球的本影后，由于月亮本身不发光，靠反射太阳光发亮，进入地球本影的部分得不到太阳光而变黑了，便产生了月食。这时的月相正好是“望”，故月食发生时间一定是满月时分。月全食都出现时，由于地球大气层对太阳光的折射使部分红光到达月球视圆面，致使月全食的月面呈铜红色。

如果月球全部进入地球本影，则产生月全食；如果只有部分月亮进入地球的本影，就产生月偏食。当月球进入地球的半影时，应该是半影食，但由于它的亮度减弱得很少，不易察觉，故不称为月食，所以月食只有月全食和月偏食两种。地球的直径约为月球的 4 倍，在月球轨道处，地球本影的直径约为月球直径的 2.5 倍，因而不会出现月环食现象。

由于月亮在地影中由西向东运动，因此与日食相反，月食总是从月轮的东边缘开始，在西边缘结束。月全食的全过程包括初亏、食既、食甚、生光和复圆 5 个阶段。月偏食则只有初亏、食甚和复圆 3 个阶段。月食与日食的另一不同点是地球上不同地区的居民会同一时间看到月食。只要能看到月亮的地方，看到的月食过程是一样的。

月食都发生在“望”，但不是每逢“望”都有月食，由于黄道和白道之交角为 5°9′，因而只有少数望月才能出现月食。即只有当月球、地球和太阳在同一直线时，地球的影子才会触及月球表面。在一般情况下，月亮不是从地球本影的上方通过，就是在下方离去，很少穿过或部分通过地球本影，因此一般情况下就不会发生月食。每年月食最多发生 3 次，有时一次也不发生。据观测资料统计，每世纪中半影月食、月偏食、月全食所发生的百分比约为 36.60％、34.46％和 28.94％。

23. 月相

月亮盈亏圆缺变化的各种形状称为月相。月球本身不发光，只能反射太阳光。在太阳照射下，月球总是被分为光明和黑暗两个半球。它们是月球上的昼半球和夜半球。但从地球上看来，这明暗两部分的对比，时刻发生变化：在一个时候，月轮的光明部分不断扩大，黑暗部分持续缩小；在另一个时候则反之，如此往复循环，这便是月相变化。这种变化视日、月、地三者的相对位置而定。它取决于两方面因素：一是太阳照射月球的方向；二是地球上观测月球的方向。

当月球与太阳处于地球的同一侧，即日月合朔（农历每月初一）时，太阳照射月球的方向，同地球上观测月球的方向相反，面对地球的是月球的夜半球，叫做新月。它偕日升落，夜晚在天空中见不到它的影子。当月球和太阳分处地球两侧，即日月相望（农历月半）时，太阳照射月球的方向与地球上观测月球的方向相同，人们看到的是一轮银盘似的满月。月球的同步自转，使它始终以同一半球对着地球，在空中与太阳相距 180°，此起彼落，轮番照耀大地，因而满月通宵达旦可见。

由新月变为满月的过程中，当月球绕行其轨道的 1/4 行程时，叫上弦（农历上半月初八）。这时，太阳照射月球的方向，与地球上观测月球的方向垂直，人们见到的月亮明暗各半，叫上弦月。它在天空中东距太阳 90°，上半夜见于西部天空。满月变为新月过程中出现的月相为下弦月（时值农历下半月廿三），西距太阳 90°，先日而出，后半夜见于东方天空。上弦月与下弦月的区别在于：前者位于太阳之东，明亮的凸面向西；后者位于太阳之西，因而凸面朝东。

新月和满月，上弦月和下弦月，周期性地轮番出现。上半月（农历）由缺变圆，下半月由圆变缺。从这一次新月（或满月）到下一次新月（或满月）所经历的一段时间，即月相变化的周期，称为朔望月，其长度为 29.5306 日，或 29 日 12 时 44 分 3 秒。它比恒星月约长 2.2 日。这是因为，月球绕转地球的同时，太阳也在作周年运动（由于地球公转）。恒星月是月球绕转地球的真正周期，朔望月则是月球同太阳的会合周期。

24. 月球火山

月球的表面被巨大的玄武熔岩（火山熔岩）层所覆盖。除了玄武熔岩构造，月球的阴暗区，还存在其他火山特征。最突出的，例如蜿蜒的月面沟纹、黑色的沉积物、火山顶等。不过，这些特征都只是月球表面火山痕迹的一小部分。

与地球火山相比，月球火山可谓老态龙钟。大部分月球火山的年龄在30亿—40亿年之间；典型的阴暗区平原，年龄为35亿年；最年轻的月球火山也有1亿年的历史。而在地质年代中，地球火山属于青年时期，一般年龄皆小于10万年。地球上最古老的岩层只有3.9亿年的历史，年龄最大的海底玄武岩仅有200万岁。年轻的地球火山仍然十分活跃，而月球却没有任何新近的火山和地质活动迹象，因此天文学家称月球是“熄灭了”的星球。

地球火山多呈链状分布。例如安第斯山脉，火山链勾勒出一个岩石圈板块的边缘；夏威夷岛上的山脉链，则显示板块活动的热区。月球上没有板块构造的迹象。典型的月球火山多出现在巨大古老的冲击坑底部。从外观看，大部分月球“阴暗区”都呈圆形外观。冲击盆地的边缘往往环绕着山脉，包围着“阴暗区”。月球“阴暗区”主要出现在月球较远的一侧，几乎覆盖了这一侧1/3的面积；而在较远一侧，“阴暗区”的面积仅占2%。然而，较远一侧的地势相对更高，地壳也较厚。由此可见，控制月球火山作用的主要因素是地表高度和地壳厚度。

月球的地心引力仅为地球的1/6，这意味着月球火山熔岩的流动阻力，较地球更小，熔岩行进更为流畅。这就可以解释，为什么月球“阴暗区”的表面大都平坦而光滑。同时，流畅的熔岩流很容易扩散开，因而形成巨大的玄武岩平原。此外，地心引力小，使得喷发出的火山灰碎片能够落得更远。因此，月球火山的喷发，只形成了宽阔平坦的熔岩平原，而非类似地球形态的火山锥。这也是月球上没有发现大型火山的原因之一。

月球上没有溶解的水，因此在冲击坑里是完全干涸的。而水在地球熔岩中是最常见的气体，是激起地球火山强烈喷发的重要因素之一。因此，科学家认为缺乏水分，也对月球火山活动产生巨大影响。具体的说，没有水，月球火山的喷发就不会那么强烈，熔岩或许仅仅是平静流畅地涌出地面。

25. 月球磁场

早期的月球专家表示，月球的磁场很弱或根本没有磁场。在对美国阿波罗号宇航员从月球上带回的岩石的研究中，科学家们发现，月球周围的磁场强度不及地球磁场强度的 1/1000，月球曾经有过磁场，不过后来消失了。

月球磁场从其诞生之后的 5 亿—10 亿年开始，直至 36 亿—39 亿年期间，是有磁场的。但是，当磁场出现了 6 亿—9 亿年之后，却突然消失了。地球的磁场起源于地球内部的地核，科学家认为，地核分为内核和外核，内核是固态的，外核是液态的；它的粘滞系数很小，能够迅速流动，产生感应电流，从而产生磁场。也就是说，所有的行星磁场都是通过感应电流作用才产生的。

对月球表面岩石的分析结果显示，月球不存在可以产生感应电流作用的内核。相反，所有的证据表明，月球的表面是一个已经溶解的外壳，是由流动的熔岩流体形成的“海”，后来因冷却变成了现在这副模样。那么，月球曾经的磁场到底是从哪里产生的呢？美国科学家组针对这一专题进行了三维模拟试验。经试验，他们得出了结论：体轻且流动的岩石，形成了熔岩的“海洋”，它们在从下面漂向月球表面的时候，在其表面之下残留了大量的类似钍和铀一样的重放射性元素。这些元素在崩溃时放出大量的热，这些热量就像电热毯一样，加热了月球的内核。被加热的物质与月球的表面形成对流，从而产生了感应电流作用。此时，也就产生了月球磁场。但是，当放射性元素崩溃超越一定时间点时，对流现象中止，感应电流作用也随之消失。正是由于这样的变化，才最终导致月球磁场的消失。

26. 月球土壤

月球的表面并非没有物质覆盖，实际上，月球表面到处都覆盖着厚层的岩屑和玻璃质物质，称之为月壤。月球上的月壤和地球上风化剥蚀作用形成的土壤概念是不同的，月壤是由细至尘埃大到沙粒，甚至大砾石的物质组成的。在月海中，月壤的厚度一般为 2—10 米，月陆中月壤的厚度稍大些，可以达到 20 米。月壤中的岩屑主要由各种不同形状和结构的玄武岩和斜长岩组成；月壤中的角砾主要由玄武岩岩屑和玻璃质胶结物两部分组成。此外，在月壤中还有一定比例的球粒陨石。月壤中岩屑的来源主要是因撞击而破碎的月岩和陨石，有些来自月岩由于热胀冷缩的长期作用自身发生崩解而产生碎屑。此外，月球上火山爆发遗留下来的火山灰和岩石碎屑也是月壤的来源之一。月壤样品经分析后发现，其中含有大量地球上稀有的金属钛，另一些硬金属，如锆、铱、铍的含量也很丰富。

27. 月球资源

月壤中含有丰富的气体（如氢、氦、氖、氩、氮等）资源，尤其是核聚变燃料He—3的含量极为丰富，为能源发展提供了新思路。初步估算，月壤中He—3的资源总量可达100万—500万吨。建设一个500兆瓦的D－He－3核聚变发电站，每年消耗的He—3仅需50千克。月壤中的He—3具有巨大的开发利用前景。月壤中的He—3在开发利用过程中还可提取多种气体的副产品。现在整个地球能源的需求加起来，大约每年需要He－3的量是100吨。He—3的提炼可以利用月球白天与晚上的温差来完成，提取后用航天飞机运回地球，其中每次可以运13吨。航天运载技术的提高和运输成本的降低，将为人类提供可长期使用的，清洁、安全、廉价和高效的月球资源。

28. 月球质量瘤

在人类对月球的一系列探测中，发现了一种奇怪的现象：月球体内存在着不寻常的物质瘤，而且不止一个。月球怎么会长“瘤子”呢？这是什么类型的瘤子？确切地说，这种月球上的“瘤子”被科学家们称为质量瘤。

月球体内的质量瘤不是科学家用仪器发现的，而是根据绕月球运动的人造天体的引力变化推测出来的。1966年8月至1967年8月，美国为人类登月积极做准备，先后共发射了5个“月球轨道环行器”。在环行器环绕月球运动的过程中，有时会发生莫名其妙的抖动和倾斜。这种令人担忧的不正常运动，引起了宇航员的高度警惕。他们偶然地发现，每当环行器接近月面的环形月海时，便产生抖动和倾斜；而月海表面非常平坦，它上面能有什么奇异的物质？现已查明，月球在一些方面表现为不对称性。其中向着地球的一面发现了11个质量瘤，背着地球的那面仅有2个质量瘤。

月球的质量瘤是如何形成的呢？目前的看法分为内因说和外因说两种。内因说认为，外来的大陨石对月表进行轰击，诱发月球内部密度较大的熔岩流出。月海是由每立方厘米 3.2—3.4 克的玄武岩组成的。相比之下，月面高地主要由各种岩石组成，它们的比重为每立方厘米 2.9—3.1 克。可见，填充月海的熔岩远比月面高地的岩石密度大。月球正面环形月海之多，显现出质量瘤与月海共生的局面。那么，为什么非环形月海没有与质量瘤共生的对应关系呢？持内因说的月质学家指出，这是因为环形月海流出的填充熔岩比非环形月海的填充熔岩厚很多，两者只有数量上的不同，没有本质上的区别。主张外因说的科学家则认为，环形月海都是由外来的大陨石撞击月面形成的。这些小天体的密度比初始的月壳密度要大。因此，砸入月面形成体内“肿瘤”。也就是说，质量瘤是外来天体的残余与月岩的混合物。这两种学说只是假说，月球质量瘤还是一个未解之谜。

29. 月球地质演化

根据科学分析研究，目前将月球的地质史分期从老到新划分为：前雨海纪（最古老的月陆及古撞击坑残迹）、雨海纪（大型撞击形成大量月海）、风暴洋纪或月海纪（大面积玄武岩喷发形成月海玄武岩）、爱拉托逊纪或后月海纪（辐射纹消失的撞击坑），及哥白尼纪（较晚形成的具有辐射纹的撞击坑）。月面构造主要由月陆与月海组成。月陆包括广阔的大陆区、由山链构成的边缘隆起带、内陆边缘盆地（类月海）和大环形构造（亚类月海）；月海包括巨型月海盆地、月海盆地边缘带和小月海盆地。

根据天然月震和大型陨石撞击月表产生月震的记录，证明月球内部具有壳层状结构。正面月壳的厚度约 50 千米，背面厚约 72 千米；月球岩石圈的厚度至少可延伸到 1000 千米的深度。根据月球内部电导剖面的研究表明，月球金属核的半径约 360 千米；根据月球磁场的测定，月核半径为 400—500 千米；月球内部最高温度不超过 1300℃，没有达到物质熔融的温度。

月球曾产生过多次局部熔融：月球形成初期，月球的大部分曾加热到 1000K；距今 41 亿年前，月球产生过第一次规模较大的岩浆活动，通过岩浆分离作用，形成了斜长岩月壳；距今 40 亿年前，月壳局部重熔，形成非月海玄武岩；距今 39 亿年，小天体大规模撞击月球，形成月海盆地，即雨海事件；距今 39 亿—31 亿年，月球产生过第二次大规模岩浆活动，月海玄武岩喷发，月海被玄武岩充填的次序为雨海西、雨海东、湿海、危海、静海、丰富海、澄海、风暴洋；31 亿年以后，月球的地质演化处于停滞状态；距今 20 亿年前，月球曾受过一次重大的加热事件，相继形成爱拉托逊式辐射撞击坑及哥白尼式辐射撞击坑，并在各类小天体不断撞击和太阳辐射作用下，形成覆盖月面的月壤。

30. 月球与地球

科学研究表明：40 亿年前，地球是颗转速很快的行星，自转一周只需 10 小时。飞快的转速使地壳运动加快，火山、地震、海啸、风暴等自然灾难频繁发生。因此，早期地球决不像现在这般太平。如果有人生活在那时，将要不断地搬家、受灾。月球固然受制于地球引力，绕着地球运行。但它有足够的引力也拉扯着地球，让地球转得慢些，再慢些，就像给地球安上了一个巨大的无形“刹车”。地球的旋转由此逐渐减慢，自转一周变成了 24 小时，这才有了现在的太平盛世。计算下来，地球变慢速率大约为每 10 万年 1—2 秒。看起来实在太小，但以几十亿年计，就非同小可了。所以，月球送给我们最好的礼物就是一个稳定的地球。

说来有趣，地球的减速虽对人类大有好处，但地球随之也逐渐失去了对月球的控制——月球正在远离我们。目前月地平均距离约为 38 万千米，但 30 亿年前，却只有 10 万千米。如果那时有人类，那么看到的月球要比现在大 1 倍。按照这个速度，月球大约在 10 亿年后将彻底脱离地球。

地球生命起源于海洋，并逐渐向陆地进化。但是，陆地环境对海洋生命却充满了敌意和挑战。因为昼夜和季节变化对陆地的影响远大于海洋，陆地上的引力作用将给生物机体造成更大的负担，而水的浮力却有助于减轻负担，因此海洋生物比陆地生物要大得多。例如大象是陆地上最大的动物，重 6 吨，但水中的蓝鲸可以重达 160 吨。因此，生命从海洋向陆地进军是个十分艰难的过程。

但在这一过程中，月球通过“潮滩”伸出了援助之手，为生命搭起了“海陆之桥”。如果你到潮滩上去玩，会发现螺、贝、虾、蟹、弹涂鱼等各类生物活跃在滩地上，不时还有觅食的鸟、兽光临，它们全都喜欢这种海水时进时退的环境。不难想象，当年海洋生物在初露水面、试图登上陆地之前，必定是充分借助了这块“跳板”作为缓冲之地，以便一有不适就立即返回海洋。因此，有人认为如果没有月球，没有潮滩，陆上生命可能不会迅速进化出来。

31. 阿波罗载人登月工程

1961年5月25日，美国肯尼迪总统向全世界宣布实施宏伟的载人登月计划。这个“阿波罗载人登月计划”虽然是美国与苏联空间竞赛的产物，但也可以认为是人类向太阳系“扩张”的第一步。

阿波罗载人登月工程开始于1961年5月，预计1969年7月20—21日首次实现登月。此后，美国又相继6次发射阿波罗号飞船，其中5次成功，总共有12名航天员登上月球。整个工程历时约11年，到1972年12月结束，耗资255亿美元。在工程高峰时期，参加工程的有2万家企业、200多所大学和80多个科研机构，总人数超过30万。它是20世纪人类最宏伟的太空工程之一。

1969年7月16日，巨大的土星5号火箭在百万人的关注下缓缓升空。当土星5号把阿波罗11号飞船送入近地轨道后，后者便开始独自飞向月球。

这艘阿波罗飞船上载有三名航天员，指令长是尼尔·阿姆斯特朗，登月舱驾驶员是埃德温·奥尔德林，指令舱驾驶员是迈克尔·柯林斯。从地球到月球大约有38万千米，阿波罗11号飞船载着三名航天员经过75小时的长途跋涉，于19日进入月球引力圈。20日清晨，阿波罗号到达月球上空4900千米后，接到休斯敦飞行指挥中心命令，减速飞行，进入月球轨道，于是飞船服务舱发动机逆向喷射，进入了远月点313千米、近月点113千米的椭圆轨道，此时飞船绕月球一圈只需两小时。在月球轨道上，航天员们紧张地进行登月前的准备工作，其中最主要的一项是阿姆斯特朗和奥尔德林进入名叫“鹰”的登月舱，而柯林斯则仍留在“哥伦比亚”的指令舱中。

7月21日2时许，登月舱的发动机被点燃，使它与指令舱分离。指令舱由柯林斯驾驶继续绕月飞行，而登月舱则载着两名航天员缓慢向月球飞行。当阿姆斯特朗看到窗外要降落的地方有乱七八糟的卵石时，便决定继续飞行，寻找平坦的地方。最后奥尔德林手控登月舱在月面“静海”的一角平稳降落，登月获得成功。

7月21日11时56分，阿姆斯特朗打开登月舱舱门，挤出去，小心翼翼地把梯子竖下月面，他带着电视摄像机慢慢走下梯子，踏上了人们为之梦想了数千年的月球，这时他说："对我来讲这是一小步，而对于全人类而言这又是何等巨大的飞跃。"19分钟后，奥尔德林紧随阿姆斯特朗走出登月舱。当他走到月面上时，第一句话就赞叹说："啊，太美了!"他也像阿姆斯特朗一样，很快学会了地球人不习惯的移动方法：跳跃。他俩时而用单脚蹦，时而又用双脚跳，有些像袋鼠。两人首先在月球上放置了一块金属纪念牌，上面镶刻着："1969年7月。这是地球人在月球首次着陆的地方。我们代表全人类平安地到达这里。"

7月22日下午1时56分，阿姆斯特朗奉命指挥阿波罗11号飞船指令舱离开月球轨道，踏上返回地球的旅途。7月25日清晨1时50分，阿波罗11号飞船指令舱载着三名航天英雄平安溅落在太平洋中部海面，人类首次登月宣告圆满结束。

阿波罗11号登月后，又有5艘飞船相继成功登月，其中阿波罗15、16号从环月轨道上各发射了一颗环月运行的科学卫星；阿波罗15、16、17号的登月舱中还各带一辆月球车，用于扩大航天员的活动范围和减少航天员的体力消耗。这6艘登月飞船的航天员在月球上一共停留280小时，足迹达100千米，带回岩石样品约440千克，这些均大大充实了人们对月球的认识。

阿波罗工程是当代规模最大、耗资最多的科技项目之一。它的出现导致60—70年代产生了液体燃料火箭、微波雷达、无线电制导、合成材料、计算机等一大批高科技工业群体。后来又将该计划中取得的技术进步成果向民用转移，带动了整个科技的发展与工业繁荣，其二次开发应用的效益，远远超过阿波罗计划本身所带来的直接经济与社会效益。

第六节 火星

火星在古希腊被视为战神的象征，这或许是由于它外观呈现出的鲜红的颜色，火星因此有时也被称为"红色行星"。火星在史前时代就已经为人类所知。它与地球有许多相似之处：它的自转周期几乎与地球自转周期相同；火星有大气；火星两极地区被冰覆盖；火星上的平均温度为－23℃，与地球南极洲的平均温度（－25℃）相差不多。在某种程度上，火星被视为地球的孪生兄弟。

1. 火星

火星是距太阳第四远、太阳系中第七大的行星。火星的轨道是显著的椭圆形，因此在接受太阳照射的地方，近日点和远日点之间的温差将近160℃，这对火星的气候产生了巨大的影响。火星上的平均温度大约为218K，但却具有从冬天的140K到夏日白天的将近300K的跨度。火星比地球小得多，表面积是地球的28%，相当于地球上的陆地面积。火星的公转周期为687天，自转周期为24小时37分，自转轴倾角为25°；火星的直径为6787千米，约为地球的一半，其引力为地球的1/3。通过天文望远镜观察，火星两极始终为白色物质所覆盖——称为火星极冠，随着季节的变化，火星极冠也跟着寒来暑往地消长。

火星有稀薄的大气层，地表的平均气压约为地球的1/150。大气由95%的二氧化碳、3%的氮、0.03%的水蒸气组成，而地球的大气有78%的氮、21%的氧，另外的1%为二氧化碳等10余种微量气体。火星赤道附近的平均气温为－50℃。夏季白天最高可达20℃，冬季夜晚最低可达－140℃。

在火星上，由于大气非常稀薄，常常产生强大的“尘暴”，其影响可遍及整个火星。尘暴持续的时间也很长，可把火星弄得几个月内都是“昏天黑地”的。通常，尘暴发起于火星南半球的“诺阿奇斯”地区。当火星达到近日点时，“诺阿奇斯”地区接受的热量最多，这就会引起一次大尘暴。因此，按火星绕日周期算，约2个地球年发生一次大尘暴。1971年9月—1972年1月的大尘暴持续了近4个月，当时美国的水手9号探测器恰好于1971年11月进入绕火星的轨道，大尘暴使它根本就无法拍照。这次大尘暴是迄今人类观测到的最大的一次火星尘暴。

在太阳系中，火星的地表环境与地球最为相似，科学家们一直设法寻找火星曾有生命存在的证据。从1965年到1971年，美国先后发射了水手系列探测器。1976年7月，美国的海盗1号和海盗2号探测器成功登陆火星。从它们传回的观测数据和采集的土壤标本中，科学家们没有发现生命存在的痕迹。

2. 火星的卫星

火星有两个小型的近地面卫星。火卫一和火卫二可能像C型小行星一样是由富含碳的岩石组成的。但它们不可能是由纯岩石组成的，因为它们的密度太低了。它们很可能是由岩石与冰的混合物组成的，并且它们都有很深的地壳坑。

火卫一的环绕运动半径小于同步运行轨道半径，因此它的运行速度快，通常每天有两次西升东落的过程。由于它离火星表面过近，以至于从火星表面的任何角度都无法在地平线上看到它。据推断，由于它的运行轨道小于同步运行的轨道，所以潮汐力正不断地使它的轨道越变越小（最近的统计数字表明，它正以每世纪 1.8 米的速度在减小）。所以，据估计大约 5000 万年后，火卫一不是撞向火星，便是分解而成为光环。火卫一在 1877 年由阿萨夫·霍尔发现，1971 年由水手 9 号首次拍得照片，并由 1977 年的海盗 1 号、1988 年的火卫一号进行观测。火卫二在 1877 年 8 月 10 日被阿萨夫·霍尔在美国海军天文台发现，在 1977 年由海盗 1 号首次拍得其照片。

3. 火星大气环境

火星大气层很薄，表面平均气压约为地球的 0.75%，成分为 95%的二氧化碳、3%的氮气、1.6%氢气，很少的氧气、水汽、一氧化碳、氖、氪和氙等，亦充满著很多尘埃。火星地表温度白天可达 27℃，夜晚可低至－133℃，平均－57℃。虽然火星上二氧化碳量是地球之数倍，但因缺乏水汽，所以温室效应只有 10℃，比地球的 33℃低。依据气温变化，火星大气可分为：低层大气、中层大气、高层大气（热气层）、逸散层。

由于火星的自转轴有明显倾斜，亦有明显的四季变化，不过一季约为地球的两倍长。另一不同于地球的是，火星的轨道离心率比地球大，即火星近日点、远日点的差别较大，当位于近日点时，南半球处于夏季，比北半球远日点夏季时所造成的升温更快，而且北半球的冬天亦比南半球的冬天冷。

火星大气环流主要为单胞环流，由赤道开始热空气上升，漂至极区下沉，再沿地面回到赤道。另外，在火星的夏半球，极地的二氧化碳升华进入大气，使气压升高；而冬半球由于二氧化碳凝华，气压下降。由于进出大气的二氧化碳量高达 25%，造成南北压力差，空气便倾向由高压的夏半球流向低压的冬半球，形成另一依季节而变向的环流。

由于火星气压低，当太阳普照地表时，大气便能快速增加动能，风速加大，加上低重力，尘埃很容易被卷入空中。而就在南半球春夏季时，增温快，易形成强烈的风，卷起的狂沙再加强增温，风速变得更快，终于形成尘暴，从太空可看到一片褐色尘云旋转、移动。而这些区域性尘暴有些甚至发展成全球性尘暴，将整个星球笼罩在橘雾之下。水手9号到达火星的时候，火星因被全球性尘暴遮住而无法观测。

火星的云不像地球那么多又较厚实，由于冷、干、气压低，火星的云通常不多且薄，有些是水冰构成，有些是干冰构成，如果掺杂沙尘则由白色变成黄色的黄云。另外还有一些常见的云，如塔尔西斯山区和埃律西姆山区的山云、哈伯太空望远镜中常见的赤道云、火星边缘的蓝色云霭等。

4. 火星大冲

地球和某外行星与太阳在同一条直线上的现象称为“冲日”，简称“冲”。靠的近则为“大冲”。

火星在椭圆轨道上运行时同地球的距离变化很大，火星与地球的会合周期是779.94天，即大约每隔这样一段时间，火星接近地球一次。火星与地球之间的距离也时远时近。当火星、地球、太阳三点成一线，地球正好夹在中间时，叫做“冲日”。如果恰好火星又位于近日点或其附近，则这时的“冲日”就叫“大冲”。若“冲日”发生在远日点或其附近，则称为“小冲”。在“大冲”时，火星距离地球只有5600万千米；而在“小冲”时，火星距地球达1亿多千米。显而易见，“大冲”是观测火星的最佳时机。火星“大冲”是每隔15年或17年才能看到的一种天象。2003年8月29日发生了一次火星大冲，下一次火星大冲将发生于2018年7月27日。火星大冲时显得特别明亮，且整夜可观测到。

5. 火星的地理

火星和地球一样拥有多样的地形，有高山、平原和峡谷。由于重力较小等因素，火星地形尺寸与地球相比亦有不同的地方，南北半球的地形有着强烈的对比：北方是被熔岩填平的低原，南方则是充满陨石坑的古老高地，而两者之间以明显的斜坡分隔；火山地形穿插其中，众多峡谷亦分布各地，南北极则有以干冰和水冰组成的极冠，风成沙丘广布整个星球。而随着卫星拍摄的越来越多，发现了更多耐人寻味的地形景观。

（1）火山

火星的火山和地球的不太一样，除了重力较小使山能长得很高之外，缺乏明显的板块运动，使火山分布是以热点为主，不像地球有火环的构造。火星的火山主要分布于塔尔西斯高原、埃律西姆地区，和零星分布于南方高原上，例如希腊平原东北的泰瑞纳山。

在火星西半球耸立一个醒目的特征，中央塔尔西斯高原上分布了火山作用留下的遗迹——5座大盾状火山，包括太阳系中最高的奥林帕斯山，其他4座包括艾斯克雷尔斯山、帕弗尼斯山、阿尔西亚山和亚拔山。在大火山之间散布着零星的小火山。

在火星的另一端还有一个较小的火山群，以埃律西姆山为主体，北南各有较矮的赫克提斯山和欧伯山。

（2）峡谷

火星的峡谷不只是由水造成的。除了水，还有由火山活动形成的。水造成的峡谷可分为洪水短时间冲刷成的、稳定的流水侵蚀成的，或由冰川侵蚀而成；而火山活动所喷发的熔岩流亦可造成熔岩渠道。另一个峡谷形成因素则是地壳张裂造成的，如水手峡谷。

（3）水与冰

在火星的低压下，水无法以液态存在，只可在低海拔区短暂存在。而冰倒是很多，如火星两极冰冠中就包含大量的冰。南极冠的冰假如全部融化，可覆盖整个星球达11米深。另外，地下的水冰永冻土可由极区延伸至纬度约60°的地方。

对于火星上有冰存在的直接证据在2008年6月20日被凤凰号发现。凤凰号在火星上挖掘发现了8粒白色的物体，当时研究人员揣测这些物体不是盐（在火星有发现盐矿）就是冰，而四天后这些白粒就凭空消失，因此这些白粒一定是升华了，而盐不会有这种现象。另外一个关于火星上曾存在液态水的证据，就是发现了特定矿物，如赤铁矿和针铁矿，而这两者都需在有水环境中才能形成。

2008年7月31日，美国航空航天局的科学家宣布，凤凰号火星探测器在火星上加热土壤样本时鉴别出有水蒸气产生，从而最终确认火星上有水存在。

6. 火星的表面

近 30 多年来，空间探测器对火星进行逼近、环绕和着陆等多种实地考察探测，收集到了极详细的火星资料，证实火星的表面异常荒凉。

火星表面的 75％布满了沙漠，土壤成分是硅酸盐、褐铁矿等铁氧化物，其中氧化硅约占 45％、氧化铁约占 18％、氧化镁约占 8％、氧化钙约占 6％等。火星表面土壤和沙石中含有的红色的铁、硅酸盐和其他金属的氧化物，在阳光的照射下呈现出引人注目的红色光辉，所以远远看去，火星是一个橙红和棕红的世界。火星上环形山遍布，峭壁峡谷相互交织。最庞大的火山是奥林匹斯火山，火山口直径为 600 千米，高达 26 千米，是地球上珠穆朗玛峰的 3 倍。火星赤道以南有一条巨大的峡谷，名叫“水手谷”，它由许多峡谷组合而成，长 4000 千米以上，宽 100—300 千米，最深处达 7 千米。此外，火星表面到处可见沙丘和干枯的河床。奇特的河床纵横交错，有数千条之多，其中最长的达 1500 千米、宽 60 千米。这表明，大约 30 亿年前，火星上曾发生过特大洪水。

火星大气非常稀薄，表面气压只有地面气压的 0.6％，在一些火山的顶峰上只剩下 0.1％。由于空气稀薄，对外交换的热量大，所以昼夜温差常常超过 100℃，远大于地球上昼夜温差的幅度。火星大气里由温差引起的气流速度很快，达到 30—60 米/秒，经常刮起表面的尘土形成强烈的沙尘暴，所以季节性、周期性的沙尘暴成为火星上奇异的景观。

火星南、北极区的白色覆盖物，称为“极冠”。它是荷兰学者惠更斯于 17 世纪发现的。用望远镜观测，极冠的大小随火星的季节而变化，冬天增大，夏天消融。空间探测表明，极冠主要由凝结的二氧化碳干冰和部分水冰构成，温度为－70℃—139℃，而且有分层结构，每层厚度为 10—50 米。科学家认为，这可能是因为火星气候的冷暖交替致使极冠的冻结和融化而形成的。

7. 把火星变成地球

人类对火星依然心向神往，充满着企盼和迷恋。这是因为火星与地球最为相像，不仅有利于寻找宇宙生命的线索，反观地球的过去与未来，还是人类未来星际移民的首选基地。

火星的致命弱点是它比地球小，直径是地球的一半，质量是1/10。因此它的引力小，难以保护好水圈和大气圈。同时流态的内核可能已经冷却固结，故难以形成足以保护生命的强大磁场，这是移民火星必须解决的重大难题。

科学家说，就算火星上根本不存在生命，这颗和地球有太多相似之处的行星也有可能最终被改造成另一个地球。换句话说，只要人上了火星，就算原本没有生命的火星最终也可以变得生机盎然。那么，怎样才能做到呢？

可以用人造卫星辨别火星上富含氟的区域。在其附近建造100座核反应堆与巨型化工厂相连。在巨型化工厂中，氟与来自火星大气的碳结合，生成的全氟化碳被排进火星大气中。随着全氟化碳进入火星大气，它们俘获来自太阳的能量，并阻止热量逃逸，寒冷的火星由此被初步加热升温。接着，在火星表面数千平方千米范围内播撒氰菌，让它们将二氧化碳转化为氧。同时播撒其他细菌，以便将火星大气中的氮“固化”成有用的硝酸盐。50年之后，火星表面的平均温度上升至零摄氏度以上。这时，在火星上植树，树木的光合作用令火星大气中的氧含量进一步增加。火星大气上层的氧转变为臭氧，最终成为能够抵挡太阳紫外线的保护性“盾牌”。100年之后，火星地表平均温度达到15℃，大气中氧占到20%，曾经是红色的火星如今成为蓝色的世界——雨露滋润，江河纵横，溪水奔流，瀑布一泻千里，最终汇入海洋。火星就变成了第二个地球。

此外，还可以：在大气中增加适量的气体（包括温室气体和适合生物生存的气体），增加地表温度与气压，主要是为了生成液态水，其次是植物、动物；在太空中架设巨大反射（或折射）镜群，将阳光反射至火星表面；大量融解地下冻土层，再把水引到地表，虽然一开始会结冰，但随着工程进行，冰层进而融化形成水圈；在冰上（包括两极）培植深色藻类进而加速融化；散布固沙菌类、植物，防止沙暴的发生，进而生成土壤，扩大居住地。

在进行融化地下层时，虽然上层冻土的重量会把下面融解的液态水挤到地表，但是地层会下陷，而且结成的冰会增加地表的反照率，加上升华至大气的水会改变气候，因此这些因素都要考虑进去。

不过当然还有难以解决的问题，那就是来自太空的辐射。虽然可以用太空反射镜处理，但是这些镜子是非常脆弱的。最根本的办法就是到地核去“启动”火星的磁场，抵抗太阳风和宇宙射线。但是这需要大量的能量，需要的技术还要再加强。

在动工之前，人类应完整而仔细地审视这个星球的一切，并且设立保护区与开发限制，因为只要一开工，就会对保存久远的地质资料造成重大破坏，后果是无法逆转的。

8. 火星的空间探测

20世纪60年代末期，人类在登上月球之后，所选择的下一个目标就是火星。火星与地球有许多相似之处，就像一颗小型地球。从20世纪60年代初期开始，美国和苏联开始陆续向金星和火星发射空间探测器。其中以美国所发射的火星探测器（“水手”、“海盗”、“探路者”、“环球勘测者”、“机遇”和“勇气”）所获得的资料最多。对火星的了解也就越来越全面了。

自1964—1977年的13年间，美国共发射8个火星探测器，有的绕火星运转，有的在火星着陆。对火星进行了全面的考察，并绘制了火星地面图。许多空间飞行器，包括许多人造卫星、登陆舱和漫游器，已经被苏联、美国、欧洲和日本发射向火星，用以研究火星的表面、大气和地理。但大约2/3去往火星的空间飞行器在计划未完成或是刚刚开始时便出现问题而因此导致任务失败。

苏联于1962年11月1日发射火星1号探测器。这个火星探测器高3.3米，直径1.1米，重863千克，装有拍摄火星表面照片并可传回地面的摄像装置，还有考察火星上有机物、磁场、辐射带等的观测仪器。4个月后，它在距离火星地面1亿多千米的地方与地面通信中断，没有完成探测任务。1971年5月10日和28日发射的火星2号和3号探测器，半年后进入火星轨道，其中火星3号着陆舱在火星表面软着陆，虽然仅发送20秒钟电视信号，但它是第一个到达火星表面的探测器。1973年7月26日发射的火星5号于1974年2月12日进入火星轨道，成为火星的人造卫星，发回首批火星照片。1973年8月5日发射的火星6号，在着陆过程中对火星大气进了观测，发回了火星大气参数。1973年8月9日发射的火星7号于1974年3月9日在距火星1300千米处飞过，但该火星着陆器发生故障，使登陆失败。15年后，1988年7月7日和12日苏联又相继发射福波斯1号和2号两个火星探测器，但它们在太空飞行200天到达接近火星的轨道后与地面失去联系，探测失败。

美国从1964年起发射水手号系列探测器，其中有4个成功探测了火星。

1964年11月28日升空的水手4号于1965年7月14日从离火星约1万千米的地方掠过，第一次对火星作了近距离考察，探测到火星的大气密度不足地球的1%，还拍摄了212张照片，从中可鉴别出火星上的约300个火山口，以及表面布满环形山和沙漠。1969年2月24日和3月27日发射的水手6号和7号，于7月31日和8月4日在距火星约3400千米处飞过，对火星的大气成分和结构作了探测，发现火星上到处是沙漠和大大小小的含铁硅酸盐岩石。1971年5月30日发射的水手9号于11月14日进入火星轨道飞行，拍摄了70%的火星表面，传回7000多张火星照片。其中第一张照片从根本上否定了火星存在运河的说法，因为从照片上看到的是如同沙漠里一样的由火星风形成的沙粒带状条纹。这些照片发现了许多干涸的河床，其中有的长达1500千米，宽200千米，这表明火星上可能曾经存在过液态的水。水手9号拍摄的火星照片，为后来海盗号在火星着陆探测选定了地点。

1975年8月20日和9月9日，美国先后发射两个海盗号探测器。它们在进入火星上空时，轨道舱绕火星飞行，着陆舱则在火星表面上软着陆。1976年7月20日和9月3日它们先后在火星软着陆后，着陆舱经轨道舱向地球发回探测数据，共发回5万多张火星照片。还对火星表面的土壤取样化验分析，结果表明，火星上没有发现任何生命存在的痕迹，也未探测到火星上有任何有机分子。

20世纪90年代，世界上又掀起新一轮火星探测热潮。美国于1996年12月4日发射了“火星探路者”探测器，它于1997年7月4日在火星的阿瑞斯谷地登陆，并用其携带的“索杰纳”火星车在火星上实地考察，获得很大成功。

到了2003年，火星探测又掀起以找水为核心的探测高潮。这是探明火星上现在或历史上有没有生命存在的关键。这一高潮中，有欧洲空间局于2003年6月2日发射的绕火星飞行的“火星快车”。美国2003年6月10日和7月7日发射的勇气号和机遇号火星漫游车，并分别于2004年1月4日和26日到达火星表面。2004年1月份，欧洲空间局的“火星快车”也抵达火星附近。虽然它所携带的猎兔犬2号着陆器未能成功实现使命，但它所携带的7种科学仪器在围绕火星的轨道上对火星的大气、地貌以及地下岩层分布进行遥感探测，取得了许多珍贵的科学成果。最令我们关注的是，在它的高分辨率立体相机（HRSC）拍摄的火星地貌图中，一些高地、悬崖和峡谷有明显被水流腐蚀和冲刷过的痕迹。

我国的火星探测目前还处于中国航天的远景规划中。2040年前后，火星上的中国基地将成为现实。

9. 登陆火星探测计划

20 世纪 60 年代末期，人类实现了登月的美好梦想。21 世纪，美国、俄罗斯、欧洲和日本等都有比较大的计划，其中最为宏伟的还是属于美国载人探测火星的计划。美国宇航局计划将在 2008 年向火星发射一系列新的无人飞船，成功后就将着手实施向火星发射载人飞船的计划，实现人类在火星着落、甚至在火星定居的千年梦想。今后 20—30 年内，宇航员有可能踏上火星。

（1）火星直航方案

1989 年美国提出“太空探测倡议”，计划 2009 年重返月球，2019 年实现人在火星上着陆。美国宇航局根据这个计划，提出了火星探测计划“90 天报告”。计划中的火星飞船有 1000 吨，可乘坐 7—8 名航天员，飞行 7 个多月到达火星。在火星上停留 1 年半的时间，所有所需的飞船用的燃料和宇航员的食品、水和氧气都要由飞船携带或另派飞船运送。因此，费用特别高。4500 亿美元的经费预算使得这一庞大的计划不可能实现。

后来提出的“火星直航”方案，只需 200 亿—300 亿美元，这样的花费使这一计划的实现成为可能。所谓直航是指宇航员乘坐火星飞船从地球直飞火星，返回地球时也同样是直飞。必需的物资和宇航员返回地球的飞行器则由另一艘无人飞船先期发出。为了在火星上制造必需的物资，飞船将携带 6 吨氢、1 台空气压缩机、1 套自动化的化学处理设备和 1 台安放在大型漫游车上的 100 千瓦的核反应堆。这样，原料、电力和化工生产设备都有了。整个流程是由氢和火星上的大气发生反应产生水和甲烷，水经电解又产生氧和氢，氧与甲烷一起可作为火箭推进剂，氢则由化学处理设备生产出更多的水和甲烷。用这套设备还可以分解火星大气中的二氧化碳获得氧气。这样，返回地球所需的火箭推进剂和宇航员在火星期间所需要的水和氧气就都有了。宇航员将乘坐 1 辆小型漫游车进行科学考察。4 名宇航员将在火星上生活漫长的 1 年半。

（2）火星飞船的航线

火星飞船的发射需要选择合适的飞行路线。火星飞船以大于 11.2 千米/秒的速度从地球出发，脱离地球的引力后，这时飞船与地球的相对速度接近于零，但飞船以地球给它的29.8千米/秒的速度继续飞行；为了要飞到火星还需要增加3千米/秒的速度。最佳的飞行航线称为双切轨道航线。飞船脱离地球的引力后受太阳的引力控制，因此是沿着围绕太阳的椭圆轨道运行，双切轨道航线要求飞船脱离地球时是处在离太阳最近的近日点上，在到达远日点时与火星的轨道相切，而火星恰好在这时运行到这里。这样的航线对出发的时间有严格的限制，不是经常有这样的机会。计算表明，每隔26个月才能有一次这样的机会。除了在路途上要飞行7个多月，宇航员必须在火星上停留约500天。

（3）繁重的研究任务

宇航员登上火星后的研究任务非常繁重。以往的火星探测器着陆探测的区域很有限，所进行的实验也很有限，并不能由此断定火星上从来没有存在过任何形式的生命。要想得到正确的答案，必须要查明火星的多方面的情况，比如近火星空间的宇宙风、宇宙射线、太阳辐射的强度与变化；火星大气的组成与运动规律；火星土壤与岩石中的水含量与水的存在形式，极地水冰的分布与储量，火星内部水的分布；火星土壤与岩石的矿物与化学成分；火星上有机成分的特征，沉积岩的分布与形成环境；火星表面撞击坑与火山口环形坑的分布、形态、形成年龄；火星的地质构造与地质演化历史等等。如果能将火星土壤与岩石样品采集回地面，再开展系统而精心的研究，就可以得出比较正确的结论，等等。

空间探测的道路十分艰难，载人着陆火星比阿波罗登月计划要难得多。

第七节　木星

木星古称岁星，是离太阳第五远的行星，也是八大行星中最大的一颗。早在史前，木星就已被人类所知晓。在古罗马神话中，众神之王朱庇特的化身就是木星。木星是太阳系中最大的行星，其直径约为地球的11倍，质量约为地球的318倍。如果木星是个中空的球体，其内部大约可以放入1300个地球，可见这颗行星有多么巨大。木星的平均密度接近太阳，它和土星、天王星、海王星均为气体行星。木星虽然个头大，但距地球较远，所以看上去还不及金星明亮。

1. 木星

先驱者号探测器对木星考察的结果表明：木星没有固体表面，只是一个流体行星。木星的内部分为木星核和木星幔两层，木星核位于木星中心，主要由铁和硅构成，是固体核，温度为30000K。木星幔位于木星核外，以氢为主要元素组成的厚层，其厚度约为7万千米。木幔外就是木星大气，再向外延伸1000千米，就到了云顶。

木星有一层厚而浓密的大气层，这里的主要成分是氢，占80%以上，其次是氦，约占18%，其余的还有甲烷、氨、碳、氧和水汽等，总含量不足1%。由于木星有较强的内部能源，致使其赤道与两极温差不大（不超过3℃），因此木星上南北风很小，主要是东西风，最大风速为130—150米/秒。木星大气中充满了稠密活跃的云系。各种颜色的云层像波浪一样激烈翻腾着。在木星大气中还观测到有闪电和雷暴。由于木星的快速自转，因此能在它的大气中观测到与赤道平行的、明暗交替的带纹，其中的亮带是向上运动的气流，暗纹则是较低和较暗的云。木星的“大红斑”位于南纬23°处，东西长4万千米，南北宽1.3万千米。

木星有较强的磁场，表面磁场强度达3—14高斯，比地球表面磁场强得多（地球表面磁场强度只有0.3—0.8高斯）。木星的正磁极指的不是北极，而是南极，这与地球的情况正好相反。由于木星磁场与太阳风的相互作用，形成了木星磁层。木星磁层的范围大而且结构复杂，在距离木星140万—700万千米之间的巨大空间都是木星的磁层；而地球的磁层只在距地心5万—7万千米的范围内。木星的四大卫星都被木星的磁层所屏蔽，使之免遭太阳风的袭击。地球周围有条称为范艾伦带的辐射带，木星周围也有这样的辐射带。伽利略号飞行器对木星大气的探测发现，在木星环和最外层大气层之间存在了一个强辐射带，大致相当于电离层辐射带的10倍强。惊人的是，新发现的带中含有来自不知何方的高能量氦离子。旅行者1号还发现木星背向太阳的一面有3万千米长的北极光。

2. 木星环

木星有一个同土星般的环，不过又小又微弱。木星有尘埃层或环的事实曾被人怀疑。1979 年 3 月，旅行者 1 号考察木星时，拍摄到木星环的照片。不久，旅行者 2 号又获得了木星环的更多情况，终于证实木星也有光环。木星光环的形状像个薄圆盘，其厚度约为 30 千米，宽度约为 6500 千米，离木星 12.8 万千米。光环分为内环和外环，外环较亮，内环较暗，几乎与木星大气层相接。光环的光谱型为 G 型，光环环绕着木星公转，7 小时转一圈。木星光环是由许多黑色碎石块构成的，石块直径在数十米到数百米之间。由于黑石块不反射太阳光，因而长期以来木星环一直未被发现。组成木星环的这些粒子并不是稳定地存在着（由于大气层和磁场的作用），而且如果光环要保持形状，就需要被不停地补充。两颗处在光环中公转的小卫星——木卫十六和木卫十七，显而易见是补充光环的最佳候选。

3. 木星的体态

木星是太阳系八大行星中第二类群体——“类木行星”中离太阳最近的一个，它是一个鹤立鸡群的庞然大物。它的赤道直径为 142984 千米，是太阳直径的 1/10 强，是地球直径的 11 倍多；在它的肚子里能“吞”下 1316 个地球。它的质量也大得惊人，是地球质量的 318 倍；如果把太阳系其他七个行星和全部小天体都加起来，也抵不上它的一半。由于“个头”大，木星“力气”也大，木星表面的引力是地球引力的 2.64 倍。

它距太阳 77833 万千米，大约是日地距离的 5.2 倍，绕太阳转一圈的时间相当于 11.86 年。然而它的自转速度之快却堪称八大行星之冠。木星自转一周只需 0.41354 天，即 9 小时 50 分左右；按此计算，它在赤道上的线速度高达 12.66 千米/秒，比地球的第二宇宙速度还要大。受快速自转的影响，木星是一个扁球体，其赤道直径与两极直径之比为 100∶93。木星也被一层厚度超过 1000 千米的浓密大气包裹，由于它能把 40%的太阳光反射出来，因此在夜空中显得很明亮，亮度可达−2.7 等，仅次于金星。早在 17 世纪，天文学家在用望远镜观测木星时，就发现了木星大气中有一系列明暗相间的云带；在木星赤道南侧，则分布有卵形的“大红斑”。

4. 木星上的大红斑

木星最引人注目的标志要算是“大红斑”了，这是17世纪60年代法国天文学家卡西尼发现的。此后，不少天文学家对大红斑进行过观测，但一直未对其给以太多的注意。到了19世纪，人们未见到大红斑有任何削弱的迹象，这才对其愈加感兴趣起来。

木星大红斑位于赤道南侧，呈蛋圆形，长达2万多千米，宽约1.1万千米，可以轻松地装下3个地球。当科学家认识到木星没有固态的表面后，便肯定大红斑不是木星上的山峰或高原，而是大气中产生的现象。大红斑的经度围绕木星运转而变化，而纬度保持不变。大红斑一般保持鲜红而略带棕色，有时较为暗淡且模糊。

旅行者号探测器揭示了大红斑的真相。原来它是木星大气中一个特大的旋涡，由于这个气旋中含有红磷化合物，故呈现红色。这个旋涡至少未见衰减地逆时针旋转了300多年，但它究竟始于何时，却无人知晓。科学家们进一步的观测表明，大红斑上面和下面的风以每秒100米的速度相向刮过，但大红斑的运动速度只有每秒几米。大红斑夹在两股高速气流之间，好比搓在两个手掌之间的滚珠。由于木星自转很快，在惯性和离心力的作用下，木星大气成一个扁球形，所以大红斑也沿赤道伸展。

1976年，美国加利福尼亚大学的两位科学家提出大红斑是一个庞大孤子的假说。孤子现象是由一位名叫罗素的人于1834年偶然遇见的，罗素最初把他的发现称为“平动波”，现在被称为孤子波。孤子波在任何地方物理量都不会发生陡峭的变化，而且不会弥散，它实际上是流体力学的一个解。20世纪60年代初，通过计算机计算及实验，证实了孤子波相互碰撞以后，两个孤子波会完整地复现。可见孤子波似乎是一种“孤立”的客体，因此人们又把孤子波称为孤子。孤子有两种形式，一种叫做E孤子或凸波，另一种叫做D孤子或凹波。大气孤子不仅在地球大气中可以观测到，在其他行星上也可以观测到。早在几十年前人们就已知道木星大气有一个重要的特征，即南热带低气压，它看来像一个D孤子。19世纪50年代这一低气压区开始靠近大红斑，进入大红斑后便消失了，然而不久却在大红斑的另一边保持着原来的形状像变魔术似的又出现了。于是科学家提出一种关于大红斑的模型：大红斑是一个陷于两个D孤子之间的庞大的E孤子。按这一模型，大红斑的位置并不很深，它漂浮在木星大气的上面。后来通过计算模拟和用快速旋转的水桶实验证实：由于快速旋转的木星，造成了有适宜条件的切变风，因而在大红斑附近会偶然形成小旋涡，这样就可以补充大红斑因摩擦而消耗的能量和因对流而减少的质量，逐步揭示了大红斑“长寿”的秘密。

5. 木星的卫星

木星有 16 颗卫星，其中最亮的 4 颗（木卫一—木卫四）是伽利略在 1610 年用他自己制造的第一架望远镜发现的，后来这 4 颗卫星被称为“伽利略卫星”，以纪念他的不朽功绩。

木卫一的直径约 3600 千米，离木星很近，只有 42.2 万千米。旅行者 1 号探测器发现，在木卫一上至少有 8 座活火山，其中一座正在猛烈地喷发，火山尘埃和气体等物质以每秒 400 多米的速度直冲到 450 千米的高空，火山喷发的强度比地球上大得多。火山口的温度在 38℃—93℃之间，周围地区温度为－162℃。以往在地球之外还从未发现过有活火山的天体，这是首例。木卫一上的火山喷发非常频繁，正因为如此，它的面貌在不断地改变着。它的地表地质年龄比较年轻，缺乏古老的陨石坑。木卫一还具有富含硫的石质表面，没有水，但有广阔的平原和起伏不平的山脉，以及峡谷和陡坎。

木卫二是木星卫星中第四大卫星，距木星 67 万千米。它与完全干燥的木卫一相反，表面几乎被纯冰覆盖着，因而闪闪发亮。它的表面温度约为－145℃，但它下面的却是在潮汐加热作用下一直流淌着的深达 100 千米的“海洋”。旅行者探测器飞越木卫二上空时，发现木卫二明亮的表面有许多纵横交错像乱麻似的黑色条纹和淡黄色暗区。据分析，那些黑色条纹可能是宽达几千米、深 0.1—0.2 千米的冰壳裂缝，另一些更宽的冰缝则形成冰湾。那里的环境与地球上的北极颇为相似，因此人们猜测在木卫二的冰壳裂缝的水中可能生长着海藻或其他有机物，因而呈现出褐色。1995 年，美国的一个研究小组，利用哈勃太空望远镜的观测资料证实，木卫二有一个含有少量氧气的大气层。据分析，木卫二大气层中氧气的产生与生命活动毫不相干。尽管如此，在将来人类大规模探索地外生命的时候仍会把木卫二作为候选目标之一。

木卫三距木星 107 万千米，是太阳系内最大的卫星，直径约为 5300 千米，体积大于水星，但略小于火星。木卫三的密度为 1.9 克/立方厘米，由此可推测水在木卫三中占 30％—50％。它的表面反射光的能力不强，因此它的表面可能是脏冰和岩石的混合物。其中明亮的部分可能是被流星撞击后从深处翻出来的干净的水。木卫三表面有明显的山脊和峡谷，但没有高山和盆地。

木卫四距木星 188 万千米，是木星的第二大卫星，密度最低，只有 1.79 克/立方厘米。木卫四表面的最大地形特征是存在一些有同心圆环围绕着的大盆地，从盆地可放射出亮光，这说明其表面覆盖着厚冰。木卫四表面有许多撞击坑，没有火山，看不到熔岩，所以表面地质年龄非常古老，可能有 40 亿年。由于木卫四表面地势起伏不大，又没有火山活动，是一个比月球还寂静的世界，人类将来可能会在木卫四上建立恒星际飞船的基地。

1892 年，美国天文学家巴纳德发现了木卫五。它呈不规则形状，最长线度为 270 千米，最短线度只有 150 千米，是离木星最近的卫星，距离为 18 万千米，所以不容易被发现。木卫五是最后一颗直接用视觉观察发现的卫星（相对于摄相而言）。像大多数的木星卫星一样，木卫五同步自转，它的长轴直指木星。木卫五是太阳系中最红的物体。木卫六是在 1904 年，由利克天文台被查尔斯·狄龙·佩林发现的。木卫五与木卫六是木星第五与第六大卫星，它们的大小是第四大卫星木卫二的 1/15。木卫七是木卫六卫星群的成员之一。这个卫星群包括 5 个绕着木星公转的卫星。它们离木星的距离在 11 百万—13 百万千米的范围之内。它们的自转轴倾斜度都在 27.5°左右。

到目前为止，还没有拍摄到木卫七、木卫八、木卫九、木卫十、木卫十一、木卫十二的照片。因此，对它们的了解还很少。木卫八是距木星第 15 近的卫星。木卫九是木星最外层卫星。木卫十是距木星第 11 近的卫星。木卫十一是距木星第 14 近的卫星。木卫十二是距木星第 13 近的卫星。木卫十三是距木星第九近的卫星，并且是最小的一颗。木卫十四是距木星第四近的卫星。木卫十五是已知卫星中离木星第二近的卫星。木卫十六与木卫十五的公转轨道处在同步公转轨道半径之内。它们太小以致于能避免引潮力把它们拉碎，但它们的轨道将逐渐变小，最终坠入木星。木卫十五是太阳系中最小的卫星之一。

6. 彗木大碰撞

1994年7月16日发生的彗星连珠撞木星的事件，曾震撼世界。这次事件的肇事者，就是“苏梅克—列维9号”彗星。

“苏梅克—列维9号”彗星是1993年4月24日由美国天文学家苏梅克夫妇和天文爱好者列维发现的。此彗星样子很怪，彗核分裂为21块，一字排开，像一串糖葫芦。彗核碎块大约以每秒60千米的速度撞入厚厚的木星大气，但仍没有很深地穿透木星大气层和液氢层。在溅落点的局部地区瞬间产生了接近3万摄氏度的高温，诱发了剧烈爆炸，掀起了有地球那么大的黑色蘑菇云，直冲到1000多千米的高空。可惜的是，撞击点是在木星的背面，所以我国天文学家只能使用上海天文台佘山观测站的1.56米望远镜观测彗星撞击木星时木卫的反光。彗星各碎块撞击时刻的最精确测量是由伽利略探测器得到的。伽利略探测器只测得了6次撞击时刻，其他撞击时刻是按羽状物出现时刻来推算出的，还有3次无法推算出来。撞击点虽在木星的背面，但由于木星自转很快，所以撞击后十几分钟，地面天文台就看到了木星云端的变化。

直径约1千米的第一块彗核于北京时间1994年7月17日4时15分撞击木星，并在木星表面留下了大如地球的撞击痕迹——黑斑。最大的第七块（G块，直径约3.5千米）于北京时间下午3时30分撞击木星。令人不解的是，它产生的火球寿命相当短暂，在数分钟之内升到了最大高度（3100—4100千米）之后又急速下落，最后缩为一片阴暗的烟云漂浮在木星大气层中。南京紫金山天文台于19日晚观测到了相应的疤痕，那是一个直径达2万多千米的“大坑”，在其上空出现由尘云构成的一个隆起的抛物面，抛物面内又有一个黑色圆圈，它可算是当时木星最显著的识别标志。木星在受到连续十几次猛烈撞击后，已不是300多年来一直没有太大变化的那种面貌了，木星南半球此时已是伤痕累累。这些伤痕要经过2—3年时间才能逐渐消失，人们之后通过观察它如何消散，来获得有关木星的气候和风向的信息。由彗星掀起的尘云发出的光谱中，科学家们发现了氨、氮、钠、硫、二硫化碳、硫化氢和氰化氢等物质。但意外的是，被普遍认为是彗星应有的挥发物质，例如水冰、一氧化碳等却格外少，硫却远比彗星多。“苏梅克—列维9号”具有典型的彗星外貌，包括彗发、彗尾。专家原先预料，彗星碎块相撞后会分崩离析，从而产生可见的流星雨。但观测表明，彗星碎块却出乎意料地坚固。

总之，彗木相撞是千载难逢的宇宙奇观。全球天文学家在观测中取得了足够多的研究数据，从中可以获得许多有关彗星和木星表面及深层的物理和化学的信息。

7. 木星的空间探测

为了探测太阳系外围空间的物理情况，迄今为止，人类共发射了4艘宇宙飞船，即先驱者10号、11号，旅行者1号、2号。它们都肩负着美国宇航局的重大科学考察项目。先驱者10号于1972年3月2日上午，一路上考察了行星际物质；1973年12月3日与木星会合，在离木星13万千米处飞掠而过，探测到木星规模宏大的磁层，研究了木星大气，送回300多幅木星云层和木星卫星的彩色电视图像。先驱者11号飞船于1973年4月6日发射，1974年12月5日到达木星。它离木星表面最近时只有4.6万千米，比先驱者10号近两倍。它送回有关木星磁场、辐射带、重力、温度、大气结构以及4个大卫星的情况，并按地面指令调整航向，飞越在地面因视角不合适而难于观测的木星南极地带。先驱者11号在完成任务后，向着土星飞去。1977年8月20日和9月5日，美国又相继发射了旅行者1号和旅行者2号飞船。这两艘飞船在仪器设备方面比先驱者10号和11号先进。旅行者1号于1979年3月飞临木星，在3天之内探测了木星和4个伽利略卫星，以及木卫五，拍摄了数以千计的彩色照片，并进行了一系列科学考察。旅行者2号于1979年7月飞临木星，对木星进行了考察。两艘飞船在离开木星后，还要继续探测土星、天王星和海王星，然后飞出太阳系，飞到茫茫的宇宙中。

1989年，美国宇航局发射了以伽利略的名字命名的一个木星探测器，并预定在1995年12月飞抵木星。伽利略号经过6年的长途跋涉，于预定期抵达木星附近，开始对木星进行全面的考察。1996年到达木星附近的伽利略号探测器，开始对木星的4个主要卫星进行探测，进一步认识和掌握了这4个卫星的特征。在木星上看其卫星是一幅十分美妙的景象，这些卫星不仅大小不一，而且一些卫星围绕木星自西向东旋转，另外一些卫星却是反其道而行之。

第八节 土星

土星是太阳系第二大行星。它与邻居木星十分相像，表面也是液态氢和氦的海洋，上方同样覆盖着厚厚的云层。土星上狂风肆虐，沿东西方向的风速可超过每小时 1600 千米。土星上空的云层就是这些狂风造成的，云层中含有大量的结晶氨。通过小型的望远镜观察能明显地发现土星是一个扁球体。与木星一样，土星是由大约 75％的氢气和 25％的氦气以及少量的水、甲烷、氨气和一些类似岩石的物质组成。这些组成类似形成太阳系时，太阳星云物质的组成。

1. 土星

土星是太阳系中最美丽的行星。土星的体积和质量仅次于木星，在行星世界中居第二位。土星和木星一样，它们辐射出的能量要比它们吸收太阳的能量大，这说明它们都能自身发出一部分光。尽管如此，土星表面的温度还是冷到－180℃，比木星低 50℃。

土星的直径是地球的 9.4 倍，体积是地球的 745 倍，质量是地球的 95 倍。它的总质量和体积都比地球大得多，因此密度较小，平均每立方厘米只有 0.7 克，比水还轻。可以假设，如果地球上的海洋能容得下这颗星，那么一旦它掉进地球海洋里，将会浮在海面上。

由于平均密度较小，土星的表面引力也不大，仅为地球的 15％。庞大而轻盈的土星是什么“做”成的呢？理论计算告诉我们，它是氢和氦构成的流体行星，流体外面覆盖着几千千米厚的冰，冰层外面是厚厚的大气层。大气很浓密，其中除了氢和氦以外，还含有甲烷等其他气体。大气中飘浮着浓密的结晶氨云，它们排列成彩色亮带和暗纹，色彩以金黄色为主，兼有淡黄色，极区呈现浅蓝色。土星大气中频繁出现风暴，赤道附近的风速大到每秒 500 米，比地球上的任何狂风都猛烈。土星大气中的金黄色云带是超高速风吹动土星内部升起的“热气”而形成的。

土星沿椭圆形轨道绕太阳公转。其轨道位于木星轨道外，天王星轨道内，到太阳的平均距离为 14.27 亿千米，是地球到太阳平均距离的 9.5 倍，它到太阳的距离随时都在变化，距离最大时约为 14.75 亿千米，最小时仅为 13.25 亿千米，相差 1.5 亿千米，与地球到太阳的距离差不多。土星的公转速度为每秒 9.64 千米，运行一圈大约需要 29.5 年。

除公转外，土星也有自转，而且自转很快，自转一圈只需 10 小时 14 分钟。因此土星上的“一天”很短，“一年”却很长，“一年”等于两万“天”。由于自转很快，土星的形状变得很扁。它是太阳系里最扁的行星，赤道半径 6 万千米，两极半径 5.45 万千米，两者差值大于 3 个月球半径。

2. 土星的光环

在太阳系中，类木行星（木星、土星、天王星和海王星）都有光环，而尤以土星光环最为壮丽。自 1610 年伽利略发现土星的光环以后，人们先后发现了 7 条主要的光环和 4 条大的环缝，它们由内到外依次是：D 环、C 环、法兰西环缝、B 环、卡西尼环缝、恩克环缝、A 环、先驱者环缝、F 环、G 环和 E 环。

1980 年 11 月 12 日，当人们看到旅行者 1 号探测器发回的土星照片时，照片上的土星光环让人们大吃一惊，它远比人们在地球上观察到的要复杂得多。人们用望远镜看到的那几条大光环，原来是由数以百计的小光环组成的，小光环里还有更小的光环。就连在卡西尼环缝里，竟然也发现了 20 多条地球上看不到的光环。发现时间很短的 F 环，原来是由 F1 和 F2 两条光环组成的，而且这两条光环都像发辫一样，由几股细环扭结在一起。土星光环的形状还有螺旋形的和轮辐状的。土星环的大小相差极为悬殊，最小的连环与环之间的界线都分不清。于是，有人把土星环比作老式的“密纹唱片”。

土星的自转轴倾斜角是 26.7°，所以当它围绕太阳旋转时，我们可以从各个角度看到它的光环，但并不是任何时候都能看清。当土星环斜对着地球时，可以看得很清楚；土星环平对着地球时，由于光环太薄，只能看到细细的一条线，光环似乎消失了。在土星 29.5 年的公转周期中，这种“隐身”会出现两次。

土星环看起来既平又薄，厚度只有 15—20 千米，而宽度却在 20 万千米以上。它主要由平均直径不到 1 米的小石块和小冰块组成。有人计算过，这些碎块集合起来相当于一个月球那么大，因而推测当初有一颗卫星离土星很近，后来由于某种原因破裂后变成土星环。也有人认为，土星环可能是由几亿年前被土星俘获的彗星爆炸残留物形成的。

3. 土星的卫星

在太阳系中，土星是拥有众多卫星的行星之一。到 2005 年为止，科学家已在其周围发现了 37 颗卫星（简称“土卫”），俨然一个“小太阳系”。

“小太阳系”的成员大多数具有相同的特征。它们一边围绕行星公转，一边绕轴自转，公转和自转周期相同，即“同步自转”。同步自转使得它们老是一面向着土星（土卫九例外）。土星的大多数卫星的表面都很亮，外部主要由冰组成，所以又称为“冰卫星”。但有些土星卫星，特别是一些外卫星，情况却相反，表面黑得像沥青。还有的像土卫八，它的一面黑如沥青，另一面却洁如白雪。这些卫星形状不规则，上面有许多巨大的撞击坑（土卫六例外）。有些卫星表面覆盖着复杂的有机物。

土星卫星可分为牧羊卫星、特洛伊卫星、内卫星和外卫星等 8 类，其中内卫星和外卫星主要以 E 环来区分。一般说来，轨道在 E 环内的称为内卫星，轨道在 E 环外的称为外卫星。除了土卫六以外，其他土星卫星尺寸都在 1500 千米以下，在土卫十八以后的卫星除个别外，尺寸都小于 20 千米，最小的是土卫三十二，尺寸只有 3 千米。

在发现土星卫星的过程中，空间探测起了很大作用。第一批土星卫星是 1789 年发现的。但从 1789—1899 年的 110 年里，只发现了 9 颗；从 1900—1966 年，一颗也没有发现；而在 1967—2000 年期间，由于对大行星进行空间考察，卫星星历表上的土星卫星数目猛增到 30 颗。卡西尼号观测期间又增添了 7 颗。

在土卫家族中，最大的是土卫六，名叫泰坦，是荷兰天文学家惠更斯发现的。它是太阳系中仅次于木卫三的第二大卫星，也是迄今所知太阳系中唯一拥有浓密大气的卫星。土卫六的表面大气压比地球大气压大 50%，大气的主要成分是氮，约占 98%，甲烷还不到 1%，此外还有乙烷、乙烯、乙炔和氢。再加上泰坦星表面温度低至－173℃，所以其大气密度是地球海平面大气密度的 4.5 倍。泰坦星表面的重力加速度是地球表面重力加速度的 1/7，在这种条件下，人在泰坦星大气中，只要像鸟一样扑打双手就可以飞起来。此外，寒冷大气中的乙烷液化后滴到土卫六的表面上形成深达 1 千米的乙烷海，其中混杂少量的甲烷。在阳光照射下，土卫六大气中的物质可以形成有机碳氢化合物链。据推测，在其上空红褐色的云中有少量的有机分子，甚至有汽油。土卫六呈橙红色，有很厚的大气层，不少人推测土卫六上很可能存在着生命。科学家们普遍认为，在相当久远的将来，土卫六将成为人类在太阳系中的第三个可去之处。

旅行者1号飞船在飞越土星时，在卫星运动方向的半个球面上，发现由撞击形成的环形山很多，另半个球面上环形山很少。土卫一的直径约390千米，最大的环形山直径达128千米，环形山的底部有一座高达9千米的山峰。土卫三的直径大于1000千米，表面也有许多几十亿年前因陨星轰击而留下的“星疤”——陨石坑，其中一个坑的直径达400千米，底深约16千米，它的另一侧有一条长达800千米的既深又宽的大峡谷。土卫二直径约500千米，奇怪的是它的表面比较“光滑”，即“星疤”很少。

土卫二是太阳系中最白的天体，也是小天体之一，只有500千米大小。别看它小，最近一项发现却使它成为全世界的“明星”。据美国著名的《科学》杂志报道，美国科学家在2005年7月卡西尼号拍摄的土卫二照片上发现，它的南极地区存在一系列大小不等的裂缝和喷口（称为“虎纹”），并有细碎的冰屑、水蒸气和尘埃喷出，喷射物形成100—500千米高的羽状喷雾。这暗示土卫二上存在液态水。西方科学家在评论这项发现时说，在土卫二上发现液态水是“1/4个世纪以来最重要的发现”。土卫二表面普遍温度为零下200℃，但其南极某些区域却存在“热区”。“热区”通常集中在冰层的裂缝处，暗示地面下有热源持续给上面10米厚的土壤加温，使地表温度保持在冰点以上。液态水和稳定的热源是生命存在的两个基本条件，这两个条件土卫二都具备，所以科学家相信土卫二上面可能存在生命。

土卫八直径为1440千米，自1671年发现以来，一直以双色著称：一半为明亮的白色，另一半为深黑色。旅行者探测器揭开了这个谜，原来在白色的亮半球上，大部分为火山口状的冰块，能反射50%的阳光；而发黑的暗半球，则覆盖着一层比沥青还黑的物质，仅反射5%的阳光。

土卫九不大，直径只有200千米左右。引入注目的是它绕土星运行的轨道面同土星公转轨道面的交角约为175°，因而在众多的土卫中，它是唯一的逆行卫星。大多数土卫是45亿年前由年轻土星周围的盘内碎石形成的。而土卫九不同，它独立存在，到土星距离远为1300万千米；它绕土星运行的方向也与别的卫星相反，这表明它可能是一颗被土星俘获的“外来入侵者”，来自太阳系其他地方。但它究竟来自什么天体呢？是小行星还是彗星？卡西尼号上的光谱仪给出了答案，它测出了土卫九表面的化学性质，发现那里有铁、冰、干冰（冻结的二氧化碳）和其他尚未证认的矿物。由于二氧化碳在很低的温度下就能结成归干冰，所以干冰的存在强烈暗示土卫九起源于外太阳系，很可能来源于海王星轨道外的柯伊伯带内的彗星。美国的新地平线号飞船正向柯伊伯带飞去。在这艘飞船 2015 年到达冥王星之前，卡西尼号对土卫九的观测将是对柯伊伯天体的最好测量。

4. 土星大白斑

木星表面有个“大红斑”，而土星的“脸”上有个“大白斑”，它们都是颇为引人注目的标志。所不同的是，“大红斑”自被发现以来的 300 多年间，几乎是“永不褪色”，而“大白斑”却每隔 30 年左右才出现一次，每次的持续时间仅几个月而已。

关于“大白斑”最早的记录是在 1876 年 2 月，由美国天文学家霍尔发现。20 世纪最显著的一次“大白斑”，是英国天文学家海耳于 1933 午 8 月 3 日发现，他当时用的是一架口径 15 厘米的折射望远镜。他发现“大白斑”存在了约 40 天，直至 9 月 13 日消失。最近一次“大白斑”出现在 1990 年秋天。

那么，“大白斑”是怎样生成的呢？现在谜底已经揭开。原来，和地球相似，土星也是斜着身子绕太阳公转的，并且倾斜得更厉害，它的自转轴与轨道面的夹角为 63°。这样，土星的北极在不同的年份向太阳倾斜的程度就不大一样。当土星的北极向太阳倾斜的角度最大时，阳光几乎直射土星北半球，加热的效果最明显。而土星的大气中含有氨，在平时零下一百多摄氏度的低温下，氨都凝成细小的晶体颗粒，而当北半球被阳光急剧加热时，固态的氨迅速升华形成一股向上的气流，夹带着周围潮湿的空气一起升至温度很低的云顶，并在那里形成光亮的白云，这就是“大白斑”。由于土星自转速度较快，受离心力的作用，大气中的各种物质容易向赤道区移动，因此，“大白斑”生成后，常常流动在赤道区，呈蛋形，长度可达土星直径的 1/5。之后“大白斑”还会不断地扩大，甚至可蔓延到整个赤道地带。随着土星的运动，当其北极向太阳倾斜的角度变小时，就逐渐失去了被阳光急剧加热的条件，“大白斑”也自然销声匿迹了。由于其 30 年的周期正好与土星的公转周期 29.5 年吻合，因而“大白斑”差不多每 30 年左右出现一次。

事实上，土星大气中除氨的晶体之外，还有氢、氮、甲烷等其他气体，它们呈现出金黄色的斑斓云带。因此在没有“大白斑”的岁月里，土星给人的印象是个“黄脸婆”。

5. 土星磁场

土星磁场是由先驱者 11 号发现的。土星有像地球磁场一样的磁场。土星磁场在土星周围形成巨大的磁层。这个磁层像气泡一样，是一个巨大的空间。土星磁层结构和地球磁层一样，向阳面由于受到太阳风的压缩而向土星靠拢，背阳面由于受到太阳风的推拉而变得很长。但是，由于土星到太阳的距离比地球远得多，受太阳风的影响比地球小得多，所以土星磁层的压缩和拉长明显小于地球磁层。磁层带来了许多有趣的现象。

首先，产生了极光。极光是带电粒子流注入电离层时同大气中粒子碰撞激发而成的。同大气碰撞的带电粒子是沿着地球磁场来到两极地区的。土星周围也有大气和磁场，也会产生极光。不过，土星的极光不是在可见光波段，而是在紫外光波段。所以土星极光仅凭肉眼是看不见的，只能用测量紫外光的仪器测量。

其次，土星大气粒子同太阳风里的带电粒子作用会产生无线电波。利用这种电波就可以测量土星。20 世纪，旅行者号探测器曾经发现当时土星上的一天比 25 年前的长了 6 分钟。为了查明原因，就用这种电波进行测量。无线电波精确地给出了土星上一天的长度。用这种方法还测出土星磁场不是与土星同步旋转的，从而让人们第一次看到了行星磁场的变化。

第三，在土星磁层内也有像地球辐射带一样的辐射带，而且比地球辐射带大 10 倍。

6. 土星的空间探测

早在 20 世纪七八十年代，已有先驱者 11 号，旅行者 1 号、2 号先后拜访过土星，但是它们都是在土星近旁匆匆而过。专门为探测土星而设计的大型宇宙飞船卡西尼号于 1997 年 10 月 15 日发射升空，经过 7 年的长途跋涉，于 2004 年 7 月飞临土星，进入预定的环绕土星运转轨道，它将对土星及其卫星进行为期 4 年的探测研究。

卡西尼号土星探测计划，是一项以美国宇航局和欧洲空间局为主、共有 17 个国家参加的大型国际合作项目。卡西尼号直径为 3 米，高 7 米，重 6.4 吨，携带了各种功能的最先进的科学仪器设备。整个计划耗资 34 亿美元。卡西尼号从 2004 年 1 月起，就开始拍摄土星家族全面、完整的照片和影片。卡西尼号携带的照相机，比哈勃太空望远镜上的同类照相机性能更好。

在临近入轨之前的 6 月 11 日，它对土卫九进行了探测，拍摄了这颗卫星极其清晰的照片。土卫九是离土星距离最远的一颗卫星，半径 110 千米，科学家猜想它是被土星俘获的一颗小行星。卡西尼号在离它 2000 千米处经过，对它的质量和密度进行了测量。

2005 年 2 月 17 日，卡西尼号在离土卫二 1179 千米处经过，而同年 3 月 9 日，距离更近到 499 千米。土卫二半径 250 千米，表面非常明亮，几乎能反射百分之百的阳光。科学家怀疑它的表面是光滑的冰层，卡西尼号将探测它的磁场，以判断它的表层下面是否有含盐分的水存在。

2005 年 4—9 月，卡西尼号的轨道从土星赤道面改变到与这一平面成 22°夹角，居高临下对土星光环和大气进行测量，进一步探测光环结构、组成光环的物质粒子和土星大气物理特性。

2005 年 9—11 月，卡西尼号逐个接近土卫四、土卫五、土卫七和土卫三，分别对它们进行观测。土卫四半径 560 千米，土卫五半径 870 千米，它们的外表很像月球，密布环形山。土卫七位于土卫六与土卫八之间，形状不规则，最长处直径 175 千米，很像一颗小行星。土卫三半径 530 千米，密度和水一样，很可能是一个冰球。

2006 年 7 月到 2007 年 7 月，卡西尼号系统地监视和拍摄土星、土星光环、土星磁层的图像。2007 年 7—9 月，它再次拍摄土星及其家族的影片，并在 9 月 10 日到离土卫八约 1000 千米处对土卫八进行观测。土卫八半径为 720 千米，其表面一面颜色很暗，另一面却接近白色，很为奇特。

2007 年 10 月到 2008 年 7 月，卡西尼号进一步增大轨道与土星赤道平面的夹角，这样就能更好地观测土星的光环，测量远离土星赤道平面处的磁场和粒子、监视土星的两极地区和观测土星极光现象。

泰坦是太阳系中第二大的卫星，直径达 5150 千米，仅次于排行第一的木卫三。

泰坦的表面被一层浓密的大气层包裹着。已有的探测表明，泰坦的大气密度甚至比地球大气的密度还要高，大气中99%都是氮气，其余1%是甲烷、乙烷、丙烷等碳氢化合物。科学家一直希望能在泰坦上面找到生物，主张对泰坦的大气层和表面进行深入的探测。为了完成这一特殊任务，卡西尼号携带了惠更斯号着陆器，准备释放到泰坦的表面上。

第九节　天王星

天王星是太阳向外的第七颗行星，是太阳系内体积第三大（比海王星大）的行星，质量排名第四（比海王星轻）。天王星是第1颗在现代发现的行星，虽然它的光度与5颗传统行星一样，亮度是肉眼可见的，但由于较为黯淡而未被古代的观测者发现。威廉·赫歇耳爵士在1781年3月13日宣布发现了天王星，这在太阳系的现代史上首度扩展了已知的界限。这也是第1颗使用望远镜发现的行星。

1. 天王星

天王星大气的主要成分是氢和氦，还包含较高比例的由水、氨、甲烷结成的“冰”，与可以察觉到的碳氢化合物。它是太阳系内温度最低的行星，最低的温度只有49K，还有复合体组成的云层结构，水在最低的云层内，而甲烷组成最高处的云层。

如同其他的大行星一样，天王星也有环系统、磁层和许多卫星。天王星有一个暗淡的行星环系统，由直径约10米的黑暗粒状物组成。它是继土星环之后，在太阳系内发现的第二个环系统。目前已知天王星有13个圆环。天王星环被认为是相当年轻的，在对圆环周围的空隙和不透明部分的分析后发现，这些环不是与天王星同时形成的，环中的物质可能来自被高速撞击或潮汐力粉碎的卫星。2005年12月，哈勃太空望远镜侦测到一对早先未曾发现的圆环。最外围的一圈与天王星的距离比早先知道的环远了两倍，因此新发现的环被称为环系统的外环，使天王星环的数量增加到13圈。在2006年4月，凯克天文台公布的新环影像中，外环的一圈是蓝色的。关于外环颜色是蓝色的一个假说是，它由细小冰微粒组成，因此能散射足够多的蓝光。天王星的内环看起来是呈灰色的。

太阳系的第七大行星天王星拥有奇怪的“四极磁场”，导致其功能犹如“一个巨大的宇宙真空吸尘器”。它的“磁场拉力”在地球的赤道附近最强，因为地球的热带地区比南、北极要更接近天王星一些。天王星的这一“磁场拉力”强度足以在赤道上“吸起带电的尘粒子”，可能因此干扰地球的地壳，引发海底大地震和致命的海啸。

2. 天王星的轨道

天王星每 84 个地球年环绕太阳公转一周，与太阳的平均距离大约为 30 亿千米，阳光的强度只有地球的 1/400。它的轨道元素在 1783 年首度被拉普拉斯计算出来，但随着时间的推移，预测和观测的位置开始出现误差。在 1841 年约翰·柯西·亚当斯首先提出误差也许可以归结于一颗尚未被看见的行星的拉扯。在 1845 年，勒维耶开始独立进行天王星轨道的研究，在 1846 年 9 月 23 日迦雷在勒维耶预测位置的附近发现了一颗新行星，即海王星。

天王星内部的自转周期是 17 小时 14 分，但是和所有巨大的行星一样，其上部的大气层朝向自转的方向产生了非常强的风。实际上，在有些纬度，像是从赤道到南极的 2/3 路径上，可以看见移动得非常迅速的大气，只要 14 个小时就能完整的自转一周。

天王星的自转轴可以说是躺在轨道平面上的，倾斜的角度高达 98°，这使它的季节变化完全不同于其他的行星。当天王星在至日附近时，一个极点会持续地指向太阳，另一个极点则背向太阳。只有在赤道附近狭窄的区域内才可以体会到迅速的日夜交替。当它运行到轨道的另一侧时，换成轴的另一极指向太阳。每一个极都会有被太阳持续照射 42 年的极昼，而在另外 42 年则处于极夜。在接近昼夜平分点时，太阳正对着天王星的赤道，在 2007 年 12 月 7 日，天王星经过日夜平分点。

天王星异常的转轴倾斜的原因目前还不清楚，但是通常的猜想是在太阳系形成的时候，一颗地球大小的原行星撞击到天王星，造成其指向的歪斜。

3. 天王星的卫星

目前已知天王星有 27 颗天然卫星，这些卫星的名称都出自莎士比亚和蒲伯的歌剧中。5 颗主要卫星的名称是米兰达、艾瑞尔、乌姆柏里厄尔、泰坦尼亚和欧贝隆。第一颗和第二颗（泰坦尼亚和欧贝隆）是威廉·赫歇耳在 1787 年 3 月 13 日发现的，另外两颗艾瑞尔和乌姆柏里厄尔是在 1851 年被威廉·拉索尔发现的。在 1852 年，威廉·赫歇耳的儿子约翰·赫歇耳为这四颗卫星命名。到了 1948 年，杰勒德·P. 库普尔才发现第五颗卫星米兰达。

这些卫星由冰和岩石组成，大约是 50％的冰和 50％的岩石，冰也许包含氨和二氧化碳。天王星卫星系统的质量是气体巨星中最少的。最大的卫星泰坦尼亚，半径 788.9 千米，还不到月球的一半，比土星第二大的卫星稍大些。这些卫星的反照率相对也较低，乌姆柏里厄尔约为 0.2，艾瑞尔约为 0.35。

在这些卫星中，艾瑞尔有着最年轻的表面，上面只有少许的陨石坑；乌姆柏里厄尔看起来是最老的；米兰达拥有深达 20 千米的断层峡谷，梯田状的层次和混乱的变化，形成令人混淆的表面年龄和特征。有种假说认为米兰达在过去可能遭遇过巨型的撞击而被完全的分解，然后又偶然的重组起来。

4. 天王星内部结构

天王星的质量大约是地球的 14.5 倍，是类木行星中质量最小的，它的密度是每平方厘米 1.29 克。它的直径与海王星相似，大约是地球的 4 倍。这些数值显示天王星主要由各种各样挥发性物质，例如水、氨和甲烷组成。天王星内部“冰”的总含量还不能精确的知道，根据选择的模型不同有不同的含量，但是总在地球质量的 9.3—13.5 倍之间。氢和氦在全体中只占很小的部分，大约在 0.5—1.5 倍地球质量。剩余的质量（0.5—3.7 倍地球质量）才是岩石物质。

天王星的标准模型结构包括三个层面：在中心是岩石的核，中间是冰的地函，最外面是氢、氦组成的外壳。相较之下核非常的小，只有 0.55 倍地球质量，半径不到天王星的 20％；地函则是个庞然大物，质量大约是地球质量的 13.4 倍；而最外层的大气层目前还不明确，大约占有剩余 20％的半径，但质量大约只有地球的

0.5倍。天王星核的密度大约是9克/立方厘米，在核和地函交界处的压力是800万帕和大约5000K的温度。“冰”的地函实际上并不是由一般意义上的冰组成，而是由水、氨和其他挥发性物质组成的热且稠密的流体。这些流体有高导电性，有时被称为水一氨的海洋。

天王星的内热看上去明显的比其他的类木行星低，是低热流量。目前仍不了解天王星内部的温度为何会如此低，大小和成分与天王星像是双胞胎的海王星，放出至太空中的热量是得自太阳的2.61倍；相反，天王星几乎没有多出来的热量被放出。天王星在远红外（也就是热辐射）的部分释出的总能量是大气层吸收自太阳能量的1.06±0.08倍。事实上，天王星的热流量只有0.042±0.047瓦/平方米，远低于地球内的热流量0.075瓦/平方米。天王星对流层顶的最低温度纪录只有49K，使天王星成为太阳系温度最低的行星，比海王星还要冷。

5. 天王星的发现

威廉·赫歇耳，德国汉诺瓦人，他出身音乐世家，青年时代便成为了当地颇有声望的音乐家。不过，他的业余爱好却在天文学和数学方面。1781年3月13日，黄昏时分，赫歇耳利用演出前的短暂空闲进行星空观测。他把望远镜对准了大熊星座的西南方向、银河西岸的双子星座，他发现在点点群星中，有一个从来没见过的、奇怪的圆轮状的星体。赫歇耳换上放大倍数更高的目镜，发现这颗星星比它周围的那些群星距离地球要近许多。连续几天，赫歇耳追踪观察这颗星星，发现这颗星不断变换位置。赫歇耳最初以为这是一颗慧星，后来确定这是一颗行星，它距离太阳比土星远1倍。这颗星就是天王星。全欧洲的报纸都以头版头条位置报道了赫歇耳的发现，刊登他的画像，甚至连那架发现新行星的望远镜和赫歇耳的音乐指挥棒也被画成漫画。英王乔治三世召见了赫歇耳，并参观了他自制的望远镜。

6. 天王星的空间探测

20世纪80年代，旅行者2号在飞离太阳系之前飞越了天王星和海王星，而得到的有关它们的信息并不多。但是，探测这颗遥远行星的计划正在酝酿之中。

天王星的卫星比较多，较早发现的5颗卫星都比较大，其中有4颗卫星的直径都在1000千米以上。旅行者2号飞近天王星的时候对这5颗早已知道的卫星拍了许多照片，发现这些卫星的地貌很像地球，特别是天卫五的地貌非常丰富，既有悬崖峭壁，又有高山峡谷。

第十节　海王星

海王星是太阳系的第八颗、也是距离太阳最远的一颗行星，体积是太阳系第四大，质量排名第三。海王星的质量大约是地球的17倍。海王星是继天王星之后以罗马神话命名的第二颗行星。它的天文学符号是希腊神话的海神波塞冬使用的三叉戟。

1. 海王星

海王星在直径上小于天王星，但质量比它大。海王星的组成成分与天王星很相似，它由各种各样的“冰”、含有15%的氢和少量氦的岩石构成。海王星相似于天王星但不同于土星和木星，它或许有明显的内部地质分层，但在组成成分上有着或多或少的一致性。

海王星和天王星的一个区别是海王星有典型的气象活动。1986年当旅行者2号航天器飞经天王星时，该行星视觉上相当平淡，而在飞越海王星期间，海王星展现了著名的天气现象。作为典型的气体行星，海王星上呼啸着按带状分布的大风暴或旋风，海王星上的风暴是太阳系中最快的，时速达到2000千米。和土星、木星一样，海王星内部有热源——它辐射出的能量是它吸收的太阳能的两倍多。海王星外观为蓝色，原由是其大气层中含有甲烷。海王星大气层可能分层，其中85%是氢气，13%是氦气，2%是甲烷，除此之外还有少量氨气。海王星可能有一个固态的核，质量与地球相仿，其表面可能覆盖有一层冰。海王星表面温度为－218℃。此外，海王星有磁场和极光。还有因甲烷受太阳照射而产生的烟雾。

2. 海王星的结构

海王星的质量是地球质量的17倍，是木星质量的1/18。因为它的质量较典型类木行星小，而且密度、组成成分、内部结构也与类木行星有显着差别，海王星和天王星一起常常被归为类木行星的一个子类——远日行星。在太阳系外行星领域，海王星被用作一个通用代号，指所发现的有着类似海王星质量的系外行星，就如同天文学家们常常说的那些系外“木星”。

海王星内部结构和天王星相似。它的行星核是一个质量大概不超过一个地球质量的由岩石和冰构成的混合体。海王星地幔总质量相当于10—15个地球质量，富含水、氨、甲烷和其他成分。作为行星学惯例，这种混合物被叫作“冰”，虽然其实是高度压缩的过热流体。这种高电导的流体通常也被叫作水－氨大洋。甲烷、氨和水的含量随高度降低而增加。其内部大气底端温度更高、密度更大，进而逐渐和海王星地幔的过热液体混为一体。海王星内核的压力是地球表面大气压的数百万倍。通过比较转速和扁率可知海王星的质量分布不如天王星集中。

3. 海王星的卫星

海王星有13颗已知的天然卫星。其中最大的、也是唯一拥有足够质量成为球体的海卫一在海王星被发现17天以后就被威廉·拉塞尔发现了。与其他大型卫星不同，海卫一运行于逆行轨道，说明它是被海王星俘获的，大概曾经是一个柯伊伯带天体。它与海王星的距离很近，足够使它被锁定在同步轨道上，它缓慢地经螺旋轨道接近海王星，当它到达洛希极限时最终将被海王星的引力撕开。海卫一是太阳系中被测量到的最冷的天体，温度为－235℃（38K）。海王星第二个已知卫星（依距离排列）是形状不规则的海卫二，它的轨道是太阳系中离心率最大的卫星轨道之一。从1989年7月到9月，旅行者2号发现了6个新的海王星卫星。其中形状不规则的海卫八以拥有在其密度下不会被它自身的引力变成球体的最大体积而出名。尽管它是质量第二大的海王星卫星，但它只有海卫一质量的四百分之一。最靠近海王星的四个卫星，海卫三、海卫四、海卫五和海卫六，轨道在海王星的环之内。第二靠外的海卫七在1981年它掩星的时候被观察到。起初掩星的原因被归结为行星环上的弧，但据 1989 年旅行者 2 号的观察，才发现是由卫星造成的。2004 年，科学家们宣布了在 2002 年和 2003 之间发现的 5 个新的形状不规则海王星卫星。由于海王星得名于罗马神话的海神，它的卫星都以低等的海神命名。

4. 海王星的大黑斑

海王星是一颗蓝绿色的行星，大气层内十分活跃，各层的云都在高速流动，风暴层出不穷。最令人瞩目的是在大气层中存在 2 个暗斑和 3 个亮斑。

海王星上较大的一个暗斑，类似于木星的“大红斑”，因此相比较地称为“大黑斑”。大黑斑位于海王星赤道以南 21°，沿逆时针方向自转。大黑斑的大小在经度方向约 12000 千米，纬度方向约 8000 千米。它相对于海王星的大小，与大红斑相对于木星的大小相差无几。在旅行者 2 号探测海王星期间，可以看出大黑斑形状是在改变的。大黑斑的转动周期是 18 小时，当经过 7 个周期时，大黑斑向经度方向延伸，抛出一串暗斑向北扩展，然后拉长。伴随着大黑斑的是称为 S1 的亮斑，这片发光的“斑块”正好位于大黑斑的南部，像大黑斑那样，S1 也在变化：增大、收缩、东西移动。虽然有一些新的云状物形成并离开 S1，但 S1 始终留在大黑斑的南部。

科学家们认为，大黑斑附近的 S1 和其他云是高纬度云，它们位于差不多比海王星的甲烷云层高 50 千米的高度。这种云是当海王星大气中的风在一种像大黑斑这样的障碍物之上被迫升高时产生的。当空气上升时，大气中的甲烷压缩，形成一片白云，所以当大气中的风掠过它时，相对于大黑斑，云仍是稳定的。不过，这种情况对研究旅行者 2 号资料的气象学家来说，却是极为不利的，因为他们不能测量在大黑斑上面和周围流动的风速。为了测量风速，需要跟踪特殊的云，而海王星的云来去匆匆，很难鉴定和跟踪。

5. 海王星的发现

19 世纪初，法国人布瓦德在计算天王星的运动轨道时，发现理论计算值同观测资料发生了一系列误差。这使许多天文学家纷纷致力于这个问题的研究，进而发现天王星的脱轨与一个未知的引力存在相关。也就是说，有一个未知的天体作用于天王星。

19世纪中期，柏林天文台收到来自法国巴黎的一封快信。发信人是勒威耶。在这封信中，勒威耶预告了一颗以往没有发现的新星：在摩羯座东，有一颗8等小星，每天退行69角秒。当夜，柏林天文台的加勒把巨大的天文望远镜对准摩羯座，果真在那里发现了一颗新的8等星。又过了一天，他再次找到了这颗8等星，它的位置比前一天后退了70角秒，这与勒威耶预告的相差甚微。

英国皇家天文台获知这一消息时，台长艾里深为懊悔。因为之前曾有一个叫亚当斯的剑桥大学学生求见，他未予接待。亚当斯留下一封信给这位台长，信中指出在摩羯座可发现一颗9等暗星。艾里没有重视这个报告，此报告中指出的也正是这颗新发现的海王星。艾里又查阅了天文台的观测记录，更为感慨的是，这颗海王星曾两次被他们记录下来，只不过当时他们以为是一颗恒星，而把它放过了。

所有天文学家经过一段时间的讨论，都公认它便是太阳系的第八颗大行星，并根据希腊神话故事，把它命名为海王星。

6. 海王星的空间探测

1989年8月，旅行者2号宇宙飞船飞近海王星进行了探测。飞船带回的信息显示：海王星有环带。旅行者2号观测到了海王星的环。现在我们已经知道八大行星中的木星、土星、天王星和海王星都有光环，这说明了它们的形成与演化有着共同的特点。

第十一节　冥王星

冥王星，或被称为134340号小行星，是太阳系中第十二大的围绕太阳旋转的天体。它于1930年1月被发现，并以罗马神话中的冥王普路托命名（希腊神话中的哈迪斯），中文意译为冥王星。起初，它被认为是太阳系中的一颗大行星，但是在2006年8月24日于布拉格举行的第26届国际天文学联合大会中通过第五号决议，将冥王星划为矮行星。

1. 冥王星

冥王星1930年被发现，中国于1933年开始以“冥王星”为其命名。冥王星曾被认为是离太阳最远的一颗大行星，它绕太阳运行一周历时248年之久，平均速度每秒只有3英里（约4.83千米）。它距离太阳大约40个天文单位，其表面温度大概是－348℃。关于冥王星的直径大小问题尚未定论，尽管已经估计其最大值为3600英里（约5.8千米）。这一估计依据的是冥王星的细小视圆面在天空中运行时对恒星的掩食情况。冥王星的质量只有地球的1/2000。冥王星也很暗，它的视星等是15.12等。

1894年，美国亚利桑那州的天文学家帕西瓦尔·罗威尔建造了以他名字命名的罗威尔天文台。在那里，他想搜寻一颗可能存在的新的行星，称“行星X”。罗威尔计算出了那颗行星的所在位置，然而在他有生之年却未能找到这颗行星。1916年罗威尔去世，天文学家汤博继续在罗威尔天文台进行搜寻，把在同一天空、不同时间拍摄的照片底片，在背后灯光的照射下轮流显示，因为所有的恒星都不会有变动，只有被拍摄到的行星会有位置变化，这样就能发现行星和小行星。1930年1月18—23日，汤博在双子座拍摄了两张照片，在这两张照片上他发现一个移动的小点，就这样发现了冥王星，但在同年的3月13日这一发现才被公开。

近十几年来，随着天文观测上的新发现和理论上的深入，使人们对太阳系的结构有了新的了解，而传统上将冥王星作为第九颗大行星的提法在专业领域和部分公众中受到越来越多的质疑，因为它给如何在明确和一致的框架内处理新发现的若干太阳系天体的分类和命名带来了困难。其中主要的问题有两个：一是它的质量太小，质量仅为地球的0.003，不及月球的质量。二是它的轨道偏心率太大，远远大于其他八大行星。它的轨道倾角为17°，轨道一端高高地上翘，另一端则在黄道面之下。除此之外，冥王星并不像其他的八颗行星一样，在一个很简单、很单纯的轨道上绕太阳运动，而是在其轨道附近存在一大堆的小天体。这些天体我们称之为海王外天体，它们从1992年发现第一颗开始，到目前为止，已达1000多颗。现在推断在其轨道附近，和冥王星一起绕太阳转的直径大于100千米的天体达10万颗左右，很像小行星带的情形。这么多小天体和冥王星一起在一个轨道运动，说明冥王星仅仅是最早被发现的而且并不是最大的一颗。2006年8月24日，在捷克首都布拉格举行的国际天文学联合会（IAU）第 26 届大会上，天文学家投票通过联合会决议：冥王星被开除出“行星”之列，而属于“矮行星”。

人类对宇宙的探索是永无止境的，随着科学技术水平的不断提高，人类对宇宙的认识还会不断加深，这就难免会推翻一些以前被公众所广为接受的“真理”。此次将冥王星“降级”是人类在探索太阳系的过程中一个阶段性的成果，是符合客观实际的。

2. 冥王星的轨道

冥王星的轨道与其他行星的轨道一样都是椭圆形的，不过其轨道比太阳系中任何一个主要行星的轨道都显得更椭圆。这是因为其他行星的轨道距离地球的轨道，或称为黄道的角度，均在 7°之内，而冥王星的轨道却距离黄道整整 17°。由于冥王星的轨道是如此之椭圆，因此它与太阳的距离差异可以大到 18 亿千米，最小的距离也将近有 28 亿千米，稍微短于太阳与海王星的距离；它与太阳之间最大的距离则大约是 46 亿千米，比太阳与海王星的距离多出近 65%。如同其他的行星一样，它也是以反时钟方向从西至东环绕着太阳运转。它绕太阳公转时间大约是地球的 250 年，因此在冥王星的世界里一年等于地球的两个半世纪。

在 1979 年 1 月 21 日至 1999 年 3 月 14 日这段时间里，冥王星比海王星更靠近太阳。这是由于冥王星轨道的偏心率、轨道面对黄道面的倾角都比其他行星大。冥王星在近日点附近时比海王星离太阳还近，这时海王星就成了离太阳最远的行星。每隔一段时间，冥王星和海王星就会彼此接近，在黄道投影图上两颗行星的轨道交叉。但不必担心它们会碰撞，因为它们的轨道平面并不重合，即使在交叉点附近，它们之间的距离仍然是很大的。它们会像运行于立体交叉公路上的车辆一样，各自飞驰而过。

3. 冥王星的空间探测

冥王星是唯一一颗还没有太空飞行器访问过的星球，甚至连哈勃太空望远镜也只能观察到它表面上的大致容貌。美国太空总署在 2006 年 1 月 17 日发射无人探测船新视野号，对冥王星及柯伊伯带进行探索任务。在制定这项探索计划与发射探测器的当时，有点讽刺意义的是，当探测器经过漫长的旅途成功到达目的地前，冥王星已被划出太阳系九大行星行列，而被列入为矮行星。当然，冥王星的等级划分也并不会真的影响到探索任务的本身。

第十二节　矮行星

矮行星亦称“侏儒行星”，是2006年8月24日国际天文联合会重新对太阳系内天体分类后新增加的一组独立天体，此定义仅适用于太阳系内。简单来说矮行星介乎于行星与太阳系小天体这两类之间，但会议后天文学家对此类天体定义仍有争论。

1. 矮行星

2006年8月24日，在捷克首都布拉格举行的第26届国际天文学联合大会中确认了矮行星的称谓与定义，决议文对矮行星的描述如下：以轨道绕着太阳的天体；有足够的质量以自身的重力克服固体应力，使其达到流体静力学平衡的形状(几乎是球形的)；未能清除在近似轨道上的其他小天体；不是行星的卫星，或是其他非恒星的天体。

随后并把三颗已知的天体：冥王星、原为1号小行星的谷神星与柯伊伯带天体阋神星划入矮行星之中；而该会未来亦会把外太阳系或者小行星带的一些符合定义的太阳系天体划入矮行星之列。与行星定义的不同处只在矮行星未能清除在轨道上相邻的小天体，因而使冥王星从行星改列为矮行星，因为它未能清除柯伊伯带上邻近的小天体。太阳系中的矮行星目前有四个：冥王星（前文已讲述)、卡戎星、齐娜星、谷神星。

矮行星质量和大小的上下限，在国际天文学联合大会的5A决议案中并没有规范严谨的上限，即使一个比水星还大的天体，若未能将邻近轨道的小天体清除掉，也许仍然会被归类为矮行星。下限则是以能否达到流体静力平衡的形状概念来规范。但是对这类物体的大小和形状尚未定义完成。在国际天文学联合大会的5号决议案原先建议的是质量大于5×10^{20}千克，直径超过800千米，但是在最后决议的

5A 案中未予以保留，因此以观测经验为依据，提供的建议是要根据对象的历史变化和构成来作认定。

根据部分天文学家的说法，新定义可能会使矮行星的数量增至超过 45 颗。

2. 卡戎星

卡戎星是华盛顿美国海军天文台的天文学家詹姆士·克里斯蒂发现的。1978 年 6 月 22 日，詹姆斯·克里斯蒂以高放大率检验一个月前的一组冥王星的摄影底片的影像时，注意到有一个微小的凸起会周期性的出现。稍后，回溯到 1965 年 4 月 29 日的底片也确认了这个凸起。

直到现在，它仍被看成冥王星的一颗卫星。在冥王星赤道上空约 1.9 万千米的圆形轨道上运转，其运行周期与冥王星自转周期相等。

卡戎星是在 1978 年发现的。卡戎是罗马神话中冥王普路托的役卒，向亡魂索取金钱为他们划船渡过冥河。2005 年，又发现两颗冥王星的卫星：冥卫二（尼克斯）和冥卫三（许德拉）。近年来的观测表明，卡戎星其实与冥王星构成了双行星系统，同步围绕太阳旋转。另外，卡戎星的直径超过 1000 千米，质量约为 190 亿亿吨，大约是冥王星的一半，其密度与冥王星相似。有专家推测，远古时冥王星与一颗庞大天体发生了碰撞，导致一大块碎片从中分离出来，最后形成了卡戎星。

卡戎星的直径约为 1212 千米，正好约为冥王星的一半，表面积约为 458 万平方千米，表面布满了冰冻的氮和甲烷。与冥王星不同的是，卡戎星的表面看起来可能是被冻结的不易挥发的水，其表面温度约为－230℃，密度为每立方厘米 1.63 克，组成成分中岩石占了一半多，冰则比一半少一点。其表面大气仅约为 0.1 毫巴（在气象上，取 1000000 达因/平方厘米为 1 巴，以巴的千分之一作为气压的单位，称为 1 毫巴。一毫巴为一巴的千分之一，等于 0.76 米水银柱高的压力。现改称“百帕”。1 毫巴等于 100 帕）左右，是地球表面大气浓度的万分之一，稀薄到几近于无，现时科学家正努力研究卡戎星的表面，以确定该卫星有没有大气层。

3. 齐娜星

相对于 200 多年前发现的谷神星和近 30 年前发现的卡戎星，齐娜星是一个完全陌生的新来者，是在2003年被发现的。它是迄今为止我们所知道的太阳系中最远的星体，是柯伊伯带里亮度占第三位的星体。它比冥王星表面的温度低，约－214℃，是一个非常不适合居住的地方。

齐娜星的公转轨道是个很扁的椭圆，公转一周需要560年，离太阳最近的距离是38个天文单位，最远时为97个天文单位。天文学家目前认为，齐娜星的直径约2300—2500千米，只比冥王星略大。科学家说，齐娜星的大气可能由甲烷和氮组成，现在它离太阳太远，大气都结成了冰；当它运动到近日点时，表面温度将有所升高，甲烷和氮会重新变成气态。至于其内部结构，现在还只能猜测，有可能是冰和岩石的混合物，与冥王星类似。

齐娜星有一颗卫星，科学家暂时称之为“加布里埃尔”，在神话故事中，他是好战公主齐娜的随从。这些非正式的名字最终都将被正式名称取代。现在齐娜星有了一个新名字——“阋神星”。

4. 谷神星

谷神星是火星与木星之间的小行星带中，人们最早发现的一颗小行星，由意大利人皮亚齐于1801年1月1日发现。其平均直径为952千米，等于月球直径的1/4，质量约为月球的1/50，又被称为1号小行星。最初发现时被列为八大行星之一。谷神星是迄今小行星带中最大的天体，但随着凯柏带及其他天体的发现，比谷神星大的天体也随之被找到，包括夸奥尔星、新发现的最远天体塞德娜星等。

据统计，太阳系中约有50万颗小行星和八大行星一样绕着太阳公转，目前已登记在册的超过8000颗。它们大多体积很小，最早发现的四大小行星（谷神星、智神星、婚神星和灶神星）中，谷神星是最大的一颗，通常被称作“伟大的母亲”。这种称呼来自那些遥远的罗马神话。每年5月11日前后，将会发生谷神星冲日，届时，谷神星、地球与太阳将呈一条直线，地球位于两者之间，谷神星的亮度会达到最高值。此后十多天时间里，天文爱好者通过双筒野外望远镜即可看到其倩影。

天文学家利用哈勃太空望远镜为谷神星拍摄了267幅图像。科学家们通过这些照片发现，谷神星几乎为球状。这表明它的形状受到重力的控制。此外，这颗小行星的物质并非均匀地分布在其内部。电脑模型表明谷神星的内部分为不同层次：稠密物质在核心，比较轻的物质靠近表层。由此推知，它可能包括一个富含冰水的表层，里面是一个多岩石的核心。美国太空望远镜科学研究所发表的一份报告说，如果谷神星表层25%由水构成，那么其淡水含量就比地球还多。

2006年6月，美国太空总署发射Dawn探测器前往谷神星，预计于2015年8月到达。

5. “新地平线”号

新地平线号是美国国家航空航天局的一项探测计划，主要目的是对冥王星、冥卫一（卡戎星）等柯伊伯带天体进行考察。新地平线号探测器长2.1米，重量接近1吨，由美国约翰·霍普金斯大学应用物理实验室设计制造。

新地平线1号原定于2006年1月17日美国东岸时间下午1时24分，在美国佛罗里达州卡纳维拉尔角空军基地第41发射台发射，但因地面强风和负责该项目的霍金斯大学物理实验室的控制中心突然停电的原因两度推迟升空。至1月19日美国东岸时间下午2时整，卡纳维拉尔角上空云层逐渐散去，气候条件适合发射，“1号”才在原定发射升空时间迟半小时后，顺利点火发射成功。45分钟后“1号”脱离第三段火箭，离开地球引力，朝木星飞去。其航程将途经木星，借用木星引力加速，然后直奔冥王星。预计在2015年7月14日最为接近冥王星。

按计划，“新地平线”将对这个太阳系内最小的行星展开为期5个月的探测。在此期间，新地平线号与冥王星的最近距离将只有不到1万千米，而距冥王星主要卫星卡戎星的最近距离为2.7万千米。此外，新地平线号还将探测哈勃太空望远镜去年底刚发现的冥王星另外两个小卫星。

新地平线号上装有3架照相机，分别用于拍摄可见光、红外线和紫外线照片，还装有3台光谱仪，用来研究冥王星大气及地表物质的成分和温度。这个飞行器上还有一部尘埃计数器。当它告别冥王星及其卫星后，新地平线号探测器将进入位于太阳系外缘的柯伊伯带。由于新地平线号将远离太阳，无法以太阳能作为动力，因此新地平线号将使用放射同位素热电发电机，利用自身携带的10.9千克钚的放射性衰变所释放出的能量发电，但由于新地平线号的飞行速度很快，而其自身所携燃料又不足以供减速和进入环冥王星轨道之用，因此这个宇航器在完成对冥王星地表面貌、地质特征、内部构成与大气成分等进行的科学探测任务后，只能继续前行并最终一去不返，最终消失在茫茫宇宙深处。

第十三节　小行星

小行星是有类似太阳系内大行星环绕太阳运动的行为，但体积和质量比行星小得多的天体。至今为止，在太阳系内一共发现了约 70 万颗小行星，但这可能仅是所有小行星中的一小部分。这些小行星中只有一少部分的直径大于 100 千米。根据估计，小行星的数目应该有数百万，而最大型的小行星现在开始重新分类，被定义为矮行星。

1. 小行星

小行星是太阳系形成后的物质残余。有一种推测认为，它们可能是一颗神秘行星的残骸，这颗行星在远古时代遭遇了一次巨大的宇宙碰撞而被摧毁。但从这些小行星的特征来看，它们并不像是曾经集结在一起。如果将所有的小行星加在一起组成一个单一的天体，那它的直径只有不到 1500 千米——比月球的半径还小。

最大的小行星直径也只有 1000 千米左右，微型小行星则只有鹅卵石一般大小。直径超过 240 千米的小行星约有 16 个。它们都位于地球轨道内侧到土星的轨道外侧的太空中。而绝大多数的小行星都集中在火星与木星轨道之间的小行星带。其中一些小行星的运行轨道与地球轨道相交，曾有某些小行星与地球发生过碰撞。

由于小行星是早期太阳系的物质，科学家们对它们的成分非常感兴趣。宇宙探测器经过小行星带时发现：小行星带其实非常空旷，小行星与小行星之间分隔得非常遥远。我们对小行星的所知很多是通过分析坠落到地球表面的太空碎石得到的。那些与地球相撞的小行星称为流星体。经过对这些流星体的分析得知：其中 92.8%的成分是二氧化硅（岩石），5.7%是铁和镍，剩余部分是这三种物质的混合物。

小行星的命名权现属于发现者。早期的命名喜欢用女神的名字，后来改用人名、地名、花名乃至机构名的首字母缩写词来命名。有些小行星群和小行星特别著名，如脱罗央群、阿波罗群、伊卡鲁斯、爱神星、希达尔戈等。按轨道根数作统计分析，轨道倾角在约 5°和偏心率约 0.17 处的小行星数目最多。

2. 小行星的形成

太阳系天体中，除八大行星外，许许多多的小行星聚集在火星与木星之间的广阔空间里。火星与太阳的平均距离是1.52个天文单位，木星则是5.2个天文单位。绝大多数小行星都集中在2.17—3.64个天文单位的空间区域里，平均值为2.77个天文单位。这就是一般所说的小行星带。也有少量小行星的轨道长径比火星小，甚至比金星还小；另外一些小行星的轨道则跨出了木星轨道。

小行星的起源问题，一直困扰着许多科学家。很早就有的爆炸说认为：火星与木星之间原来有颗大行星，后来爆炸了，小行星带就是大行星爆炸后的碎片。可是，这颗假设中的大行星为什么要爆炸？能量从何而来？这个问题一直没有合理的解释。

另外有一种碰撞说：假定现在小行星带所占的空间中，原来存在5—10个与谷神星大小不相上下的“行星”，由于不断地碰撞而形成大量碎片。

第三种半成品说是近数十年来比较流行的一种假说，认为：正当其他行星形成时，目前小行星带所在的区域由于缺少最必要的条件，成为半成品——小行星之后，就没有再继续发展为大行星。小行星带究竟是怎样形成的？这还是有待研究的课题。

3. 小行星的分类

约90%已知的小行星的轨道位于小行星带中。小行星带是一个相当宽的位于火星和木星之间的地带。智神星等最先被发现的小行星都是小行星带内的。

火星轨道内的小行星总的来说分三群：

(1) 阿莫尔型小行星群

这一类小行星穿越火星轨道并来到地球轨道附近。这个小行星群的命名星——小行星1221阿莫尔的轨道位于离太阳1.08—2.76个天文单位，这是这个群相当典型的一个轨道。另外一个代表性的小行星是1898年发现的小行星433，这颗小行星可以到达离地球0.15个天文单位的距离。1900年和1931年小行星433来到地球附近时，天文学家用这个机会来确定太阳系的大小。1911年发现的小行星719

后来失踪了，直到2000年它才重新被发现。

（2）阿波罗型小行星群

这个小行星群的小行星的轨道位于火星和地球之间。这个组中一些小行星的轨道的偏心率非常高，它们的近日点一直到达金星轨道内。这个群典型的小行星轨道有1932年发现的小行星1862阿波罗，它的轨道在0.65—2.29个天文单位之间。小行星69230在仅1.5个月球距离处飞掠地球。

（3）阿登型小行星群

这个群的小行星的轨道一般在地球轨道以内。其命名星是1976年发现的小行星2062阿登。这些小行星被统称为近地小行星。这个组的有些小行星的偏心率比较高，它们可能从地球轨道内与地球轨道向交。近年来加深了对这些小行星的研究，因为它们至少理论上有可能与地球相撞。比较有成绩的项目有林肯近地小行星研究计划、近地小行星追踪和洛维尔天文台近地天体搜索计划等。

在其他行星轨道的拉格朗日点上运行的小行星被称为特洛伊小行星。最早被发现的特洛伊小行星是在木星轨道上的小行星，它们中有些在木星前，有些在木星后运行。有代表性的木星特洛伊小行星有小行星588和小行星1172。1990年第一颗火星特洛伊小行星——小行星5261被发现，此后还有其他四颗火星特洛伊小行星被发现。

土星和天王星之间的小行星有一群被称为半人马小行星群的小行星，它们的偏心率都相当大。最早被发现的半人马小行星群的小行星是小行星2060。估计这些小行星是从柯伊伯带中受到其他大行星的引力干扰而落入一个不稳定的轨道中的。

海王星以外的小行星属于柯伊伯带，在这里天文学家们发现了最大的小行星，如小行星50000等。虽然一直有人猜测水星轨道内也有一个小行星群，但至今为止这个猜测未能被证实。

4. 提丢斯—波得定则

提丢斯—波得定则简称“波得定律”，是关于太阳系中行星轨道的一个简单的几何学规则。它是在1766年由德国的一位中学教师戴维·提丢斯（1729—1796年）发现的。后来被柏林天文台的台长波得归纳成了一个经验公式来表示：$an=0.4+0.3\times 2n-2$，式中an是以天文单位表示的第n颗行星离太阳的平均距离，n

是离太阳由近及远的次序（但水星 $n=-\infty$ 为例外）。

1772 年，德国天文学家波得在他的著作《星空研究指南》中总结并发表了由提丢斯六年前提出的一条关于太阳系行星距离的定则。其内容是，取 0、3、6、12、24、48……这样一组数，每个数字加上 4 再除以 10，就是各个行星到太阳距离的近似值。在那时已为人所知的 4 颗行星用定则来计算会得到惊人的发现：水星到太阳的距离为（0＋4）/10＝0.4 个天文单位；金星到太阳的距离为（3＋4）/10＝0.7 个天文单位；地球到太阳的距离为（6＋4）/10＝1.0 个天文单位；火星到太阳的距离为（12＋4）/10＝1.6 个天文单位。照此下去，下一个行星的距离应该是：（24＋4）/10＝2.8 可是当时在那个位置上没有发现任何天体，波德不相信在此位置上会有空白存在，而提丢斯也认为也许是一颗未被发现的火星卫星，但不管怎样，定则在 2.8 处出现了中断。当时认知最远的两颗行星是木星和土星，用定则来推算其结果是：木星到太阳的距离为（48＋4）/10＝5.2 个天文单位；土星到太阳的距离为（96＋4）/10＝10 个天文单位。

直到 1801 年，从位于意大利西西里岛的一处偏僻的天文台传出消息，此台台长在进行常规观测时，发现了一颗新天体，经过计算，它的距离是 2.77 个天文单位，与 2.8 极为近似，它被命名为谷神星。可是它的个子太小了，只有 1020 千米。陆续地，在火星和木星轨道之间又发现了其他的行星，但个子也都不大。后来人们知道，这就是所谓的小行星带（银河）。

但波得的公式物理意义不明，1846 年发现的海王星、1930 年发现的冥王星与该式的偏离很大，故许多人至今对它持否定态度，认为充其量不过是帮助记忆的经验式。随着科学研究的深入，科学家们已提出了许多种行星距离公式，更常用的形式为 $an+1 : an=\beta$（β 为与行星质量有关的常数）。

5. 智神星

智神星是第二颗被发现的小行星，由德国天文学家奥伯斯于 1802 年 3 月 28 日发现。其平均直径为 520 千米。

在 1801 年奥伯斯重新追踪到皮亚齐发现的第一颗小行星——谷神星（现已被列为矮行星）的几个月之后，他注意到在谷神星的附近有另一个移动的天体，这是当时正巧通过附近的智神星。这个新发现的天体引起了天文界的兴趣，因为之前天文学家曾推测在木星和火星之间的空隙应该有一颗行星，而现在却出乎意料之外的已经发现了第二颗。

若不计算外海王星天体在内，智神星是太阳系内仍未被直接观测（以望远镜或探测器）到其表面的天体中最大的一个。它也有可能是太阳系内最大的不规则物体，因为其自身的重力不足以将天体聚成球形。智神星的形状是天文学家透过掩星及测光方法间接地推测出的。此外，有研究指出，智神星的光谱特征与一些碳质球粒陨石相似。

智神星体积虽然很大，但作为小行星带中的天体，它轨道的倾斜度很大，而且偏心率较大。近年从测光的结果表明，智神星的自转轴倾角接近 60°（地球只有 23.5°），这代表智神星上不同地区的日照长度有强烈的季节性。另一方面，天文学家仍未能就智神星的自转方向有一致的看法。

6. 婚神星

婚神星处在火星跟木星的小行星带之间，它在已发现的数千万颗小行星里面体积第四大，直径 240 千米。婚神星也称 3 号小行星，是德国天文学家卡尔·哈丁发现的。古罗马神话中，婚神星是助产女神，职能是引导新娘到新家、使婴儿见到光明。在这个小行星上，还有两座叫“贾宝玉”和“林黛玉”的环形山。2005 年 12 月 11 日，婚神星冲日，冲日星等 7.6 等。

詹姆斯·L. 希尔顿在 1999 年的研究认为：婚神星的轨道在 1839 年有微小的改变。这种变动是由于身份尚未获得确认的小行星经过其附近的摄动，而且不可能是由可量度出大小的天体撞击造成的影响。1996 年，威尔逊山的虎克望远镜以自适应光学拍摄婚神星影像。影像超过婚神星的整个自转周期，显示不规则的（多块形）状与一个黑暗斑点，估计为一个新产生的撞击痕迹。

7. 灶神星

灶神星又称第 4 号小行星，是德国天文学家奥伯斯于 1807 年 3 月 29 日发现的。奥伯斯原是一位医学教授，于 1802 年 3 月 28 日的夜间发现第 2 号小行星智神星，5 年之后又在他发现第 2 号小行星的天区室女座西北部发现了灶神星。他给第

4 号小行星取名为"Vesta"，她是古代意大利管理炉灶和火种的女神的名字，相当于希腊神话中的赫斯提亚，是炊事人员、磨坊工人、面包师的保护神。又有说它是源自于古代罗马神话，取名为"灶神"，是负责寺庙里面和古罗马家庭里面的厨房的火种不灭的神。

灶神星是火星和木星之间小行星带里个头第 2 大的小行星，仅次于谷神星，并且是在 2.5 个天文单位的柯克伍德空隙内侧最大的小行星。它的体积与智神星相似(在误差范围内)，但更为巨大些。灶神星的形状似乎已经受到重力的影响是扁圆球体，但是大的凹陷和凸起使它在国际天文联合会第 26 届的大会中被断然的排除在行星之外。因此，灶神星将继续归类为小行星，仍属于太阳系内的小天体。灶神星的表面温度在温度最高时约为－20℃；在冬天，极点的温度会低至－190℃；正常的白天与夜晚的温度各为－60℃和－130℃。以上的估计是在 1996 年 5 月 6 日，当灶神星非常接近近日点的时候完成的，细节则会随着季节有些许的变化。

灶神星最明显的特征是在邻近南极点的地方有一个巨大的、直径 460 千米的火山口，它的宽度达到灶神星直径的 80%，坑穴底部的深度达到 13 千米，外缘比周围的地形高出 4—12 千米，总高低差达到 25 千米，中心有一座 18 千米高的山峰突起。造成这个陨石坑的撞击将灶神星体积的大约 1%抛出，灶神星家族的 V 型小行星就是由这次撞击产生的。除了这个陨石坑外，还有几个比较大的陨石坑，直径约在 150 千米、深度 7 千米左右，也曾被观察到。一个宽达 200 千米反射率黑暗的区域已经被命名为奥伯斯，以尊崇灶神星的发现者。但在等高线图中并未显示出奥伯斯，因此它是个新生成的坑穴，还是古老的玄武岩表面，目前尚无从得知。它被选定为经度 0°的参考点，定义上的本初子午线就穿过它的中心。此外，太阳系内许多种的小天体被认为是灶神星被撞击后产生的碎片。

灶神星的东半球和西半球显示出明显不同的地形，对哈勃太空望远镜影像的初步光谱分析，东半球显示有几种高反射率的地区，伴随著老年风化层的沉重坑穴高地地形，和深度足以探测火成岩地层的坑穴。西半球的大片地区由被认为是玄武岩的黑暗地质组织占据的表面，或许类似于月海。

8. 爱神星

爱神星是一颗阿莫尔型小行星。1898 年 8 月 13 日由德国天文学家威特发现。

1900 年和 1931 年，当它在“冲”时曾进行国际联合观测，用以测定日地距离，获得天文单位长度。2000 年 2 月 14 日美国东部时间上午 10 点 33 分，NEAR 宇宙飞船成功地进入围绕爱神小行星运动的轨道，成为第一颗小行星的人造卫星。

2002 年 2 月，美国康奈尔大学的天文学家发布了有关对爱神星小行星的勘测结果，这一结果是迄今为止有关这一小行星的最详细的研究结果，主要内容包括该行星的几大特性，例如形状、质量、地形以及地质构成，标志着人类针对这颗小行星的研究进入了一个新的阶段。根据这次报告显示：爱神星的飞行轨道呈不规则型，有时距离地球很近，最远得却比火星还远，其绕太阳飞行一圈需要 1.76 年。该行星长、宽及高分别为 34、11 和 11 千米，自转时间为 5.3 小时，行星表面遍布弹坑以及大量与地球上的平房一般大的石块。爱神星的重量大约为 67000 亿吨。研究人员还指出，爱神星绝非是此前一些天文学家所说是一个由大量碎石在万有引力的作用下松散地聚集在一起的天体。

爱神星上为什么遍布了这么多的大块碎石呢？根据美国航空航天局发射的近地球行星探测太空船发回的信息，科学家认为“爱神星”表面遍布有直径在 30—100 米之间的大块岩石这一现象显示，该行星可能与其他太空天体进行过多次剧烈的碰撞；但为何这些大块岩石能够一直在“爱神星”表面较小的大气引力场这一环境中保留下来至今仍然是个难解的谜。

9. 中华星

中华星是第一颗以中国的名称命名的小行星。1928 年 11 月 22 日，旅居美国的学者张钰哲在美国发现了一颗旧星空图上没有的小行星，临时编号 1928U。最后证实，这是一颗从未被人发现的小行星，并且是第一颗由亚洲人发现的小行星。为表示对远隔重洋的祖国的怀念，张钰哲把它取名为“中华”，他由此被称为“中华星”之父。

张钰哲在美国发现的这颗小行星，由于当时没有较大的天文望远镜来做长期跟踪观测，后来便一直没有找到它的下落，仅作为似曾相识的小行星留在人们的脑海里。1949 年后，紫金山天文台工作人员在张钰哲台长的指导下，坚持不懈地开展小行星的观测工作，终于在 1957 年 10 月 30 日，从万千繁星中找到一颗与 1928U 轨道相似的小行星，正式编号 1125，并命名为“中华”。

以后，该天文台又观测到800多颗新的小行星，其中40多颗获得了正式编号，并被赋予富有中国特色的名字，如1125中华、1802张衡、1888祖冲之、2045北京、2078南京等。1978年，国际小行星组织为表彰张钰哲的杰出贡献，决定把美国哈佛大学天文台于1976年发现的一颗正式编号为2051的小行星命名为“张”。

10. 近地小行星

近地小行星指的是那些轨道与地球轨道相交的小行星。这类小行星可能会带来撞击地球的危险。目前已知的近地小行星中直径大小4千米的近地小行星已有数百个，直径大于1千米的近地小行星数量估计超过2000个。天文学家相信，它们已在轨道上运行了1000万至1亿年。它们要么最终与内行星碰撞，要么就是在接近行星时被弹出太阳系。

近地小行星距离地球有多近呢？人们最早发现的近地小行星爱神星是1898年发现的。等到1930年1月发生大冲（它到达近日点时与地球、太阳排列成一直线，这时离地球最近）时，记录到它与地球的最近距离为0.17个天文单位，约2500万千米。

20世纪30年代，是近地小行星频繁造访地球的时期。记录表明，1936年2月7日，小行星阿多尼斯星在距地球220万千米的地方掠过地球。1937年发现的赫米斯星，着实把人们吓了一大跳。这年的10月30日，它跑到地球身旁的70万千米处，一夜间越过了地球大半个天空。几十万千米在天文学家眼里只是近在咫尺之距。如果它在途中遭遇什么“不幸”（指地心引力作用），弄不好会同地球相撞的。赫米斯（又译为赫尔墨斯）为希腊神话中众神的使者，常被宙斯等众神派到地上来“探访”。人们用这个名字给离地球最近的小行星命名，是再合适不过的了。

随后的五六十年中，人们相继记录到的近地小行星还有伊卡鲁斯星、地理星、托洛星，以及近年发现的奥斯汀星，它们都与地球比较接近。但是，绝大多数的近地小行星的近地距离都比月地距离大。也就是说，迄今为止，还没有发现一颗小行星是从地球与月亮之间飞掠过地球的。

小行星的频频造访，已引起天文学家们的关注。近几十年来，有些与地球轨道相仿的小行星以及有可能靠地球最近的一些小行星，已经处于天文学家的密切监视之下。因为一些科学家们认为，尽管有些小行星的轨道并不与地球轨道完全重合，有一定的倾角，但由于小行星在大行星的摄动下，轨道会和地球轨道相交，从而有可能与地球相撞。这并不是耸人听闻和庸人自忧。目前，国际天文组织机构已经成立了监视和预警机构，对小行星中的“危险分子”和“可疑分子”进行密切的监视与追踪。

2002 年 6 月 6 日，一个估计直径为 10 米的天体撞击了地球。该次撞击发生在地中海，地点约在北纬 34°东经 21°。该天体在大气层中引爆燃烧。其释放出的能量大约（根据次声测量）相当于 2.6 万吨三硝基甲苯（黄色炸药），与一个中型核武器相当。

11. 隼鸟号小行星探测器

隼鸟号小行星探测器于 2003 年 5 月发射，于 2005 年 11 月在丝川小行星上着陆，并采集到小行星地表的岩石样本。但是，隼鸟号 2005 年 12 月由于燃料泄漏等原因，无法保持正确的空中姿态，并与地面控制中心失去了通信联络，使宇宙航空研究开发机构不得不推迟其启程回归的时间。虽然到 2006 年 3 月初，探测器与地面的通信状况逐步改善，但它的太阳能电池发电量已急剧下降，搭载的锂离子电池组也放尽了电能，其中的部分电池已不能再使用。2008 年 2 月 4 日，日本宇宙航空研究开发机构说，执行丝川小行星探测任务的隼鸟号探测器时隔 1 年零 4 个月后成功完成了离子引擎重新点火，从而迈出了返航地球的重要一步。

隼鸟号脱离丝川小行星的轨道后，于 2008 年 4 月开始了回归地球的旅程。同年 10 月，它关闭了用于长途航行的离子引擎，改为依靠惯性飞行。最近半年以来，地面控制人员一直在等待让隼鸟号重启离子引擎的时机。当“隼鸟”号与地球夹着太阳遥相呼应，并距离地球约 3 亿千米时，控制人员向隼鸟号发出了重启引擎的指令。今后，“隼鸟”号将进入围绕太阳运行的轨道，并依靠离子引擎逐渐提速，缩短与地球的距离。

现在的隼鸟号“浑身是病”：3 台姿态控制装置中已经有两台发生故障，剩下一台也岌岌可危；化学引擎因为燃料泄漏不能使用；4 台离子引擎只有 1 台能正常工作。

隼鸟号自发射以来总计已经飞行 45 亿千米，目前，控制人员正力争使其能够在 2010 年 6 月回到地球。即便如此，隼鸟号回到地球的时间也比最初的计划迟了 3 年。

第十四节 彗星

一提到彗星，人们就会想到那种在星空中出现的云雾状天体。有时这种云雾状天体在背着太阳的方向有一条尾巴。这尾巴的长短、形态和亮度各不相同。因为彗星尾巴的外貌很像一把扫帚，因此我国民间也把彗星叫“扫帚星”。而在希腊语中，慧星就是“头发”的意思。慧星在众星之间没有固定的位置，它们形态奇特，变化多端，来去匆匆。其实，彗星也是太阳家族中的成员，也是绕太阳运动的天体。

1. 彗星

一般彗星由彗头和彗尾组成。彗头包括彗核和彗发两部分，有的还有彗云。但并不是所有的彗星都有彗核、彗发、彗尾等结构。彗星不会发光，而是反射太阳光而为我们所见。彗星的体形庞大，但其质量却小得可怜，就连大彗星的质量也不到地球的万分之一。由于彗星是由冰冻着的各种杂质、尘埃组成的，在远离太阳时，它只是个云雾状的小斑点；而在靠近太阳时，因凝固体的蒸发、气化、膨胀、喷发，它就产生了彗尾。彗尾体积极大，可长达上亿千米。彗尾的形状各异，有的还不止一条，一般总向背离太阳的方向延伸，且越靠近太阳彗尾就越长。宇宙中彗星的数量极大，但目前观测到的仅约有 1600 颗。

目前，大多数人认为彗星来自奥尔特云和柯伊伯带，其实这两个观点都不对，因为即使那里有小天体，也不会跑到太阳系内形成彗星。彗星的真正发源地是类木行星的光环。当初太阳系形成时，4 颗类木行星都有一个庞大的光环，因受到众卫星、太阳及其他行星的摄动和本星体的潮汐作用，光环具有了不稳定性；在长期周期性摄动下，光环物质受摄飞出光环，进入太阳系里形成了彗星。它们有丢失光环的先后顺序，依次是海王星、天王星、木星、土星。类木行星光环先后丢失全部或一部分物质，海王星、天王星、木星环全部丢失，仅剩的残余部分就是今天我们看到的暗弱光环，而土星相对的损失少了一些。大量光环物质进入太阳系里，有时多有时少；多时形成了彗星期，即为海王星彗星期、天王星彗星期、木星彗星期和土星彗星期，和若干个亚彗星期。彗星期的出现，给地球和其他天体带来了大量的彗星雨。这些彗星雨造成地球史上的大冰期，地球借此形成了大气层、水圈和生物圈。其他星球也降落了大量彗星雨，如火星和月球上的水就是证据。

在太阳系中，彗星与八大行星、无数的小行星一起环绕太阳做运行运动。大多数彗星运行的轨道拉得很长，有的远日点达 2 光年。彗星只有在近日点附近时才能被看见，于是有人把彗星比作定期回归“故里”（近日点）的游子。我们把回归周期超过 200 年的和不再回归的彗星称做长周期彗星，而把回归周期小于 200 年的称做短周期彗星。短周期彗星又分为木星族型（回归周期小于 20 年）和哈雷型（回归周期大于 20 年而小于 200 年）。在目前已发现的约 1000 颗彗星中，长周期彗星约占 80％。

同宇宙万物一样，彗星也有一个走向死亡的过程。彗星一般是在围绕太阳转几圈后便会消亡。彗星有几种消失的方式。一种叫破碎。19 世纪 20 年代，人们发现了比拉彗星。20 年后，这颗彗星回归时变成了 2 颗；5 年后再回归时，2 颗之间的距离已经拉得很大；第三次到了应该回归时候，却消失不见了。21 年后，在仙女座方向发生了铺天盖地的流星雨，据统计大概有 16 万颗流星。原来，地球此时正巧从比拉彗星运动的轨道中穿过，地球的吸引力把粉碎了的比拉彗星的小碎片吸引过来，闯入地球大气，和空气摩擦生热发光。于是，比拉彗星的碎片变成了一群流星体。彗星还有其他的消失方式，如碰撞。1993 年苏梅克—列维彗星分裂成二十几块，像连珠炮一样冲向木星，把木星的南极地区撞得千疮百孔，它自己也随着消失在木星之中。

2. 彗星的轨道

彗星的轨道有椭圆、抛物线、双曲线三种。轨道为椭圆的彗星能定期回到太阳身边，称为周期彗星；轨道为抛物线或双曲线的彗星，终生只能接近太阳一次，而一旦离去，就会永不复返，称为非周期彗星。这类彗星或许原本就不是太阳系成员，它们只是来自太阳系之外的过客，无意中闯进了太阳系，而后又义无反顾地回到茫茫的宇宙深处。周期彗星又分为短周期（绕太阳公转周期短于 200 年）和长周期（绕太阳公转周期超过 200 年）彗星。

目前，已经计算出600多颗彗星的轨道。彗星的轨道可能会受到行星的影响，产生变化。当彗星受行星影响而加速时，它的轨道将变扁，甚至成为抛物线或双曲线，从而使这颗彗星脱离太阳系；当彗星减速时，轨道的偏心率将变小，从而使长周期彗星变为短周期彗星，甚至从非周期彗星变成了周期彗星以致被“捕获”。

3. 彗星的结构

一般彗星由彗头和彗尾两部分组成。

彗头包括彗核和彗发两部分。自1970年以来，在地球大气外观测发现过3颗彗星的彗发外面还有氢原子云，称为“彗云”或“氢云”。彗云包围着彗发，直径为100万—1000万千米。因此，应该把彗核、彗发和彗云合称为彗头。彗头的结构往往十分复杂，不同彗星也有很大差别。不少彗星的彗头没有彗云；有的彗星的彗头中没有彗发，只有彗核，尘埃组成的彗尾直接从彗核开始背向太阳延伸；有的在彗核周围稍有彗发，彗发呈球茎形状；有的彗发很亮，呈抛物面形状包围着彗核，形成锚形彗头。彗核一般难以直接从彗头中分辨开来，它的直径很小，只有几百米到上百千米，但集中了彗星的绝大部分质量。大彗星的质量为10^3亿—10^8亿吨，小彗星质量只有几十亿吨。彗核的平均密度约1克/立方厘米，有些彗核的密度可能更大些，也有一些彗核密度只有0.01克/立方厘米。彗云的体积随彗星离太阳的距离而变化，直径比彗核大得多，一般有几万千米，有的达到180万千米，比太阳还大；但彗发的质量很小，物质很稀薄。

当彗星走到离太阳两个天文单位左右时，开始产生彗尾，离太阳越近，彗尾显著地变长变大；当它过近日点之后离开太阳越走越远时，彗尾的体积更大，可长达上亿千米，宽度从几千千米甚至到2000多万千米，但物质是极稀薄的（密度只有地面上空气的十亿亿分之一）。当彗发和彗尾遮掩恒星时，一般星光不因此而减弱或偏折，但有时也观测到星光闪烁。彗尾形状多种多样，一般总是向背离太阳方向延伸，而且常常有两条以上。彗尾可分为两类：一类彗尾较直，由离子气体组成，称为“离子彗尾”或“气体彗尾”，又称I型彗尾，因含CO^+离子的发射，呈蓝色。这类彗尾是太阳风的很强斥力作用于彗星中的离子形成的。另一类是弯曲的，由微尘组成，呈黄色，称为“尘埃彗尾”，弯曲程度较小的又称II型彗尾，弯曲程度较大的称为III型彗尾。这类彗星是太阳光子的辐射压力推斥微尘而形成的。此外，还有一种看上去好像朝太阳方向延伸的扇状或长钉状彗尾，称为“反常彗尾”，这只是投影效应。

4. 彗星的命名

据科学家估计，彗星的数量多得惊人，大约有1000亿颗，约是太阳系小行星数量的20万倍。但是，由于它们远离太阳时个头很小，难以观测；又散布于太阳系内外浩瀚的宇宙空间“各行其道”地运行，肉眼能看见的彗星并不多，平均三五年才出现一次，而像哈雷彗星那样特别明亮的佼佼者，更是百年难遇。所以，迄今人们观测过的彗星不过一两千颗，其中只有一部分能计算出运行轨道。

然而，别看已发现的彗星数目远不及小行星多，但是要给它们造册登记与命名却并不容易。现在，这项工作由国际天文学联合会的专门小组负责，其工作程序与小行星类似，即也要先进行临时编号，待确认它是新发现的且计算出它的轨道（即过近日点的时刻）后，才能给予正式编号。至于彗星的命名，一般以发现者或对其研究有重大贡献的科学家的名字命名，如哈雷彗星、恩克彗星、海耳—波普彗星、百武彗星等。

国际天文学联合会规定，自1995年1月1日起，所采用的新的彗星命名法是：以发现这颗彗星的公元年号，加上代表发现时间所在的那半个月份的字母（A＝1月1—15日，B＝1月16—31日，C＝2月1—15日……Y＝12月16—31日，字母I除外），再加上代表在该半个月中发现的阿拉伯数字。在这一编号之前，可加上发现者的姓，但一般不超过3人。例如，中国科学院紫金山天文台的葛永良和汪琦于1988年11月4日发现的彗星被命名为“葛—汪1988V0”彗星。此外，为了使人们对每颗彗星的性质能一目了然，新命名法还规定在彗星名字前面加上前缀。如P/表示短周期彗星，C/表示长周期彗星，D/表示不再回归的彗星，A/表示可能是一颗小行星的彗星，X/表示尚未算出轨道根数的彗星。另外，对短周期彗星在其轨道周期确认之后，按其过近日点或在其发现后在远日点附近被观测到的先后次序，在这颗彗星的名字前面冠以编号，对所有短周期彗星从1开始，顺序排列。例如，哈雷彗星为1号，恩克彗星为2号……如果一颗彗星已经分裂，则要在它的名字后面分别加上“－A”、“－B”等。

5. 哈雷彗星

哈雷彗星在众多彗星中几乎是独一无二的，它在天空中是从东向西运行的。它又大又活跃，且轨道明确规律。从公元前240年起，哈雷彗星每次出现，中国都有记载，其次数之多和记录之详，是其他国家所没有的。

哈雷彗星的平均公转周期为76年，但并不是说准确无误，因为主行星的引力作用使它周期不断变更，陷入一个又一个循环。非重力效果（靠近太阳时大量蒸发）也扮演了使它周期变化的重要角色。在公元前239年到公元1986年，哈雷彗星的公转周期在76.0年（1986年）到79.3年（451年和1066年）之间变化。最近的近日点为公元前11年和公元66元。

哈雷彗星的公转轨道是逆向的，与黄道面呈18度倾斜。另外，像其他彗星一样，偏心率较大。与先前预计的相反，哈雷彗星的彗核反射率仅为0.03，使它比煤还暗，成为太阳系中最暗物体之一。哈雷彗星彗核的密度很低，大约为0.1克/立方厘米，说明它多孔，这可能是因为在冰升华后大部分尘埃都留了下来所致。哈雷彗星的原始质量估计小于10万亿吨，如取近似值，彗核平均密度为每立方厘米1克，彗核半径小于15千米。据估计：它每公转一圈，质量便减少约20亿吨，但这只是其总质量的很小一部分，因此它还会存在很久。

6. 比拉彗星

比拉彗星是一颗已消失的短周期彗星。1772年，法国天文学家梅西尔首度发现该彗星，到1826年2月，彗星通过近日点，由奥地利人比拉再度发现，并且计算出轨道及其公转周期6.6年。这是第三颗有记录的周期彗星。1832年11月26日，比拉彗星过近日点，仅与预报的时间相差12个小时。1846年新年伊始，阔别了13年的比拉彗星又被观测到。但人们发现此次它有些异样，因为在它彗核上面有个突出的部分。1846年1月13日夜晚，比拉彗星在众目睽睽之下慢慢分裂成两部分。起初，分出的部分又暗又小，但不久就越来越亮，并且长出了彗发和彗尾。两颗彗星俨然像一对孪生兄弟在结伴而行，但是它们之间的距离在不断扩大。到了2月10日，彼此距离已有24万千米之遥。这是人类第一次亲眼目睹一个天体在这么短的时间里发生如此大的变化。到了1852年这对彗星归来时，它们之间的距离已增大到240万千米。

1872年11月27日，当地球穿过原来比拉彗星轨道时，天上出现了灿烂的流星雨。这场流星雨整整下了6个小时，流星在天空川流不息，总数估计不下16万颗，平均每小时2.5万多颗，极盛期在27日晚9时。为什么这里会出现这场流星雨呢？原来比拉彗星因自身分裂而“结束”了自己的一生。剩下的碎块留在轨道上，密集的部分形成流星群，当地球穿过比拉彗星的轨道与流星群相遇时就出现了令人眼花缭乱的流星雨。1885年11月27日，地球再次经过它的轨道时又重现了13年前的奇景。不过规模不如从前。

7. 坦普尔1号彗星

坦普尔1号彗星是坦普尔于1867年4月3日在法国马赛寻找彗星时发现的。这颗彗星很大，其直径有4—5个弧分。这颗彗星当时位于距地球0.71个天文单位、距太阳1.64个天文单位的位置，这个距离很接近于地球和近日点。科学家计算出该彗星轨道周期为5.74年，同时这颗彗星被予以承认。

坦普尔1号彗星是一颗周期彗星。当初在发现时，坦普尔1号彗星每5.68年内接近一次近日点。在随后1873—1879年的观测中发现，坦普尔1号彗星的轨道有时非常接近木星以至于其轨道周期因受引力影响而发生改变。在1881年，科学家发现其轨道周期延长为6.5年。同时近日点也发生了改变，距离增长了5000万千米，这导致这颗彗星变得从地球上不宜被观测，进而失踪了。直到20世纪60年代，坦普尔1号彗星才被美国天文学家重新“发现”。它现在的轨道周期是5.5年。

坦普尔1号彗星并非是一颗明亮的彗星，其最大星等大约为+11，反照率只有4%，远远低于裸眼可视范围。经由天文望远镜的红外线观测后发现，其大小约为14×4千米，自转周期为2天。

2005年7月4日，美国国家航空和航天局发射了深度撞击号探测器撞击坦普尔1号彗星，目的是研究彗核的内部成分。撞击形成的弹坑细节还没有详细报告。弹坑可能直径为200米、深度30—50米，但依据坦普尔1号彗星的结构与物质构成的不同，形成的弹坑也可能会小的多。

8. 其他著名彗星

彗星世界丰富多彩，它们不仅运行轨道各不相同，而且形态也多种多样，每一颗彗星都有它自己的特点。20 世纪的 100 年中，曾出现了不少为人类带来惊喜的彗星，在彗星研究的历史上留下了极其宝贵的资料。

（1）威斯特彗星

它是 20 世纪出现的一颗最漂亮的大彗星。1975 年 11 月由丹麦天文学家威斯特首先发现。1976 年 2 月 25 日当它经过近日点以后达到最亮，亮度约－3 等。它的彗尾又宽又大，宛如一只洁白的孔雀在夜空中张开了它那妩媚动人的羽屏。

（2）池谷—关彗星

它是典型的掠日彗星。1965 年 9 月 4 日由日本的两位天文爱好者池谷和关勉同时独立发现。它的突出特点是近日距极小，仅 46 万千米。太阳内冕的边界距日面约 200 万千米，所以说池谷—关彗星过近日点时要穿过温度高达百万度的日冕层，好比是“飞蛾扑火”。

（3）海耳—波普彗星

它号称“世纪彗星”。1995 年 7 月 22 日由美国天文学家海耳和天文爱好者波普分别独立发现，回归周期约 2000 年。刚发现时它的亮度仅 10.5 等，于 1997 年 3 月 31 日过近日点前后时，实际最亮达到了－0.8 等。它的突出特点是蓝色的离子彗尾与黄色尘埃彗尾异常明显，两者组成一个 30°的交角，因为赶上新世纪来临之际，因此许多人称它为“世纪彗星”。

（4）科胡特克彗星

它是最令人失望的彗星。捷克天文学家科胡特克 1973 年 3 月 7 日发现它时亮度约 16 等，距离太阳 475 个天文单位。天文学家预测当它 12 月 28 日过近日点时亮度可达到－10 等左右，会成为 20 世纪最伟大的彗星。因此世界各国天文学家都做好充分的准备，对它进行史无前例的全面观测。然而，当它经过近日点时远远没有达到预计的亮度，并且仅有短短几天的时间，肉眼勉强可见。

（5）阿伦德—罗兰彗星

它是拥有反常彗尾的彗星。它是一颗非周期彗星，1957 年 4 月 8 日过近日点以后出现了一条很明显的反常彗尾，肉眼可见达一个星期之久。反常彗尾的方向指向太阳，也叫“逆彗尾”。它的形状先是短粗的扇形，几天后变为细长的针形，然后又恢复成扇形。

（6）莫尔豪斯彗星

它是变化无常的彗星。它是莫尔豪斯于1908年9月1日发现的。它于12月25日过近日点，轨道是双曲线，肉眼可见，出现在北部天空半年之久。它的最大特点是等离子体彗尾变化多端，在短短的几十天内就呈现出种种不同的形状。

（7）艾拉斯—荒贵—阿尔科克彗星

这是险些与地球相撞的彗星。它是1983年5月3日由日本人荒贵和英国人阿尔科克分别独立发现的；而红外天文卫星“艾拉斯”早在一个月前就记录到这颗彗星，只是当时人们误认为它是一颗近地小行星，因此以这三者名称命名。这颗彗星的轨道为抛物线形，5月21日过近日点，近日距0.9913个天文单位；5月11日最接近地球，距地球0.031个天文单位，即464万千米。

（8）苏梅克—利维9号彗星

它是撞击木星的彗星，于1993年3月24日由美国天文学家苏梅克夫妇和加拿大业余天文学家利维在帕洛玛山天文台一起发现的。发现时的亮度为14等，已经分裂成20多块，形成了一串“珍珠项链”。这个彗星于1994年7月17日至22日陆续撞向木星。苏梅克—利维9号彗星撞击木星的事件给人们留下了无尽的思考。

（9）百武彗星

它是首次探测到的有X射线发射的彗星。这颗彗星是日本天文爱好者百武裕司在1996年1月30日发现的；5月1日过近日点。刚发现时它位于火星轨道附近，亮度很低，到了3月份，它的亮度急剧增加，一直增到1等左右，肉眼清晰可见。它的一条长长的蓝色离子彗尾，横跨夜空六七十度，蔚为壮观。更引人注目的是，3月26—28日，美国和德国的天文学家通过罗赛特X射线天文卫星观测百武彗星，发现它有X射线发出。这是人类第一次探测到发射X射线的彗星，而且它的强度也是天文学家始料未及的。

9.“深度撞击”号探测器

深度撞击号探测器是一项最终成本相对低廉的撞击彗星方案的产物。探测器外观大小约等于一辆小轿车，重量约380千克，装置包括高性能的中央处理器和高稳定性的指示控制系统。一个固定的太阳帆板及小的镍氢电池、高增益天线、碎片防护装置、高分辨率成像仪和中分辨率成像仪，34 米波长的 X 波段无线电与地球和撞击舱保持通信。

撞击舱外观与茶几大小相等，主要由 49%的铜和 24%的铝制成，重约 370 千克。内置包括一台名为“撞击者目标遥感器”的高精度星体跟踪器，即一个带孔径为 12 厘米望远镜的目标瞄准照相机，用于在撞击舱飞向彗星过程中导航，以及推进速度为 25 米/秒的推进系统，以推进必要的轨道修正和姿态控制。

2005 年美国东部时间 7 月 4 日凌晨 1 时 52 分（北京时间 4 日 13 时 52 分），美国深度撞击号探测器发射成功，并以大约每小时 3.67 万千米的速度与坦普尔 1 号彗星实现人类历史上的首次“智彗”大碰撞。撞击器击中彗星的彗核后，在其表面轰出“弹坑”，使其内部物质暴露出来供研究。撞击造成了彗核表面的冰雪、尘埃等溅起，好比在太空中放出一个大“焰火”。

一直以来，科学家们认为彗核中含有太阳系初生时遗留的物质，希望借助此次撞击对太阳系诞生的过程有更多了解。美宇航局专家表示，这次撞击不会改变彗星的轨道，也不会对地球构成危险。

10.“星尘”号探测器

星尘号探测器是美国为研究维尔特 2 号彗星而研制的飞行器。整个项目耗资 1.68 亿美元。

维尔特 2 号彗星迄今仅围绕太阳飞行过约 5 圈，其中绝大部分原始尘埃和气体保存完好，研究该彗星有助于回答太阳系起源等基础性问题。

1999 年 2 月，星尘号飞船发射后，便朝着距地球 8.2 亿千米的维尔特 2 号彗星飞去。为了找到最近距离的接触，星尘号飞船绕太阳转了 3 圈，运转了 34 亿千米，直到 2004 年 1 月，当书橱大小的星尘号与维尔特 2 号彗核的最近距离达到 240 千米时，飞船上伸出一个网球拍大小的尘埃采集器，成功捕获到彗星物质粒子。同时，飞船上的光学导航相机还抓拍了一些彗核照片。这是人类航天史上第一次成功采集并收回彗星样本，也是 1976 年以来第一次成功实施机械获取外太空物质。

在 2000 年 2—5 月和 2002 年 8—12 月期间，星尘号还捕获了太阳系星际尘埃粒子。科学家认为，这些粒子可能保留了太阳系诞生之前的宇宙构成信息。

第十五节 流星

太阳系内除了太阳、八大行星及其卫星、小行星、彗星外，在行星际空间还存在着大量的尘埃微粒和微小的固体块，它们也绕着太阳运动。在接近地球时由于地球引力的作用会使其轨道发生改变，与大气分子发生剧烈摩擦而燃烧发光，在夜间天空中表现为一条光迹，这种现象就叫流星，一般发生在距地面 80—120 千米的高空中。

据观测资料估算，每年降落到地球上的流星体，包括气化物质和微陨星，总质量约有 20 万吨之巨。流星体的下落使地球的体重在 50 亿年时间内共增加约为 3.3×10^{17} 吨，或者说使地球质量增加了两万分之一，相当于体重 200 斤的大胖子增加 0.1 两，因此目前为止并没有对地球产生大的影响。

1. 流星

分布在星际空间内、造成流行现象的细小物体和尘粒，叫做流星体。它们飞入地球大气层，跟大气摩擦发生了光和热，最后被燃尽成为一束光，这种现象叫流星；如果没有燃尽就是陨星。通常所说的流星指这种短时间发光的流星体，俗称贼星。大约 92.8％的流星的主要成分是二氧化硅（也就是普通岩石），5.7％是铁和镍，其他的流星是这三种物质的混合物。流星包括单个流星（偶发流星）、火流星和流星雨三种。比绿豆大一点的流星体进入大气层就能形成肉眼可见亮度的流星。

流星体的质量一般很小，它们与大气的相对速度与流星体进入地球的方向有关，如果与地球迎面相遇，速度可超过每秒 70 千米，如果是流星体赶上地球或地球赶上流星体而进入大气，相对速度为每秒 10 余千米。但即使每秒 10 千米的速度也已高出子弹出枪膛速度的 10 倍，足以与大气分子、原子碰撞、摩擦而燃烧发光，形成流星而为我们看到。大部分流星体在进入大气层后都气化殆尽，只有少数大而结构坚实的流星体才能因燃烧未尽而有剩余固体物质降落到地面，这就是陨星。特别小的流星体因与大气分子碰撞产生的热量迅速辐射掉，不足以使之气化，而是以尘埃形式飘浮在大气中并最终落到地面上，称为微陨星。

流星体数量众多，沿同一轨道绕太阳运行的大群流星体，称为流星群。其中石质的叫陨石；铁质的叫陨铁。

2. 流星雨

在各种流星现象中，最美丽、最壮观的要属流星雨现象。当它出现时，千万颗流星像一条条闪光的丝带，从天空中某一点（辐射点）辐射出来。历史上出现过许多次著名的流星雨：天琴座流星雨、宝瓶座流星雨、狮子座流星雨、仙女座流星雨……流星雨的出现是有规律的，它们往往在每年大致相同的日子里重复出现，因此它们又被称为“周期流星”。

宇宙中那些千变万化的小石块其实是由彗星衍生出来的。当彗星接近太阳时，太阳辐射的热量和强大的引力会使彗星一点一点地瓦解，并在自己的轨道上留下许多气体和尘埃颗粒，这些被遗弃的物质就成了许多小碎块。如果彗星与地球轨道有交点，那么这些小碎块也会被遗留在地球轨道上，当地球运行到这个区域的时候，就会产生流星雨。

流星雨看起来像是从夜空中的一点迸发出来，并坠落下来的。这一点或一小块天区叫做流星雨的辐射点。为区别来自不同方向的流星雨，通常以流星雨辐射点所在天区的星座给流星雨命名。例如每年 11 月 17 日前后出现的流星雨辐射点在狮子座中，就被命名为狮子座流星雨。

流星雨的规模大不相同。有时在 1 小时中只出现几颗流星，但它们看起来都是从同一个辐射点“流出”的，因此也属于流星雨的范畴；有时在短短的时间里，在同一辐射点中能迸发出成千上万颗流星，就像节日中人们燃放的礼花那样壮观。当每小时出现的流星数超过 1000 颗时，称为“流星暴”。

流星雨的发现和记载，也是我国最早，《竹书纪年》中就有“夏帝癸十五年，夜中星陨如雨”的记载。最详细的记录见于《左传》：“鲁庄公七年夏四月辛卯夜，恒星不见，夜中星陨如雨。”鲁庄公七年是公元前 687 年，这是世界上天琴座流星雨的最早记录。中国古代关于流星雨的记录，大约有 180 次之多。其中天琴座流星雨记录大约有 9 次，英仙座流星雨大约 12 次，狮子座流星雨记录有 7 次。这些记录，对于研究流星群轨道的演变，将是重要的资料。流星体坠落到地面通常为陨石或陨铁或者其他金属类石头，关于这一点，我国也有记载。欧洲直到1803年以后，人们才认识到陨石是流星体坠落到地面的残留部分。在我国现存的最古年代的陨铁是四川隆川陨铁，大约是在明代陨落的，清康熙五十五年（1716年）掘出，重58.5千克，现保存在成都。

3. 七大著名流星雨

一般来说，出现的流星雨辐射点在狮子座中，就被命名为狮子座流星雨。其他流星雨还有宝瓶座流星雨、猎户座流星雨、英仙座流星雨等。

（1）狮子座流星雨

狮子座流星雨在每年的11月14—21日左右出现。一般来说，流星的数目大约为每小时10—15颗，但平均每33—34年狮子座流星雨就会出现一次高峰期，这时流星数目可超过每小时数千颗。这个现象与坦普尔彗星的周期有关。由于狮子座流星雨的辐射点位于狮子座，因而得名。

（2）双子座流星雨

双子座流星雨在每年的12月13—14日左右出现，最高时流量可以达到每小时120颗，且持续时间比较长。双子座流星雨源自小行星1983TB，科学家判断其可能是“燃尽”的彗星遗骸。双子座流星雨辐射点位于双子座。

（3）英仙座流星雨

英仙座流星雨每年固定在7月17日到8月24日这段时间出现，它不但数量多，而且几乎从来没有在夏季星空中缺席过，是最适合非专业流星观测者的流星雨，位列全年三大周期性流星雨之首。彗星Swift-Tuttle是英仙座流星雨之母。1992年该彗星通过近日点前后，英仙座流星雨大放异彩，流星数目达到每小时400颗以上。

（4）猎户座流星雨

猎户座流星雨有两种，辐射点在参宿四附近的流星雨一般在每年的11月20日左右出现；辐射点在ν附近的流星雨则发生于10月15日到10月30日，极大日在10月21日。我们常说的猎户座流星雨是指后者，它是由著名的哈雷彗星造成的。哈雷彗星每76年就会回到太阳系的核心区，散布在彗星轨道上的碎片，由于哈雷彗星轨道与地球轨道有两个相交点形成了著名的猎户座流星雨和宝瓶座流星雨。

（5）金牛座流星雨

金牛座流星雨在每年的10月25日至11月25日左右出现，一般11月8日是其极大日，Encke彗星轨道上的碎片形成了该流星雨。极大日时平均每小时可观测到5颗流星曳空而过，虽然其流量不大，但由于其周期稳定，所以也是广大天文爱好者热衷的对象之一。

（6）天龙座流星

天龙座流星雨在每年的10月6—10日左右出现，极大日是10月8日。该流星雨是全年三大周期性流星雨之一，最高时流量可以达到每小时120颗，其极大日一般接近新月，较无月光影响，为观测者提供了很好的观测条件。

（7）天琴座流星雨

天琴座流星雨一般出现于每年的4月19—23日，通常22日是极大日。该流星雨是我国最早记录的流星雨，在古代典籍《左传》中就有对其在公元前687年流星雨大爆发的生动记载。彗星1861I的轨道碎片形成了天琴座流星雨。该流星雨作为全年三大周期性流星雨之一，在天文学中占有极其重要的地位。

第十六节　陨石

地球不断受到陨石这类“宇宙来客”的“访问”，人们很想知道这些神秘“客人”的“故乡”在什么地方。多数科学家认为，陨石的“故乡”是太阳系的小行星带。这些小行星沿着椭圆形的轨道围绕太阳运行，当它们接近地球时，有些便告别了“故乡”，前来“拜访”地球。也有人认为，陨石是由彗星转变来的。因为有些彗星只有彗核，没有彗发和彗尾，这就使人们很难把它与小行星作出区分。

1. 陨石

陨石是地球以外的宇宙流星脱离原有运行轨道或成碎块散落到地球上的石体，是从宇宙空间落到某个地方的天然固体。它是人类直接认识太阳系各星体珍贵稀有的实物标本，极具收藏价值。据加拿大科学家10年的观测，每年降落到地球上的陨石有20多吨，大概有两万多块。由于多数陨石落在海洋、荒草、森林和山地等人烟罕至地区，而被人发现并收集到手的陨石每年只有几十块，数量极少。陨石的平均密度（某种物质的质量和其体积的比值，即单位体积的某种物质的质量，叫作这种物质密度。国际主单位为单位为千克/立方米，常用单位还有克/立方厘米。其数学表达式为 $\rho=m/V$。在国际单位制中，质量的主单位是千克，体积的主单位是立方米，于是取 1 立方米物质的质量作为物质的密度。对于非均匀物质则称为“平均密度”。）在 3—3.5 之间，主要成分是硅酸盐；陨铁密度为 7.5—8.0 之间，主要由铁、镍组成；陨铁石成分介于两者之间，密度在 5.5—6.0 之间。陨石绝大多数来自位于火星和木星之间的小行星，少数来自月球的 40 块和火星的 40 块。

目前世界上保存最大的铁陨石是非洲纳米比亚的戈巴铁陨石，重约 60 吨；其次是格林兰的约角 1 号铁陨石，重约 33 吨；我国新疆铁陨石，重约 28 吨，是世界第三大铁陨石。世界上最大的石陨石是吉林陨石，已收集的样品总重为 2550 千克，其中“吉林 1 号”陨石，重 1770 千克，是人类已收集的最大的石陨石块体。

另外，还有一种陨石被称为“玻璃陨石”，它呈黑色或墨绿色，有点像石头，但不是石头；有点像玻璃，但它是一种很特别的没有结晶的玻璃状物质。它的形状五花八门，一般都不大，重量从几克到几十克。到目前为止，已发现的玻璃陨石有几十万块，而且令人奇怪的是它们的分布有明显的区域性。关于玻璃陨石的来源和成因，现在还没有定论。

2. 陨石的起源

人们在观察中发现，在太阳的卫星——火星和木星的轨道之间有一条小行星带，它就是陨石的故乡，这些小行星在自己轨道运行，并不断地发生着碰撞，有时就会被撞出轨道奔向地球；在进入大气层时，与之摩擦发出光热的便是流星。流星进入大气层时，产生的高温、高压与内部不平衡，便发生爆炸，形成陨石雨。未燃尽者落到地球上，就成了陨石。陨落在吉林桦甸方圆五百里的土地上的陨石雨就是这样形成的。其中“1 号”陨石落到永吉县桦皮厂附近，遁入地下 6 米多，升起一片蘑菇云，它产生的震动相当于 6.7 级地震。在西伯利亚的通古斯地区上空爆炸的陨石，不但把一百里以外居民住宅楼的玻璃震碎，而且使方圆三十里的森林化为灰烬；在爆炸的中心区树林还没有来得及燃烧就已炭化，并且呈辐射状向外倒去；在其正下方的几棵“炭树”竟然直立着，原因是当时产生的高压使其变得坚固；那颗陨石爆炸时，连傍晚的莫斯科也如同白昼。人们在美国亚利桑那州曾发现了一个深170米，直径1240米的陨坑；在南极有直径达300千米的大陨坑；在大西洋中部还发现了直径达1000多千米的巨形陨。可以想象，在它们陨落的一刹那间是怎样宏大而可怕。

科学家们说，地球每天都要接受5万吨这样的“礼物”。它们大多数在距地面10—40里的高空就已燃尽，即便落在地上也难找到。它们在宇宙中运行，由于没有其他的保护，所以直接受到各种宇宙线的辐射和灾变，而其本身的放射性加热不能使它有较大的变化，所以它本身的记录是可靠的。对于它的研究范围有着相当广阔的领域，比如高能物理、天体演变、地球化学、生命的起源等。

近年来，科学家们在二三十亿年前的陨石中大量发现原核细胞和真核细胞。因此科学家断定，在宇宙中甚至是太阳系在45亿年前就有生命存在。在含碳量高的陨石中还发现了大量的氨、核酸、脂肪酸、色素和11种氨基酸等有机物，因此人们认为地球生命的起源与陨石有相当大的关系。

3. 陨石分类

全世界已收集到4万多块陨石样品，根据其内部的铁、镍金属含量高低通常分为三大类：石陨石、铁陨石、石铁陨石。石陨石中的铁、镍金属含量小于或等于30%；石铁陨石的铁镍金属含量在30%—65%之间；铁陨石的铁镍金属含量大于或等于95%。

（1）石铁陨石

石铁陨石由铁、镍，及硅酸盐矿物组成，铁、镍金属含量为30%—65%，这类陨石约占陨石总量的1.2%，故商业价值最高。著名的石铁陨石是山东莒南的“铁牛”，长1.4米，重达3.72吨，为世界陨石之首。该陨石含铁70%以上，其次为硅、铝、镍；主要矿物有锥纹石、镍纹石、合纹石等，次要矿物为陨硫铁、铬铁矿、石墨等。石铁陨石根据其内部的主要成分和构造特点分为：橄榄石石铁陨石、中铁陨石、古铜辉石—鳞石英石铁陨石。

（2）石陨石

石陨石在陨石总量中占绝对优势。从世界各地博物馆收藏的数千块陨石标本来看，60%以上是石陨石。如果从直接坠落到地面并随即收集到的陨石标本来统计，石陨石所占的比例更高，甚至可在90%以上。石陨石的成分主要是铁和镁硅酸盐，矿物成分是橄榄石和辉石，镍和铁含量较少，很接近玄武岩的成分。

石陨石根据是否含有球粒细分成两类，即球粒陨石和无球粒陨石。陨石中，球粒陨石非常丰富，约占陨石总量的84%。虽然在陨石中已鉴别出将近50种不同的矿物，但在一般情况下，球粒陨石主要由橄榄石、辉石、斜长石、铁镍微颗粒以及少量其他矿物组成。在显微镜下，这些不足1毫米的矿物颗粒杂乱无章地排列。球粒陨石的特征除了上述矿物成分之外，还具有一些直径约1毫米的圆形球粒，它们大多是玻璃质的，主要由含铁硅酸盐液滴结晶而成。放射性年龄测定结果表明，大多数球粒是在45亿年以前形成的。有些科学家认为这些球粒的成分可能代表原始行星物质，推测它们是在太阳系形成初期，被原始太阳熔化并脱离太阳迅速冷凝形成的。这样的成分可能是太阳系初期没有经过改造过的成分，这一发现为了解地球原始成分提供了十分宝贵的资料。在球粒陨石中，由于球粒的成分不同，还可以分出辉石球粒陨石、普通球粒陨石和含碳球粒陨石。在地球上，含碳球粒陨石非常稀少，它们的主要特点是含有氨基酸和其他有机质。科学家们研究发现，1969年9月在澳大利亚的亚茂契逊镇坠落的含碳球粒陨石中，含有18种氨基酸。另外，含有水矿物蛇纹石也是这类陨石的特殊之处。无球粒陨石在陨石中排第二位，约占8%。这类陨石的特征是不含陨石球粒，成分类似于地球上的镁铁质和超镁铁质岩石，更接近于辉石岩，其中最主要的矿物是辉石和斜长石。

（3）铁陨石

铁陨石数量约占陨石总量的6%，含有90%的铁，8%的镍。此外，还有钴、磷、硅、硫、铜等元素，在地球上还没有见到与铁陨石相应的物质。铁陨石的密度比较大，为每立方厘米8—8.5克。根据成分和结构特征的差异，铁陨石可以细分为方陨铁、八面石、贫镍角砾斑杂岩和富镍角砾斑杂岩四种类型。它们在成分上是过渡的，可以由同一种铁镍熔体缓慢冷却而逐渐形成。它们在结构上也有不同，比如方陨铁在光面上具有平行条纹，也叫牛曼条纹；而八面石的光面上是交错条纹，也叫韦氏条纹。

铁陨石的外表裹着一层黑色或褐色的1毫米厚的氧化层，叫熔壳。外表上还有许多大大小小的圆坑叫做气印。此外还有形状各异的沟槽，叫做熔沟。这些都是由于它们在陨落过程中与大气剧烈摩擦燃烧而形成的。铁陨石的切面与纯铁一样，很亮。

4. 陨石的鉴别

鉴定一块样品是否为陨石，可以从以下几方面考虑：

*外表熔壳。*陨石在陨落地面以前要穿越稠密的大气层，陨石在降落过程中与大气发生磨擦产生高温，使其表面发生熔融而形成一层薄薄的熔壳。因此，新降落的陨石表面都有一层黑色的熔壳，厚度约为1毫米。

*表面气印。*由于陨石与大气流之间的相互作用，陨石表面还会留下许多气印，就像手指按下的印迹。

*内部金属。*铁陨石和石铁陨石内部是由金属铁组成，这些铁的镍含量很高(5%—10%)。球粒陨石内部还有金属颗粒，在新鲜断裂面上能看到细小的金属颗粒。

*磁性。*正因为大多数陨石含有铁，所以95%的陨石都能被磁铁吸住。

*球粒。*大部分陨石是球粒陨石（占总数的90%），这些陨石中有大量毫米大小的硅酸盐球体，称作球粒。在球粒陨石的新鲜断裂面上能看到圆形的球粒。

*比重。*铁陨石的比重为每立方厘米8克，远远大于地球上一般岩石的比重。球粒陨石由于含有少量金属，其比重也较重。

5. 十大著名陨石坑

陨石坑（较大的陨石坑又称环形山）是行星、卫星、小行星或其他天体表面通过陨石撞击而形成的环形的凹坑。在地球上，陨石坑内常常会充水，形成撞击湖，湖心则有一座小岛。

在具有风化过程的天体上或者具有地壳运动的天体上，年代久的陨石坑会逐渐被磨灭。比如在地球上通过风化、风吹来的尘沙的堆积、岩浆撞击坑会被掩盖或者磨灭。在其他天体上有可能有其他效应来磨灭陨石坑。比如木卫四的表面是冰，随着时间的流逝冰会慢慢流动，使得这颗卫星表面的陨石坑消失。

几乎所有具有固体表面的行星和卫星均带有陨石坑。在有些天体上陨石坑的密度可以被用来确定相应的表面地区的形成年代。在地球上约有150个大的依然可以辨认出来的陨石坑，通过对这些陨石坑的研究，地质学家还发现了许多已经无法辨认出来的陨石坑。

（1）美国亚利桑那陨石坑

美国内华达州亚利桑那陨石坑是5万年前，一颗直径约为30—50米的铁质流星撞击地面的结果。这颗流星重约50万千克、速度达到每秒20千米，爆炸力相当于2000万千克TNT，超过美国轰炸日本广岛那颗原子弹的一千倍。爆炸在地面上产生了一个直径约1245米，平均深度达180米的大坑。据说，坑中可以安放下20个足球场，四周的看台则能容纳200多万观众。

（2）墨西哥尤卡坦陨石坑

墨西哥尤卡坦半岛契克苏勒伯陨石坑，直径有198千米。“肇事者”是6500万年前一颗直径为10—13千米的小天体。陨石坑被埋藏在1100米厚的石灰岩底下，先被石油勘探工作者发现，随即又被“奋进号”航天飞机通过遥感技术证实了它的存在。

（3）俄罗斯通古斯陨石坑

俄罗斯西伯利亚通古斯地区有陨石痕迹。1908年6月30日，目击者看见一个火球从南到北划过天空，消失在地平线外，地平线上随即升腾起火焰，响起巨大的爆炸声。爆炸之后的几天里，通古斯地区的天空被阴森的橘黄色笼罩，大片地区连续出现了白夜现象。调查者相信这是一颗陨石撞击到西伯利亚所引起的爆炸。据推测，这颗直径小于60米的小行星或者彗星碎块闯入大气层，在距地面8千米的上空发生了爆炸。

（4）戈斯峭壁陨石坑

澳大利亚探险家戈斯于1873年发现了戈斯峭壁陨石坑。最早光顾这个陨石坑的是生活在澳大利亚荒漠中的土著，坑中的营地遗址留下了他们当年活动的痕迹。像大多数类似的陨石坑一样，戈斯峭壁也有从中心向四周辐射的地质裂缝。根据科学家对该坑形成的研究，证实它是在一亿三千万年前，遭受来自太空的撞击形成的，撞击物体速度极快，但密度相对较低，因而推测是彗星（由固体二氧化碳、冰块和尘埃组成）而非小行星陨石。

最初的陨石坑直径大约为20千米，而现在坑径只有4千米，是中心坑，外围坑在亿年漫长的岁月里早已被侵蚀掉了。在坑的外边缘有两道坚硬的砂岩峭壁，高出平原地面180米，它也是在那次彗星撞击中形成的。地下探测表明，与之相同的岩层在地下2000米的深处，可想而知当年的撞击有多么强烈。

(5) 塔吉克斯坦 Kara Kul 陨石坑

这个临近阿富汗边界、在帕米尔高原上的陨石坑大约在 1 千万年前形成，直径 45 千米。

(6) 加拿大 Clearwater Lakes 陨石坑

这是一对孪生陨石坑，形成在 2 亿 9 千万年以前，可能是由分裂成两块的小行星同时撞击而成。陨石坑西面坑直径 32 千米，东面坑直径 22 千米。

(7) 加拿大 Manicouagan 陨石坑

这个陨石坑有明显的被冰面覆盖的环状湖。其有 100 千米直径，形成在 2 亿 1 千万年前。

(8) 澳大利亚 Walf Creek 陨石坑

其位于北部沙漠中心，直径 875 米，形成于 30 万年以前，是一个比较年轻的陨石坑。坑边高度位 25 米，坑的中心深度为 50 米。陨石坑里至今还有铁陨石氧化后的残余物质，以及高温下沙粒熔化形成的玻璃物。

(9) 德国 ries 陨石坑

这个陨石坑有 1500 万年历史，现在已是一片茂盛的农田。

(10) 南非 vredefort 陨石坑

其直径达到了 3 万多米，其年代约为 20 亿年。

第六章

探索宇宙

第一节　星空

星光灿烂的宇宙浩瀚无比。对它那无数未知的奥秘，人类总是充满了探索的热情。从古到今，人们对星空探索的脚步从未停止。特别是中国的神州五号载人飞船的上天，让我们对宇宙有了从未有过的兴趣。星空中的谜团实在太多了，太令人难以想象和不可思议了。了解星空就是在帮助我们人类了解自己。

1. 天球

广袤无垠的天空看起来像一个庞大的圆球，全部日月星辰好像都分布在这个球面上。天文学上就将以地球为中心，以无限大为半径，内表面分布着各种各样天体的球面称为天球。

天球是研究天体的位置和运动而引进的一个半径为任意的假想圆球。根据所选取的天球中心不同，有站心天球、日心天球、地心天球等，各个天体同地球上的观测者的距离都不相同。例如“站心天球”，天体和观察者间的距离与观测者随地球在空间移动的距离相比要大得多，人的肉眼分辨不出天体的远近，所以看上去天体似乎都离我们一样远，仿佛散布在以观测者为中心的一个圆球的球面上（站心天球）。实际上我们看到的是天体在这个巨大圆球（天球）的球面上的投影位置。观测者所能直接辨别的只是天体的方向。它们在球面上处理点和弧段的关系，比在空间中处理视线方向间的角度要简便得多，因此在天文学的一些应用中，都用天体投影在天球上的点和点之间的大圆弧段来表示它们之间的位置关系。天球的半径是任意选定的，可以当作数学上的无穷大。

为了准确形容天上星体的位置，天文学家制订了一套坐标系统来标示星体在天球上的位置。这套坐标系统和地球上惯用的经纬度坐标十分相似。这套坐标系统把天球分为赤纬及赤经。赤纬的算法是从天球赤道开始至两极止，天球赤道是0°，向北至天球北极是＋90°，向南至天球南极是－90°。赤经的算法较特别，和地球经度（由－180°到＋180°）的算法不同，赤经是在天球赤道自西向东由0小时至24小时，就是把一周360度平均分成24份，可以知道其中的1小时就等于15°。和时间一样，赤经的每小时可分为60分，每分可再细分为60秒。另外，这里的分秒是指角分、角秒，和传统时间意义上的不同（1时分＝15角分，1时秒＝15角秒）。赤经计算的起点为春分点，春分点是太阳在每年的春分（3月21日前后）所处的位置。

像转动中的陀螺一样，地球的自转轴在太空中其实并不固定，而是以26000年的周期在转动，这个运动称为岁差，并且同时春分点和天球北极的位置亦会非常缓慢地移动。所以，当我们使用天球坐标来标示天体的位置时，应该同时指出是哪一年的坐标。

2. 黄道和黄道十二宫

黄道是地月系质心绕太阳公转的瞬时平均轨道平面与天球相交的大圆，它是天球上黄道坐标系的基圈。换句话说，黄道是一年当中太阳在天球上的视路径，它在群星之间移动的路径，同时也是行星每年所经过的路径。形象地说，它是球状的表面（天球）与黄道平面的交集；以几何学来描述，它是包含地球环绕太阳运行的平均轨道平面。黄道平面应该是稳定不变的黄道平面，是垂直所有行星轨道平面角动量和的平面。目前的黄道平面与不变的黄道倾斜约1.5°。

黄道宽16°环绕地球一周为360°黄道面包括了除冥王星以外所有行星运转的轨道，也包含了星座，恰好约每30°范围内各有一个星座，总计为十二个星座，称为“黄道十二宫”。太阳在黄道上自西向东运行，每年环“天”一周。在黄道两边的一条带上分布着十二个星座，它们是白羊座、金牛座、双子座、巨蟹座、狮子座、室女座、天秤座、天蝎座、人马座、魔羯座、水瓶座和双鱼座。地球上的人在一年内能够先后看到它们。

古巴比伦人对这些星座进行了长期观测，通过观测定出了黄道，又把黄道分成12等份，每等份30°，称为1段。太阳在12个月内绕黄道运行1周，它在黄道上每月运行1段。在古人看来，太阳是阿波罗神，它休息的地方定然是金碧辉煌的宫殿，因此他们就把黄道上的1段叫做1宫。这样，黄道上的12段便成了“黄道十二宫”。黄道十二宫的名称与黄道附近的12个星座类似，即白羊宫、金牛宫、双子宫、巨蟹宫、狮子宫、室女宫、天秤宫、天蝎宫、人马宫、魔羯宫、水瓶宫和双鱼宫。

虽然黄道十二宫的名称与黄道附近的12个星座的名称相同，但它们有本质的差别。黄道十二宫表示太阳在黄道上的位置，宫与宫的距离是固定的，都是30度；太阳进入每一宫的时间基本上是固定的，现在每年3月21日前后太阳来到春分点进入白羊宫，6月22日左右来到夏至点进入巨蟹宫，9月21日前后来到秋分点进入天秤宫，12月22日左右来到冬至点进入魔羯宫。

3. 三垣二十八宿

中国古代为了认识星辰和观测天象，把天上的恒星分为几个一组，每组合定一个名称，这样的恒星组合称为星官。各个星官所包含的星数多寡不等，少到一个，多到几十个，所占的天区范围也各不相同。在众多的星官中，有31个占有很重要的地位，这就是三垣二十八宿。

三垣分别是：紫微垣、太微垣和天市垣。紫微垣包括北天极附近的天区，大体相当于拱极星区，里面有大熊、小熊、天龙、仙王、仙后等星座，中国古代多以皇家贵胄命名，如天皇大帝、太子、太尊等。太微垣包括室女、后发、狮子等星座的一部分，中国古代多以大臣官职命名，如三公、九卿、虎贲、从官、幸臣等。天市垣包括蛇夫、武仙、巨蛇、天鹰等星座的一部分，中国古代多以市井商贾命名，如斗、斛、肆、楼等。

二十八宿又称为二十八星或二十八舍。最初是古人为比较日、月、金、木、水、火、土的运动而选择的二十八个星官，作为观测时的标记。“宿”的意思和黄道十二宫的“宫”类似，表示日月五星所在的位置。到了唐代，二十八宿成为二十八个天区的主体，这些天区仍以二十八宿的名称为名称，和三垣的情况不同，作为天区，二十八宿主要是为了区划星官的归属。

二十八宿从角宿开始，自西向东排列，与日、月视运动的方向相同，分作四组，每组七宿，分别与四种颜色、五种四组动物形象相匹配，叫做四象或四陆。对应关系如下：东方苍龙，青色；北方玄武，黑色；西方白虎，白色；南方朱雀，红色。东方青龙七星宿为角、亢、氐、房、心、尾、萁；北方玄武七星宿为斗、牛（牵牛）、女（须女）、虚、危、室（营室）、壁（东壁）；西方白虎七星宿为奎、娄、胃、昴、毕、觜、参；南方朱雀七星宿为井（东井）、鬼（舆鬼）、柳、星（七星）、张、翼、轸。

二十八宿与四方相配是以古代春分前后初昏时的天象为依据的，这时正是朱雀七宿在南方，苍龙七宿在东方，玄武七宿在北方，白虎七宿在西方；四种颜色的相配，则与古代五行说有关。至于龙、龟蛇、虎、鸟匹配天象的由来：一种观点认为是与原始部落的图腾有关；另一种说法则认为可能与这些星座昏中时所代表的季节特征有联系。

此外还有贴近、与它们关系密切的一些星官，如坟墓、离宫、附耳、伐、钺、积尸、右辖、左辖、长沙、神宫等，分别附属于房、危、室、毕、参、井、鬼、轸、尾等宿内，称为辅官或辅座。唐代的二十八宿包括辅官或辅座在内总共有星183颗。

4. 天文观测

观测天体的重要手段是天文望远镜。可以毫不夸张地说，没有望远镜的诞生和发展，就没有现代天文学。随着望远镜在各方面性能的不断改进和提高，天文学也正经历着巨大的飞跃，迅速推进着人类对宇宙的认识。

1608年，荷兰眼镜商李波尔赛偶然发现用两块镜片可以看清远处的景物，受此启发，制造了人类历史第一架望远镜。1609年，天文学家伽利略制作了一架口径4.2厘米、长约1.2米的折射式望远镜。这架望远镜将天文学带入了望远镜时代。随后在1611年，德国天文学家开普勒又将天文望远镜作了改进，提高了放大倍数。折射望远镜的优点是焦距长，底片比例尺大，对镜筒弯曲不敏感，比较适合于做天体测量方面的工作。但是它也有一定的缺陷，巨大的光学玻璃浇制起来十分困难。到1897年折射望远镜的发展达到顶点，技术上的限制使得此后的一百多年中再也没有更大的折射望远镜出现。

1668 年诞生了第一架反射式望远镜。经过多次磨制非球面的透镜失败后，牛顿另辟思路发明了反射望远镜。用反射镜代替折射镜是一个巨大的成功。它有许多优点，而且相对于折射望远镜比较容易制作，虽然它也存在固有的不足。

折反射式望远镜最早出现于 1814 年。到了 1931 年，德国光学家施密特将一块近于平行板的非球面薄透镜与球面反射镜相配合，制成了一架折反射望远镜。这种望远镜光力强、视场大、象差小，适合于拍摄大面积的天区照片，尤其是对暗弱星云的拍照效果非常突出。后来，这类望远镜成了天文观测的重要工具。它兼顾折射和反射两种望远镜的优点，非常适合业余的天文观测和摄影。

1932 年，央斯基用无线电天线探测到来自银河系中心（人马座方向）的射电辐射，标志着人类打开了在传统光学波段之外进行观测的第一个窗口。二次大战后，射电天文学脱颖而出。射电望远镜为射电天文学的发展起了关键的作用。20 世纪 60 年代天文学的四大发现：类星体、脉冲星、星际分子和宇宙微波背景辐射，都是用射电望远镜观测得到的。

除了射电观测，非可见光天文观测还包括红外观测、紫外观测、X 射线观测和 γ 射线观测等。由于这几种天文观测受地球大气的影响更大，人们往往将望远镜安装在飞机上，或用热气球载上高空。此后又用火箭、航天飞机和卫星等空间技术将望远镜送到地球大气层外。

空间观测设备与地面观测设备相比，有极大的优势。光学空间望远镜可以比在地面接收到宽得多的波段。由于没有大气抖动，分辨率也得到了极大的提高。空间没有重力，仪器也不会因自重而变形。

以天文学家哈勃的名字命名的哈勃太空望远镜（HST）是由美国宇航局主持建造的四座巨型空间天文台中的第一座，也是所有天文观测项目中规模最大、投资最多、最受公众注目的一项。它筹建于 1978 年，设计历时 7 年，1989 年完成，并于 1990 年 4 月 25 日由航天飞机运载升空，耗资 30 亿美元。但是由于人为原因造成的主镜光学系统的球差，不得不在 1993 年 12 月 2 日进行了规模浩大的修复工作。成功的修复使哈勃望远镜的性能达到甚至超过了原先设计的目标。观测结果表明它的分辨率比地面的大型望远镜高出几十倍。它对国际天文学界的发展有非常重要的影响。

5. 春夜星空

处在不同地理纬度的观测者，所能看到的星空是不一样的，例如越往南，看到的南天的星星就越多。我国海南岛三亚市地理纬度接近 18°，在那里可以看到赤纬−72°以北的所有星星；而北京的地理纬度约 40°，只能看到赤纬大于−50°的星星。

由于地球自转的同时又在公转，形成了星空的季节性变化，不同季节晚上的同一时刻，星空中的星座有所不同。因此，人们常常按春夏秋冬四季把星空区分为四季星空。

高悬在北方夜空的北斗七星，是人们最熟悉的星星，学认春季的星座，也就从它开始。北斗七星是大熊座的一部分，由 5 颗明亮的 2 等星和 2 颗 3 等星组成一个勺子形状，就像古人盛酒的用具“斗”，故有此名。至于叫它北斗，还为了有别于低垂于夏季夜空的人马座上的同样排列成斗形的南斗六星。北斗七星相当于大熊座的腰部到尾部部分。其中的四颗星组成斗勺，另三颗星组成斗柄。春天的黄昏，北斗七星的斗勺正指向东方。

在北斗七星前端的天璇和天枢两星之间连一条直线，再延长 5 倍的距离，便遇到颗明亮的 2 等星，它就是北极星。这是寻找北极星的最简便的方法。因此天璇和天枢二星又被称作“指极星”。由于北斗星不断地绕北极星周围运转，高度与位置不时变动，寻找时应多加注意。

北斗七星的斗柄部分稍有点弯曲，如果您顺着斗柄上的三颗星的弧线伸展出去，便会遇上一颗橙红色的亮星，它属于牧夫座，中文名大角。牧夫座是个较大的星座，但因结构分散，辨认不易。不过通过北斗七星引路，还是不难发现它的。

如继续顺着这条弧线伸延下去，至黄道附近就会遇到另一颗发出青白色光辉的 1 等星。这颗星的中文名为角宿一，是室女座的主星。室女座所属各星排列分散，可以分阶段进行辨认，先学辨认角宿一，然后由局部至全体。

在角宿一的西边天空，一颗白色的 1 等星闪烁耀眼，这是狮子座的主星，中文名轩辕十四，它同角宿一一样，同属航海九星之一。除了轩辕十四外，狮子座还包括 2 颗 2 等星与 4 颗 3 等星，是一个容易辨认的星座。

春季傍晚能看到的星座除上述外，还有巨蟹座、长蛇座、乌鸦座等。但这些星座都不大容易辨认。其中的长蛇座以一字长蛇阵见著，通常当蛇头已升到正南方时，蛇尾还未完全越过东方地平线。

6. 夏夜星空

辨认夏季的星座，最好是从在南方地平线附近发光的天蝎座开始。天蝎座由 1 颗火红的 1 等星、3 颗 2 等星、10 颗 3 等星组成的实力庞大的星座，是黄道上最壮丽的一个星座。在所有的星座中，要数天蝎座最名符其形了，它的左下方的一长串星形成卷曲着的“蝎子尾巴”，右上方的几颗星组成的“蝎子头”，以及在头侧的两枚毒针，除了活像一只张牙舞爪的蝎子外，不会作第二种想象。我国古代所说的心宿二（又名大火）处在蝎子的心脏部位。傍晚，当您在南方的夜空看到明亮的天蝎座时，漫长的夏季已经来临了。

在夏季的夜空，异常明亮的银河特别引人注目，不过银河中最明亮的部分除了天蝎座，其东面的人马座一带也很显眼。人马座上没有 1 等亮星，但有 2 颗 2 等星、8 颗 3 等星。虽然它们的排列比较紧凑，但初学认星的人还是不太容易发现它，不过在天文学上人马座却是个有名的星座。人马座右侧至弓的上端的 6 颗星排列成一个勺子形状，称作南斗六星。南斗六星虽不如北斗七星那么著名，那般灿烂，但一样具有北斗七尾的美丽形状。

银河由天蝎座东侧向北伸展，正好与在距东方地平线一半高处，2 颗晶澄洁白的 1 等星隔着银河相望。其中高度较低、位于银河东岸的那颗亮星是天鹰座的牛郎星，就是中国民间传说中盼望七巧节与织女相会的那位牛郎。较高的那颗位于银河西岸的星是天琴座的织女星，与牛郎可望不可及。牛郎星与织女星各具明显特征，即使从云缝中偶然一现，也不难认出它们。先说辨认牛郎星：牛郎星两边各有一颗较暗的星，三颗星近于在一直线上，这是辨认的最显著标志。接着再看织女星：在织女星的东侧有两颗小星，它们与织女星正好组成一个正三角形，仿佛是织女的两名侍女。

从天鹰座沿银河北溯上去，有一颗白色的 1 等星，这颗亮星在天鹅座里，叫天津四。如果仔细观测，天鹅座很像一个大的十字架，天津四就位于十字的顶端，十字架的脚朝着天鹰座的方向。这个十字架称作北十字，以和南天的南十字座相对应。不过，北十字不如南十字那样有魅力，名气亦不如后者大。

夏夜的星空除上述各星座外，还可以见到小巧玲珑的北冕座及武仙、蛇夫等大型星座等。

7. 秋夜星空

辨认秋夜的星座，要从在东北方的银河中闪焰生辉的仙后座开始。仙后座由 3 颗 2 等星、2 颗 3 等星组成一个 W 字形状，由于其形状别致，很容易辨认，并不会忘记。

认识了仙后座，就可以很容易地找到北极星。方法是将 W 两侧的两颗星分别相连，并延长连线至相交，然后由交点引线和 W 中央的星连结，再向前延长约 5 倍的距离就是北极星的位置了。

秋夜的其他星座都不如仙后座那么容易辨认。仙后座的西邻是仙王座，仙王座的形状颇像一颗象棋的棋子，因此相对来说是个比较容易辨认的星座。

仙女座在希腊神话中是仙后座和仙王座的女儿，仙女座和仙后座、英仙座排列成正三角形的位置，这可作为辨认它的线索。仙女座的西南侧是飞马座。飞马座是个大星座，但因缺少一颗可以成为主宰的亮星，辨认它并不容易。

仙女座西端的 1 颗 2 等星和飞马座东侧的 3 颗 3 等星大致组成一个正方形，称之为飞马座正方形或飞马座四边形，这个四边形相当大。还有英仙座，它有一半侵于银河中，很像一个人的右手握拳并张开姆指与食指那样的形状。这个形状比较抽象，要记住它就得反复地观测。

秋夜南方的星空是一片寂寥凄凉，天蝎正在下沉，人马陷落在西南方天边，魔羯、宝瓶、双鱼、白羊等黄道上的星座虽毗邻而立，但都暗淡无光，不易看清它们的真面目。

8. 冬夜星空

冬季是一年中星空最热闹的季节，雄伟壮丽的猎户座以其位于中央的呈一字排开的三颗亮星而自古闻名，即著名的“参宿三星”。在参宿三星的东面和西面，大致对称地分布着两颗明亮的 1 等星，东面的一颗红色 1 等星叫参宿四，西面一颗蓝色 1 等星叫参宿七。参宿七的表面温度约 12000℃，半径约为太阳半径的 50 倍，十分巨大，但比起参宿四却只能算个侏儒了。参宿四温度只有3000℃，但半径最小时也有太阳半径的700倍，最大时可达1000倍，应称之为超级巨星了。参宿四在经常地不规则地收缩与膨胀着。

在参宿三星的西南方，另有较小的三颗连星，这是小三星。在晴朗无月的夜晚仔细地观测这三颗小星就会发觉中央的一颗星和普通的星有差异，它不具有鲜明的轮廓，只像个雾状的斑点，模糊的光辉向四周围弥漫，这是著名的猎户座大星云。

将参宿三星的连线向北延长约8倍的距离，就会遇上1颗橙色的1等星，它是金牛座的毕宿五。毕宿五构成了金牛的右眼。在毕宿五附近，十多颗较暗淡的星和毕宿五一起组成了一个V字形，这就是著名的毕星团，是中国古代的二十八宿之一。离毕星团不远，六七颗混杂的星组成了另一个集团，名叫昴星团，又有六连星及七姐妹星团之称，视力佳的人可以见到九颗星。昴星团的星星全都是青白色的。在隆冬的寒冷日子里，昴星团在我们头顶附近散发出清冷的幽光。从金牛座向东眺望，两颗头等亮星亲热地并肩黏在一起，相映成趣。靠南的特别明亮的1颗1等星名叫北河三，靠北的那一颗稍暗一些，是2等星，名叫北河二。在金牛座北方分布着御夫座，它的首领是金黄色的2等星五车二。在五车二西南有几颗小星组成细长的三角形，它们是寻找到五车二的标志。

从猎户座的参宿三星引线向东南延伸约7倍的距离，便会遇上一颗全天最亮的星，叫天狼星。蓝盈盈的光辉会使人联想起黑暗中闪烁的野狼的目光，故名之。天狼星是天上最亮的恒星，比它更明亮的星只有金星与木星，此外火星有时候也比它亮些。

天狼星属大犬座，与此对应，在双子座的南方有个小犬座。大犬座确实小，除了主帅1等星南河三外，就只有1颗3等星在为它摇旗呐喊。根据希腊神话，大犬与小犬都是跟随猎人的两只猎犬。

此外，在冬季的星空中能看到的星座还有波江座、天兔座、天鸽座、船尾座、旗鱼座等。但这些星座都较隐晦暗淡，我们将在下几节中认识它们。

第二节　星座的构成与分类

为了认星方便，古希腊天文学家把天球上的恒星分成许多群落，每一群落中的恒星都构成各自的可以相互区别的图形，这样的群落以及它们各自的图形和所在的天空区域，被称为星座。星座源于古代的巴比伦和希腊，以后不断增添和变迁。到1922年，国际天文学联合会对历史上沿用的星座进行通盘清理，将全天分为88个星座，其中黄道天区12个，北天星座29个，南天星座47个，其名称则照顾历史习惯。这样给天空建立了永久的秩序。

1. 星座

星座是指天上一群群的恒星组合。在三维的宇宙中，这些恒星其实相互间没有实际的关系，不过其在天球这一个球壳面上的位置相近。自古以来，人对于恒星的排列和形状很感兴趣，并很自然地把一些位置相近的星联系起来，组成星座。星座在天文学中占重要的地位，国际天文学联合会用精确的边界把天空分为88个正式的星座，使天空每一颗恒星都属于某一特定星座。这些正式的星座大多都根据中世纪传下来的古希腊传统星座为基础。星座是投影在天球上一块区域的天体空间的总合，因此说某某星座在银河系以内以外都是不准确的。

人们按空中恒星的自然分布划成的若干区域，大小不一。用线条连接同一星星座内的亮星，会形成各种图形，根据其形状，分别以近似的动物、器物或神话人物命名。以神话中人物命名的，如仙女、仙后、仙王、英仙、飞马，正好组成一个英雄救美的故事，它们和古希腊神话故事联系着，给冷寂的天空增添了丰富的人类文化色彩。以动物命名的，如天鹰、天蝎、天鸽、乌鸦、苍蝇等，在88个星座中有58个是各式各样的动物。其中哺乳类36个，如猎犬、狐狸、天猫；鸟类9个，如孔雀、天鹅、乌鸦；爬行类6个，如巨蛇，长蛇；鱼类4个，节肢动物3个，真是个“天空动物园”。

16世纪以后，航海事业带来了地理大发现，随之天文学家对南半球的星星划出了新的星座，并以南半球动物名字和新发明的科学仪器的名称来命名这些星座，如豺狼座、孔雀座、杜鹃座、望远镜座、六分仪座、显微镜座、罗盘座等，这些星座的命名体现了鲜明的时代特点。

2. 星座的起源

星座最早起源于四大文明古国之一的古巴比伦，那里有底格里斯河与幼发拉底河从西北流向东南，注入波斯湾，所以又叫“两河流域”地区。古代巴比伦人将天空分为许多区域，称为“星座”。不过那时星座的用处不多，被发现和命名的更少。黄道带上的12星座开始就是用来计量时间的，而不像现在用来代表人的性格。在公元前1000年前后已提出30个星座。

两河流域文化传到古希腊以后，推动了古希腊的文化发展。古希腊天文学家对巴比伦的星座进行了补充和发展，编制出了古希腊星座表。公元2世纪，古希腊天文学家托勒密综合了当时的天文成就，编制了48个星座。并用假象的线条将星星座内的主要亮星连起来，把它们想象成动物或人物的形象，结合神话故事给它们起出适当的名字，这就是星座名称最初的由来。这48个星座大都居于北方天空和赤道南北。

中世纪以后，欧洲资本主义兴起，急需向外扩张，航海事业得到了很大的发展。船舶在大海上航行，随时需要导航，星星就成了最好的指路灯。而在星星中，星座的形状比较特殊，最容易观测，因此星座受到了普遍关注。16世纪麦哲伦环球航行时，不仅利用星座导航定向，而且还对星座进行了研究。

1922年，国际天文学联合会决定将天空划分为88个星座，其名称基本依照历史上的名称。1928年，国际天文联合会正式公布了88个星座的名称。这88个星座分成3个天区，北半球29个，南半球47个，天赤道与黄道附近12个。

人类肉眼可见的恒星有近六千颗，每颗均可归入唯一一个星座。每一个星座可以由其中的亮星构成的形状辨认出来。

3. 托勒密星座

除黄道十二星座外，托勒密列出以下36个（现为38个，因南船座已被拆开成为三个独立的星座）：

托勒密星座：仙女座、宝瓶座、天鹰座、天坛座、南船座、白羊座、御夫座、牧夫座、巨蟹座、大犬座、小犬座、摩羯座、仙后座、半人马座、仙王座、鲸鱼座、南冕座、北冕座、乌鸦座、巨爵座、天鹅座、海豚座、天龙座、小马座、波江座、双子座、武仙座、长蛇座、狮子座、天兔座、天秤座、豺狼座、天琴座、蛇夫座、猎户座、飞马座、英仙座、双鱼座、南鱼座、天箭座、人马座、天蝎座、巨蛇座、金牛座、三角座、大熊座、小熊座、室女座。

其中，南船座被拉开分为船底座、船尾座及船帆座；蛇夫座实际上是与黄道相交，但传统上并没有把它当作黄道带星座之一。

后来星座的数目不断增加，主要是为填补托勒密星座间的空缺（因古希腊人认为明亮的星座间是有暗淡的空白地带的），另一原因是当欧洲的探险家往南进发时，能够看见一些以前看不到的星空，所以要加入新星座以填满南面的天空。于是出现了 38 个较新的星座：唧筒座、天燕座、雕具座、鹿豹座、猎犬座、堰蜓座、圆规座、天鸽座、后发座、南十字座、剑鱼座、天炉座、天鹤座、时钟座、水蛇座、印第安座、蝎虎座、小狮座、天猫座、山案座、显微镜座、麒麟座、苍蝇座、矩尺座、南极座、孔雀座、凤凰座、绘架座、罗盘座、网罟座、玉夫座、盾牌座、六分仪座、望远镜座、南三角座、杜鹃座、飞鱼座、狐狸座。

有一些被提名的星座最后没有被采纳成为正式的星座，较著名的一个为象限仪座（象限仪座流星雨就是以这星座命名）。还有一些没有那么正式的星的排列叫做星群，如北斗。

实际上，处于同一星座的恒星，在多数情况都是没有什么关系的，它们只是刚好在同一视线，而其实它们之间可能相距很远——如果我们身处银河中另一太阳系，我们看到的星空将会完全不同。

4. 六十三失传星座

公元前 2 世纪，托勒密把阿拉特斯及希巴谷所记载的内容及另外增加整理的资料，合计有 48 个星座，即为托勒密 48 星座，北天星座名称已大体确定，一直延用至今。可是到了近代却有很大的变化，近代的天体观测逐渐进入精密化，托勒密星座到了南半球便开始不敷用了。1603 年，德国天文学家约翰·拜亚尔在天球上，添增了 12 个南方星座。此后，开始陆续有许多天文学家添增星座。到德国天文学家约翰·博德于 1801 年绘制最后一幅大型星图的时候，星座的数目已经膨胀到了 150 个。结果造成星座混乱，甚至弄到不可收拾的局面。

1928年，国际天文学联合会公布了88个星座方案，并规定以1875年的春分点和赤道为基准的赤经线和赤纬线，作为星座界线。因此不再有星座位置不明的恒星了。

有些星座现在已经被废弃不再使用，但它们也是天文学史的重要组成部分。下面共收入63个废弃的星座，它们是：

鹅座、安提诺座、蜜蜂座、南船座、骆驼座、小蟹座、地狱犬座、萨尔茨堡法冕座、彗星猎人座、鞴座、力士座、猫座、公鸡座、轻气球座、乔治竖琴座、腓特烈荣誉座、约旦河座、百合花座、拉丁狮子座 日志和线座、电气机械座、船桅座、富士山座、梅拿鲁思山座、蒙高尔费尔热气球座、北蝇座、猫头鹰座、水位仪座、大云座、小云座、印刷机座、画家的画架座、火烈鸟座、持棒卫士座、象限仪座、苹果树座、格里斯河座、查尔斯橡树座、勃兰登王笏座、王笏座、持蛇者座、日时计座、驯鹿座、波兰公牛座、反射式望远镜座、虎座、乌龟座、小三角座、孤单画眉座、雀蜂座、秃鹰座、Volucres座、旗鱼座、蛭座、蜘蛛座、蛞蝓座、蚯蚓座、蟇蛙座、忘忧花座、北十字座、圣约瑟夫座、基督裹尸布座。

5. 八十八星座

在古代因地域的不同，所以看星空的方式也就不一样。现在全世界已经统一依据星座图将天空划分为88区域、88个星座。

88个星座按照大小的排列：长蛇座、室女座、大熊座、鲸鱼座、武仙座、波江座、飞马座、天龙座、半人马座、宝瓶座、蛇夫座、狮子座、牧夫座、双鱼座、人马座、天鹅座、金牛座、鹿豹座、仙女座、船尾座、御夫座、天鹰座、巨蛇座、英仙座、仙后座、猎户座、仙王座、天猫座、天平座、双子座、巨蟹座、船帆座、天蝎座、船底座、麒麟座、玉夫座、凤凰座、猎犬座、白羊座、摩羯座、天炉座、后发座、大犬座、孔雀座、天鹤座、豺狼座、六分仪座、杜鹃座、印第安座、南极座、天兔座、天琴座、巨爵座、天鸽座、狐狸座、小熊座、望远镜座、时钟座、绘架座、南鱼座、水蛇座、唧筒座、天坛座、小狮座、罗盘座、显微镜座、天燕座、蝎虎座、海豚座、乌鸦座、小犬座、剑鱼座、北冕座、矩尺座、山案座、飞鱼座、苍蝇座、三角座、蝘蜓座、南冕座、雕具座、网罟座、南三角座、盾牌座、圆规座、天箭座、小马座、南十字座。

6. 魔羯座

魔羯座（12 月 22 日—1 月 19 日）又叫“大羊座”或“山羊座”，它是黄道十二星座之一，中心位置：赤经 21 时，赤纬－18°，在人马座之东，宝瓶座之西。星星座内亮星不多，有 3 等星 2 颗，4 等星 7 颗。

延长织女星（天琴座）和牛郎星（天鹰座），向南到一倍远的地方所见到的那颗 3m 星，就是魔羯座中最亮的 β 星。从魔羯座的星图上看，星座内主要亮星组成了一个北边略凹进去的三角形，像是一只展翼夜空的蝙蝠。

β 星北面一点儿的那颗 4m 星就是魔羯座 α 星，老一代叫它牵牛星，是二十八宿中的牛宿。在我国古代传说中，牛宿就是牛郎养的那头老牛。牵牛星是一对双星，而每颗子星又分别是三合星。加起来，牵牛星可以称为六合星。

魔羯座代表的是严谨而内敛，就像它的名字一样。在希腊神话中，他管着宙斯的牛羊，他们都叫他牧神潘恩。潘恩长得十分丑陋，几乎可以用狰狞来形容。头上生了两只角，而下半身该是脚的部分却是一只羊蹄。这样丑陋的外表，让牧神潘恩十分难堪与自卑，不能随着众神歌唱，不能向翩翩的仙子求爱。日日夜夜，他只能藉着吹萧来抒解心中的悲苦。

一日，众神们聚在一起开怀畅饮，放声欢笑，天神宙斯知道潘恩吹得一口好萧，便召他来为众神们演奏助兴。众神和妖精们正随着歌声如痴如醉的时候，森林的另一头，一只多头的百眼兽呼天啸地、排山倒海而来。仙子们吓得花容失色，纷纷抛下手中的竖琴化成一只只的蝴蝶翩翩而去。而众神们也顾不得手中斟满的美酒，有的变成了一只鸟振翅而去，有的跃入河中变成了一尾鱼顺流而去，有的干脆化成一道轻烟，消失得无影无踪了。牧神潘恩却正在为“变成什么逃走好”而犹豫不决。最后他决定变成一只山羊，纵身跳入一条溪中。无奈，他选的这条溪实在太浅了，无法完全容纳他庞大的身体，所以下半身变成鱼尾，而上半身仍是一个山羊头。这下半身的鱼尾便成了魔羯座害羞特质的象征。

7. 水瓶座

水瓶座（1 月 20 日—2 月 18 日）亦名宝瓶座，它是一个大且暗的星座。它在全天88个星座中，面积排行第十，但星座中最亮星是只有2.9等的β星虚宿一。在十一月中旬的黄昏时刻，南方天空可看见水瓶座。它在飞马和双鱼两座之南，南鱼座之北。α、β、θ、δ四星排成γ字形，即瓶口，ζ星是美丽的目视双星。α星和γ星，差不多在天赤道上。球状星团M2在小望远镜内即可见到。星座内有亮于4等的星17颗。

水瓶座的由来是这样的：在特洛伊城里，住着一位俊美的王子。有一天，神界将举办宴会，可是替宙斯倒酒的一个女孩子受伤了，所以没有人能够代替她做这项工作。宙斯非常苦恼，不晓得该怎么办。众神看宙斯这样烦恼，很想帮忙找人代替，可是介绍来的女孩子，宙斯都不是很满意。一天，阿波罗神来到特洛伊城，看到俊美的王子正在和宫女游玩。他心想，人间竟然有如此俊美的王子，于是阿波罗回到神界，将他在特洛伊城看到的情况报告给宙斯听，宙斯觉得不可思议，很想亲眼目睹特洛伊王子。当宙斯看过特洛伊王子之后，每天就朝思暮想，于是宙斯又来到特洛伊城，等特洛伊王子单独行动时，宙斯变成一只大老鹰，在王子不注意时，一把抓住王子回到神界。

特洛伊王子来到神界，宙斯要他代替受伤的女孩为宙斯倒酒，王子就在无可奈何的情形下，只好待在神界。王子非常想念家乡、家人，同时特洛伊国王也非常思念王子，不知他到哪儿去了。宙斯觉得惭愧，不忍王子一天天消瘦，就托梦给国王，告诉他王子在神界中的情形。为了安慰国王，宙斯还送给国王几匹神马为慰劳。他也让王子回去特洛伊城看国王，然后再回神界来替自己做倒酒的工作，特洛伊王子从此在天上变成水瓶，负责给宙斯倒酒。

8. 双鱼座

双鱼座（2月19日—3月20日）是在秋天到冬天之间，出现于头顶偏东的星座。它是黄道星座之一，组成这个黄道星座的恒星都很暗。但在没有光污染的区域，它的形状还是容易观测出。特别是紧贴飞马座南面的双鱼座小圈，这个星座有一个梅西耶天体：M74。

M74一般认为是最暗的梅西耶天体之一，它是一个正面朝向地球的Sc型漩涡星系。使用6英寸（15厘米）或更大望远镜即可见。它有一个明亮的核，外层是一团很暗的环状云雾，星等＋9.2。

双鱼座流星雨在每年8月15日到10月14日活动，极盛在9月24日，极盛时辐射点赤经8°，赤纬0°，亮度指数3.0。

双鱼座的由来是：美神维纳斯带着心爱的儿子——小爱神丘比特，盛装打扮准备去参加一场豪华的宴会。在这个宴会中，所有的与会人士都是天神。当整个宴会逐渐进入高潮，大家都陶醉于美味的食物与香浓的醉酒中时，突然来了一位不速之客，破坏了整个宴会的气氛。这个不速之客有着非常狰狞的外表，以及邪恶的心肠，他出现在宴会上的目的，就是要破坏它。他伸手把摆设食物的桌子推翻，把盆栽摔向水池中，还用可怕的表情，吓坏了在场的每个与会者。大家开始四处乱窜，原本美好的宴会，变得如此惊慌失措，尖叫声、小孩子的哭声不绝于耳。

这时候，维纳斯突然发现丘比特不见了，她紧张的到处寻找，找遍了宴会的各个角落，终于在钢琴底下，找到了已经吓得混身发抖的丘比特，维纳斯不禁赶快将丘比特紧紧地抱在怀中。为了防止丘比特再度与她失散，维纳斯于是想了一个方法，用一条绳子将两个人的脚绑在一起，然后再变成两条鱼，如此一来，就成功的逃离了这个可怕的宴会了。母子俩就这样以尾巴相连，永不分离的姿势升天，这就是双鱼座的由来。

9. 白羊座

白羊座（3月21日—4月20日）是黄道十二星座之一，位于双鱼座和金牛座之间。它的三颗星α、β、γ（娄宿三、一、二）在仙女座γ星以南约20°。α星为2等星，和仙女座β、γ两星形成等腰三角形。星座内有高于4等的星5颗。

白羊宫是黄道十二宫的第一宫，黄经从0°到30°，原居白羊座，故名。但由于岁差，现已移至双鱼座。每年3月21日前后太阳到这一宫，那时的节气是春分，所以春分点又叫“白羊宫第一点”。

白羊座的由来是：在一个古老的遥远国度中，国王和皇后因性格不和而离婚，并再娶了另一名女子，可惜这位新皇后天生善于嫉妒，无法忍受国王对前妻所留下的一双子女的百般疼爱，于是邪恶的阴谋逐渐在她脑中成形。春天来临，又到了播种耕种的季节，新皇后将炒熟了的麦子，发送给全国不知情的农夫。已经熟透了的麦子，无论怎样浇水、施肥，当然都无法发出芽来。被蒙在鼓里的农夫，百思不得其解。

新皇后就在此时，散播有关麦子的摇言，指称麦子之所以无法发芽，是因为这个国家受到了诅咒，而受到诅咒全都是因为王子和公主的邪恶念头，引起了天怒，导致天神对国家的处罚。个性淳朴的农民们一听到因为邪恶的王子和公主，全国的人民都将陷于贫穷饥饿的深渊中，便感到万分恐惧。

很快地，全国各地不论男女、老少，都一致要求国王一定要将王子与公主处死，只有这样国家才能解开这个诅咒，平息天怒，人民的幸苦耕种才会有收获，国家也才能回复过去的安定富足。国王虽心有不舍，但为了平息众怒，只好无奈地答应了人们的要求，准备将公主与王子处死，以换得人民的信任。这个消息传到了王子、公主的生母耳中，当然是又惊又怕，赶紧向伟大的天神——宙斯求助。宙斯知道是新皇后搞的鬼，于是就答应帮忙。在行刑的当天，天空突然出现一只有着金色长毛的公羊，将王子兄妹救走，就在飞行过大海的途中，这只公羊一不小心，把妹妹摔下海中死掉了。

后来宙斯为了奖励这只勇敢但又有些粗心的公羊，就将它高挂在天上，也就是今天大家所熟知的白羊座。

10. 金牛座

金牛座（4 月 21 日—5 月 20 日）是北半球冬季夜空上最大、最显著的星座之一。它西接白羊座、东连双子座，北面是英仙柏修斯及御夫座，东南面有波江座及鲸鱼座。在猎户座西北方不远的天区，有一颗非常亮的 0.86 等星（在全天亮星中排第十三位），它就是金牛座 α 星，我国古代称它为毕宿五。

金牛座也是著名的黄道十二星座之一，而毕宿五就位于黄道附近，它和同样处在黄道附近的狮子座的轩辕十四、天蝎座的心宿二、南鱼座的北落师门等 4 颗亮星，在天球上各相差大约 90°，正好每个季节一颗，它们被合称为黄道带的“四大天王”。

金牛座中最有名的天体，就是“两星团加一星云”，即连接猎户座 γ 星和毕宿五，向西北方延长一倍左右的距离，著名的疏散星团——昴星团。眼力好的人，可以看到这个星团中的 7 颗亮星，所以我国古代又称它为“七簇星”。金牛座 ζ 星的附近，也有一个著名的大星云，英国的一位天文学家根据它的形状把它命名为“蟹状星云”。

金牛座的由来是：众神之王宙斯向来以多情著称，不过，宙斯却有一位善妒又泼辣的老婆，就是天后赫拉，而且要是赫拉发起脾气，宙斯拿她一点办法都没有。

有一天宙斯无意间发现少女欧罗巴长得非常美丽，于是又动了心，开始想办法追求欧罗巴。欧罗巴在知道宙斯对自己展开追求之后，心里也非常高兴，因为她暗恋宙斯很久了，只是碍于少女的矜持，不知如何向宙斯表达自己的心意。现在她可以毫不犹豫地接受宙斯的感情了。可是，不久，这件事还是被赫拉知道了，她非常地生气。宙斯赶紧找到欧罗巴，带着她飞越爱琴海，来到克里特岛。

最后，赫拉还是找到了欧罗巴，并且把她变成一头牛。宙斯为了安慰变成牛的欧罗巴，于是让她列入天上群星之中，成为了金牛座。

11. 双子座

双子座（5 月 21 日—6 月 21 日）是一个南天黄道带星座。它的西边是金牛座，东边是比较暗淡的巨蟹座。

向东北方向延长猎户座 β 星和 α 星的连线，可以碰到两颗相距不远的亮星，其中亮一些的是双子座 β 星，亮度为 1.14 等，稍微暗点儿的是双子座 α 星，亮度为 1.97 等。从 α 星开始的一串星和从 β 星开始的另一串星几乎平行，它们被想象成友爱的两兄弟——卡斯特和波拉克。弟弟——β 星，我国古代称其为“北河三”，它反倒比哥哥——α 星还亮一些，它是全天第 17 亮星。哥哥——也就是 α 星，我国古代叫它“北河二”，是天文学史上第一颗被确认的双星。其实精确地说，它是由六颗星组成的“六合星”。有趣的是，弟弟北河三也是六合星。

双子座有一个流星群，被称为双子座流星雨。它的辐射点在 α 星附近，在每年 12 月 11 日前后出现，到 13 日是流星最盛的时候。

双子座的由来是：风流的天神宙斯，在一次偶然的机会中，认识了美丽的斯巴达王妃琳达。很快，宙斯和王妃陷入热恋，还生下一对孪生兄弟——卡斯特和波拉克。这对兄弟继承了宙斯的优良血统，长大后都变成了英勇的武士，在战场上并肩作战，所向无敌。有他们参加的战争，都会让敌人闻之丧胆、不战而逃。

有一天，天神宙斯派卡斯特和波拉克两人去平息一场叛乱。这一场叛乱是由另一对兄弟伊塔斯和林格斯所引起的，这两兄弟以胆大凶狠著称。卡斯特在多方观察之后，发现就算自己和波拉克联手，也不是伊塔斯和林格斯的对手，可是宙斯的命令又不能不从，于是他决定瞒着波拉克，独自跑去应战，结果不敌被杀。波拉克眼看着哥哥被杀，于是化悲愤为力量，杀了伊塔斯和林格斯为卡斯特复仇。

即使如此，波拉克仍难掩心中的悲痛，不愿自己一人留在世界上。宙斯看到这个情形，内心十分感动，就他们兄弟俩同列天上群星之中，相互为伴。

12. 巨蟹座

巨蟹座（6 月 22 日—7 月 22 日）在狮子座西边，长蛇头的北面，是黄道十二星座中最暗的一个，星座内最亮星只有93.8m，根本看不出螃蟹的形状。在巨蟹座中央的δ星附近（或狮子座轩辕十四和双子座β星这两颗亮星之间），眼力好的人可以看到一小团白色的雾气，我国古代称之为“积尸气”，书中描述它：“如云非云，如星非星，见气而已。”直到望远镜发明以后人们才观测到，它原来是一个星团，天文学上称为“蜂巢星团”（天文学上把星团分为两类，一类是武仙座中那样的“球状星团”，蜂巢星团属于另一类，叫做“疏散星团”。这类星团形状不规则，一般也都分布在银盘上。这个星团的成员有 200 多颗，距离我们 520 光年）。

希腊神话里，赫拉克勒斯是宙斯与凡人生的儿子，天后赫拉三番两次要置他于死地。他也是希腊最伟大的英雄，世间最壮的人。当然，他也为神明立下许多汗马功劳。有一天他来到了麦锡尼王国，正准备接受英雄式的欢迎，国王却因受到赫拉的指使，给他出了一道难题——杀掉住在沼泽区的九头蛇。这事很难办，因为每砍掉一个头便会马上生出无数个头。

赫拉克勒斯想到一个办法——用火烧焦蛇头，就这样轻易解决了八个蛇头，眼看只剩最后一个了，赫拉在天上气得怒火中烧，“难道这次又失败了?”她不甘心，于是从海里叫来一支巨大的螃蟹要阻碍赫拉克勒斯，巨蟹伸出了强有力的双蟹夹住赫拉克勒斯的脚，但是谁都知道，赫拉克勒斯是世间最壮的人啊！这支巨蟹最后仍死于他的蛮力之下。

赫拉又失败了，但对巨蟹不顾一切牺牲自己的忠诚之心，却心存感激，于是赫拉将它放置在天上，成了巨蟹座。

13. 狮子座

狮子座（7 月 23 日—8 月 22 日）是由五帝坐一（β星）、牧夫座的大角以及室女座的角宿一，这春季星空里很著名的“春季大三角”所组成。

狮子座也是黄道星座。古埃及对狮子座非常崇拜，据说，著名的狮身人面像就是由这头狮子的身体配上室女的头塑造出来的。狮子座里的星在我国古代也很受重视，我国古人把它们喻为黄帝之神，称为轩辕。

我们在春夜通过“春季大三角”找到了狮子座β星后，它东边的一大片星，就都是狮子座的了。在狮子座中，δ、θ、β三颗星构成狮子的后身和尾巴；从ε到α这六颗星组成了一个镰刀的形状，又像个反写的问号，这是狮子的头。α星在我国叫轩辕十四，它的视星等为 1.35m，位于狮子座心脏的部位，也是那个反写的问号的一点，是狮子座最亮的星，也是全天第二十一亮星。在古代，航海者经常用它来确定航船在大海中的位置，所以狮子座α星又被授予“航海九星之一”的称号。

每年 11 月中旬，尤其是 14、15 两日的夜晚，在狮子座反写问号的ζ星附近，会有大量的流星出现，这就是著名的狮子座流星雨。

相传狮子座的由来与赫拉克勒斯有关。赫拉克勒斯是宙斯与凡人的私生子，他天生具有无比的神力，天后赫拉也因此妒火中烧。在赫拉克勒斯还是婴儿的时候，就放了两条巨蛇在摇篮里，希望咬死赫拉克勒斯，没想到赫拉克勒斯笑嘻嘻地握死了它们。

赫拉当然不会因为一次失败就放弃杀死赫拉克勒斯，她故意让赫拉克勒斯发疯后打自己的妻子，赫拉克勒斯清醒了以后十分懊悔伤心，决定要以苦行来洗清自己的罪孽，他来到麦锡尼请求国王派给他任务，谁知道国王受赫拉的指使，果然赐给他 12 项难如登天的任务，必须在 12 年内完成，其中之一是要杀死一头食人狮。

这头狮子平时住在森林里，赫拉克勒斯进入森林中找寻它。只是森林中一片寂静，所有的动物，小鸟、鹿、松鼠都被狮子吃得干干净净，赫拉克勒斯找累了就打起瞌睡来。就在此刻，巨狮从一个有双重洞口的山洞中昂首而出，赫拉克勒斯睁眼一看，这头狮子有一般狮子的五倍大，身上沾满了动物的鲜血，更增添了几分恐怖。赫拉克勒斯先用神箭射它，再用木棒打它，都没有用，最后赫拉克勒斯只好和狮子肉搏，过程十分惨烈，但最后还是用蛮力勒死了狮子。

食人狮虽然死了，但赫拉为纪念它与赫拉克勒斯奋力而战的勇气，将食人狮丢到空中，变成了狮子座。

14. 室女座

室女座（8月23日—9月22日），俗称处女座，是最大的黄道带星座，位于西面的狮子座与东面的天秤座之间，即天球赤道，它是全天面积第二大的星座，仅次于长蛇座。它的α星是1等星角宿一，是室女座最显著的星，这颗蓝白色的星是全天最亮的20颗恒星之一。它代表着女神手执的麦穗。不过，想要认出室女座其他的星星就很难了。

在古希腊神话中，室女座是一位长着双翅的漂亮女神，她的名字叫得墨忒耳，是专门管理农业的一位天神，称谷物女神。

天神之王宙斯和主管农业丰收的女神得墨忒耳结合，生下一个漂亮的女儿，取名普西芬尼。冥王哈得斯是宙斯的哥哥，他垂涎普西芬尼长得漂亮，就使用魔法把她抢到冥府作了妻子。普西芬尼的母亲得墨忒耳，听说女儿已经作了冥王之妻，便悲伤地离家出走，在远方的一个山洞里隐居了一年。这样一来，地球上整整一年万物不生，世界变得一片荒凉。这件事传到宙斯那里，他派神使赫尔墨斯去与冥王协商。冥王看到普西芬尼非常思念母亲，最终同意天使带她去探望母亲谷物女神。

当得墨忒耳知道女儿来看她时，便高兴地从隐居的山洞中走了出来。令人惊奇的是，就在谷物女神走出山洞的时候，大地一下子就恢复了生机，草木全部复活，世界重新披上了绿装，人们高兴地在阳光下耕作、歌唱。不幸的是，由于女儿吃了冥土食物，还是要返回冥府的。为了每年能和女儿团聚一段时间，女神不得不向宙斯求情。天神宙斯被感动了，于是把得墨忒耳提升到天界固定为室女座，并允许她们母女每年冬季可团聚3个月，此期间母女俩到隐居的山洞生活。当女儿回冥府后，得墨忒耳便在大地上空巡视，这时便是春、夏、秋三个季节，而冬季就看不到她了。

15. 天秤座

天秤座（9月23日—10月22日），是黄道十二宫第七宫，有时也译作“天平座”，位于室女座的东南方向，也属于黄道星座。星座中最亮的 4 颗 3m 星 α、β、γ、σ组成了一个四边形，其中的β星又和春季大三角构成了一个大的菱形。

在古希腊星座体系中，天秤座为天蝎座的一部分。后来古罗马人观测到秋分点的位置在某颗较亮星附近，就把这一区域从天蝎座中分离出来，以正义女神阿斯特利亚的公平秤为之命名，那颗亮星就成为天秤座α星。

天秤座的由来是这样的：正义女神是宙斯的女儿，海神波塞冬是宙斯的哥哥，是宙斯和天后赫拉用泪水造出来的。在极为遥远的年代，人类与神一起居住在地上，过着和平快乐的日子。而正义女神和波塞冬在长时间的相处中产生了感情，他们彼此尊重，互相爱慕。正义女神有着男子一样的气质，坚毅而热情；波塞冬像海一样深邃、冰冷。

人类很聪明，他们逐渐学会了建房子、铺道路，但与此同时也学会了勾心斗角和欺骗。战争和罪恶开始在人间蔓延，许多神无法忍受纷纷回到天上居住，只有正义女神和波塞冬留了下来。女神没有对人类绝望，她认为人类终有一天会觉悟，回到过去善良纯真的本性。但是波塞冬却对人类丧失了信心，他悲观地劝女神回到天上去。女神自然不听，于是两人生平第一次争吵。他们争执得很激烈，从人类的问题上不断升级，最后竟吵到了彼此的身世上。正义女神鄙夷波塞冬不过是一滩咸水，而波塞冬则抖落出宙斯的丑闻及女神私生的事实。正义女神受到极大的侮辱，找到父亲宙斯评理。天后赫拉建议两人比赛，看谁能更让人类感受和平，谁输了谁就向对方道歉。赫拉偏爱波塞冬，又嫉妒正义女神的母亲，她知道水是生命的源泉，一定会让人类感到和平。

比赛的地点设在天庭的广场，由海神先开始。只见波塞冬朝墙上一挥，裂缝中就流出了非常美的水，晶莹剔透，让人看了以后感到无限的清凉与舒适。这时候正义女神变成了一棵树，这棵树有着红褐色的树干，苍翠的绿叶以及金色的橄榄，任何人看了都感受到爱与和平。波塞冬朝女神微笑着，他知道女神的心愿终于实现了。人类认识到和平的重要，女神与波塞冬和好如初，宙斯为了纪念这样的结果，把随身带的秤往天上一抛，就有今天的天秤座。

16. 天蝎座

天蝎座（10 月 23 日—11 月 22 日）是黄道带十二星座之一。它位于南半球，在西面的天秤座与东面的人马座之间，是一个接近银河中心的大星座。

因为这星座位于接近银河中心的位置，它所包含的深空天体非常丰富，如疏散星团 M6（蝴蝶星团）、M7（托勒密星团）、球状星团 M4、M80，以及著名的疏散星团 NGC 6231。

天蝎座是夏天最显眼的星座，它里面亮星云集，光是亮于 4m 的星就有 20 多颗。天蝎座又大亮星又多，简直可以说是夏夜星座的代表。不过，天蝎座只在黄道上占据了短短 7°的范围，是十二个星座中黄道经过最短的一个。

天蝎座从 α 星开始一直到长长的蝎尾都沉浸在茫茫银河里。α 星位于蝎子的胸部，因而西方称它是“天蝎之心”。有趣的是，在我国古代，正好把天蝎座 α 星划在二十八宿的心宿里，叫做“心宿二”。M7 是天空中最为著名的疏散星团之一，凭肉眼就能从天蝎座的尾部看到它。

天蝎座的由来是：奥利安是古希腊英武的猎人，由海神波塞冬和凡间女子所生。可是他不喜欢大海，只喜欢在山野中捕猎。波塞冬赋予他一种神奇的本领，不仅能在山野间奔跑，还能在海上行走。一天，奥利安在山林间打猎，碰见了月亮与狩猎女神阿尔忒弥斯（即狄安娜），他们一见钟情。可是月神的哥哥阿波罗反对妹妹和粗鲁的猎人来往，便派去一只大蝎子咬死了奥利安。

月神得知消息后马上请神医救活了奥利安。阿波罗想：虽然奥利安在海上行走如飞，但在远处看就是一个小黑点，别人是认不出他的。于是便带月神来到海边，说：“你看到那个移动的小黑点了吧？就射它吧！”月神二话不说就开弓放箭，后来才发现上了当。宙斯见女儿如此伤心，便将奥利安变成猎户星座，以便经常陪伴女儿；又把那只大蝎子也化作星座，但又怕他们在天上再打起来，便让他们天各一方，永不相见。所以天蝎座出现在夏夜星空，而猎户座只在冬夜里露面。

17. 人马座

人马座（11 月 23 日—12 月 21 日），又名射手座，是黄道星座之一，位于赤经 19′0″，赤纬－28°。在蛇夫座之东，魔羯座之西，位于银河最亮部分。银河系中心就在人马座方向。星座内有亮于 4 等的星 20 颗。人马座星座内弥漫星云 M8 肉眼可见。

希腊传说中，有一种半人半马状的半兽族，善于奔跑，英勇善战，它们时常手持弓箭驰骋在山野之中。在这个种族中有一位与众不同的人马，他的名字叫喀戎。喀戎性情温和，多才多艺，少年时，就从太阳神阿波罗和月亮神阿尔忒弥斯那里学到了许多本领。长大成人后，他精通各种乐器，掌握医药、天文等知识，擅长弓箭刀枪，对于马术、拳击等更为精通。身怀绝技的喀戎长期隐居在一个山洞里，以教授徒弟本领为职业。希腊神话中的许多大英雄都出自他的门下，他赢得了人、神的喜爱和尊敬。

有一天，喀戎的学生赫拉克勒斯和其他人马发生了冲突。在混战中，一些人躲进了喀戎的山洞，赫拉克勒斯在追赶人马时向他们射箭，不幸的是，一只蘸有海蛇毒血的箭误伤了他的老师喀戎的腿。结果毒血浸入喀戎的身体，任何药物也无济于事。天神宙斯怜悯喀戎的惨死，在天界赐予他一个位置，这就是我们看到的人马座。

18. 天龙座

希腊神话中，在阿特拉斯山上，有一座赫士帕利提的金果园，当中长着女神赫拉的金苹果树，而这棵树则由一条忠实的龙所看守，而天龙座所指的，就是这条忠实的龙。

天龙座是北方的星座，北半球的观星者可在天极附近看到它。它是 88 个现代星座之一，也是托勒密所定的 48 个星座之一。天龙座是全天第 8 大星座。

天龙座这条“大龙”弯弯曲曲，像个反写的“S”，从大熊座、小熊座之间一直盘绕到了天琴座附近，巨龙的头就在天琴座旁边。你只要连接夏季星座天琴座和天鹰座中的织女星和牛郎星，并向北延伸到它们间距的 1/3 处，就可以看见巨龙的头了。这个大龙头是由四颗星构成的一个小小的四边形。有趣的是，织女星是颗 0 等星，牛郎星是颗 1 等星，而这四颗星依次大体上是 2、3、4、5 等星。位于龙尾的天龙座 α 星（中文名叫“右枢”）是一颗 4 等星，虽不算明亮，但它在古埃及却是很著名的星，因为这颗星是 4000 年前的“北极星”。传说古埃及时期遗留下的齐阿普斯王的金字塔下有一条百米长的隧道，它的方向就对着天龙座 α 星。古埃及的神官们都从隧道里眺望这颗当时的“北极星”。

19. 天琴座

天琴座是北天星座之一。夏夜，在银河的西岸有一颗十分明亮的星，它和周围的一些小星一起组成了天琴座。中心位置在赤经 18 时 50 分，赤纬 36°，面积约 286 平方度。在天龙座、武仙座和天鹅座之间。星座内目视星等亮于 6 等的星有 53 颗，其中亮于 4 等的星有 8 颗。

别看这个星座不大，它在天文学上却非常重要，而且在很多国家还流传着它的一些动人传说。在古希腊，人们把它想象为一把七弦宝琴，这便是太阳神阿波罗送给俄耳甫斯的那个令无数人心醉神迷的金琴。我国古代则把天琴座中最亮的那颗 α 星叫做织女星，它的名称来源于“牛郎织女”这个美丽的神话故事。

织女星的视星等为 0 等，其亮度 0.03 度，呈蓝白色，是全天第五亮星，在北天球排名第二，仅次于牧夫座的“大角”星，亮度有太阳的 25 倍。它离我们 26 光年远，是第一颗被天文学家准确测定距离的恒星。由于岁差，北极星总是轮流值班的。再过 12000 年，织女星就会成为那时的北极星了。到时候，天琴座肯定比现在还要重要。

20. 武仙座

武仙座是北天星座之一，是夏季夜晚星空中的一个大星座，也是全天几个大星座之一，位于天龙座之南，蛇夫座以北，天琴座与北冕座之间，紧跟着北冕圆环。武仙座范围虽然较大，可惜星座中的星都不很亮，全由 3、4 等星组成。1934 年在武仙座中曾发现一次新星爆发，它的亮度达到 1 等，可现在已变成暗星了。1960 年和 1963 年又连续发现星座中有新星爆发，只是亮度不如 1934 年的那颗新星亮。

武仙座排列成不太工整的“H”字形，或者像左右颠倒的“K”字形。这个“武仙”指的是希腊传说中的大英雄赫拉克勒斯，他是天神宙斯和阿尔克梅娜王妃所生的孩子，赫拉克勒斯生前的业绩惊天动地，他死后，宙斯封他为大力神，并升上了天空，成了武仙座。在武仙座里有一个著名的球状星团——M13，它是北方最亮的球状星团，位于武仙座稍下的地方。

太阳除了和银河系其他成员一样绕着银心“公转”外，它还带着我们向武仙座方向飞奔，在天文学上称其为“太阳奔赴点”。

21. 天鹅座

天鹅座为北天星座之一，每年9月25日20时，天鹅星座升上中天。夏秋季节是观测天鹅座的最佳时期。天鹅座与银河两岸的天鹰座和天琴座鼎足而立，这三个星座的三颗主星（α星）组成了一个大的三角形（夏天的大三角）。天鹅星座内目视星等亮于6等的星有191颗，其中亮于4等的星有22颗之多。所以，在夏天的夜空中，虽然银河像轻纱，繁星密布，但是天鹅座并不难寻找。

天鹅座α星是一颗白色的1等星，距离我们1500光年，是一颗超巨星，放射着比太阳强烈5000倍的光。在这颗星的周围，有以每秒100千米的速度膨胀的气体云形成的包围圈。天鹅座α星在8300年后，距离天球的北极点仅仅6.6°，是最靠近北极的一颗亮星，那时它将成为“北极星”。

天鹅座有一个十分著名的流星雨——火流星，一般出现在8月的下旬，最旺盛期在8月20日，辐射点在k星附近，流星末端常可见到明亮的爆发，在夏夜天空十分醒目。

22. 飞马座

飞马座是全天第7大星座，也是秋季星空中十分重要的星座。飞马座最显著的特点就是它的α、β、γ三颗星和仙女座的α星近乎构成了一个正方形，被称为“秋季四边形”。这四颗星除γ星为3等星外，其他都是2等星，所以这个四边形在天空中非常醒目。更重要的是，每当秋季飞马座升到天顶的时候，这个大四边形的四条边恰好各代表了一个方向，就像一台“天然定位仪”。

飞马座象征一匹在天空中飞腾的天马。根据古希腊的神话传说，当天神宙斯的儿子珀尔修斯（英仙座）割下怪物美杜莎的头时，从魔女头里流出来的血泊中，跳出一匹长翅膀的白马柏伽索斯。珀尔修斯骑上这匹飞马，救出了仙女安德洛墨达。后来，这匹飞马被天神宙斯提到天上，成为飞马座。所以现在英仙座、仙女座和飞马座总是连在一起的。

23. 巨蛇座

巨蛇座是全天 88 个星座中唯一被分成两个部分的星座。它的一半在蛇夫座的东面，是巨蛇的尾巴，沿着银河伸向牛郎星；另一半在蛇夫座的西边，是巨蛇的头，紧挨着牧夫座和北冕座；巨蛇中间的部分，则被蛇夫座大钟的底部所掩盖。巨蛇座内最亮的星也只有 3 等，所以这个星座虽长，却并不怎么引人注目。巨蛇座中较亮的有巨蛇座 α，视星等为 2.65 等，绝对星等为 1.1 等，距离为 67 光年，是 K2 型红巨星。巨蛇座 β，视星等为 3.67 等，绝对星等为 0.6 等，距离为 80 光年，是 A2 型亚巨星。

蛇夫座和巨蛇座在夜空中构成一个蛇夫用两手捉拿巨蛇的形象。在古希腊神话中，这个勇敢的蛇夫就是为民治病、解除民间疾苦的阿斯克勒庇俄斯。他是太阳神阿波罗的儿子，跟从贤明的马人喀戎（人马座）学习医术。他的医术十分高明，治好了无数病人，使死去的人越来越少。这气坏了黄泉之国的国王普路同。于是正当阿斯克勒庇俄斯救活被毒蝎刺伤而昏迷的猎人奥利安（猎户座）的时候，普路同大发雷霆。天神宙斯为了维护全族的和睦，用雷电击毙了阿斯克勒庇俄斯和奥利安。阿斯克勒庇俄斯死后被升到天上，成为蛇夫座。由于希腊人把蛇蜕皮看作是恢复青春，医生的工作也是使人恢复青春，因而希腊人把医生和蛇联系在一起，希腊神话中便把蛇夫座看作是手里拿着巨蛇（巨蛇座）的神医阿斯克勒庇俄斯。

24. 猎犬座

从大熊座北斗的 α 星和 γ 星引出一条直线，向大角方向延长约两倍，就可以找到猎犬座 α 星。它与狮子座 β 星和牧夫座大角星组成了一个等边三角型，通过这个办法也可以找到猎犬座 α 星。猎犬座中除了 α 星（2.9 等）和 β 星（4.3 等）外，全都是些暗星，所以这个星座显得冷冷清清，根本看不出什么猎犬的样子。

晴朗无月的夜晚，在猎犬座 α 星和大角连线的中点可以找到一颗非常黯淡的星，有时甚至得借助小望远镜才能看到；在大型望远镜下观察，原来它并不是一颗星，而是 20 多万颗星聚在一起的星团。猎犬座的这个大星团呈球形，直径达 40 光年，在天文学上叫做“球状星团”。在猎犬座北面有一旋涡星系，距离我们约 1400

万光年，即猎犬座星系。

在古代希腊文献中，猎犬座的星被描绘为牧夫扛的棒子。后来被阿拉伯人翻译为钩子，或牧人的带钩牧杖。再翻译到西欧文字误成了狗，最终被赫维留定成一个独立的星座。

25. 牧夫座

在春末夏初之际，可以先找到北斗七星，然后将北斗的斗柄三星沿弧线方向延长，可以看见一颗很明亮的星，它就是牧夫座的主星——大角星（牧夫座 α 星），它是北方天空中最亮的三颗恒星之一（另外两颗是织女星和五车二），是春夜星空中“春季大三角”最亮的顶点。牧夫座由几颗中等亮度的星构成了一个五边形，像个大风筝，这个星座中最亮的大角星（视星等为－0.04m），好似挂在风筝下面的一盏明灯。

在希腊神话中，奥林匹斯山顶的主神宙斯和妻子赫拉，用法术把美丽的仙女卡丽斯托和她的孩子阿卡斯变成了大熊（它的标志是北斗星）、小熊（它的尾巴是北极星）。生性傲慢又善妒的赫拉还不甘心，又请海神波塞冬派出一个猎人，带上两只猎狗（猎犬座），到天上追赶这两头熊，永远不许它们到地平线下去休息。这个猎人就是牧夫座。古希腊人把它想象为一个凶猛的猎人，右手拿着长矛，左手高举，恨不得一把抓住面前的大熊。每当暮春初夏的日子，牧夫座就在我们头顶，这时正是这个年轻猎人踌躇满志，最为得意的时候。

26. 御夫座

御夫座是北天星座之一，位于鹿豹座、英仙座、金牛座和双子座之间，有一半浸在银河中。星座内目视星等亮于 6 等的星有 102 颗，其中亮于 4 等的星有 10 颗。

御夫座五边形最南的 1 颗亮星（御夫座 γ），是属于邻近的金牛座的。它的主星 α 星在我国古代称为“五车二”，它的视星等为 0.08 等，是全天第七亮星，也是离北极星最近的 0 等星，呈黄色。与人马座相反，银河通过御夫座的地方正好是银河系边缘方向，因此银河的星雾比较淡薄。

御夫为赫耳墨斯之子弥尔提洛斯，弥尔提洛斯为厄利斯国王奥诺玛默斯御车。

奥诺玛默斯不许其女希波达墨娅与他人结婚，于是每次均要追求者与自己赛车，而输的一方只有死，由于弥尔提洛斯技术精湛，故未逢敌手，然而希波达墨娅与一追求者坦塔洛斯之子佩洛普斯堕入爱河。希波达墨娅要求弥尔提洛斯故意落败，虽然弥尔提洛斯也深爱希波达墨娅，但为成全爱人只好在车的轮子上做了手脚，结果导致奥诺玛默斯堕车致死，希波达墨娅及佩洛普斯明知弥尔提洛斯一番苦心，却仍把弥尔提洛斯抛下海。弥尔提洛斯临终前诅咒了佩洛普斯，而赫耳墨斯则将其子弥尔提洛斯升上天空。

27. 小犬座

小犬座属于现代 88 星座，也是托勒密 48 星座之一。小犬座的名字起源于阿拉伯语中整个星座的别名，“眼睛水汪汪的”或“哭泣者”。传说美索布达米亚人将小犬座视为一只喜水的狗，阿拉伯人偶尔将小犬座称为“眼睛水汪汪的”，这符合大犬座和小犬座是两姐妹的阿拉伯传说，姐妹中的姐姐（大犬座）与人私奔了，把她凄凉的同胞妹妹丢在后面。

小犬座位于双子座以南，大犬座以北，在银河的边缘上。小犬座是个小星座，其中肉眼能看到的星星很少。但星座内的 α 星（我国称为南河三）却是 1 颗 1 等亮星。南河三与猎户 α 星（参宿四）、大犬 α 星（天狼星）构成一个巨大的等边三角形，十分醒目地挂在冬季的夜空中，这就是著名的“冬季大三角形”。

古希腊神话传说，天神宙斯为了不让西里乌斯（大犬座）在天上生活寂寞，找了一只小狗来和它做伴。这只小狗就是闪耀在大犬座北面的小犬座。它与西里乌斯一起，跟着主人奥利安在天空中奔跑。

28. 仙王座

仙王座是拱极星座之一，全年可看见，特别是秋天夜晚更是引人注目。它位于天鹅座以北，紧挨北极星，与北斗星遥遥相对。仙王座大部分沉浸在银河之中，形成一个细长而歪斜的五边形。仙王座中最美丽的天体是彩虹星云，它位于 1300 光年远的仙王座恒星丰产区。彩虹星云的物质围绕在一颗大质量、炽热，显然尚处于形成阶段的年轻星球，闪耀着的红色辉光。

在仙王“鼻子”上有一颗星，名叫“造父一”。这颗星的亮度呈周期脉动变化。目前，这种变星已发现了好几百颗，因为最早发现的是造父一，所以天文学家称它们为“造父变星”。

传说仙王座是依索匹亚国王克甫斯的化身。智慧女神雅典娜将英雄珀尔修斯提升到天界后，也将他的妻子安德洛墨达，以及国王克甫斯和王后提升到天界，成为星座，使他们全家永远亲密地生活在一起。

29. 仙后座

仙后座是北天星座，位于仙王座以南，仙女座之北，与大熊座遥遥相对，因为靠近北天极，全年都可看到，尤其是秋天的夜晚。它是国际天文学联合会宣布的88个现代星座之一，也是古希腊天文学家托勒密列出的48个星座其中的一个。仙后座是一个易认的星座，其五颗最亮星组成一个非常独特的W形。由于它与北天极距离并不远，在高纬度地区这个星座整晚都不会落下，而且跟北斗七星相对，既是拱极星座也是指极星座之一。

1572的11月11日，相当于中国明朝的时候，在仙后座突然出现了一颗在白天都可以看到的新星。这颗星出现三周后，开始慢慢变暗，直到17个月后的1574年3月，它才从人们的视野中消失（这种突然出现“亮星”的现象，在天文学上称为“超新星爆发”）。但是在380年后，在这个位置上发现了无线波辐射，而且是一个强有力的射电源发出，因此被称为仙后座B射电源，它是超新星爆发后的残余。

仙后座是埃塞俄比亚国王克甫斯的王后卡西奥帕亚的化身。因为王后常在人们面前夸耀自己和女儿是世界最美的女人，连海王的女儿涅瑞伊得斯也不如她们，因而激怒了海王。国王和王后不得不将爱女献给海王，幸好被英雄珀尔修斯所救。后来，国王和王后都升到天界，成为星座。王后在天上深感狂妄夸口不好，所以成为仙后座后，仍然高举双手，弯着腰以示悔过，绕着北极旋转，相信人们都会原谅她那无知造成的过错。

30. 仙女座

仙女座是希腊神话中仙后卡西奥帕亚的女儿。仙女的“头”为壁宿二，是飞马座四边形的其中一只角。在希腊神话中，安德洛墨达是埃塞俄比亚国王克甫斯和王后卡西奥帕亚的女儿，其母因不断炫耀她的美丽而得罪了海神波塞冬之妻安菲特里忒，安菲特里忒要波塞冬替她报仇，波塞冬遂派鲸鱼座蹂躏埃塞俄比亚，克甫斯大骇，请求神谕，神谕揭示解救的唯一方法是献上安德洛墨达。

她被她的父母用铁索锁在鲸鱼座所代表的海怪经过路上的一块巨石上，后来英雄珀尔修斯刚巧瞥见惨剧，于是立时拿出蛇发魔女美杜莎的人头，将鲸鱼座石化，珀尔修斯杀死海怪，救出了她。后来安德洛墨达替珀尔修斯诞下六个儿子，包括波斯的建国者及斯巴达王廷达柔斯的父亲。在原版波德星图中，仙女座双手是被铁链缚著的。

仙女座中有一个主星系——M31，它是本星系群中的最大成员之一。M31 是河外星系，是一个像银河系一样庞大的星系。M31 曾一度被认为是星云，直到 1924 年，美国天文学家哈勃才彻底搞清，它和人马座中的那些星云完全是两码事，它是远在 220 万光年外的一个大星系，所以它的正确名称应该是“仙女座河外星系”。仙女座河外星系的直径为 17 万光年，包含 3000 多亿颗恒星。它和我们银河系很相似，也是漩涡状的，也有很多变星、星团、星云等。有趣的是，在它身旁还有两个小星系，它们一起构成了一个三重星系。

31. 猎户座

猎户座是冬夜星空非常明显的标志。它是赤道带星座之一，其北部沉浸在银河之中。星座主体由参宿四和参宿七等 4 颗亮星组成一个大四边形。在四边形中央有 3 颗排成一直线的亮星，被设想为系在猎人腰上的腰带。猎户座腰间的 3 颗星就是著名的冬夜“三星”，常言道“三星高照，新年来到”，即指这 3 颗星，它们在正南天空出现时，标志着中国农历新年的来临。另外在这 3 颗星下面，又有 3 颗小星，民间称它们为“伐星”，它们是挂在腰带上的“剑”。整个猎户座形象就像一个雄赳赳站着的猎人，昂首挺胸。在古希腊神话中，这位全副武装的猎户一手拿着盾牌（右方竖立的 6 颗暗星），一手挥着木棒，好像正准备迎战北面冲过来的一头凶猛的牛（金牛座）。

猎户座中最亮的是 β 星——参宿七，是颗蓝色亮星，它的视星等为 0.12 等，在全天的亮星中排在第七位，绝对星等为 -7.1 等，表面温度 12000K。猎户座 α

星——参宿四，是颗红色亮星，是全天第九亮星，亮度在0.06等和0.75等之间变化，亮度变化周期为5年半，属于不规则变星。顺着参宿四往右上方看，还可看到3颗星，我国称为觜宿三星。猎户座在“佩剑”处，肉眼隐约可看到一个青白色朦胧的云，那是著名猎户座大星云。而在猎人腰带左端，有一个形似马头的暗星云，即著名的马头星云（肉眼不可见）。除这些有名的星云外，猎户座中还有许多气体星云。

猎户座最佳观测日期为12月上旬至4月上旬。出现时自东南方升起，经天顶后由西南方落下。

32. 英仙座

英仙座是著名的北天星座之一。每年11月7日子夜，英仙座的中心经过上中天。在地球南纬31°以北居住的人们可看到完整的英仙座。英仙座位于仙后座、仙女座的东面。秋末夜晚在北面天空中找到“M”形的仙后座，或找到在飞马座大四方形东北的仙女座，然后沿着银河，可以看到有几颗星排成一个弯弓形，这就是英仙座。这个大弯弓，人称“珀尔修斯之弓”。在这个大弯弓的弓弦中央，有1颗2等星大陵五，又称“魔星”。它是一颗食变星，其亮度每2.87天就从2.3等到3.5等变化一次。在这个星座的西北，靠近仙后座处，有两个疏散星团，由于距离很近，形成双重星团，肉眼看是一块模糊的光斑。英仙座里还有一个著名的流星群，每年8月中旬流星出现最多。

传说英雄珀尔修斯是天神宙斯之子。智慧女神雅典娜要他设法去取魔女美杜莎的头，答应事成后将他提升到天界。美杜莎的头上长满毒蛇，谁看她一眼，就会变成石头。珀尔修斯在神的帮助下，脚穿有翅飞鞋，头戴隐身盔，借着青铜盾的反光，避开了她的目光，用宝刀砍下了女怪的头。然后骑着从魔女身子里跳出来的一匹飞马，离开了险境。在回来的路上，救下了公主安德洛墨达，并与公主结了婚。最后他将美杜莎的头献给了智慧女神。女神实践了她的诺言，将珀尔修斯升到天上，成为英仙座。同时，也将公主提升到天上，成为仙女座。因此，他俩在天上总是亲密相依在一起。而英仙座中的大陵五，就是魔女美杜莎的头。

33. 大犬座

大犬座是现代88个星座和托勒密定义的48个星座之一，也是冬季南天夜空中的星座之一，位于猎户座的东南方，西接天兔座，东面和南面与船底座相联。找到它并不难：首先找到著名的猎户座，从猎户座腰带上的一排3颗星向东南方向，便可看到1颗全天最亮的恒星——天狼星，天狼星所在的星座，就是大犬座。大犬座的主星天狼星是从地球上看出去即太阳后的第一亮恒星，同时也是离地球最近的恒星之一。它名字的原意是“烧焦”，原因是它升起过后夏日的暑气就来了。古希腊人称夏日为“犬日”，因为只有狗才会发疯似地在这样酷热的天气里跑出去，因此这颗星也被称为“犬星”。整个星座犹如一只飞奔的猎犬，正扑向位于它西侧的天兔座。整个星座虽小，却十分明亮，星座内共有122颗6等以上的恒星。

古希腊神话传说中，猎人奥利安（猎户座）不幸被情人阿耳忒弥斯误杀后，他的猎犬西里乌斯十分悲伤，整天不吃东西，悲哀地吠叫，最后饿死在主人的屋子里。这件事感动了天神宙斯，就把它升到天上，成为大犬座。大犬座紧跟在猎户座的后面，表示西里乌斯对主人的忠诚。

34. 波江座

波江座是北半球冬季夜晚南天星座之一，是现代88星座及托勒密48星座之一，包含中国古代星座天苑、九州殊口、天圆、九游、玉井和水委，是南北跨度最大的星座。波江座从猎户座南端附近开始，蜿蜒曲折地在金牛座、鲸鱼座与天兔座之间流过，直到紧接水蛇座的地方。整个星座中大多数的星都比较暗，只有一头一尾两颗星引人注目。在波江座最南端的那颗亮星是水委一，我国只有南方才能看到它。波江座的面积在所有88个星座中排第6。

根据早期的希腊神话，太阳神名叫赫利俄斯（后期的希腊神话把太阳神称为阿波罗），据说，他和海洋女神克吕墨涅结合生有一子，名叫法厄同，此外还有5个女儿。有一次，法厄同被同伴羞辱，说他是私生子。法厄同非常气愤，为了表明他是伟大的太阳神之子，他找到父亲赫利俄斯询问。慈祥的父亲对他说，“我亲爱的孩子！你的确是我的儿子，你有任何愿望我都可以帮助你实现。”法厄同要求驾驶父亲的神马宝车，以向他的同伴证明并炫耀自已。但是，太阳神的马车可不是谁都可以驾驶的，无奈的是，作父亲的已有话在先，只得同意。法厄同跳上马车后，马车载着他很快狂奔起来，太阳车很快脱离了在太空的轨道驶向大地。大地骤然变热，河流开始干涸，森林也燃烧起来。为了挽救大地的众生，天神宙斯不得不用雷电射向法厄同，法厄同被雷击中坠入波江惨死。太阳神一家悲痛万分，法厄同的姐妹们痛哭不已，结果他们的身体都化作了波江岸边的白杨树，她们的眼泪变成了琥珀。天神宙斯为了安慰太阳神，把波江放到天上成为蜿蜒的波江座。

35. 长蛇座

长蛇座是全天 88 个星座中最长、面积最大的星座。在春季的夜空中，它蜿蜒于巨蟹、狮子、室女、天秤等星座以南，横跨全天 1/4。

长蛇座虽然很长，却没有耀眼的亮星。星座内除了一颗红色的 2 等亮星（即长蛇 α 星）以外，其余的星都很暗，因此长蛇座不太引人注目。在巨蟹座以南，狮子座 α 星（轩辕十四）的右下方，由 5 颗 3 等星和 4 等星组成一个小圆圈，这就是长蛇抬起的头部；位于轩辕十四西南面的星宿一，相当于长蛇的心脏。星宿一的四周没有其他亮星，因此阿拉伯人称它为“孤独者”。星座中其他的暗星，则弯弯曲曲排成一长列。

在古代希腊的神话故事中，长蛇座是水蛇怪许德拉的化身。传说许德拉有 9 个头，能从 9 张口中吐出毒气，危害人畜。如果斩掉它的一个头，立刻会生出两个头，比以前更加凶猛。盖世英雄赫拉克勒斯在消灭了狮子怪以后，又带着他的侄儿伊俄拉俄斯同去寻找水蛇怪，为民除害。赫拉克勒斯每斩掉水蛇怪的一个头，他的侄儿就立即用火烧没伤口，使蛇头长不出来。这样，他们终于消灭了水蛇怪。为了纪念赫拉克勒斯的功绩，天神宙斯便把赫拉克勒斯消灭的水蛇怪升到天上，列为长蛇座。

36. 蛇夫座

蛇夫座是赤道带星座之一，从地球上看，它位于武仙座以南，天蝎座和人马座以北，银河的西侧。蛇夫座是星座中唯一一个与另一星座——巨蛇座交接在一起的，同时，蛇夫座也是唯一一个兼跨天球赤道、银道和黄道的星座。蛇夫座既大又宽，形状长方，天球赤道正好斜穿过这个长方形。尽管蛇夫座跨越的银河很短，但银河系中心方向就在离蛇夫座不远的人马星座内。银河在这里有一块突出的部分，形成了银河最宽的一个区域。

另外，虽然黄道穿越蛇夫座，但蛇夫座却不属于黄道星座。每年约 11 月 29 日，太阳从蛇夫座穿越，直至 12 月 17 日进入人马座为止。黄道上没有节气点，在天蝎座却有大雪节气点在蛇夫座上。

在古代星图中，把蛇夫座画成一个手持巨蛇的人，代表古代神医阿斯克勒庇俄斯。蛇夫座中最亮星 α，是颗视星等为 2.08 等的白色巨星（A5 III），绝对星等为 0.96 等，距离地球为 54 光年。蛇夫座 β 星，是视星等为 2.77 等的红巨星（K2 III），距离地球 99 光年，绝对星等为－0.1 等。在它的东北 1°5 的地方有一个很大但星数稀少的疏散星团。

人马座的喀戎看中了阿波罗的儿子阿斯克勒庇俄斯，将他所有的知识都传授给了他。阿斯克勒庇俄斯马上就超越了老师而成为一位非常优秀的名医，他治疗了其他医生放弃治疗的病患，还救了有重大伤害的病人，不久甚至拥有使病人起死回生的能力。冥界之王知道后大发雷霆说：“多么可怕的事情呀，再这样下去死者之国将不再会有人。”他很快向万神之王宙斯激烈地抗议：“人间的命运早已注定，岂可随意更改，就连神也不容许做出这种事情，更何况他是以人类的身份将死者起死回生，实在是太乱来了。”宙斯也认为再这样下去，宇宙的秩序会混乱，所以就以闪电杀了阿斯克勒庇俄斯，可是以一位医师来说，他的伟业是不容忽视的，于是宙斯将他加入了星座，就这样蛇夫座诞生了。

变成蛇夫座的阿斯克勒庇俄斯双手握着一只蛇，是因为阿斯克勒庇俄斯在他生前常用蛇的毒来当作药。在地中海东部一带，蛇一直是很神圣的动物而被奉养与尊敬，人们相信蛇有很强的生命力，所以跟治疗病情有关系，何况冷冷的冬天蛇“死”掉后，“尸体”不会腐烂，到了春天又生龙活虎起来，所以众人皆认为蛇有“死而复生”的能力，而蛇夫则象征着掌握“起死回生”的人。

第三节　时间和历法

宇宙是由物质构成的，而物质与运动又是不可分的。时间是物质运动中的一种存在方式，它是由过去、现在和将来构成的连绵不断的系统，它是物质的运动、变化的持续性、顺序性的表现。历法是人们日常生活中经常应用的时间计量方法，通常用年、月、日来计算时间，主要分阳历、阴历和阴阳历三类，具体的历法还包括纪年的方法。

1. 时间

时间是一种客观存在。一切物质运动都是在一定的时间中进行的，因此时间是物质存在的基本形式之一。时间既没有起点，也没有终点，它不受制约地无限延伸着。但是，人们通常使用的时间则是有限的，对时间的度量也是人为的。

时间是指物质运动的顺序性和持续性或物质运动的先后和久暂。通常所说的时间包含既有差别又有联系的两个内容：一个是指“时刻”，另一个是指“时段”。时刻是运动状态的瞬时，即物质运动状态的瞬间或物质运动离开时间坐标原点的距离，它是无限时间中的某一具体瞬时点。时段是指运动状态的不同瞬时点之间的间隔，即两个时刻之间的距离或物质运动两个不同状态的时间历程，又叫时间间隔，表示时间的长短或久暂（历时多长了），它有始有终，是无限时间中的某一段长度。时段表示运动过程经历的时间长短，而不一定显示运动过程发生的早晚。

日常生活中所说的时间，有时是指时刻，有时也指时段。我们这里所考虑的主要是时刻问题。任何时刻都有两方面的含义，即物理时刻和钟表时刻。物理时刻即时刻本身，是钟表时刻所表示的迟早程度：钟表时刻则是物理时刻的表达形式，同一物理时刻可以有不同的钟表时刻。

人类需要准确的时间。早在原始社会，人们在劳动和生活过程中，头脑里逐渐产生了周期性和简单的数的概念，从传说中的“结绳记日”和“刻木记日”起，就有了日的概念。我国远在夏代（约前 21 世纪至前 16 世纪）就创立了立杆测影的方法，用来判别方向、测定时间和确定一年四季。

随着社会的进步和科学技术的发展，对时间精度的要求越来越高。远古时代人们日出而作日入而息，时间精度一般要求到一天的几分之一就足够了。可是现在，很多测试甚至要用 1 纳秒的精度，即要求准确到 1 秒的 10 亿分之一。高精度的时间要求已经广泛反映在许多方面，如航空航天、深空通讯、卫星发射及监控、导航通信等，即使在日常生活里，精确到秒的时间要求也是很常见的事。

2. 时间单位

在科学计量中，时间的基本单位是秒，在国际单位制中的7个基本单位中，时间单位是目前测量精度最高的一个基本单位。

时间的自然单位有年、月、日，都是自然天体运动的周期。年是地球绕太阳公转一周的时间，就是回归年，它的天文意义是太阳连续两次通过春分点的时间间隔。根据长期的天文观测，回归年的长度是365.2422日，即365天5小时48分46秒。还有一种年是参照恒星观测得到的，即太阳在黄道上连续两次通过同一恒星的时间间隔，叫恒星年。恒星年的长度是365日6小时9分10秒。回归年之所以短一些，主要是春分点在黄道上西移的结果。恒星年是地球公转的真正周期，回归年是地球上寒暑变化的周期。

月是月亮盈亏圆缺的周期，即月相变化周期，我们称为朔望月，它是从满月到下一个满月的时间，朔望月的平均长度是29.5306日。

日是地球自转一周的时间，有恒星日、太阳日和太阴日。太阳日是指太阳连续两次经过上中天的时间间隔，它表示昼夜交替的周期，为24小时，叫做1太阳日。恒星日是指天空某一恒星连续两次经过上中天的时间间隔，即地球自转一周360°所需的时间为23小时56分4秒。恒星日的长度是固定不变的，但恒星的东升西落与人类的生活关系不大，太阳日制约着人类的起居作息，与人类的生活息息相关，因而被用来作为基本的时间单位。太阳日时间不长，使整个地球表面昼夜间增热和冷却不至过分剧烈，从而保证了地球上生命有机体的生存和发展。太阴日是月亮连续两次经过上中天所用的时间。

在日常生活中，日是基本的时间单位，比日大的时间单位是年和月，是日的倍数；比日小的时间单位是时、分、秒，是日的等分。

3. 时间的计量

时间的计量总是同某一运动的物体相联系的，但并非任何运动的物体都可以用来计量时间，用以计量时间的物体运动必须具有周期性和稳定性的特点。在长期的生活和实践中，人类逐渐认识到地球的自转和公转运动是计量时间的最方便的依据。直到原子钟发明以前，几千年来地球的自转周期都被用来作为时间的计量标准。

现代时间计量中的基本单位——秒的长度，首先就是从地球的自转周期——日长中派生出来的。1 日等分为 24 小时，1 小时等分为 60 分，1 分等分为 60 秒，因此 1 秒的长度是 1 日的 1/86400。但是由于黄赤交角及地球绕日公转速度不均匀的影响，1 太阳日的长度并不均匀，导致了这样的秒长也有微小的变化。

随着测时精度要求的不断提高，时间计量的标准也经历了由地球自转到公转，最后到原子运动的变迁，秒的定义也经历了由平太阳秒到历书秒，再到原子秒的变迁。

（1）平太阳秒

针对太阳日的长度不均匀的特点，1820 年法国科学院规定了平太阳秒的定义：把全年真太阳日的平均长度作为 1 日的平均长度，这样的日叫平太阳日。1 平太阳日长的 1/86400 为 1 平太阳秒长。

平太阳秒消除了由于真太阳日长度的变化带来的秒长的变化，因而它比由每个太阳日分割出来的秒长要稳定，但这种稳定性是以地球的自转速度的稳定不变为前提的。如果地球自转速度发生了变化，这种由日长派生出的秒长就不再是均匀的了。20 世纪 30 年代，石英钟的出现使人们发现了地球自转速度的变化，包括长期减慢、周年变化和不规则变化等，因此以地球自转为基准的平太阳秒的长度并非固定不变。

（2）历书秒

由于平太阳日随地球自转速度而发生改变，所以无法满足精密科学对时间的要求。经过长期的观测发现，地球的公转周期具有相当的稳定性。人们很自然地想到，如果把地球公转周期的若干分之一定为 1 秒，这样的秒长也会是相当稳定的。1958 年国际天文学联合会决议，把 1 回归年的 1/31556925.9747 定为秒长，这样的秒被称作历书秒，并自 1960 年起采用新的时间单位历书秒来取代平太阳秒。

但是历书秒的测时精度不高，经过数年的观测，所得到的精度比平太阳秒提高不到 10 倍，仍不能满足现代科学技术对时间精度的要求。从 1967 年起，又改用原子秒作为基本的时间计量单位。

（3）原子秒

平太阳秒和历书秒都是通过天文方法测定天体运动的周期得到的，20 世纪 50

年代以来，物理实验技术的飞速发展，使人们从天文学的宏观领域转向物理学的微观领域，寻找运动周期稳定的物质来定义新的秒长。

1967 年国际天文学联合会将秒长定义为铯原子跃迁振荡 9192631770 次所用的时间，这样的秒叫做原子秒。原子秒既不联系地球公转也不联系自转，而是以原子跃迁振荡为依据。原子秒既克服了平太阳秒的不均匀性，又克服了历书秒测时精度低的缺点，是一种较为理想的时间单位，目前原子钟的误差仅有 1 秒/1500 万年。从 1984 年起，现代时间的计量单位均采用这样的秒长，至此，在时间计量上一直占据统治地位的宏观的天文时间标准，退出了历史舞台。

4. 时间的测定

因地球自西向东的自转表现为天体自东向西的周日运动，因此一天中，时间的流逝表现为天体时角的持续变化。天体的时角是指天体相对于本地午圈的角距离。被人们选定用来测定时间的天体有两个，分别是春分点和太阳，因此可以分别得到两种时间系统：恒星时和太阳时。

（1）恒星时

恒星时是根据春分点的周日运动确定的时间，它以春分点每天自东向西通过本地午圈的时刻作为起算点，在 1 恒星日的时间里，春分点的时角将会持续变化 360°，到第二天春分点又会回到本地午圈上，我们就通过观测春分点的时角来得知当时的恒星时。1 恒星日等分为 24 个恒星小时，1 恒星小时等分为 60 恒星分，1 恒星分等分为 60 恒星秒。由于春分点在天球上并没有标志，天文学家实际上是通过观测恒星的位置来得知恒星时的。

恒星时是天文学中使用的时间系统，它和人们的日常活动没有直接关系，因为人们是按照太阳的周日运动来安排活动的。

（2）太阳时

太阳时是按照太阳的周日运动建立的时间计量系统。它以太阳每天通过本地子圈的时刻为起算点，1 太阳日等分为 24 个太阳小时，1 太阳小时等分为 60 太阳分，1 太阳分等分为 60 太阳秒。这种时间系统被称作真太阳时系统，它和太阳的周日运动紧密联系，为人们的生活提供了方便。但由于真太阳的周日运动不均匀，真太阳系统的时间单位实际上是不等的，不符合作为时间单位的要求，因此人们创立了一种更为完善的根据太阳运行计量时间的平太阳时系统。

平太阳是人们假想出来的一个太阳，为了消除地球的椭圆绕日公转轨道和黄赤交角造成的真太阳日长短不等的影响，人们规定平太阳在天赤道上作匀速运动，也就是说，平太阳日是真太阳日全年长度的平均值。1 平太阳日等分为 24 个平太阳时，1 平太阳时等分为 60 平太阳分，1 平太阳分等分为 60 平太阳秒。

总之，时刻是根据天体的时角测得的。由量时天体的不同得到三种时刻；恒星时、真太阳时、平太阳时。平太阳时既和太阳的周日运动密切相关，又是一种较为均匀的时间，所以是我们日常生活中使用的时间系统。由于平太阳是天球上的一个假想点，也就无法观测它，平太阳时是由恒星时再经过换算得到的。

5. 各地的时间

时刻根据天体的时角测得，而时角的度量是以本地午圈为起算点的。地球上经度的不同地点，都有各自的午圈，因而根据天体的时角测得的时刻也是因地而异的，由此产生了各地的时间，这一点对恒星时、真太阳时、平太阳时都是一样的。

(1) 地方时

各地根据天体时角测得的时刻因经度而不同，这种因经度而不同的时刻称地方时，包括地方恒星时、地方真太阳时、地方平太阳时。平常所说的地方时，通常是指地方平太阳时，简称地方平时。

地方时因经度而不同。相同经度的地方有相同的地方时。较东的地方有较早的地方时。因天体自西向东做周日运动，较东的地方较先看到天体中天，因而有较早的地方时。两地之间的地方时之差，就是它们的经度差。

地方时同当地的天象相联系，也符合当地人们的起居和生活习惯。但由于地方时因经度而不同，微小的经度差异便会带来时间上的不同，不利于各地的相互交往，因此需要有一种全球统一遵守的时间。

(2) 世界时

世界时是 0°经线的地方平时，也称格林尼治时间。

世界时作为全球通用时间虽然统一，但与世界各地大多数地区的生活习惯不相符。于是人们倾向于一种既在一定范围内时间保持一致，又与人们生活习惯相差不多的时间系统。

(3) 区时

1884 年国际经度会议决定，全世界按统一标准划分时区、实行分区计时。按这种办法，每隔经度 15°为一个时区，全球共划分成 24 个时区；以本初子午线即 0°经线为中央经线的时区为中时区或零时区，往东、往西各划分成 12 个时区；中时区以东为东时区，依次为东一至东十二区；中时区以西为西时区，依次为西一至西十二区；东、西十二区各跨经度 7.5°，合为一个时区，以 180°经线为中央经线。同时规定，各时区均以本时区中央经线上的地方时作为全时区共同使用的时刻，称为区时，又称标准时；同一时区内区时相同，相邻两个时区的区时相差 1 小时；任意两个时区之间，中间隔几个时区，区时就相差几小时；较东的时区，区时较早。既然越往东时刻越早，那么哪里才是新的一天的开始？国际上规定，原则上以 180°经线作为地球上“今天”和“昨天”的分界线，叫做“国际日期变更线”，简称“日界线”；人为规定，在日界线西侧的东十二区在任何时刻，总是比日界线东侧的西十二区早 24 小时，这样东、西十二区，虽为一个时区钟点相同，但日期总是相差一天，即东十二区任何时候都比西十二区要早一天。所以，自西向东过日界线，日期要减一天；反之，自东向西过日界线，日期要加一天。为了避免日界线穿过陆地，日界线与 180°经线并不完全一致，而是增加了几处曲折。

时区的界线应严格以经线为界，但各国在实际应用时往往根据自己领土的情况，常以行政区界或某种自然界线作为时区的界线，这样一个国家或一个地区可采用同一时间，而不致被划分为不同时区采用不同的时间。这种人为规定的时区称为现实时区，在现实时区内采用的同一时间为法定时。

(4) 北京时间

我国采用北京所在的东八时区的区时作为标准时间，称为北京时间。北京时间并不是北京地方的时间，而是东经 120°地方的地方时间。而北京时间也不是在北京确定的，而是由位于中国版图几何中心位置陕西临潼的中国科学院国家授时中心的 9 台铯原子钟（铯钟）和 2 台氢原子钟组通过精密比对和计算实现，并通过卫星与世界各国授时部门进行实时比对。北京时间是东经 120°经线的平太阳时，不是北京的当地平太阳时。北京的地理位置为东经 116°21′，因而它的地方平太阳时比北京时间晚约 14 分半钟。北京时间比世界标准时间早 8 小时。

北京时间是我国行政管理、生产、交通运输等工作的时间计量标准。假如我们没有统一的时间标准，而是各用各的时间，学校就无法上课，工厂就不能正常生产，交通运输也不能有条理的进行，这就使整个社会的工作、生产秩序混乱。但是取哪个时间为标准好呢？因为北京离 120°经线很近，而且北京是我国的首都，所以很自然的以东经 120°地方平太阳时取为我国的标准时间。人们给它取个名字叫“北京时间”，这也是我国实行单一的法定时。

6. 标准时间

准确时间是从哪里来的呢？许多人大概都不会想到，广播电台与电视台播出的标准时间都是从天文台来的。天文台设有精密的天文观测仪器，经常观测各种天象。其中有一套测量时间的，为中星仪、等高仪、超人差棱镜等高仪、光电等高仪等仪器，利用它们可以求得准确的时刻。为了计量时间，天文台都设有精密的天文钟，它走一天的误差不到百分之一秒。就是这么小的误差，累积起来，也会造成很多不便。所以天文台要经常地测量时间。

现代测定准确的时间，主要不是靠直接观测太阳，因为太阳本身是个较大的圆面，同时它又光辉耀眼，不便于直接观测。因此，人们只好“舍近求远”。现代测定时间主要靠观测恒星。恒星的周日视运动周期，即恒星日，是地球自转的真正周期。以恒星日为基本单位计量时间，便是“恒星时”。恒星时和平太阳时都是均匀的时间，并且它们之间有一定的换算关系。由于太阳平均每天在天球上东移 1°左右，所以平太阳日比恒星日略长，即一个平太阳日比一个恒星日长 3 分 56.56 秒。如果有两只走时均匀的钟，一只走平太阳时，一只走恒星时，秋分表示两只钟指示的时刻是相同的，那么，第二天恒星钟就要快 3 分 56 秒多，以后每天依次累积，一年以后累积 24 小时，两只钟时刻又相一致。

现代的测时工作，就是通过观测恒星，首先得到均匀而准确的恒星时刻，然后再根据上面所说关系进行换算，从而得到准确的太阳时刻。每当晴天的夜晚，天文工作者便打开观测室的天窗，用一种叫做“中星仪”的精密仪器对着天空。这样，地球和天上的星便真的构成了一架巨大而又走时准确的时针。中星仪的镜筒好比时针，天空的星好比钟表盘上的时间刻度，而天文学家熟悉每颗星在天球上的位置和名称。当中星仪的镜筒随着地球自转指向某颗预知恒星的瞬间，观测者马上就能知道此时瞬间的恒星时刻。然后，再根据恒星时与平太阳时的换算关系，便能得到此瞬间的平太阳时刻，以此来核准钟表上的时间。无论走得多么准确的时钟，都得靠地球这架稳定的天然钟来核准。广播电视上每天播报的准时信号，就是经过天文工作者这样一番辛勤劳动而获得的。

可是，通过天文观测所获得的准确时间，只是极其短暂的一瞬，况且天文观测也并不是什么时间都可以进行的。为了连续不断地供给人们准确的时间，就得把所测得的结果“保持”下去，这项工作叫做“守时”。用来守时的工具就是走时稳定而准确的钟表。现在用的守时钟表是精度可达到每天只有1%秒误差的原子钟。

7. 闰秒和协调世界时

夏历有闰月，公历有闰日（闰年），但你未必知道时间有“闰秒”。所谓闰秒，就是有时候1分钟不是通常的60秒，而是61秒。自从20世纪石英钟、原子钟相继问世，才终于测验出地球自转确实是不断减慢的。近些年的实测证实，每过100年，日长大约增长千分之一秒。这样就使原来被认为准确、稳定、以地球自转为依据的“平太阳时”，变成了一种具有伸缩性的“橡皮时间”。由于一日的不断增长，由日而等分的时、分、秒等时间单位，也必然会不断被拉长。

原子钟是不受地球自转所左右的计时工具，而且，它也不受气候等外界条件影响。完全用不着靠白天观太阳、夜间观星星来校准。原子钟的基本时间单位是秒，它的秒长是被规定好了的，是一种没有伸缩性的“刚体时间”。原子时虽然准确，千古不变，但它不能代替平太阳时。它们各有优缺点，而又不可互相替代。到1971年底，世界时时刻已落后于原子时近10秒。这就给国际时间服务组织提出了一个问题：是按原子时播报时间，还是按世界时播报时间？为此，国际上又经过一番争论和酝酿，终于确定了一种折中的计时方法，称为“协调世界时”，并于1972年1月1日起实行。

顾名思义，协调世界时就是将两种时间系统加以人为的“协调”，让原子时尽量与世界时接近。协调世界时规定，时钟的钟点是属于世界时的，即格林尼治平太阳时。时钟的最基本时间单位——秒，是属于原子时的。如果原子时偏离世界时，即世界时落后于原子时刻，那么就像历法置闰那样，用“闰秒”的办法加以协调。办法是，当它们相差0.9秒以上时，就引进一个闰秒。

一般把闰秒安排在1年中的6月30日或12月31日的最后1分钟内。含闰秒的1天，最后1分钟就不再是60秒，而是61秒了。自1972年实行协调世界时以来，已有过多次闰秒，平均每两三年就有一次。譬如，1999 年 12 月 31 日最后时刻，就是在第 61 秒钟的瞬间结束的，从而使千禧年迟到 1 秒钟。至于在什么具体时间闰秒，则要由国际时间局决定，并预先通知各国的授时部门。这就是当前实行的时间制度。

8. 守时

由测时得来的时间，要用精密的天文仪器将天文测时结果记录下来，这种工作称为守时。守时的完成主要是靠守时工具，这些工具大致经过以下发展阶段：

（1）流量计

最古老的守时工具无疑是泄水型漏壶。后来有以沙代水的沙漏，有以油灯耗油量多少来计时的灯钟，也有燃香的香篆钟（香火在金属盒内沿篆字式的沟槽蜿蜒前进）等。中国现存最古老的漏壶是西汉时代的。滴水计时有两种方法：一种是利用特殊形式的容器，记录水漏完的时间（“泄水型”）；另一种是底部无开口的容器，记录它用多少时间把水装满（“受水型”）。其后各种水钟都是在这两种类型的基础上加以改进的，世界上现存最古老的滴漏是公元前 14 世纪的埃及水钟。沙漏用细管连接两只容器，上面的一只装上干燥的黄沙，沙会在一定的时间内全部漏入下面的容器，漏完再翻转过来，黄沙每次漏完的时间大体相等，沙漏又称“沙钟”。

（2）机械钟

出现于 16 世纪的欧洲，一开始由滴漏发展而成，只是多了一个由齿轮带动齿轮而使指针转动的装置，它以水为动力。到伽利略发现了单摆的等时性后，海根利用重锤的势能转变为动能，用单摆加上一只擒纵轮制成了真正的机械钟。

（3）石英钟

1929 年，出现了石英钟，经过不断改进，精度大为提高，到 20 世纪 50 年代初期已完全代替了天文摆钟。石英钟的核心部件是一个利用石英的压电效应原理制成的晶体振荡源。晶体振荡的频率非常稳定，石英钟走一天的误差只有万分之一秒左右。换句话说，它要是不停地走，走上 30 年才有 1 秒钟的误差。

（4）原子钟

更为准确的计时器当数原子钟。利用能量状态经过选择的原子，在微波谐振腔中进行量子跃迁，从而获得相应能级间跃迁所发射或吸收的电磁波的固有频率，根据这种原理制成的钟称为原子钟。它是利用微观系统原子（或分子）固有的某些特性作为基础，因而具有迄今为止已知的任何时钟都无可比拟的优点。它有极高的准确度和稳定度，原子钟要走3000年才有1秒钟的误差。我国自行研制的铯原子钟和氢原子钟的准确度已达到这个水平。

原子钟由于准确度和稳定度很高，得到广泛的应用。在人造卫星和导弹的制导、空间跟踪、数字通讯、相对论效应的验证、地球自转的不均匀性的研究、无线电波的传递速度的测量以及电离层研究等方面，原子钟都是一种重要的仪器。

9. 授时

天文台用各种传递手段，如无线电讯号等将准确的世界时发播出去为各种用户服务，这种工作称为时间服务或授时。授时系统是确定和发播精确时刻的工作系统。每当整点钟时，收音机便会播出“嘟、嘟……”的响声，人们便以此校对自己的钟表的快慢。

目前世界各国都采用原子钟来产生和保持标准时间，然后通过各种手段和媒介将时间信号送达用户，提供标准时间（包括频率标准），这些手段包括短波、长波、电话网、互联网、卫星等，这一整个工序就称为“授时系统”，这一切工作又称为时间服务。

时间服务主要分为世界时服务和原子时服务。世界时服务大致可以分为采用原子时以前和以后两个时期。在采用原子时以前从事时间服务的天文台利用大量的天文测时资料进行误差（包括系统误差和偶然误差）处理，求得精确的世界时。由于天文测时和大量的数据处理费时较多，天文台总是每天先按世界时的近似外推值，用无线电时号的形式发播出去，再根据事后测算的精确世界时对过去已发播的近似值进行修正。

目前发播无线电时号所用的频率有超高频、甚高频、高频、中频、低频和甚低频等，其中主要是高频、低频和甚低频。通过通讯卫星、导航卫星及电视网进行服务的，主要采用超高频和甚高频。高频和甚低频时号以及脉冲式低频讯号主要靠电离层反射，因此精度不高，但传递较远，所以仍然被广泛采用。其他不依靠电离层传递的时号，虽然精度较高，但需要对大地电导率、大气折射率进行研究和预测。

中国从1959年建立综合时号改正数系统。目前利用上海天文台、陕西天文台、北京天文台、紫金山天文台、云南天文台、武昌时辰站等单位的天文测时资料进行综合处理来确定世界时，并由上海天文台和陕西天文台分别根据原子钟发播 BPV 和 BPM 等时号。

由于空间科学大容量数字通讯、远距离无线电导航等工作的发展，对时间同步的要求越来越高，促使授时工作不断发展。传递时间频率的无线电讯号所用的波段，从高频、甚低频发展到所有可用的无线电频谱；传递讯号的机构，从专门的授时台发展到远距离无线电导航台、电视台直播、电视卫星、导航卫星、通讯卫星以及微波中继通讯站；所用的讯号方式，从秒脉冲发展到多脉冲和时间编码等。目前，时间同步的精度已从 1 毫秒提高到几纳秒。

10. 国际日期变更线

由于东边时区的时间比西边时区的时间要早，当有旅行者向东做环球旅行时，每向东越过一个时区，必须将他的钟表拨快 1 小时，越过两个时区，需要拨快两小时，只有这样他的钟表时间才跟当地人的时间一致。当他环绕地球一周回到出发地时，他的钟表便拨快了 24 小时，也就是说，他的时间比出发地居民多出了一天，此时，他只有人为地将多出的一天减去，才能符合当地人的习惯。相反，如果他向西环球旅行，每向西越过一个时区，必须将他的钟表拨慢 1 小时，越过两个时区，需要拨慢两小时，只有这样他的钟表时间才跟当地人的时间一致。当他环绕地球一周回到出发地时，他的钟表便拨慢了 24 小时，也就是说，他的时间比出发地居民少了一天，此时，他只有将少了的一天人为地补上去，才能与当地人一致。现在国际旅行的人多了，随时随地都在进行，频繁的拨表非常麻烦而不现实，能不能约定一个共同的地方，大家只有在经过这个地方时才改变一下钟表的日期？答案是当然可以。国际上规定 180°经线为“国际日期变更线”，简称“日界线”。

日界线的设置，把时区的排列，变无限方向为有限方向，分出了最东时区和最西时区。日界线西侧的东十二区，成为全球最东的时区，它的时刻最早；日界线东侧的西十二区，则成了全球最西的时区，它的时刻最迟。它们的钟点虽然一样，但它们却分别属于相邻的两天，相差了 24 小时。为了避免在一个国家中同时过两个日期，实际日界线有所曲折。在俄罗斯东端向东曲折，在美国阿留申群岛西部向西曲折，在南半球斐济群岛和汤加群岛附近，又向东曲折。为的是使日界线不穿过任何国家。

有趣的是，这个规定为贪图参加两次元旦庆典的人创造了机会。例如，当东十二区是2001年元旦10点钟时，西十二区是2000年12月31日10点钟。如果你在东十二区过完新世纪的元旦，还可以赶到西十二区去，那里还在过着去年的最后一天，这样第二天你就可以再次参加那里的元旦了。可是，如果你在西十二区，打算赶到东十二区与家人一起迎接元旦的话，即使乘坐最快的交通工具，瞬间即到，你的如意打算也会落空。因为当你启程的时候，东十二区已经是元旦之夜了。

400多年前，麦哲伦完成人类历史上第一次环球航行，幸存的“维多利亚号”木船载着18名筋疲力尽的水手，历尽千辛万苦，在结束为时3年的海上漂泊生涯的时候，却发生了一件不愉快的事。1522年7月的一天，航行归来的水手们满怀喜悦之情，到达西班牙领地佛得角群岛，这里离家乡只有一天的路程了。水手们根据自己准确无误的日志，满以为这一天是7月9日，星期四。但上岸后，岛上居民却说是7月10日星期五。于是双方展开辩论，岛上的人说：“一定是你们一路受惊，把日期记错了。”后来神父知道了这件事，责备水手们犯了个不可饶恕的罪过，既然记错了日子，那一定把节日都记错了，在该吃斋的日子吃了肉。水手们赌咒发誓，保证自己没有记错，并把航海日志给神父看。日志记录确实一天也没错，但又千真万确比岸上少了一天。罪过被证实了，虔诚的水手们只好到教堂去忏悔。勇士们的功劳和回乡的喜悦，由于日期上的误会而被冲淡了。他们一直到死，也没弄明白那一天究竟丢到哪里去了。为了保证旅行者不再重蹈昔日水手们和福克的误会，轮船在越过日界线时，必须严格遵守规定：从东十二区向西十二区越过此线，日期须退回一日；从西十二区向东十二区越过此线，日期须跳过一日，立即撕下一页日历。不论是退回一日，还是跳过一日，都不必变更钟点。

如果你所乘坐的飞机超过地球自转速度，或者说，飞机比太阳（视运动）跑得还快，那么，当你向西飞行时，就会超过太阳。待你从后面又追赶上来时，便会看到一轮红日从西方地平线上升起的奇观！

11. 各类时间制度

每个国家或地区，为了采用统一的时间，一般都不严格沿着经度划分时区，而要考虑它自己的行政边界或自然界线。

我国东部地区位于东八区，东经 120°经线是它的标准经线，东八区的标准时间就是这条经线上的时间。应该说，站在这条经线上观测太阳，当太阳在正南天空时，就是中午 12 点钟。我们就把这里的时间，称为“北京时间”。可是，东经 120°经线并不穿过北京，而是大致从山海关、山东半岛、江浙中部和台湾一线穿过，我国的东北地区和西部地区与它相距甚远。我国幅员辽阔，按照标准时制度我国东西横跨五个时区，但为了尽量采用统一的时间，目前规定全国都采用东八区的时间，即北京时间。这样规定的优点是显而易见的，全国都有统一的钟点，可以避免误会和混乱。但它也会给一些地区的居民作息带来不便。如北京、福州人早晨 8 点上班，而新疆、西藏地区相当东六区，它们的早晨 8 点则天刚蒙蒙亮，所以新疆、西藏地区的作息时间一般比北京推迟 2 小时。

世界上国家众多，各国都因地制宜，根据自己的具体情况规定本国的时间。这叫做“法定时”。目前，世界各国使用的法定时，又可以归纳为以下几种情况：

（1）大多数国家和地区所使用的法定时，同其或其主体部分所处的理论时区的区时是一致的。它的标准经度都是 15°的整倍数，同格林尼治时间的差值都是整时数。例如，丹麦全部处在东一区，其法定时为东一区的区时。又如，日本的主体部分在东九区，只有很少部分在东八区和东十区，日本的法定时即采用的是东九区的区时。

（2）欧洲的某些国家的法定时，比它们所在理论时区的区时早 1 小时（这相同于夏令时，因为夏令时只限于夏半年一段时间使用），这是为了充分利用太阳光照。如法国、荷兰、比利时和西班牙等国位于中时区，但采用东一区的标准时。英国是格林尼治时间的故乡，但在历史上曾一度（1968—1972 年）不用其所在的中时区的区时，而采用东一区的标准时。

（3）亚洲的某些国家根据本国所跨的经度范围采用半区时。它的标准经度同理论时区相差 7.5°，它的法定时同区时相差半小时。如伊朗采用东 3.5 区的区时（即比格林尼治时间早 3.5 小时），阿富汗采用东 4.5 区的区时，印度和斯里兰卡采用东 5.5 区的区时，缅甸采用东 6.5 区的区时。此外，北美洲加拿大的纽芬兰岛采用西 3.5 区的区时。

（4）澳大利亚根据本身的地理条件和人口分布的特点，同时采用两种不同形式（整区时和半区时）的标准时。其西部和东部分别采用东八区和东十区的标准时，并把这两个时区的范围略向中部扩展。中部是干旱的沙漠，人烟稀少（故时区范围缩小)，为了使中部地区到人口稠密的东部地区的时间不致过于突然，所以不用东九区的标准时，而改用东 9.5 区的标准时。

(5) 世界上还有极少数国家和地区采用地方时色彩的法定时。尼泊尔的法定时比格林尼治时间早 5 时 45 分(之前曾采用比格林尼治时间早 5 时 40 分的法定时)。新西兰的查塔姆群岛的法定时比格林尼治时间早 12 时 45 分。

有相当多的国家实行所谓“日光节约制”。它首先由英国人提出，呼吁人们早睡早起，充分利用日光活动，节约使用电力、石油、天然气。在第一次世界大战中，首先由德国实行，规定夏季把钟表拨快 1 小时。据说，在英国实行夏时制后，每年节约的燃料电力价值可达 1 亿英镑；由于充分利用白天时间，交通事故减少，治安状况好转。我国在 1986—1992 年期间也实行过这种制度。但由于地域辽阔，统一实行有些困难，后来停止。

在与国际交往日益频繁的今天，了解上述法定时的有关知识是很有必要的。这样，可增强使用法定时的意识，避免简单套用区时的错误。

12. 一天长度的变化

谁都知道一天 24 小时，每小时 60 分钟，每分钟 60 秒，一天总共 86400 秒，怎么会有变化呢？原因是这样的，日是时间的基本单位，在测量时，我们是把太阳连续两次上中天的时间间隔确定为一个太阳日。换句话说，我们将在正南方连续两次见到太阳时间间隔定为一个太阳日，而一个太阳日的长短是不固定的，为什么太阳日长度有偏大偏短的变化呢？原因有三点：

(1) 地球自转速度有快有慢

当地球自转快时，一个太阳日的时间间隔就短，一天的时间就短一些；当地球自转较慢时，这个时间间隔就长，一天的时间就长一些。太阳日有长短变化，以太阳日为基础等分的时、分、秒也有长短变化。现在发现地球自转也是不稳定的。首先它长期变化，趋于变慢，100 年来平太阳日长度约增加 0.0016 秒；其次季节性变化，由于气团移动，上半年自转变慢，下半年自转变快；第三不规则的变化，主要由地球内部和外部的物质移动和能量的交换所致。

(2) 地球公转速度也有快慢的变化

由于地球公转的轨道为椭圆轨道，在 1 月初地球来到近日点，公转速度较快；

在7月初地球来到远日点，公转速度较慢。当地球公转速度较快时，它需要自转超过360.9344°才能完成一个太阳日，因而太阳日偏大；反之，在7月初地球公转速度较慢时，地球自转小于360.9344°便可完成一个太阳日，这时太阳日就偏短。地球公转快慢反映到天球上就是地球在公转轨道上跑得有快有慢，表现出每日黄经差不等长，每日的赤经差也不均匀，从而影响太阳日的长度变化。

(3) 黄赤交角的存在对太阳日长度的影响

太阳日的长度是用太阳时角的增长来表示的，而时角的度量是在天赤道上以上点为原点向西度量的。但是，太阳的视运动是在黄道上进行的，因而必须把太阳每天造成的黄经差投影在天赤道上变成赤经差才能算出太阳日的长度。二分日前后太阳日的长度比平均值要短些，二至日前后太阳日的长度要比平均值长些。

太阳日的长度变化是地球自转速度、公转速度变化和黄赤交角这三个因素同时起作用的结果。公转使太阳日长度有±8秒的变幅，黄赤交角使太阳日有±21秒的变幅，可见黄赤交角的影响是主要的，因此太阳日的长度大约在二至日前后较长，在二分日前后较短。全年最长的真太阳日是24小时0分29秒，发生在12月23日；最短的真太阳日是23小时59分39秒，发生在9月17日。

13. 现代机械钟和原子钟

日常生活使用的座钟、闹钟和手表，一般都是机械钟。它们是在伽利略摆钟的基础上发展而来的。据说，伽利略在念书的时候，有一次去教堂做礼拜，看到天花板上的吊灯被风吹得来回摆动。伽利略注意到，吊绳一样长的吊灯，摆动的周期相同，吊绳越长，摆动得越慢。后来，伽利略根据这个道理，用一定长度的摆，控制机械钟的走动，从而制作了第一台机械钟。从此，人类在计量时间方面，进入了一个新的时期。

早期的摆钟非常笨重，而且也不太准确。后来，又经过多次改进，才逐渐制造出走时准确而又灵巧的机械钟。近代和现代天文台用的摆钟，一般都放在恒温的地下室，保证摆长和机件不因温度而变化，一天误差不超过千分之几秒。现在我们日常使用的机械钟表，虽然大多没有长摆了，但它们里面都有一个像心脏跳动似的游丝和摆轮，它实际上就起着摆的作用，是用来控制钟的快慢的。

随着科学技术的发展，对计量时间的要求越来越精确。精确到什么程度呢？我们跑百米赛，能计量出十分之一秒的成绩就很精确了。但科学家们要求精确到万分之一秒、百万分之一秒，甚至亿万分之一秒。

20世纪年代以后，相继发明了精度很高的石英钟、分子钟和原子钟。原子钟是根据原子内部发出的电磁波频率极为稳定的原理而研制的一种很精密的计时仪器。原子是由原核和绕其旋转的电子构成。电子的轨道不是任意分的，而是一级一级被规定好了的，不同级的轨道，对应不同级的能量。当电子在两个能级之间跃迁时，会辐电磁波。这种电磁波的振荡频率十分稳定，用它来控制钟的走动，便会得到非常精确的时间。目前的铯原子的精度，一天的误差只有百万分之一秒，它的出现标志着人类在计量时间领域，攀登上一个新的高峰。

14. 历法

历法即安排年、月、日的法则。由于日、月、地三者的相互运动，产生了三种自然的时间单位，即季节的变化周期回归年365.2422日，月相变化周期朔望月29.5306日，以及昼夜交替周期太阳日。其中，太阳日是基本的单位，回归年、朔望月均为太阳日的积累。人们就是根据上述周期编订历法，制定历书上的年、月、日，即历年、历月、历日，用以指导生产和生活。如何合理安排历书上的年、月、日，使其更好的体现大自然的周期，便是历法。

历法制度虽是人为规定的，但必须符合以下两点要求：

一是体现大自然的周期，特别是季节变化周期。历法的产生首先是为农业生产服务的。在上述的年、月、日周期中，与农业生产关系最大的是回归年的长度（季节变化周期），人们必须依照季节的变化来安排农业生产，使生产的周期与季节变化周期一致。

二是协调历日周期与天文周期的关系。在天文周期中，回归年、朔望月都不包含完整的日数，且回归年也不是朔望月的整数倍；但在历日周期中，历年必须包含若干完整的历月，历月也必须包含若干完整的历日，而不能将某一历月或历日分开，使其分属不同的历年或历月。

所以，如何安排历年、历月、历日，使之既符合地球运动的周期性，又符合人类生产与生活的要求，便是历法。在实际操作中，人们通过设置平年和闰年，使平均历年的长度等于回归年，通过设置大、小月，使平均历月的长度等于朔望月。

纵观古今中外的历法，其基本原则有这样几方面：第一，历年和历月的天数必须是整日数，这样可以保证完整的一天只出现在同一年或一个月之中，而不会被分开；第二，多个历年的平均天数可以不是整日数，但是要保证每年的平均长度尽可能地接近于非整日数的回归年；第三，多个历月的平均天数可以不是整日数，但是要保证每月的平均长度尽可能地接近于非整日数的朔望月。就是说，历法要尽可能准确地反映地球和月球运动的周期，使其符合四季变化规律和月相变化规律，在指导生活、安排生产等方面具有实用价值，在制订历法时，还必须考虑到它的通用性，尽量能为广大范围的国家和地区所共同使用，同时应该做到简明、易记。

15. 历法分类

由于回归年不是朔望月的整数倍，而历年必须包含完整的历月。因此在协调历年与回归年、历月与朔望月之间的关系时不能兼顾，只能有所侧重：或侧重历年与回归年的关系，或侧重历月与朔望月的关系。因侧重点的不同，将历法分为三类：太阴历、太阳历和阴阳历。

太阴历侧重于协调历月同朔望月的关系，其历年则只能为历月的积累。太阳历侧重于协调历年与回归年的关系，其历月则为历年的分割。阴阳历兼顾朔望月同历月、回归年同历年的关系。

太阴历是最早的历法，因为月相的变化是显而易见且容易被测定的，早在回归年长度测定之前人们便知道了朔望月的长度，故原始的历法是阴历，但这种历法的历年与回归年长度不符，无法指导农业生产，逐渐被淘汰。

阴阳历兼顾了历年同回归年的关系，一度占据优势，但是其历年长度变化较大，相差达一个月。太阳历是现在全球通用的历法，完全依据历年与回归年的关系制定。

16. 太阴历

太阴历简称阴历。阴历的制历是依据月相变化，月相变化是最引人注目的天象，人类在准确测定回归年之前就已经相当准确地测定了月相变化周期——朔望月的长短，因此阴历是一种最古老的历法。

(1) 太阴历的制历

以太阳视运动为依据设置的历法，叫“太阳历”，简称“阳历”；月亮为“太阴”，以月亮视运动规律为依据设置的历法，称为“太阴历”，简称“阴历”。

阴历定月的依据是月亮的运动规律：月球运行的轨道，曰白道，白道与黄道同为天体上的两大圆，以 5°9′而斜交。月球绕地球一周，出没于黄道两次，历时 27 日 7 小时 43 分 11 秒半，为月球公转一周所需的时间，谓之“恒星月”。当月球绕地球时，地球因公转而位置有所变动，前进 27°余，而月球每日行 13°15′，因此月球自合朔，全绕地球一周，复至合朔，实需 29 日 12 时 44 分 2 秒 8，谓之“朔望月”，习俗所谓一个月，即指朔望月而言。

阴历按照朔望月的长度来确定历月的长度，因朔望月长度为 29.5306 日，所以定大月为 30 日，小月为 29 日，这样可使其平均历月的长度接近朔望月。在保持完整历月的前提下，参照回归年的长度来确定阴历的历年，因 12 个朔望月的长度最接近于回归年，所以阴历历年中包含 12 个历月。由于平均历年＝29.5306 日×12＝354.3672 日，所以定平年为 354 日，闰年 355 日。又因为阴历要求平均历年的长度为 354.3672 日，而它的平年只有 354 日，所差余额 0.3672 日积累 30 年约为 11 日（0.3672×30＝11.016），所以要在 30 个历年中设置 11 个 355 天的闰年。

太阴历具有显著的特点：一是它的历日与月相变化相关。由于历月长度等于月相变化周期朔望月。月相变化一个周期，历月也完成一个月，故每一日期都与特定的月相相对应，与月相变化相关。二是它的历月与季节变化无关。季节变化周期为回归年（365.2422 日），而阴历平均历年长度为 354.3672 日，比回归年约短 11 日，故历年每年开始的时间比回归年提前 11 日，这样 3 年累计为 33 天，约比实际季节提早 1 个月，17 年累计约为 180 天，约比实际季节提早 6 个月，从而会发生寒暑倒置、冬夏易位的情况。随着农业生产的发展，需要历月的序号和春夏秋冬四季、农业气候密切配合，很显然，这种阴历不适于农业生产的需要。

(2) 伊斯兰教历

因朔望月较之回归年易于观测，远古的历法几乎都是阴历。因为地球绕太阳一周为 365，而 12 个阴历月只有约 354 天，所以古人以增置闰月来解决这一问题。我国的历法自古就是一种阴阳历。因为每月初一为新月，十五为圆月，易于辨识，使用方便，所以通常称这种历法为阴历。直到今天，由于历法中有节气变化，跟农业种植活动密切相关，所以“阴历”在国人尤其是农民的生活中起着举足轻重的作用。

真正意义上的阴历，只有伊斯兰教历一种。即 12 个阴历月为 1 年，不管季节变化。阴历主要用来指导他们的宗教节日等，因此穆斯林的斋戒节有时在夏天，有时在冬天。但伊斯兰教国家另设一种阳历指导世俗生活。

伊斯兰教国家和地区采用的历法，又称回历。回历年比公历年约少 11 日，因之岁首逐年提早，约 33 年循环一周（即比公历多出一年）。它纯粹以朔望月为历法的基本单位，奇数的月为 30 日，偶数的月为 29 日，平均每个历月为 29.5 日。积 12 个月为一年，共 354 日，12 个朔望月实际上约有 354.3671 日。为使月初和新年都在蛾眉月出现的那天开始，回历采用置闰的办法，每 30 年为一周，共加 11 个闰日。在 30 年循环周期中，第 2、5、7、10、13、16、18、21、24、26、29 各年为闰年。闰年在 12 月底增加一日，共 355 日。

回历的起始历，原定在穆罕默德从麦加迁到麦地那的一天，即儒略历 622 年 7 月 16 日（星期六）。伊斯兰教历为目前伊斯兰教国家通用的历法，正式名称为哈吉来历，意指 622 年穆罕默德从麦加避难逃往麦地那的希吉拉，伊斯兰教历是一种纯粹的阴历，以 622 年 7 月 16 日为伊斯兰教历的元年 1 月 1 日，完全以月相为准，每当新月初现定为每月的 1 日，12 个月为 1 年，不设闰月，闰年于第 12 个月后加一天，平均每年只有 354 天 8 小时 48 分，每隔 2.7 年和公历相差一个月，因此不分季节。

17. 太阳历

太阳历又称为阳历，是以地球绕太阳公转的运动周期为基础而制定的历法。太阳历的历年近似等于回归年，一年 12 个月，这个“月”实际上与朔望月无关。阳历的月份、日期都与太阳在黄道上的位置符合，根据阳历的日期，在一年中可以明显看出四季寒暖变化的情况；但在每个月份中，看不出月亮的朔、望、两弦。

如今世界通行的公历就是一种阳历，平年 365 天，闰年 366 天，每四年一闰，每满百年少闰一次，到第四百年再闰，即每四百年中有 97 个闰年。公历的历年平均长度与回归年只有 26 秒之差，要累积 3300 年才差一日。

（1）太阳历的制历

由于阴历不能指导农业生产，古人曾采用多种办法来预告农业进程。如根据草木鸟兽的季节性活动来判定季节，根据星空的季节性转换来判定季节，根据正午日影长度的变化来判定季节。通过长期的观测，人们发现了季节变化的周期是一个回归年的长度——365.2422日，在测定了回归年长度之后，阳历就应运而生了。

阳历纯粹是以回归年的长度为基础，而与月相变化无关。以回归年为依据的阳历，首先考虑的是历年与回归年之间的协调，所以其首要成分是历年。在历年的长度确定之后，历月只能是历年的分割，所以在阳历中，历月是一种派生成分。

阳历的历年根据回归年的长度来确定，因为回归年的长度为365.2422日，所以阳历平年为365日，闰年为366日，通过设置闰年使平均历年的长度等于回归年的长度。阳历参照朔望月的长度把一年分为12个月，然而这个“月”却和月相变化毫不相干，由于平均历月＝回归年÷12＝30.4368日，所以定大月为31日，小月为30日。大月数占43.68%，小月数占56.32%，1年中应安排5个大月，7个小月。

由于阳历的平年只有365日，比回归年的长度短了0.2422日，这一差值在400年中积累为大约97日（0.2422×400＝96.88），所以阳历要在400年中安排97个366天的闰年，具体原则为：

四年一闰。因所余差额0.2422日在4年中积累为大约1日（0.2422×4＝0.9688），所以每四年阳历就要设置一个366天的闰年。

四百年减三闰。按四年一闰的原则，在400年中将要安排100个闰年，而且在每四年出现的一个闰年中，多增加的1日比0.9688日长出了0.0312日，这一差值又将经过400年变为3.12日，所以要在400年中减去3个闰年，使得400年中只有97个闰年。

经过这样设置的阳历平均历年已经极大地接近回归年的长度。在400年中，阳历的历年仅比回归年长出0.12日，这一差值要累积3300年才差一日，到时再减少一个闰年即可。

阳历的特点在于，它完全按照太阳的回归运动来确定历年的长短，阳历的每一月份、日期都与太阳在黄道上的位置较好地符合，根据阳历的日期，在一年中可以明显地看出四季寒暖变化的情况；但由于阳历和月相变化无关，所以在每个日期中，看不出月亮的朔、望、两弦。

（2）现行公历

公历是现在国际通用的历法，又称格列历，通称阳历。“阳历”又名“太阳历”，以地球绕行太阳一周为一年，为西方各国所通用，故又名“西历”。我国从辛亥革命后即自民国元年采用阳历，故又名曰“国历”。为与我国旧有之历相对称，故又名曰“新历”。1949年正式规定公元纪年。

公元前身是儒略历。1582年，罗马教皇格列高利十三世把全面儒略历1582年10月4日的下一天定为格列历10月15日，中间销去10天，同时修改了儒略历置闰法则。

地球绕太阳一周实际为365.24219天（太阳年），按一年365天计算，每年少0.24219天，每隔4年少0.96876天，每隔400年则少96.876天，因此，400年中需置97个闰年。闰年在2月末加上一天，全年366天。这样经过3333年才有一天的误差。

年有三种：地球绕日一周，历365日6小时9分9秒，谓之“恒星年”；太阳过近地点循黄道东行一周，复过近地点，历365日6时13分48秒，谓之“近点年”；太阳过春分点，循黄道东行一周，复过春分点，历365日5小时48分46秒，谓之“回归年”，亦称“岁实”。因二分点（春分点、秋分点）每年沿黄道向西逆行约50秒，故回归年较恒星年的时间短，相差20分23秒，谓之“岁差”。这三种年之时间不同，为使每年的节气寒暑不变，因此取回归年为制历之年。

由1月1日起，至次年1月1日谓之一年，年长本应与岁实相等，然而一年里的日数，必须是整数，因此以365日为一年，每年余5小时48分46秒，至4年大约满一日，因此每四年增加一日（366日），增加的这一日叫“闰日”，这一年叫做“闰年”。无闰日的年叫做“平年”，平年365日。

18. 阳历沿革

前面提到，现行公历的前身叫做儒略历，是在公元前46年由罗马帝国的统治者儒略·凯撒颁布实行的。它以古埃及的太阳历为蓝本，平年为365日，每隔3年置一个闰年，闰年增加一天，为366日，这样使历年的平均长度为365.25日。在历月的安排上，儒略历把全年分为12个历月，规定单数月为大月，每月31日；双数月为小月，除2月外，每月30日；2月份在平年为29日，闰年为30日。

这种历法与现行公历在许多方面是相同的，为了纪念这次改历，国际上将儒略生日所在的第7个历月命名为儒略月。然而儒略历的执行者误将隔3年1闰的制度作为 3 年 1 闰，致使从公元前 45—前 9 年的 36 年间，儒略历安排了 12 个闰年（而实际应为 9 个闰年），即多闰 3 日，因此历年比回归年长出 3 日。

为纠正这一误差，儒略的继承者奥古斯都于公元前 9 年下令改历，改正后的历法称奥古斯都历。奥古斯都的改历措施是：自公元前 9 年—公元 3 年，不安排任何闰年（12 年间应安排 3 个闰年）；从公元 4 年开始，实行 4 年 1 闰。

早在公元前 27 年，奥古斯都就下令将其出生的 8 月命名为奥古斯都月，并改 8 月为大月 31 日，以同儒略的 7 月相提并论。10、12 月亦改为大月，9、11 月则变为小月。额外的 1 日从 2 月扣除，使 2 月平年仅 28 日，闰年 29 日，这种历月的日数安排一直沿用至今。但是，奥古斯都历只改变了置闰方法和几个月的日数，并未改变它的平均历年长度，所以，实质上奥古斯都历也只是儒略历的一种形式。

儒略历或奥古斯都历的平均历年长度为 365.25 日，比回归年 365.2422 日长出 0.0078 日，这一差值虽然不大，但积累下去，每 128 年就会相差 1 日，积累时间越长差值就越大，所以公元 1582 年罗马教皇格列高利十三世组织了一大批天文学家，对儒略历做了修改，改正后的历法称为格列历。

格列高利的改历措施是：

公元 1582 年减去 10 日。公元 325 年，东罗马帝国皇帝召开基督教主教会议，把春分固定为 3 月 21 日开始，到公元 1582 年，在 1000 多年间积累起 10 日的误差。格列高利下令，将该年 10 月份减少 10 日，将日期从 10 月 4 日直接跳到 10 月 15 日，以纠正所积累的 10 日误差。

调整置闰原则为 400 年 97 闰。为防止出现新的误差，将春分固定为 3 月 21 日。经过这样的调整后的历法，称格列历。历史上通常把儒略历称为旧历，而把格列历称为新历。

由于格列历的内容比较简洁，便于记忆，而且精度较高，与天时符合较好，因此它逐步为各国政府所采用，成为目前世界上通行的公历。

19. 阴阳历

阴阳历是指兼顾太阳、月亮与地球关系的一种历法。阴阳历以月亮绕地球一周为 1 个月，但设置闰月，使得一年的平均天数与回归年的天数相符，因此这种历法与月相相符，也与地球绕太阳周期运动相符合。夏历就是阴阳历的一种，具体的历法还包括纪年（纪元）的方法。

(1) 阴阳历的制历

阴阳历同时根据月相变化和太阳的回归运动来制定历法，力图既要照顾历月同月相变化的对应，又要照顾历年与季节变化的协调，但要同时做到这一点是不可能的，因此它必须有所侧重。二者之中它首先侧重的是历月与朔望月的关系，强调每一历日同月相的对应，所以说阴阳历中的首要成分是历月。在确定了历月的平均长度后，历年只能是若干个历月的积累，所以说阴阳历中的历年是派生成分，但阴阳历中又通过置闰使平均历年的长度接近回归年的长度。

因为历年首先是若干个完整历月的积累，而 1 回归年＝12.3683 朔望月，所以阴阳历规定，平年包括 12 个历月，闰年包括 13 个历月，这样虽然每个历年的长度和回归年不相符，但可使若干个历年的平均长度接近回归年的长度。

由于阴阳历的平年包括 12 个朔望月，比回归年短了 0.3683 个朔望月，这一差值积累 19 年大约为多出 7 个朔望月（0.3683×19＝6.9977)，所以阴阳历要在 19 年中安排 7 个包含 13 个月的闰年。

通过置闰的安排，阴阳历的历月同季节之间的关系虽不甚精确，但相差一般不超过一个月，不会出现阴历中寒暑倒置的现象。

(2) 中国农历

我国传统的历法属于阴阳历。在我国许多传统的节日如春节、端午、中秋节等均是使用阴阳历的，因此在我国以阳历作为正式历法后，阴阳历仍作为非正式历法在社会上广泛应用。为满足社会上的需要，中科院紫金山天文台继续采用传统历法推算历日，并在正式出版的历书中附载这样的历日。

我国传统的历法除具有阴阳历的一般特点之外，还有本身的特点：

*阴阳历与二十四气并行。*在传统历法中，平年与闰年相差一个月，不能有效地指导农业生产，故我国传统历法中另设有二十四气，阴阳历本身用来记事，二十四气则指导农业生产。二十四气是根据太阳在黄道上的运动划分的，从春分点开始，每隔 15°为一气，依次是春分、清明、谷雨、立夏、小满、芒种，夏至、小暑、大暑、立秋、处暑、白露、秋分、寒露、霜降、立冬、小雪、大雪、冬至、小寒、大寒、立春、雨水、惊蛰。虽然二十四气与阴阳历并行，但二十四气并非阴阳历的范畴，因为二十四气与月相变化无任何关系，而是同太阳回归运动密切相关，每一气均与特定的阳历相对应，所以二十四气是一种特殊的阳历，每一气在阳历中均有基

本固定的日期。

以月相定日序。我国传统历法中对于每月中日序的确定是根据月相来进行的，规定以日月相合的日子为每月初一，并根据前后两次合朔所包含的日数来确定每月的大小：若包含30日，为大月，若只包含29日，则为小月。如已知阳历的5月26日、6月24日各是先后两次日月合朔日期，则5月26日便是传统历法中的某月的初一，后面的日期则依次排列为初二、初三……，6月24日则为下一历月的初一。从5月26日到6月23日，共含29日，所以这一个历月为小月。根据这样的原则来确定历月的长度，使得每一历日总与具体的月相相对应。

干支计时制度。干支就字面意义来说，就相当于树干和枝叶。我国古代以天为主，以地为从，天和干相连叫“天干”，地和支相连叫“地支”，合起来叫“天干地支”，简称“干支”。干支计时制度即以10个天干和12个地支循环搭配，用以纪时的一种制度。天干是甲、乙、丙、丁、戊、己、庚、辛、壬、癸，地支是子、丑、寅、卯、辰、巳、午、未、申、酉、戌、亥。古人把它们按照一定的顺序而不重复地搭配起来，从甲子到癸亥共六十对，叫做六十甲子。我国古人用这六十对干支来表示年、月、日、时的序号，周而复始，不断循环，这就是干支纪法。传说黄帝时代的大臣大尧“深五行之情，占年纲所建，于是作甲乙以名日，谓之干；作子丑以名日，谓之枝，干支相配以成六旬。”这只是一个传说，干支到底是谁最先创立的，现在还没有证实，不过在殷墟出土的甲骨文中，已有表示干支的象形文字，说明早在殷代已经使用干支纪法了。

20. 岁首

岁首就是一年的开始。如今，北温带的居民都习惯在风雪交加的日子，即每年1月1日欢度新年。其实，现在的岁首并没有特定的自然含义，它既不是太阳通过黄道二分或二至点的时刻，也不是花开或果熟的季节，而完全是人为的规定。现在的岁首还是两千年前儒略·恺撒制历时规定的，即定在冬至后10天为1月1日，因此有“冬至十天阳历年”的说法。

在不同的国家或地区，在不同的历史时期，对岁首的规定是不一致的。例如，在儒略·恺撒以前，罗马人的岁首相当于现在的3月1日，就是说，那时的罗马人是在大地回春的季节欢度新年的。查理大帝时代的法国曾把岁首规定在耶稣诞生的那一天，即圣诞节和元旦在同一天庆祝。英国在改用格列历之前，岁首相当于现在的 3 月 25 日。当 1752 年改历时，因要把岁首移到现在的 1 月 1 日，在伦敦还曾引起了一场大乱，妇女们觉得她们一下子就老了三个月，工人们也以为平白无故地在一年里丢掉了三个月。市民们还走上街头，呼喊“还给我们三个月”。

21. 纪元

纪元就是记录年代的起点。现有阳历的纪元，也完全是人为的。原来，人们所说的公元多少年，并不是儒略·恺撒制历时规定的，而纯粹是后来因为宗教活动的需要，强加于人的。

古代的欧洲也和我国过去一样，常用所谓“王位纪年法”。就是以某个统治者登基的一年作为纪年的开始。在西欧罗马帝国所控制的广大地区内，常以“罗马建国”或罗马统治者狄奥克列颠称帝时作为纪年的开始。后来有个叫狄奥尼西的基督教僧侣，在预先推算狄奥克列颠纪元 248 年的“复活节”日期时，提出所谓耶稣诞生于狄奥克列颠纪元前 284 年的说法，并主张以耶稣诞生的一年为纪元，他的主张得到教会的大力支持。这样，狄奥克列颠 248 年就成为耶稣诞生纪年的 532 年，所以现行公历的纪年，实际上从公元 132 年才在一些地区开始实行。在此以后的教皇都采用这种纪年法。到 1582 年格列高利颁发新历时，这种纪年法已经沿用成习了。于是，耶稣诞生纪年便成为公历的正式纪年。

22. 公历和农历的优缺点

目前，我国使用的历法主要有两种：公历与农历。

(1) 现行公历（格列历）的优缺点

优点

公历在世界上大多数国家官方通用，具有普遍性；公历属于平时间周期定义的平历，所以其算法简单，天数基本固定，置闰规则；历年和历日协调的好，历年只有 365 日和 366 日两种；历日与太阳高度（直射角度）基本对应，误差只有 1 至 2 日左右。

缺点

公元元年在人类历史中期，不便于推算人类历史早期；岁首没有较强的天文学意义；历月的天数有 28 日、29 日、30 日、31 日四种，并且排列不规则；具有较强的宗教意义和罗马皇权留下的烙印不利于不同文化民族的交流；置闰法中 400 年 97 闰日没有 128 年 31 闰日简单和精确；只管太阳，没有月亮的内容，其日期也不反映月相，是单轨制的太阳历法，不利于保护世界上的阴历，也不利于被一些国家的群众接受和认同；由于历月的长度没有明显的天文学意义，所以人为因素很强，甚至可以被人随意更改；由于其是平历，所以它的历日不能和它对应的天象——太阳高度一一对应。

（2）现行农历的优缺点

优点

农历是定历，它具有天文年历的特性，能很好地和各种天象对应，如它的节气严格对应太阳高度，历日较严格地对应月相，闰月的不发生频率和发生频率对应地球近日点和远日点，其他天象如日出日没、晨昏蒙影、五星方位、日月食、潮汐等，就连历月也大致对应太阳高度；农历历月的天数只有 29 日和 30 日两种，且由定朔日规定，人为因素最小，不易随意改动；岁首有较强的阴月阳年的天文学意义；干支纪年和十二生肖纪年循环使用；由于它包含节气十分利于四季划分，又包含月相，所以也十分反映潮汐、日月食等天象和月亮对气候的影响，同时它还包含十二节干支历（类似沈括的《十二气历》，比它更准确）和七十二候的特殊太阳历，是一部双轨制历法，便于不同文化民族间的交流；由于它是最彻底的定气定朔的天文年历性质的历法，所以其他历法都要与其进行对照，并且有利于传统文化的保护。

缺点

由于农历是定历，历月使用定朔，所以每年的同一历月的天数并不确定，不方便统计天数；历年长度，有 353 日、354 日、355 日、383 日、384 日、385 日 6 种，不利于统计年长；干支循环六十周期过短，不方便较长时间的区别，也不方便记忆；置闰不透明，闰月不确定；有些有迷信成分，但新中国建国后已经被剔除了。

上述公历、农历的优缺点主要体现在中西不同文化、公历是平太阳历、农历是定太阳、定阴阳历的综合历法的差别上。所以两历并用是有道理的，这样才能综合两种历法的优点而避免其缺点。

23. 闰正月和闰十二月

现行农历采用定朔和定气编排月日，而定朔和定气的时刻又是依准确的轨道来计算的。地球公转轨道是个椭圆形，所以地球运转速度有快有慢，在近日点时刻运转速度最快，所以公转扫过的角度也就最快，而节气（对应地面上太阳直射某个纬度圈）和地球公转扫过的角度有密切关系，地球公转扫过的角度越快，经过公转轨道上的各节气点时间就越短，相反地球公转扫过的角度越慢，经过公转轨道上的各节气点的时间间隔越长。所以在近日点附近（大约在冬至后第 13 天左右）的节气的时间间隔就可能小于两个定朔日（一个农历月的天数）的间隔时间，这样在近日点附近的农历月没有中气的可能性很小很小。而农历十二月和正月就在近日点附近，所以成为闰月的机会就会更小。相反在远日点（大约在夏至后的 13 天左右）附近的节气的时间间隔就可能大于两个定朔日（一个农历月的天数）间隔时间，所以在远日点附近的农历 5、6、7 月出现没有中气的机会很多，农历就多闰 5、6、7 这几个月。而在清代 1645 年后至今闰正月和闰十二月一次都没出现过。

实际上，近日点就是农历的“闰衰”点，而远日点是农历的“闰盈”点。现行农历闰月出现的频率反映地球近日点和远日点的变化这一天文现象，农历闰月具有很强的天文意义。

24. 农历中的候

除了 24 节气之外，我国人民又把 24 节气细化为候。候是我国农历中更小的阳历单位。最早，从立春开始以 5 天为一候，一年共有 73 候（最后一候为 6 天或 7 天）是一种简单的平候（类似平气）。后来它和 24 节气相结合便去掉 1 候，成了从立春开始的 72 候即“一（节）气管 3 候”，成为节气的细化单位，这样平气对应平候为定候，以定气对应的平候为半定候。我国现行农历使用定气和定候。古代历法家刘焯提出了定候，用现在的话说就是在黄道上每隔黄经 5 度就是 1 候，而不一定是 5 天了。

以上各种候虽然不一定都是 5 天，但“候”作为时间单位就是 5 天。候是节气的必要补充，它和 24 节气一起构成了我国农历中的阳历成分，是我国农历中的特殊的太阳历系统，是我国农历的重要思想和我们精神财富。

第四节　新古天文台

天文台主要是进行天文观测和研究的机构，它对天文学的发展有着不可估量的作用和影响，是科学家进行天文研究必不可少的工具。从古至今，世界各国天文台大多设在高山上，我国也不例外。

1. 天文台选址

天文台是以天文观测为基础的天文研究机构。为了更好地研究遥远的天体，天文台需要配备大型的望远镜以及辅助设备和计算机等。为了更好地发挥望远镜的效益，必须为天文台选择合适的位置，以保证天文学家充分利用价值昂贵的天文仪器，否则大望远镜只能当作小望远镜使用。天文台在选址时必须满足以下条件：

*观测晴夜多。*只有晴朗的夜晚，才能进行光学观测，而观则晴夜多也才能发挥天文仪器的效能。如果晴夜过少，经常阴雨连绵，望远镜只能闲置。我国渤海周围，长城沿线，是我国晴天最多的地区之一，例如，河北兴隆观测站，它的晴夜每年达 200 天以上，比南京紫金山多 2 倍，和世界上一批最好的天文台台址差不多。

*大气透明度高。*只有大气透明度高了，星光被大气吸收得少，才能够看到比较暗的星。目前一些天文台大多选建在海拔较高的地区，海拔越高，空气越稀薄，大气对天体辐射的吸收、反射、折射等影响就越小，星象失真的情况就越少。

*天空亮度暗。*天空背景光如果比较亮，就无法看到很暗的星。现在随着城市的发展，光污染日趋严重，在城市里很难看到银河、北极星等天象了，我们和我们熟悉的天空的距离越来越远，什么原因呢？就是因为城市的夜晚太亮，在所谓的“不夜城”映衬下，即便是“千里眼”也只能看到少数几颗亮星。

*天文宁静度稳定。*天文宁静度是指地球大气对光学成像的影响程度。我们划着一根火柴，然后通过火焰周围看景物，这时你会发现周围的景物发生了扭曲、变形，这就是因为火焰使周围的空气不均匀加热，使得空气的密度发生了变化和扰

动，空气的折射率也变得不均匀了，因而景物透过这部分空气的图像也变得弯曲和扭动。观测星星也是这样，由于复杂的地形和日照等原因，地面附近的大气的温度和密度不均匀，于是，穿过大气后的星光也要受到扰动，星象自然要变形、扭曲，降低了观测效能，因此天文望远镜应该安放在天文宁静度稳定的地区。

不同的天文台要求的条件也不完全一样，如太阳天文台要看重白昼条件，同时天文工作者为了获得高质量的太阳光学观测，把高山、平原和水面观测的结果进行比较，发现在开阔的水面上的大气宁静度最好、观测的效果最佳。因此，天文工作者开始在水域寻找适合太阳光学观测的台址。例如，北京天文台在北京怀柔水库北岸建起我国第一座水上天文台，它的南、东、西三面是水，天文台内装有太阳磁场望远镜。射电天文台对环境的要求是尽量避免无线电干扰，大型的天线阵要选择在足够平坦而开阔的区域。为了进行毫米波观测和红外观测，则要选择水汽含量最少的地方。

2. 天文台的建造

天文台的主要工作是用天文望远镜观测星星。天文台设在山上，是因为地球被一层大气包围着，星光要通过大气才能到达天文望远镜。大气中的烟雾、尘埃以及水蒸气的波动等，对天文观测都会有影响。尤其在大城市附近，夜晚城市灯光照亮了空气中的这些微粒，使天空带有亮光，妨碍天文学家观测较暗的星星。在远离城市的地方，尘埃和烟雾较少，情况要好些，但是还不能避免这些影响。越高的地方，空气越稀薄，烟雾、尘埃和水蒸气越少，影响就越少，所以天文台大多设在山上。现在，世界上公认的三个最佳天文台台址都是设在高山之巅，这就是：夏威夷莫纳凯亚山山顶，海拔 4206 米；智利安第斯山，海拔 2500 米山地；大西洋加那利群岛，2426 米高的山顶。

一般房屋的屋顶，不是平的就是斜坡形的，唯独天文台的屋顶与众不同，远远望去，银白色的圆形屋顶好像一个大馒头，在阳光照耀下闪闪发光。为什么天文台要造成圆顶结构呢？天文台的圆顶完全不是为了好看，而是有它特殊的用途。我们看到的这些银白色的圆顶房屋，实际上是天文台的观测室，它的屋顶呈半圆球形。

将天文台观测室设计成半圆形，是为了便于观测。在天文台里，人们是通过天文望远镜来观察太空，天文望远镜往往做得非常庞大，不能随便移动。而天文望远镜观测的目标，又分布在天空的各个方向。如果采用普通的屋顶，就很难使望远镜随意指向任何方向上的目标。天文台的屋顶造成圆球形，并且在圆顶和墙壁的接合部装置了由计算机控制的机械旋转系统，使观测研究十分方便。这样，用天文望远镜进行观测时，只要转动圆形屋顶，把天窗转到要观测的方向，望远镜也随之转到同一方向，再上下调整天文望远镜的镜头，就可以使望远镜指向天空中的任何目标了。在不用时，只要把圆顶上的天窗关起来，就可以保护天文望远镜不受风雨的侵袭。

当然，并不是所有的天文台的观测室都要做成圆形屋顶，有些天文观测只要对准南北方向进行，观测室就可以造成长方形或方形的，在屋顶中央开一条长条形天窗，天文望远镜就可以进行工作了。

3. 古代的天文台

人类天文学观测的历史可以追溯到很遥远的年代。当时的天文学家们以神秘的方式建造了各种各样的天文台，这些古老的天文台显然考虑了星座和行星等天文知识，并巧妙地表明它们与地球每年绕日飞行存在的关联。

(1) 秘鲁马丘比丘古城天文台

马丘比丘天文台位于一座高山山脊之上，大约建于1460年，是南美印第安人印加文明的重要象征。但是，在16世纪由于西班牙人的入侵，马丘比丘成为了一座废城。“史前石塔”是一个带有曲线石墙的特殊造型建筑物。这座古城天文台之所以选择建造在这里，可能是由于其独特的地理和地质特点。据说马丘比丘背后的山的轮廓代表着印加人仰望天空的脸，而山的最高峰“瓦纳比丘”代表他的鼻子。印加人认为不该从大地上切削石料，因此从周围寻找分散的石块来建造城市。一些石头建筑连灰泥都没有使用，完全靠精确的切割堆砌来完成，修成的墙上石块间的缝隙还不到1毫米宽。

石塔围着一块精心雕刻过的怪石而建。据说，在夏至这一天太阳升起后阳光会穿过一个窗口进入石塔。同时，通过该窗口还可以观测昴宿星团的形状，这被印加人用来决定何时种植马铃薯。由于独特的位置、地理特点和发现时间较晚，马丘比丘成了印加帝国最为人所熟悉的标志。

（2）中国河南告成观星台

告成观星台是中国现存最为古老的天文台。该观星台坐落于河南省，大约始建于1276年，创建者为中国元代著名的天文学家郭守敬。观星台高12.6米，底部有一面带有雕刻的矮墙帮助天文学家观测日影的长度。告成观星台的技术至少要领先于欧洲300年。告成观星台系砖石混合结构建筑。台体平面方形，下大上小，呈覆斗状。台北面设两个对称的梯道口，梯道的边沿筑围栏一周，顺砖砌壁，红石压顶并造60级石阶，可盘旋登临台顶。告成观星台是一座具有重要科学研究价值的古代科学遗迹，反映了元代天文仪表改革的巨大成就。

（3）韩国庆州瞻星台

庆州瞻星台被认为是亚洲现存最古老的天文台。瞻星台建于公元7世纪，高约9.4米，由365块花岗岩分27层搭建而成。瞻星台形状非常奇特，看起来好象是一个瓶子，中部有一扇窗。庆州瞻星台是一座石结构建筑，它的直线与曲线的搭配十分和谐，1962年12月20日被韩国指定为第31号国宝。庆州瞻星台主要用于观测天空中的云气及星座，当时人们通过星空测定春分、秋分、冬至、夏至等24节气，而井字石估计则是用来指定东西南北方位的基准。考古学家认为，庆州瞻星台的365块岩石可能暗指一年的365天。

（4）墨西哥奇琴伊察天文台

奇琴伊察天文台是著名的“椭圆形天文台”，又称“蜗牛”，得名于圆柱形建筑内部螺旋状的石头阶梯。天文台坐落于奇琴伊察遗址之上。在天文台的边缘放着很大的石头杯子，玛雅人在里面装上水并通过反射来观察星宿，以确定他们相当复杂且极为精确的日历系统。

（5）美国怀俄明州古天文台

毕葛红医药轮天文台位于美国怀俄明州医药山的顶峰。医药轮由许多鞋盒大小的石块排列而成，直径大约25米。由医药轮圆心指向外围石堆的方向，恰好是夏至时太阳升起的方向。由圆心向周围辐射的线条恰好均匀对称。

（6）秘鲁查基洛天文台遗址

在大约建于公元前300多年的查基洛遗址上，存在着美洲最为古老的太阳观测台，这就是著名的秘鲁石塔。考古学家长期以来便对秘鲁沿岸一处山上的13座石塔的重要性存在争议，但有一点毋庸置疑，那就是这些石塔是美洲最古老的太阳观测站。这13座保存完好的矩形石塔，位于首都利马以北400千米的考古遗址查基落。天文学家们称，站在观察点的人，会于不同日子看到太阳在不同石塔的位置日出及日落。例如夏至时太阳会在最右边的石塔的右方升起，冬至时则会在最左边的石塔的左方升起。

(7) 英国巨石阵

英国巨石阵大约建于公元前3100年。矗立在英国南部索尔兹伯里平原上的巨石阵，是英国最重要、最神秘的历史遗迹之一。关于巨石阵的用途，至今颇具争议。多数考古学家认为，它既是天文观测站，也是古代宗教遗迹。在这里，一圈高大的石块与一些竖立的巨石形成了一个半开口形状的阵列。开口方向恰好指向夏至日太阳升起的方向。

4. 中国国家天文台

中国国家天文台于2001年4月宣布成立。国家天文台由总部及四个下属单位组成，即：中国科学院国家天文台云南天文台、中国科学院国家天文台南京天文光学技术研究所、中国科学院国家天文台乌鲁木齐天文站和中国科学院国家天文台长春人造卫星观测站。国家天文台系统设有30个领域前沿研究团组、7个高技术实验室和8个野外观测基地。野外观测基地有河北兴隆、北京怀柔、北京密云、乌鲁木齐南山、上海佘山、青海德令哈、云南丽江高美古和抚仙湖及长春净月潭，分别负责运行2.16米光学望远镜、多通道太阳磁场望远镜、25米VLBI、13.7米毫米波、激光测距仪等大中型望远镜观测设备，以及在建的2.4米光学望远镜、50米射电望远镜和LAMOST等大型设备。此外，国家天文台与阿根廷圣胡安大学合作，在南美洲设有一观测站，运行我国自行研制的II型光电等高仪和正在研制的高精度人工激光测距系统。

5. 紫金山天文台

中国科学院紫金山天文台是我国最著名的天文台之一，始建于1934年，位于南京市东南郊风景优美的紫金山上。紫金山天文台是一个综合性的天文台，始建时拥有60厘米口径的反射望远镜、20厘米折射望远镜附有15厘米天体照相仪和太阳分光镜等设备，抗日战争时期部分迁往昆明，其余遭到破坏。1949年新中国成立后，修复了损坏的天文仪器，并先后增置了色球望远镜、定天镜、双筒折射望远镜、施密特望远镜和射电望远镜等先进的天文仪器，可以进行恒星、小行星、彗星和人造卫星的观测与研究，以及对太阳的常规观测，研究太阳的活动规律并作出太阳活动预报。紫金山天文台还是中国历算的权威机构，负责编算和出版每年的《中国天文年历》、《航海天文历》等历书工作。紫金山天文台近年来发现了不少小行星，并以人的名字来命名。南京紫金山天文台在中国的天文史上占有重要地位。

6. 欧洲南方天文台

欧洲南方天文台是设于南半球的一个大型综合性天文台，是天文学界一个最大的国际合作实体，现有 8 个成员国，分别是比利时、瑞典、法国、德国、瑞士、丹麦、意大利和荷兰，各成员国根据自己国家的经济实力来分担费用，其中德国和法国承担主要经费。作为一个国际性组织，它始建于 1962 年，总部设在德国慕尼黑附近的加奇，天文台设在智利的拉西利拉。

拉西利拉山位于智利圣地亚哥以北 600 千米处，海拔 2400 米。这里晴空万里，夜间空气透明度高，是南半球甚至全世界观测条件最佳的天文台之一。当地年平均可观测天文现象的时间在 300—330 天，十分干燥的气候能有效地减少大气中的水汽对天文观测的影响，而且洁净空气的稳定程度很高。

在拉西利拉山上正常使用的口径在 1—3.6 米的望远镜有 9 架，小于 1 米的望远镜 6 架，分别为：3.6 米反射望远镜、1.52 米摄谱望远镜、1 米测光望远镜、50 厘米测光望远镜、40 厘米天体照相仪、1.52 米丹麦望远镜、50 厘米丹麦望远镜、90 厘米荷兰望远镜、61 厘米德国望远镜、40 厘米瑞士望远镜和 1 米施米特望远镜等。

20 世纪后期，欧南台又先后建造了各种大型望远镜，如 3.5 米的新技术望远镜，电脑控制的影像分析系统，使望远镜光学系统随时处于最佳状态，成为欧洲历史上有突破意义的望远镜。最著名的等效口径 16 米的甚大望远镜，由 4 台口径均为 8.2 米的望远镜在帕瑞那山上排列成一条直线，既可以单独观测，也可以由计算机控制联合组织光学干涉观测，它的聚光能力是世界上最强的。

欧洲南方台的研究领域遍及天文学的所有领域，包括时间、纬度和极移，太阳、恒星、双星、星际介质、麦哲伦云，河外星系以及新仪器的研制。

7. 莫纳克亚天文台

莫纳克亚天文台位于夏威夷莫纳克亚山，海拔 4200 米，是世界上最高的天文台。莫纳克亚本是个火山小岛，平均湿度 10%，视相度最好可达 0.3 角秒，平均晴夜数可达 280 天以上，非常适合作为天文学的研究基地。莫纳克亚天文台远离大气层扰动，是世界最棒的天文观测地点。同时也是次毫米波、红外天文台的最佳台址。因此，莫纳克亚成为 20 世纪 80 年代国际天文台的绝佳范例。

因为观测条件极好，莫纳克亚成为世界现代大型望远镜的荟萃之地，被称为天文学的奥林匹克。这里有加拿大、法国联合建造的 3.6 米望远镜，英国的 3.8 米红外线望远镜；1991 年和 1996 年这里落成了两台 10 米口径的望远镜——凯克 1 号和凯克 2 号；美国国家光学天文台的北双子星 8 米天文望远镜（南双子星天文望远镜位于南美智利）；1999 年凯克望远镜又添了一个新邻居——昴星团望远镜，口径为 8.3 米，是世界上最大的单镜面望远镜。站在莫纳克亚山顶一眼望去，白白的圆顶如珍珠般地镶嵌着，与赭红色的火山岩相映成趣。

8. 格林尼治天文台

世界著名的格林尼治天文台建于 1675 年。当时，英国的航海事业发展很快。为了解决在海上测定经度的需要，英国当局决定在伦敦东南郊距市中心约 20 多千米，泰晤士河畔的皇家格林尼治花园中建立天文台。1835 年以后，格林尼治天文台在天文学家埃里的领导下，得到扩充并更新了设备。他首创利用“子午环”测定格林尼治平太阳时。该台成为当时世界上测时手段较先进的天文台。

随着世界航海事业的发展，许多国家先后建立天文台来测定地方时。国际上为了协调时间的计量和确定地理经度，1884 年在华盛顿召开国际经度会议。会议决定以通过当时格林尼治天文台埃里中星仪所在的经线，作为全球时间和经度计量的标准参考经线，称为 0°经线或本初子午线。此后，不仅各国出版的地图以这条线作为地理经度的起点，而且也都以格林尼治天文台作为“世界时区”的起点，用格林尼治的计时仪器来校准时间。

第二次世界大战前夕，伦敦市已发展成为世界著名的工业城市。战后，格林尼治地区人口剧增，工厂增加，空气污染日趋严重，尤其是夜间灯光的干扰，对星空观测极为不利。这样就迫使天文台于 1948 年迁往英国东南沿海的苏塞克斯郡的赫斯特蒙苏堡。这里环境优美，空气清新，观测条件好。迁到新址后的天文台仍叫英国皇家格林尼治天文台。但是，现在的格林尼治天文台并不在 0°经线上，地球上的 0°经线通过的仍是格林尼治天文台旧址。

格林尼治天文台旧址后来成为英国航海部和全国海洋博物馆天文站。里面陈列着早期使用的天文仪器，尤其是子午馆里镶嵌在地面上的铜线——0°经线，吸引着世界各地的参观者。到这里的游人都喜欢双脚跨在 0°经线的两侧摄影留念，象征着自己同时脚踏东经和西经两种经度。

1950 年皇家天文台迁往新址后，该天文台划归国家海洋博物馆，设有天文站、天文仪器馆等，主要供展览用。展出的天文历史资料中有早期的天文望远镜、各国早期设计的时钟、地球仪、浑天仪（其中不少是当时中国的制品）和很多天象发现的经过（如哈雷慧星等）。

9. 巴黎天文台

巴黎天文台位于法国首都巴黎，是法国的国立天文台，在巴黎、墨东等地建有观测基地。

巴黎天文台是法国国王路易十四根据海军国务大臣让·巴普蒂斯特·柯尔贝尔的建议于 1667 年开始建立的，1671 年完工，首任台长是法国著名天文学家卡西尼，他曾在这里发现了土星的四个卫星（土卫八、土卫五、土卫四、土卫三）、卡西尼环缝、木星的较差自转、大红斑，并解释了黄道光的成因。

1679 年，巴黎天文台出版了世界上第一部天文年历，利用木星卫星的掩食帮助船舶测定经度。1863 年，天文台出版了第一份现代意义上的气象图。1913 年 9 月，巴黎天文台用埃菲尔铁塔做天线，接收美国海军天文台发出的无线电信号，精确测定了两地的经度差。巴黎天文台还是国际时间局的所在地，直到国际时间局于 1987 年解散。

10. 天文馆

天文馆是以传播天文知识为主的科学普及机构。天象仪是其必需的设备，安置在半球形屋顶的天象厅中，可将各种天象投放在人造天幕上进行天象表演，并配合解说词说明各种天文现象。许多天文馆往往还建有从事天文普及活动的小型天文台。天文馆通过天象表演、天文讲座、放映天文科学教育电影、举办天文图片展览、出版天文普及书籍和刊物、组织天文观测活动、辅导制作小望远镜和天文教具等形式从事天文普及工作。1928 年，德国慕尼黑市建立了世界上第一座天文馆，目前世界上已建有 100 多所大型天文馆，中小型天文馆更是不可胜数。

中国于 1958 年建立了第一座较大型的天文馆——北京天文馆，此外中国各地还建有数十座较小型的天文馆。北京天文馆由两部分组成：北京西直门外的北京天文馆（简称西馆）和北京建国门内的北京古观象台（简称东馆）。北京天文馆落成于 1957 年 9 月 29 日，包括天象厅、门厅、展览厅、报告厅、天文台等，是中国第一座大型天文馆，也是中国大陆唯一的大型专业天文馆。2004 年 12 月 12 日，北京天文馆新馆落成，设施包括数字宇宙剧场、3D 影院、4D 影院、太阳展厅等。北京古观象台最早可以溯源到 1279 年，天文学家王恂、郭守敬等在今北京建国门观象台北侧建立了一座司天台。北京古观象台建于明朝正统七年（1442 年），是中国明、清两代的国家天文台。从明正统初年到 1929 年止，古观象台从事天文观测近 500 年，是现存古观象台中保持连续观测时间最久的，在国际上久负盛名。现为全国重点文物保护单位。

第五节　天文望远镜

自从 1609 年意大利科学家伽利略发明了天文望远镜之后，古人幻想中的“千里眼”变成了现实。在望远镜约 400 年历史中的前 300 多年，光学望远镜几乎是获取天体信息的唯一手段，光学天文学也几乎成为天文学的代名词。近几十年来，由于射电天文学和空间天文学的崛起，使光学天文学失去了霸主的地位，但是全波段时代的到来并没有降低光学望远镜的作用。各个波段的观测是相互补充、相互促进的。在竞争中，现代光学望远镜又有了惊人的发展。

当年伽利略望远镜的口径仅仅 4 厘米多，而今全世界口径 8 米以上的大望远镜已经至少有 10 台。特别是 1990 年，重达 11 吨、主镜口径 2.4 米的哈勃太空望远镜被送上了太空。克服了地球大气的干扰的望远镜，分辨率和灵敏度远远超出当时地面最强大的光学望远镜。不久以后，地面上的望远镜将采用自适应光学系统和干涉等尖端技术，并在许多方面超越哈勃太空望远镜的观测能力。

1. 望远镜

没有望远镜的时代，天文学家只能凭肉眼观察天空。眼睛的局限性使得人们无法知晓天体的真相。直到 1609 年，意大利物理学家、数学家和天文学家伽利略第一次把望远镜指向了星空，从而结束了人类肉眼观天的时代。

望远镜的原理首先是由荷兰眼镜匠李普希发现的。据说李普希的徒弟在用各种眼镜片玩耍中发现凸透镜和凹透镜按适当的位置安放可产生使远处物体放大、变近的效果。李普希立即制成望远镜奉献给荷兰政府，并获得了奖赏。很快，望远镜的秘密在欧洲流传开了。这件事引起了伽利略的兴趣，他凭着丰富的光学知识，在推导出其中的原理之后，便动手做起观天用的望远镜。从此以后天文学就进入了望远镜时代。

望远镜有三个方面的作用：一是增加聚光，人的眼瞳孔很小（最大直径仅 6 毫米），因而收聚天体辐射就很少，望远镜的大物镜则可以收聚到比人眼多上亿倍的天体辐射，这样可以收集更多的光量，使暗弱的星星变得可见；二是将远处物体的张角放大，可提高分辨能力，比如人眼直接看不清的月球表面细节，望远镜则可以分辨出来；三是望远镜机械装置可以容易地对准天体并进行较长时间的跟踪观测。

光学望远镜的总体结构可分为光学系统、机械装置、电控设备三部分。光学系统是光学望远镜的最基本部分，主件是物镜。跟照相机镜头的作用一样，物镜收集从天体来的很多辐射并聚焦成天体像，以便观测研究。天体摄影可以直接在物镜的焦面上进行，或者再另用镜头把物镜焦面上的天体像二次成像。进行天体的目视观测还需要用目镜来观看物镜焦面上的天体像。目镜起两种作用：一是放大天体像的视角，将物镜的成像放大，相当于放大镜的作用，这对观测延展天体表面的细节和分辨近距恒星是很重要的；二是将光线变成平行光，使人眼观测很方便。为了减少杂散光污染星像的影响，镜筒内壁要涂上无光漆，加上几个光栏，物镜前面再加挡光罩。除了目视和直接照相观测，在主望远镜的物镜焦面后面，常配置光度计、光谱仪等来进行探测分析，它们通称为终端设备。光学望远镜按照物镜的类型不同，可分为折射望远镜、反射望远镜和折反射望远镜。日常生活中的光学望远镜又称“千里镜”，它主要包括业余天文望远镜、观剧望远镜和军用双筒望远镜。

除了光学望远镜外，在20世纪30年代，科学家还发明了射电望远镜。

2. 望远镜的装置和跟踪

在望远镜的光学部分都已做好的条件下，如果没有支架，观测起来非常不方便。为了便于开展天文活动，必须给望远镜安装支架。这种支架必须满足两个条件：一是稳固耐用，不会因微风吹动而抖动；二是具备两个相互垂直的转轴，以便调节望远镜瞄准天空任何一个天体。天文望远镜的支架装置主要有地平式装置和赤道式装置两个种类。

地平式装置是由一条垂直于地平面的转轴（地平轴）和另一条平行于地平面的转轴（垂直轴）所组成。当把夹住高度杆或望远镜筒的固定螺丝松开时，望远镜镜筒即能在垂直平面内上下移动，并可以对准天空任何位置观察。这种装置与地平坐标相对应，它的两条轴分别在垂直和水平方向，当镜筒绕垂直轴转动，它的地平经度在连续变化，但地平高度角保持不变。当它绕水平轴转动时则地平经度不变（或改变180°），仅使地平高度变化。地平式装置结构比较简单，制作比较方便，用它做寻找彗星的工作很适宜。

赤道式装置有两个转轴，一个轴指向天球的北极，称为极轴（也叫赤经轴），另一个轴与极轴相垂直，称为赤纬轴，它与地球的赤纬面平行。极轴与地球自转轴的方向一致。它具有的最大优点是，把望远镜对准某一天体之后，把赤纬轴固定下来，只要慢慢转动极轴，便可以使望远镜跟踪天体作周日旋转运动。此外由于赤纬轴是平行于天赤道的（它垂直于极轴），当绕赤纬轴转动时，望远镜始终在同一子午圈上，因此赤经不变（或改变180°），仅仅是在不断地改变赤纬。如果在极轴上附加一个转仪钟装置，望远镜便能长久地对准任何一颗恒星，使恒星长期地停留在望远镜视场的中心，可实现对它的连续跟踪观测。

3. 折射望远镜

折射望远镜是用透镜作物镜的望远镜。因单透镜物镜色差和球差都相当严重，现代的折射望远镜常用两块或两块以上的透镜组作物镜。其中以双透镜物镜应用最普遍。它由相距很近的一块冕牌玻璃制成的凸透镜和一块火石玻璃制成的凹透镜组成，对两个特定的波长完全消除位置色差，对其余波长的位置色差也可相应减弱。它分为两种类型：由凹透镜作目镜的称伽利略望远镜；由凸透镜作目镜的称开普勒望远镜。

1609 年，伽利略制作了一架口径 4.2 厘米，长约 1.2 米的望远镜。他是用平凸透镜作为物镜，凹透镜作为目镜，这种光学系统称为伽利略式望远镜。伽利略用这架望远镜指向天空，得到了一系列的重要发现，天文学从此进入了望远镜时代。

1611 年，德国天文学家开普勒用两片双凸透镜分别作为物镜和目镜，使放大倍数有了明显的提高，以后人们将这种光学系统称为开普勒式望远镜。开普勒望远镜是由两个凸透镜构成。由于两者之间有一个实像，可方便的安装分划板，并且各种性能优良，所以目前军用望远镜、小型天文望远镜等专业级的望远镜都采用此种结构。但这种结构成像是倒立的，所以要在中间增加正像系统。正像系统分为两类：棱镜正像系统和透镜正像系统。我们常见的前宽后窄的典型双筒望远镜就是采用了双直角棱镜正像系统。这种系统的优点是在正像的同时将光轴两次折叠，从而大大减小了望远镜的体积和重量。透镜正像系统采用一组复杂的透镜来将像倒转，成本较高。需要指出的是，由于当时的望远镜采用单个透镜作为物镜，存在严重的色差，为了获得好的观测效果，需要用曲率非常小的透镜，这势必会造成镜身的加长。所以在很长的一段时间内，天文学家一直在梦想制作更长的望远镜，许多尝试均以失败告终。

折射望远镜的优点是焦距长，底片比例尺大，对镜筒弯曲不敏感，最适合于做天体测量方面的工作。但是它总是有残余的色差，同时对紫外、红外波段的辐射吸收很厉害。而巨大的光学玻璃浇制也十分困难，到 1897 年叶凯士望远镜建成，折射望远镜的发展达到了顶点，此后的这 100 年中再也没有更大的折射望远镜出现。这主要是因为从技术上无法铸造出大块完美无缺的玻璃做透镜，并且由于重力使大尺寸透镜的变形会非常明显，因而丧失明锐的焦点。

4. 反射望远镜

反射望远镜是用凹面反射镜作物镜的望远镜。可分为牛顿望远镜、卡塞格林望远镜等几种类型。反射望远镜的主要优点是不存在色差，当物镜采用抛物面时，还可消去球差。但为了减小其他像差的影响，可用视场较小。对制造反射镜的材料只要求膨胀系数较小、应力小和便于磨制。

第一架反射式望远镜诞生于 1668 年。牛顿经过多次磨制非球面的透镜均告失败后，于是决定采用球面反射镜作为主镜。他用 2.5 厘米直径的金属，磨制成一块凹面反射镜，并在主镜的焦点前面放置了一个与主镜成 45°角的反射镜，使经主镜反射后的会聚光经反射镜以 90°角反射出镜筒后到达目镜。这种系统称为牛顿式反射望远镜。它的球面镜虽然会产生一定的像差，但用反射镜代替折射镜却是一个巨大的成功。

詹姆斯·格雷戈里在 1663 年提出一种方案：利用一面主镜，一面副镜，它们均为凹面镜，副镜置于主镜的焦点之外，并在主镜的中央留有小孔，使光线经主镜和副镜两次反射后从小孔中射出，到达目镜。这种设计的目的是要同时消除球差和色差，这就需要一个抛物面的主镜和一个椭球面的副镜，这在理论上是正确的，但当时的制造水平却无法达到这种要求，所以格雷戈里无法得到对他有用的镜子。

1672 年，法国人卡塞格林提出了反射式望远镜的第三种设计方案，结构与格雷戈里望远镜相似，不同的是副镜提前到主镜焦点之前，并为凸面镜，这就是现在最常用的卡赛格林式反射望远镜。这样使经副镜反射的光稍有些发散，降低了放大率，但是它消除了球差，这样制作望远镜还可以使焦距缩短。卡塞格林式望远镜的主镜和副镜可以有多种不同的形式，光学性能也有所差异。由于卡塞格林式望远镜焦距长而镜身短，放大倍率也大，所得图像清晰，既有卡塞格林焦点，可用来研究小视场内的天体，又可配置牛顿焦点，用以拍摄大面积的天体。因此，卡塞格林式望远镜得到了非常广泛的应用。

赫歇尔是制作反射式望远镜的大师，他早年为音乐师，因为爱好天文，从 1773 年开始磨制望远镜，一生中制作的望远镜达数百架。赫歇尔制作的望远镜是把物镜斜放在镜筒中，它使平行光经反射后汇聚于镜筒的一侧。

在反射式望远镜发明后的近 200 年中，反射材料一直是其发展的障碍：铸镜用的青铜易于腐蚀，不得不定期抛光，需要耗费大量财力和时间，而耐腐蚀性好的金属，比青铜密度高且十分昂贵。1856 年德国化学家尤斯图斯·冯·利比希研究出一种方法，能在玻璃上涂一薄层银，经轻轻的抛光后，可以高效率地反射光。这样，就使得制造更好、更大的反射式望远镜成为可能。

1918 年底，口径为 254 厘米的胡克望远镜投入使用，这是由海耳主持建造的。天文学家用这架望远镜第一次揭示了银河系的真实大小和我们在其中所处的位置，更为重要的是，哈勃的宇宙膨胀理论就是用胡克望远镜观测的结果。

20 世纪二三十年代，胡克望远镜的成功激发了天文学家建造更大反射式望远镜的热情。1948 年，美国建造了口径为 508 厘米望远镜，为了纪念卓越的望远镜制造大师海耳，将它命名为海耳望远镜。从设计到制造完成海耳望远镜经历了 20 多年，尽管它比胡克望远镜看得更远，分辨能力更强，但它并没有使人类对宇宙的有更新的认识。

反射式望远镜有许多优点，比如没有色差，能在广泛的可见光范围内记录天体发出的信息，且相对于折射望远镜比较容易制作。但由于它也存在固有的不足，如口径越大、视场越小、物镜需要定期镀膜等。

5. 折反射望远镜

折反射望远镜是在球面反射镜的基础上，再加入用于校正像差的折射元件，既可以避免困难的大型非球面加工，又能获得良好的成像质量。

在折反射望远镜中，由反射镜成像，折射镜用于校正像差。它的特点是相对口径很大（甚至可大于 1），光力强，视场广阔，像质优良，适于巡天摄影和观测星云、彗星、流星等天体。小型目视望远镜若采用折反射卡塞格林系统，镜筒可非常短小。

折反射式望远镜最早出现于 1814 年。1931 年，德国光学家施密特用一块别具一格的接近于平行板的非球面薄透镜作为改正镜，与球面反射镜配合，制成了可以消除球差和轴外像差的施密特式折反射望远镜，这种望远镜光力强、视场大、像差小，适合于拍摄大面积的天区照片，尤其是对暗弱星云的拍照效果非常突出。施密特望远镜已经成了天文观测的重要工具。

1940 年，马克苏托夫用一个弯月形状透镜作为改正透镜，制造出另一种类型的折反射望远镜，它的两个表面是两个曲率不同的球面，相差不大，但曲率和厚度都很大。它的所有表面均为球面，比施密特式望远镜的改正板容易磨制，镜筒也比较短，但视场比施密特式望远镜小，对玻璃的要求也高一些。

由于折反射式望远镜能兼顾折射和反射两种望远镜的优点，非常适合业余的天文观测和天文摄影，因而得到了广大天文爱好者的喜爱。

6. 红外望远镜

红外望远镜是接收天体的红外辐射的望远镜。红外望远镜分几种：近红外望远镜、远红外望远镜、热红外望远镜等；还有一种分法：可见红外望远镜与红外感应望远镜。

红外望远镜的外形结构与光学镜大同小异，有的可兼作红外观测和光学观测。但作红外观测时其终端设备与光学观测截然不同，需采用调制技术来抑制背景干扰，并要用干涉法来提高其分辨本领。红外观测成像也与光学图像大相径庭。由于地球大气对红外线仅有 7 个狭窄的“窗口”，所以红外望远镜常置于高山区域。世界上较好的地面红外望远镜大多集中安装在美国夏威夷的莫纳克亚，是世界红外天文的研究中心。1991 年建成的凯克望远镜是最大的红外望远镜，它的口径为 10 米，可兼作光学、红外两用。此外还可把红外望远镜装于高空气球上，气球上的红外望远镜的最大口径为 1 米，但效果却可与地面一些口径更大的红外望远镜相当。

红外望远镜能观测到比普通望远镜更长波长的电磁波，因此能看到比普通的望远镜更多、更清晰的像，尤其在夜间，气温明显偏低的情况下，物体都向外发射红外线，用红外望远镜观测效果很好。用红外望远镜拍摄的天体图像与可见光拍摄的图像大不相同。

红外望远镜要解决的一个技术问题就是必须保持自身的低温状态，这样才不会被自身发出的红外线掩盖来自太空的任何微弱的红外线。因此，不管是地球上的红外望远镜还是太空中的红外望远镜，它们都装在一个巨大的液氦箱中，使其冷却到－270℃。太空中的红外望远镜当其液氦耗尽之时，也就是它的工作寿命终止之时。

目前，世界上许多大型地面光学望远镜正在进行改装，以适应于红外观测。经过改装，这些望远镜在黑暗的夜晚可以进行一般的光学观测，而在月夜和白天又可以进行红外观测。为了适应红外天文学蓬勃发展的需要，一些国家正在建造各种类型的红外望远镜，如美国加利福尼亚理工学院已建成10米口径的铝镜面红外天文望远镜。2003年8月25日，美国发射太空红外望远镜，继续对河外星系、褐矮星和太阳系外行星进行探测，揭示早期宇宙图像和行星的形成图像。

7. 紫外望远镜

紫外线很容易被普通光学玻璃吸收，即使采用石英、氟化锂等紫外光学材料磨制透镜，也只能透过1000埃以上的辐射。因此，在紫外望远镜中，多采用反射系统。通常用铝作为镀制紫外（大于1200埃）反射镜的膜料。为防止铝膜氧化降低反射率，可在铝膜上再喷镀氟化镁薄层作为保护膜。由铝和氟化镁组成的双层膜在1200埃处的反射率为80%，而在1000埃处反射率下降到15%，所以1200埃是使用铝作为反射表面的极限。对于300埃以下远紫外区，由于各种材料的反射率都很低，一般都使用掠入射系统。

紫外望远镜所需紫外波段是介于X射线和可见光之间的频率范围，观测波段为3100—100埃。紫外波段的观测在天体物理上有重要的意义。紫外观测要放在150千米的高度才能进行，以避开臭氧层和大气的吸收。第一次紫外观测是用气球将望远镜载上高空，以后用了火箭、航天飞机和卫星等空间技术才使紫外观测有了真正的发展。

按照俄罗斯联邦未来宇航计划（2006—2015年），俄罗斯将于2010年向高椭圆形轨道发射一个全球独一无二的天文观测台“光谱－紫外线”（其国际称谓是“全世界天文观测台”）。其功能是在紫外线光谱范围内对磁谱进行研究。安装在“光谱－紫外线”天文观测台上的光学望远镜主镜直径达1.7米。据从事该天文观测台开发的专家们表示，在最近10年内，“光谱－紫外线”天文观测台将成为全球顶尖的宇宙观测研究仪器。目前，在紫外线光宇宙探测领域称得上最佳的是美国宇航局的哈勃天文望远镜。但是，“哈勃”只是在近地轨道开展探测任务，这一缺憾让它白白浪费了近50%的观测时间。而即将发射的“光谱－紫外线”天文观测台轨道最远点可达30万千米，也就是说，它运行轨道的最远点即将触及到日地系统的平衡点。在这一区域，地球和月球对观测台的干扰将降到最低程度。此外，由于设计上的欠缺，哈勃望远镜还无法在紫外线短波范围内进行观测，而俄罗斯的“光谱一紫外线”天文观测台与“哈勃”相比在这方面的观测能力将比“哈勃”高出近20倍。另外，俄罗斯即将发射的“光谱一紫外线”天文观测台之独一无二性还体现在以下方面：哈勃望远镜将在今后几年间“寿终正寝”，美国宇航局新的紫外线天文观测台SUVO计划将在2020年以后才能发射，而其他国家根本没有发射此类天文望远镜的计划。因此，俄罗斯的“光谱一紫外线”天文观测台将理所当然地占据未来紫外线宇宙探测领域的一号宝座。

同时，俄罗斯的“光谱一紫外线”天文观测台之所以成为一个世界性的天文观测台，是因为整个项目的开发的动作还有德国、西班牙和南非的加入。中国也将为该计划做出自己的贡献：中国不仅计划提供该观测台发射用的运载火箭，还将承担该项目20%的项目费用。

8. 射电天文望远镜

与光学望远镜约400年的历史相比，射电望远镜仅有几十年，但是射电天文学很快就步入了鼎盛时期。20世纪60年代射电天文学的“四大发现”，即脉冲星、星际分子、微波背景辐射和类星体的出现成为20世纪中最为耀眼的天文学成就。

射电望远镜是利用射电波进行天文观测的望远镜，观测的波长一般在100米到1毫米间，即地球大气的射电窗口。射电望远镜利用天线接收射电波，通过接收机和记录器完成数据的处理和显示。由于射电望远镜并不在光学波段工作，不会得到光学像，所以被人们称为“望而不见的望远镜”。云层并不影响射电波的接收，所以射电望远镜在阴雨天也可以工作，这是它的一大优点。大型的射电望远镜是人类迄今为止制造的最灵敏的设备之一。

射电望远镜的基本部件是定向天线、馈电线、接收机和终端显示设备。天线接收来自天体的射电波，经过馈电线送到接收机上。接收机将微弱的天体电波高倍放大，检波之后使高频信号转化为低频形式，输入终端显示设备，使波形和图像显示出来。为了确定来自天体的电波强度，需要一个强度已知的比较源进行定标，适时将比较源的电波信号输入接收机进行比较，才能确定天体电波的强度。

为了提高望远镜的灵敏度和分辨率，以便能够接收到天体发出的更微弱的射电信号，天文学家们把射电望远镜的天线造得越来越大，观测波段也越来越短，而且还要求天线全天可动、运转自如。德国和美国在20世纪七八十年代先后建造了世界上口径最大、技术最先进的100米以上射电望远镜。这两架射电望远镜都采用了主动反射面先进技术，望远镜不仅做得如此巨大，而且还能在短波段上工作。特别是美国的格林班克略达于100米口径射电望远镜的技术更为先进，成为当今射电望远镜技术的代表。

9. 我国的射电天文望远镜

我国的射电天文学始于1958年。当时为了与苏联射电天文学家合作在海南岛观测日环食，在中科院副院长吴有训的主持下，成立了射电天文组。这之后，才开始筹划我国射电天文学的发展和人才培养。

在很长的一段时间里，小型太阳射电望远镜得到比较广泛和持续的发展。1984年，我国密云米波段综合口径射电望远镜建成，开始了观测研究宇宙射电。1990年，青海德令哈13.7米口径毫米波射电望远镜建成，其面板精度达到0.1毫米，整个望远镜安装在对射电波高度透明的天线罩内。它用于观测宇宙分子谱线，由于以前曾成功地研制了多个波段的毫米波超导接收机，这台望远镜的灵敏度很高。1987年和1993年分别投入使用的上海和乌鲁木齐的两台25米口径射电望远镜是专门为甚长基线干涉观测研制的，目前已成为国际联网观测的重要成员。目前，乌鲁木齐25米射电望远镜还进行脉冲星、分子谱线和6厘米波段的偏振巡天观测研究。

中国科学院重点支持创新项目“500米口径射电望远镜预研”。这个望远镜简称FAST，计划建在贵州山区中的一个开口500多米的碗状山谷中，依托地形建造口径为500米的球面反射面固定天线。天线反射面不能动的最大好处是建造技术难度不大，也没有因天线转动指向不同方向时因自重而引起反射面变形的困惑，因此固定在地面上的天线可以做得很大。但是，天线很大，又不能动，必将使望远镜只能观测很小的天区。对此，FAST有很大的改进。科学家将500米口径球面天线在观测时只使用口径300米的部分天线，并采取索网主动反射面技术把这部分天线的表面变为抛物面，相当于有一系列不同指向的300米口径抛物面天线，这不仅扩大了能观测的天区范围，还使馈源放置方式变得简单得多。FAST的天区覆盖达到了70％，虽与德国100米射电望远镜的天区覆盖为75％，美国110×100射电望远镜为80％，澳大利亚64米射电望远镜为90％相比少了一些，但总体水平相当。

FAST最大的优势是灵敏度，比阿雷西博射电望远镜提高一倍，比口径为100米的全可动单天线望远镜提高一个数量级。FAST有宽的频率覆盖，可进行0.13—5GHz范围内的连续谱和射电谱线观测，在0.13—1.4GHz允许频率连续调节。在世界上正在建造及计划建造的射电望远镜中，FAST将是口径最大、最具威力的单天线射电望远镜。

10. 海耳反射望远镜

美国制造望远镜的奇才——著名天文学家海耳，先后制作了口径1.53米、2.54米和5.08米三架大型反射望远镜，这三架望远镜不仅反射率高，而且操作方便灵活，直至今日，它们仍然在为天文科研发挥着作用。

海耳退休以后跑到威尔逊山东南145千米的帕洛玛山选择了新台址，并想为这个新台筹建一架更大的望远镜。他的计划是建造7.62米的反射望远镜，但此前他建设的最大望远镜的口径是2.54米，为了不至跳跃过大，最后决定做5.08米(200英寸)的望远镜。他善于辞令，成功地做通了著名的石油大王洛克菲勒的工作，为制造望远镜筹集到资金。随后他选用了美国纽约州科宁公司的最新品种——派勒克玻璃。这种玻璃对热胀冷缩的抵抗能力比普通玻璃强3倍。经过多次试验后，1934年3月24日，口径5.08米、59吨重的圆盘形玻璃坯浇铸成功。为了尽量减少玻璃镜坯中的气泡，在它冷却时对它进行温度控制，使它缓慢冷却，仅这一过程整整用了10个月的时间。

镜坯做好后，还要把它从纽约州的科宁运送到加利福尼亚州的帕洛玛山，横穿整个美国，路途遥远，难度可想而知。为了安全运到，海耳专门制作了集装箱，设计了一条专用火车线，尽量避开隧道、桥梁和地道，以确保镜坯的安全。到达后，接着的就是长时间的研磨和抛光，并把平面变成曲面，中间凹下去10厘米，这期间共消耗掉的磨料达28吨。成型后的镜面总重量为14.5吨，镜筒重140吨，整个望远镜的可转动部分重530吨。海耳坚忍不拔的意志使这架巨大的望远镜得以完成，但他本人却未能亲眼看到它的落成，便于1938年与世长辞了。因为第二次世界大战延误了工期，到1948年这架5.08米的反射望远镜才终于在帕洛玛山上竖立起来。人们亲切地称它为“海耳的大眼睛”，并正式命名其为海耳望远镜，以纪念这位将自己毕生精力都献给了天文科学事业的伟大科学家。

海耳望远镜自 1948 年建造完成算起，曾保有世界最大口径望远镜的荣誉达 28 年之久。凭借着这架口径 5 米望远镜无与伦比的巨大集光力，人类探索到了更深邃的宇宙，成功地摄影到非常暗弱的星系和遥远的天体。在研究天文学的基本问题上，如星系的形成与演化、宇宙的年龄、大小与构造以及类星体的发现等，海耳望远镜都取得了丰硕的成果。

11. 凯克望远镜

在 20 世纪 80 年代以前，人们还根本不敢想像能制造出比 5 米口径的海耳望远镜更大的镜子。因为镜面越大，制造起来的困难就越多，不仅是镜面太重不易安装，而且由于地心引力和温度变化都容易引起镜面变形，使之难以正常工作。然而，天文学家一直在想方设法研制更大口径的望远镜以观测更远更暗的天体。

1990 年 11 月 24 日，在世界上海拔最高、天气条件最好的天文观测地点，美国夏威夷莫拉克亚天文台，一架口径 10 米的天文光学望远镜的新型镜面镶拼工艺终于实验成功，拍到了第一张天体照片。1992 年 4 月 14 日，安装完最后一块镜面，望远镜全部落成，打破了光学望远镜制造历史上近半个世纪以来的沉寂。

(1) 薄镜镶拼技术

10 米口径的主镜面如用整块玻璃制造，厚度需 1.5 米以上，重量超过 150 吨。凯克望远镜采用薄镜镶拼技术，由 36 块六边形镜面组合而成，中央一块六边形不装玻璃是空的，刚好做通光孔。每块六边形镜面的直径为 1.8 米，厚度仅 10 厘米，拼合以后的整体形状仍为六边形，最大直径 10.912 米，反射面总面积 75.74 平方米。镜面总重量比使用整块厚玻璃减轻 90%，比 5 米口径望远镜的主镜还轻。镶拼技术要求每一块玻璃的正面及 6 个侧面的尺寸和表面精度都加工得极为精确，镶拼后天衣无缝，达到与整块镜面一样的要求，其工艺难度也是可想而知的。

(2) 主动光学和自适应光学系统

大面积薄镜要克服取不同角度时重力的弯沉变形和温度变化引起的变形，就要应用主动光学和自适应光学系统。

当主镜面因受温度变化和重力弯沉变形时，经其反射后的光波波前阵面就会产生畸变而使成像质量变坏。单块镜面（被动光学）要靠自身的厚度和刚性来保证不让它变形，然后采用主动的技术来矫正所产生的变形。凯克望远镜通过一组能够测量波前阵面畸变程度的敏感器件，由传感器将信息送进计算机，再由计算机发出控制指令，最后在主镜后部的各个支撑点上加压或减压修正各点的局部畸变。在制作过程中，系统要连续工作，始终维持主镜面处于理想状态。

此外，天体来的光线还受到大气层湍流和其他因素的干扰，也会产生波前阵面的畸变，使成像质量变坏。矫正这种畸变的另一系统称为自适应光学系统。经望远镜聚焦后的光束在进入接收器之前，在波前传感器的监测下，经过一个可快速改变形状的自适应镜面之后再进入接受器。波前传感器将测到的波前阵面畸变信息送入计算机，计算机发出控制指令，使自适应镜面变形，矫正波前阵面畸变，达到成像质量优越的目的。

薄镜镶拼技术加上主动光学和自适应光学系统的应用，使凯克望远镜一举成功。1990 年 11 月 24 日，当主镜只镶拼了 9 块玻璃并拍出第一张成功的天体照片的时候，凯克基金会就决定再捐赠 7460 万美元，建造第二台完全一样的望远镜。1992 年 4 月 14 日，凯克 1 号全部落成，1996 年凯克 2 号也宣告落成。两台 10 米口径的天文光学望远镜并立于海拔 4200 米的莫纳克亚天文台，相距 85 米。1994 年彗木大碰撞时，凯克望远镜拍下了全世界所有地面观测中质量最好的照片。继凯克望远镜之后，西班牙人筹划建造一台同样的望远镜，准备安装在大西洋的加那利群岛的拉斯帕尔马斯岛上。

12. 双子望远镜

双子望远镜是以美国为主的一项国际设备（其中，美国占 50%，英国占 25%，加拿大占 15%，智利占 5%，阿根廷占 2.5%，巴西占 2.5%），由美国大学天文联盟（AURA）负责实施。它由两个 8.1 米望远镜组成，以进行全天系统观测。其主镜采用主动光学控制，副镜作倾斜镜快速改正，同时还将通过自适应光学系统使红外区接近衍射极限。

两架望远镜分别安装在夏威夷莫纳克亚（北双子）和智利的色洛·帕穹（南双子），南北半球相互呼应，同时连接凯克望远镜和欧洲南方天文台的甚大望远镜，以便进行联合观测。望远镜的台址——4200 米的莫纳克亚和 2950 米的色洛·帕穹很适宜地面光学和红外天文观测。北双子于 1999 年 3 月获得的第一幅试验性图像的精锐性，打破了地面望远镜和空间望远镜之间的明显界限。北双子的第一幅红外图像的分辨本领是0.08角秒，略好于哈勃太空望远镜获得的图像。双子望远镜不同于凯克1号和凯克2号，所有参与国的天文学家们均可以使用这两架分别位于北半球和南半球的大望远镜。

北双子的科学观测已经开始，南双子的安装却遇到了麻烦。南双子的主镜由纽约州的科宁公司浇铸，它在巴黎研磨，通过巴拿马运河海运到智利，再用卡车通过狭窄的山间道路运到天文台，但在这一过程中至少要拓宽一条隧道以便主镜和望远镜的其他部件能够通过。

双子望远镜将配备可见光照相机和摄谱仪，但主要是对红外光进行优化设计。波长较长的红外光对大气扰动的敏感程度不如可见光，因此在某些特定红外波长进行观测将获得比类似口径的光学望远镜更为精锐的图像。对星系和其他天体在红外区的成像效果，可以比用配备了自适应光学系统的光学望远镜获得更精细的细节。同样，红外望远镜对近邻星系，包括我们的银河系，能看到更深，因为某些红外光能够穿透尘埃，可见光却会被吸收。这个特性允许双子天文台的天文学家们研究被尘埃包裹着的新生恒星以及它们周围正在形成的行星。由于宇宙膨胀，位于数十亿光年外的星系发出的可见光在到达地球时已经不再是可见光而红移成红外光了。因此，天文学家利用双子望远镜可以研究恒星和星系在数十亿年中的演化过程。

13. 甚大望远镜

在智利北部荒凉的山顶上，世界上最强力的光学望远镜——甚大望远镜（VLT）就坐落在这里，它将是未来数十年内的天文学“老骥”，给科学家带来破纪录的聚光本领和比哈勃望远镜更精锐的星象。

位于智利海港城市安托法加斯塔南面130千米的色洛·帕瑞那，兀立于阿塔卡马沙漠中，那是地球上最干燥的地区之一，非常适合天文观测。由8个欧洲国家组成的欧洲南方天文台建造的甚大望远镜价值5亿美元，1987年批准建造，是世界上唯一一架按预期计划和预算建成的大望远镜。

甚大望远镜由4架同样的8.2米望远镜组成，主镜面重量22吨、厚度仅18厘米，4架望远镜用当地普敦哥语言命名，分别叫做鹌酴、魁阴、美丽葩和烨喷，它们的含义是太阳、月亮、南十字和天狼星。这些名字是一个智利女学生在欧洲南方天文台发起的竞赛中提出的。

鹳醉是最早建成的，于1998年春开始试观测，自1999年4月交付天文学家使用，装备了灵敏的红外和光学波段照相机及摄谱仪。天文学家已经利用它研究彗星、原行星盘、行星状星云、超行星遗迹和遥远射电星系。

魁阴于1999年3月进行试观测，在经过1年的调试后于2000年4月交付天文学家使用。它的主要仪器是两架大型摄谱仪，预计在未来的10年内可以获得50万个恒星光谱。另外魁阴还可以拍取可见光图像。

美丽葩于2000年1月开始试观测并继续调试。它的第一件科学仪器是摄谱仪，主要设计目的是研究早期宇宙及遥远星系。望远镜将配备补偿大气湍动的自适应光学系统。在4架望远镜中，美丽葩是最适合宇宙学研究的。

烨喷于2000年7月开始试观测。它的机械结构建成于1999年5月，它的8.2米主镜于2000年4月到达帕瑞那。它有世界上最好的光学镜面，表面精度达到了8.5纳米。假如美国的地形平整如烨喷的主镜，那么它的最高山峰将低于2.5厘米。如此精密的光学系统可能是研究太阳系外行星的决定性要素。虽然该望远镜或许不能直接对地外行星成像，但不管怎样，研究其他行星系统的诞生和结构将是甚大望远镜的一个重要任务。

作为干涉仪工作时，甚大望远镜将具有口径16米的望远镜的聚光能力和口径130米的望远镜的角分辨本领。虽然此时的视场很小，但将给天文学家提供多种不同天体的极精细的视图，从我们太阳系中的小行星到环绕其他恒星的尘埃盘和行星以及遥远星系中的超重黑洞的近周边环境，届时甚大望远镜会给我们一个惊喜。

14. 阿雷西博射电望远镜

阿雷西博射电望远镜是世界上口径最大的射电望远镜，球面天线直径为305米，深50.8米，灵敏度比德国埃费尔斯贝格和美国格林班克的两台可跟踪的100米射电望远镜高出1个数量级，成为当今世界上最强大的单天线射电望远镜，可称为人类的“观天巨眼”。

阿雷西博射电望远镜建在波多黎各的由石灰岩构成的喀斯特地形中，用其中的尺度合适、比较对称的碗形大坑作为底座，由固定在石灰岩中的钢索网支撑天线，减少了造价和技术难度。固定在地面上的天线可以做得很大，其缺陷是不能通过转动天线来对准处在不同天区的射电源进行跟踪。其球面天线与抛物面天线不同，没有主光轴，可以接受来自较大角度范围的天体射电波，并可以在相当大的天区范围内进行扫描和跟踪。但是来自天体的射电波不能像抛物面那样聚焦到一个点上，而要采取比较复杂的改正镜或线性馈源的方法来收集能量。一个重达 50 吨的三角形平台和可移动馈源臂悬挂在主反射面上空，由连在三座高达 100 米铁塔上的 18 根钢索支撑着。平台下方悬挂着离主反射面 50.8 米的一个圆屋，圆屋重 75 吨，直径 24 米，在其中放置了两个反射面、雷达反射机和微波接收机。圆屋可以沿着曲线的臂上下运动，馈源臂也可以旋转。圆屋的设计是为了防止恶劣天气对反射面的伤害，也可以防止人为的电磁干扰。

阿雷西博射电望远镜于 1963 年 11 月正式使用，已有几千名科学家使用了它，也迎来了各种年龄各种职业的参观者。其主要研究对象是类星体、脉冲星以及处在宇宙边缘的其他射电源。最激动人心的观测成果是 1974 年泰勒和赫尔斯发现了第一个射电脉冲双星系统，并获得 1993 年诺贝尔物理学奖。1991 年，天文学家沃斯赞和弗雷尔用它发现了毫秒脉冲星的行星系统，这是天文学家第一次发现太阳系外的行星系统，又一次轰动科学界。同时，阿雷西博射电望远镜还担负着地外文明的探测任务。1974 年，科学家用阿雷西博射电望远镜向武仙座球状星团发电报，以每秒 10 个字的速度发出，它以光速传播，到达目的地要 2400 年，如果收到后立即给我们回电，地球人也要在 4800 年后才能收到。

15. 中国 LAMOST 望远镜

我国天文学家提出了大型科学工程项目“大天区面积多目标光纤光谱望远镜”(简称为 LAMOST)。它现已安放在国家天文台兴隆观测站，项目投资 2.35 亿元。它使我国天文学在大规模光学光谱观测中，在大视场天文学研究上，居于国际领先地位。

LAMOST 是一架横卧南北方向的中星仪式反射施密特望远镜，应用主动光学技术控制反射改正板，使它成为大口径兼大视场光学望远镜的世界之最。它总共分 3 个部分：反射施密特改正镜 MA、球面主镜 MB 和焦面装置。MA 宽 4.4 米，高 5.7 米，主要由 24 个厚 25 毫米的六边形反射镜组成，遇到不同方位的天体光，这些镜子还可以变化位置“随时应变”；MB 宽 6 米，高 6.5 米，“长相”和 MA 差不多，但它由 27 个镜子组成；焦面装置上密密麻麻地覆盖了 4000 个光纤，连接光谱仪进行光谱分析。LAMOST 工作时，MA 发射镜把捕捉到的光发射到球面主镜 MB 上，再通过主镜 MB 上的反射镜把光成像在焦面装置上，焦面上的 4000 个光纤担任传输任务把天体光分别传输到光谱仪上，通过光谱仪分光后获得大量的光谱信号。LAMOST 看上去十分普通，MA 好像一副眼镜，MB 则是眼球，焦面装置就像视网膜，但这三者的通力合作却是完成观测任务有力保证。一般的望远镜，无论口径有多大，它的“视野”都比较狭窄，视场一般不到 1°，能够超过 1°望远镜已经是非常稀少，被称为大视场望远镜，但这次 LAMOST 的视场却是前所未有地达到了 5°，也就是说，LAMOST 面向星空，“一眼望去”能看到的天区面积要广阔得多。

LAMOST 的通光口径为 4 米。由于它的大口径，在曝光 1.5 小时内可以观测到暗达 20.5 等的天体。由于它的大视场，在焦面上可以放置 4000 根光纤，将遥远天体的光分别传输到多台光谱仪中，同时获得它们的光谱，成为世界上光谱获取率最高的望远镜。光学光谱包含着遥远天体丰富的物理信息，大量天体光学光谱的获取是涉及天文和天体物理学诸多前沿问题的大视场、大样本天文学研究的关键。LAMOST 作为天体光谱获取率最高的望远镜，将突破天文研究中光谱观测的这一“瓶颈”，成为最具威力的光谱巡天望远镜。LAMOST 对上千万个星系、类星体等河外天体的光谱巡天，将在河外天体物理和宇宙学的研究上，诸如星系、类星体和宇宙大尺度结构等的研究上作出重大贡献。同时对大量恒星等河内天体的光谱巡天，在河内天体物理和银河系诸如恒星、星族和银河系的结构、运动及化学等的研究上作出重大贡献。结合红外、射电、X 射线、γ 射线巡天的大量天体的光谱观测，将在各类天体多波段交叉认证上作出重大贡献。

16. 昴星团望远镜

昴星团是夜空中最美丽的一个疏散星团，日本天文学家用美丽的天体名字来命名自己最珍贵的仪器，也可以看出他们对这架仪器所寄予的厚望。它的主镜是整块的巨大的直径 8.3 米的反射镜，造价为 3.7 亿美元。2000 年底部分投入科学观测。这架日本唯一超大型望远镜具有多种用途。它有 3 个副镜和 4 个不同的焦点，还有 7 个附属仪器。既适于做可见光观测，又适于做红外观测。它配备了主动光学系统和自适应光学系统以保持主镜的最佳曲率和消除大气扰动对星像质量的破坏。

为了让昴星团望远镜能够最充分地发挥出它的作用，日本的天文学家将它安置在全世界天文观测的最佳地点——美国夏威夷的莫纳克亚山上，与著名的凯克 1 号和凯克 2 号成了邻居。昴星团望远镜的观测室很有特色，它不是我们常见的圆包形，而是一个圆柱形，这是为了减小局部的大气湍流对观测的影响。圆柱形建筑物周围安放了 20 台遥控风扇用来帮助改进主镜上方的气流。

昴星团望远镜投入使用以后，立刻显示出它的威力，如利用它发现了冥王星和它的卫星查龙的表面成分有很大的差别——冥王星表面有许多甲烷却见不到水冰，而查龙的表面却是被水冰覆盖，见不到甲烷。“昴星团”优良的成像质量已经成为日本天文学家的骄傲。

17. 哈勃太空望远镜

美国宇航局 1962 年开始酝酿空间望远镜计划，1977 年得到批准，望远镜由美国宇航局和欧洲空间局联合研制。1990 年 4 月 24 日，这架主镜口径 2.4 米的望远镜终于由“发现”号航天飞机送上了距地面 600 千米的太空轨道。用伟大的天文学家哈勃（1889—1953 年）的名字命名，简称 HST。它从酝酿到发射历经近 30 年时间，耗资 20 多亿美元。哈勃太空望远镜可以观测到 140 亿光年之远、暗至 29 等的天体。分辨率可达 0.06 角秒，而当时地面上的观测最高分辨率只有 1 角秒。

哈勃太空望远镜是迄今为止被送入太空的最大的天文望远镜。它全长 12.8 米，镜筒直径 4.27 米，重 11 吨，由三大部分组成。第一部分是光学部分，第二部分是科学仪器，第三部分是辅助系统，包括两个长 11.8 米、宽 2.3 米、能提供 2.4 千瓦功率的太阳能电池帆板，两个与地面通讯用的抛物面天线。镜筒的前部是光学部分，后面是一个环形舱。在这个环形舱里面，望远镜主镜的焦平面上安放着一组天文观测仪器。太阳能电池帆板和天线从镜筒的中间伸出。

望远镜的光学部分是整个空间望远镜的心脏，它由两个双曲面反射镜组成，一个是口径 2.4 米的主镜，另一个是装在主镜前约 4.5 米处的副镜，口径 0.3 米。投射到主镜上的光线首先反射到副镜上，然后再由副镜射向主镜的中心孔，穿过中心孔到达主镜的焦面上形成高质量的图像，供各种科学仪器进行精密处理，得出的数据通过中继卫星系统发回地面。

1993 年 12 月 2 日，美国宇航局发射了载有 7 名宇航员的“奋进”号航天飞机进入太空去修复哈勃太空望远镜。宇航员们五次走出机舱，去为“哈勃”实施“手术”。最关键的是换上了能够矫正空间望远镜“视力”的新的光度计。修复后的哈勃太空望远镜不负众望，分辨能力大大提高，远远超过了地面上最优秀的大型光学望远镜。1997 年 2 月，由“发现”号航天飞机载宇航员到太空给哈勃太空望远镜安装了红外摄像机和多天体成像摄谱仪，大大地提高了“哈勃”的观测能力。1999 年，已经老化的空间望远镜频繁出现故障，为了救活“哈勃”，美国宇航局在 12 月 19 日将载有 7 名宇航员的“发现”号航天飞机再次送上太空，对“哈勃”进行第三次维修，最主要的任务是更换陀螺仪和增加一台新型的电脑。

哈勃镜一个最大的优点是图像清晰，能分辨小到 0.06 角秒的细节，比几年前地面观测所能达到的分辨率高出 10 倍以上。10 年来，哈勃太空望远镜已经取得了非常丰硕的观测成果，源源不断地给我们送回了许多效果极佳的宇宙天体图像资料，帮助天文学家解决某些最有兴趣而又难以回答的问题，如星系的起源和宇宙的年龄。

哈勃太空望远镜以其卓越的贡献揭示了宇宙中许多前所未知的秘密，然而它的使用寿命有限，大约 2010 年前后就要退役。现在，美国国家宇航局已经决定在“哈勃”的寿命终结之后再发射一架新的空间望远镜——第二代空间望远镜来接班。

第六节　宇宙的探测

对月球和月球以远的天体和空间进行探测的无人航天器，又称深空探测器。包括月球探测器、行星和行星际探测器。探测的主要目的是：了解太阳系的起源、演变和现状；通过对太阳系内的各主要行星的比较研究，进一步认识地球环境的形成和演变；了解太阳系的变化历史；探索生命的起源和演变。空间探测器实现了对月球和行星的逼近观测和直接取样探测，开创了人类探索太阳系内天体的新阶段。

空间科学的发展，离不开航天器。航天器按其本身的任务可划分为两类：第一类为无人航天器，它包括人造地球卫星、月球探测器和行星际自动探测器等；第二类为载人航天器，它包括卫星式飞船、空间站、登月飞船和航天飞机等。航天器按其运行轨道也可分为两类：第一类是环绕地球运行的航天器，它包括人造地球卫星、卫星式飞船、空间站和航天飞机等；第二类是脱离地球引力飞往月球、其他行星及行星际空间的航天器，它包括登月飞船、各种行星和行星际探测器等。

1. 火箭

火箭是以热气流高速向后喷出，利用产生的反作用力向前运动的喷气推进装置。它自身携带燃烧剂与氧化剂，不依赖空气中的氧助燃，既可在大气中，又可在外层空间飞行。火箭在飞行过程中随着火箭推进剂的消耗，其质量不断减小，是变质量飞行体。现代火箭可用作快速远距离运送工具，如作为探空、发射人造卫星、载人飞船、空间站的运载工具，以及其他飞行器的助推器等。如用于投送作战用的战斗部（弹头），便构成火箭武器。其中可以制导的称为导弹，无制导的称为火箭弹。

火箭是目前唯一能使物体达到宇宙速度，克服或摆脱地球引力，进入宇宙空间的运载工具。即使使用性能最好的液氢、液氧推进剂，发动机的喷气速度也只能达到 4.3—4.4 千米/秒。因此，单级火箭不可能把物体送入太空轨道，必须采用多级火箭，以接力的方式将航天器送入太空轨道。

火箭用于运载航天器叫航天运载火箭，用于运载军用炸弹叫火箭武器（无控制）或导弹（有控制）。航天运载火箭一般由动力系统、控制系统和结构系统组成，有的还加遥测、安全自毁和其他附加系统。

多级火箭各级之间的联接方式，有串联、并联和串并联几种。串联就是把几枚单级火箭串联在一条直线上；并联就是把一枚较大的单级火箭放在中间，叫芯级，在它的周围捆绑多枚较小的火箭，一般叫助推火箭或助推器，即助推级；串并联式多级火箭的芯级也是一枚多级火箭。

多级火箭各级之间、火箭和有效载荷及整流罩之间，通过连接—分离机构实现连接和分离。分离机构由爆炸螺栓（或爆炸索）和弹射装置（或小火箭）组成。平时，它们由爆炸螺栓或爆炸索连成一个整体；分离时，爆炸螺栓或爆炸索爆炸，使连接解锁，然后由弹射装置或小火箭将两部分分开，也有借助前面一级火箭发动机启动后的强大射流分开的。

火箭技术是一项十分复杂的综合性技术，主要包括火箭推进技术、总体设计技术、火箭结构技术、控制和制导技术、计划管理技术、可靠性和质量控制技术、试验技术，对导弹来说还有弹头制导和控制、突防、再入防热、核加固和小型化等弹头技术。

火箭可按不同方法分类。按能源不同，分为化学火箭、核火箭、电火箭以及光子火箭等。化学火箭又分为液体推进剂火箭、固体推进剂火箭和固液混合推进剂火箭。按用途不同分为卫星运载火箭、布雷火箭、气象火箭、防雹火箭以及各类军用火箭等。按有无控制分为有控火箭和无控火箭。按级数分为单级火箭和多级火箭。按射程分为近程火箭、中程火箭和远程火箭等。火箭的分类方法虽然很多，但其组成部分及工作原理是基本相同的。

固态火箭跟液态火箭便是现今比较常用的火箭。此外，还有混合火箭，就是用固体的燃料和液体的氧化剂。另外，值得一提的是，现今运载火箭大多包含了液态火箭跟固态火箭，也就是说，一个火箭可能第一节是固态的而第二节却是液态的。

2. 火箭的构造

运载火箭一般由 2—4 级火箭组成。整个火箭主要由箭体结构、推进系统、制导和控制系统、安全自毁系统、外测、遥测系统等构成。

火箭推进系统是火箭赖以飞行的动力源。其中火箭发动机按其工质，可分为化学火箭发动机、核火箭发动机、电火箭发动机和光子火箭发动机等。广泛使用的是化学火箭发动机，它是依靠推进剂在燃烧室内进行化学反应释放出来的能量转化为推力的。推力与推进剂每秒消耗量之比称为比冲，它是发动机性能的主要指标，其高低与发动机设计、制造水平有关，但主要取决于所选用的推进剂的性能。火箭发动机的推力，是根据其特点和用途选定的，其大小相差很大，小到微牛，如电火箭发动机，大到十几兆牛（能使一千克质量的物体获得 1 米每二次方秒的加速度所需的力定义为 1 牛顿，简称牛），如美国航天飞机的固体火箭助推器。

箭体用来安装和连接火箭各个系统，并容纳推进剂。箭体除要求具有良好的空气动力外形外，还要求在既定功能不变的前提下，质量越轻越好，体积越小越好。在起飞质量一定时，结构质量轻，则可获得较大的飞行速度或射程。

运载火箭的有效载荷有人造卫星、飞船或空间探测器等航天器。火箭武器的有效载荷就是战斗部（弹头）。

为成功地发射火箭，还必须有地面发射设备和发射设施。地面发射设备有大有小。小的可手提肩扛，如便携式防空火箭和反坦克火箭的发射筒（架）；大的如卫星运载火箭，则需有固定的发射场和庞大的发射设施，以及飞行跟踪测控台站等。

3. 人造卫星

卫星是指在宇宙中所有围绕行星轨道上运行的天体。环绕哪一颗行星运转，就把它叫做哪一颗行星的卫星。比如，月亮环绕着地球旋转，它就是地球的卫星。

“人造卫星”就是我们人类“人工制造的卫星”。科学家用火箭把它发射到预定的轨道，使它环绕着地球或其他行星运转，以便进行探测或科学研究。围绕哪一颗行星运转的人造卫星，我们就叫它哪一颗行星的人造卫星，比如最常用于观测、通讯等方面的人造地球卫星。

地球对周围的物体有引力的作用，因而抛出的物体要落回地面。但是，抛出的初速度越大，物体就会飞得越远。牛顿在思考万有引力定律时就曾设想过，从高山上用不同的水平速度抛出物体，速度一次比一次大，落地点也就一次比一次离山脚远。如果没有空气阻力，当速度足够大时，物体就永远不会落到地面上来，它将围绕地球旋转，成为一颗绕地球运动的人造地球卫星，简称人造卫星。

人造卫星是发射数量最多、用途最广、发展最快的航天器。1957 年 10 月 4 日，苏联发射了世界上第一颗人造卫星。之后，美国、法国、日本也相继发射了人造卫星。中国于 1970 年 4 月 24 日发射了东方红一号人造卫星。

人造卫星的运动轨道取决于卫星的任务要求，区分为低轨道、中高轨道、地球同步轨道、地球静止轨道、太阳同步轨道、大椭圆轨道和极轨道。人造卫星绕地球飞行的速度很快，低轨道和中高轨道卫星一天可绕地球飞行几圈到十几圈，不受领土、领空和地理条件限制。人造卫星视野广阔，能迅速与地面进行信息交换，包括地面信息的转发，也可获取地球的大量遥感信息，一张地球资源卫星图片所遥感的面积可达几万平方千米。

在人造卫星轨道高度达到 35800 千米，并沿地球赤道上空与地球自转同一方向飞行时，卫星绕地球旋转周期与地球自转周期完全相同，相对位置保持不变。此卫星在地球上看来是静止地挂在高空，称为地球静止轨道卫星，简称静止卫星，这种卫星可实现卫星与地面站之间的不间断的信息交换，并大大简化地面站的设备。目前绝大多数通过卫星的电视转播和转发通信是由静止通信卫星实现的。

4. 人造卫星的分类和构造

人造卫星是个兴旺的家族，如果按用途分，它可分为三大类：科学卫星、技术试验卫星和应用卫星。

科学卫星是用于科学探测和研究的卫星，主要包括空间物理探测卫星和天文卫星，用来研究高层大气、地球辐射带、地球磁层、宇宙线、太阳辐射等，并可以观测其他星体。

技术试验卫星是进行新技术试验或为应用卫星进行试验的卫星。航天技术中有很多新原理、新材料、新仪器，其能否使用，必须在天上进行试验；一种新卫星的性能如何，也只有把它发射到天上去实际“锻炼”，试验成功后才能应用；人上天之前必须先进行动物试验……这些都是技术试验卫星的使命。

应用卫星是直接为人类服务的卫星，它的种类最多、数量最大，其中包括：通信卫星、气象卫星、侦察卫星、导航卫星、测地卫星、地球资源卫星、截击卫星等等。

人造卫星一般由专用系统和保障系统组成。专用系统是指与卫星所执行的任务直接有关的系统，也称为有效载荷。应用卫星的专用系统按卫星的各种用途包括：通信转发器、遥感器、导航设备等。科学卫星的专用系统则是各种空间物理探测、天文探测等仪器。技术试验卫星的专用系统则是各种新原理、新技术、新方案、新仪器设备和新材料的试验设备。保障系统是指保障卫星和专用系统在空间正常工作的系统，也称为服务系统，主要有结构系统、电源系统、热控制系统、姿态控制和轨道控制系统、无线电测控系统等。对于返回卫星，则还有返回着陆系统。

5. GPS 系统

GPS 的空间部分是由 24 颗工作卫星组成，它位于距地表 20200 千米的上空，均匀分布在 6 个轨道面上（每个轨道面 4 颗），轨道倾角为 55°。此外，还有 4 颗有源备份卫星在轨运行。卫星的分布使得在全球任何地方、任何时间都可观测到 4 颗以上的卫星，并能保持良好定位解算精度的几何图象。这就提供了在时间上连续的全球导航能力。

地面控制部分由一个主控站、5 个全球监测站和 3 个地面控制站组成。监测站均配装有精密的铯钟和能够连续测量到所有可见卫星的接受机。监测站将取得的卫星观测数据，包括电离层和气象数据，经过初步处理后，传送到主控站。主控站从各监测站收集跟踪数据，计算出卫星的轨道和时钟参数，然后将结果送到 3 个地面控制站。地面控制站在每颗卫星运行至上空时，把这些导航数据及主控站指令注入到卫星。每颗 GPS 卫星每天进行一次，并在卫星离开注入站作用范围之前再进行一次注入。如果某地面站发生故障，那么在卫星中预存的导航信息还可用一段时间，但导航精度会逐渐降低。

用户设备部分即 GPS 信号接收机。其主要功能是能够捕获到按一定卫星截止角所选择的待测卫星，并跟踪这些卫星的运行。当接收机捕获到跟踪的卫星信号后，即可测量出接收天线至卫星的伪距离和距离的变化率，解调出卫星轨道参数等数据。根据这些数据，接收机中的微处理计算机就可按定位解算方法进行定位计算，计算出用户所在地理位置的经纬度、高度、速度、时间等信息。接收机硬件和机内软件以及 GPS 数据的后处理软件包构成完整的 GPS 用户设备。GPS 接收机的结构分为天线单元和接收单元两部分。接收机一般采用机内和机外两种直流电源。设置机内电源的目的在于更换外电源时不中断连续观测。在用机外电源时机内电池自动充电。关机后，机内电池为 RAM 存储器供电，以防止数据丢失。目前各种类型的接受机体积越来越小，重量越来越轻，便于野外观测使用。

GPS 的主要用途：

陆地应用。主要包括车辆导航、应急反应、大气物理观测、地球物理资源勘探、工程测量、变形监测、地壳运动监测、市政规划控制等。

海洋应用。包括远洋船最佳航程航线测定、船只实时调度与导航、海洋救援、海洋探宝、水文地质测量以及海洋平台定位、海平面升降监测等。

航空航天应用。包括飞机导航、航空遥感姿态控制、低轨卫星定轨、导弹制导、航空救援和载人航天器防护探测等。

6. 宇宙飞船

宇宙飞船是一种运送航天员、货物到达太空并安全返回的一次性使用的航天器。它能基本保证航天员在太空短期生活并进行一定的工作。它的运行时间一般是几天到半个月，一般乘 2—3 名航天员。

世界上第一艘载人飞船是东方号宇宙飞船。它由两个舱组成。上面的是密封载人舱，又称航天员座舱。这是一个直径为 2.3 米的球体。舱内设有能保障航天员生活的供水、供气的生命保障系统，以及控制飞船姿态的姿态控制系统、测量飞船飞行轨道的信标系统、着陆用的降落伞回收系统和应急救生用的弹射座椅系统。另一个舱是设备舱，它长 3.1 米，直径为 2.58 米。设备舱内有使载人舱脱离飞行轨道而返回地面的制动火箭系统、供应电能的电池、储气的气瓶、喷嘴等系统。东方号宇宙飞船总质量约为 4700 千克。它和运载火箭都是一次性的，只能执行一次任务。

至今，人类已先后研究制出三种构型的宇宙飞船，即单舱型、双舱型和三舱型。其中单舱式最为简单，只有宇航员的座舱，美国第一个宇航员格伦就是乘单舱型的“水星号”飞船上天的；双舱型飞船是由座舱和提供动力、电源、氧气和水的服务舱组成，它改善了宇航员的工作和生活环境，世界第一个男、女宇航员乘坐的前苏联“东方号”飞船、世界第一个出舱宇航员乘坐的前苏联“上升号”飞船以及美国的“双子星座号”飞船均属于双舱型；最复杂的就是三舱型飞船，它是在双舱型飞船基础上或增加 1 个轨道舱（卫星或飞船），用于增加活动空间、进行科学实验等，或增加 1 个登月舱（登月式飞船），用于在月球表面着陆或离开月面，俄罗斯（前苏联）的联盟系列和美国“阿波罗号”飞船是典型的三舱型。联盟系列飞船至今还在使用。

7. 航天飞机

航天飞机是一种新型的航天运输工具，也是一种有人驾驶的、可以重复使用的航天飞行器。航天飞机的出现，是航天技术又一次巨大的进步。在航天飞机出现以前，每发射一次卫星或飞船，就得报销一枚昂贵的火箭，耗资很大。现在有了航天飞机，它既像火箭那样能垂直发射，把卫星或飞船送上轨道，又能在完成航天运输之后重返地球大气层，像飞机那样方便地降落到地面，可以多次使用。

航天飞机可以在空间直接把卫星释放到预定的轨道，也可以把需要回收的卫星从轨道上取下来带回地面。它在轨道上还能对航天器进行检查、维修，使之延长使用寿命，甚至对敌方的军用卫星进行拦截或破坏，也可以利用它为轨道上的空间站运送物资，定期轮换或营救遇难的宇航员，或为航天器添加推进剂等。所以，航天飞机兼有火箭、飞船、飞机等多种功能。为此，许多发达国家都为发展航天飞机作着巨大努力。

迄今为止，只有美国与俄罗斯有能力制造能进入近地轨道的航天飞机，并曾实际成功发射并回收。其他国家发展的类似计划则尚未有实际发射并进入轨道的纪录。

8. 空间站

空间站也叫太空站，或称航天站，它是能在太空长期停留的航天器或“轨道站”。实际上它是一种大容积的宇宙飞船。1974 年 4 月 19 日，前苏联从拜科努尔航天中心，用“质子”号火箭将第一座空间站“礼炮 1 号”送入地球轨道后，世界上已发射了 3 种类型的空间站（另外两种是美国的“天空实验室”和欧洲空间局的“空间实验室”，这两种都没有自身动力系统，因此不能长期停留在太空）。

空间站的概念在不断变革，从“长寿命”（5—10 年）到“永久性”（无年限，即在长寿命的基础上增加轨道上的替换、补给和维修能力，使其寿命延长到不再需要为止，就是永久性空间站），是航天技术的一大飞跃和突破。有史以来，空间站上天的就不多，但空间站的重要性促使科学家们对“永久性”空间站的概念不断扩大，已突破了由单一密封舱组成的整体，发展为一列“太空列车”的航天器群。空间站一般由单个普通房间大小的密闭舱组成，人在里面可以自由行动，做科学试验或加工生产，所以它就是空间实验室或空间工厂。空间站具有综合性功能，具有开发空间资源、进行高新技术试验、发展空间产业、从事军事活动，作为中转站及提供在轨维修、更新、建造服务等等多种用途。

发射空间站时，先用运载火箭把未住人的空间站送入轨道，然后再把宇航员送上去，进驻空间站。隔一定时期可以轮换一批宇航员，并给空间站补充燃料、氧气、水和食品等给养。因此，空间站可以长期使用，它是开发和利用太空的重要基地。在空间站里人们可以充分地利用微重力、高真空和无菌等特殊环境条件，加工制造地面上难以得到的新材料、新药物和新产品。空间站是研究长期航天飞行对人的生理和心理影响的极好场所，也是研究航天环境对生物的生长和遗传影响的实验室。

9. 阿尔法国际空间站

空间站是运行在太空轨道上的科学实验基地。那里可以不断替换人员、补充物品，在太空进行长期观察、试验和制造产品，从根本上解决了普通航天器功能单一的缺陷。可是，由于它规模大、结构复杂，不可能在地面装配后整体发射到太空，而是采用模块式设计，分期分批将各种部件送往太空轨道后再进行组装。

1986 年 2 月，苏联“和平”号空间站进入了地球轨道，经过多次组装合成为一个长 40 米、重 136 吨、具有 400 多立方米空间的宇宙居所，从整体看，就像一朵绽开的鲜花。其设计寿命是 5 年，但却在太空飞行了 15 年。20 世纪 90 年代，随着苏美严重对峙的“冷战”开始解冻，当“和平”号还在太空穿梭之时，美国就提出了共建国际空间站的建议。“和平”号在超期服役期间，一直是百病缠身、险象环生，每年要花费 2.5 亿美元来维持飞行。俄罗斯考虑到与其勉强支撑，不如“忍痛割爱”，参加国际合作，共建阿尔法国际空间站。2001 年 3 月 23 日，“和平”号空间站终于在南太平洋斐济附近坠落，告别人间。

阿尔法国际空间站是由美、俄、欧盟、日本和加拿大等 16 个成员国共同参与，规模最大、耗资最巨、技术最复杂的太空工程。1998 年 11 月，国际空间站第一个组件——“曙光”号功能货物舱从俄罗斯升空，并顺利进入轨道。此后，计划有 100 多部件，分 45 次陆续运到距地面 350 千米的轨道上进行组装，预计于 2013 年正式开始运作。建成后，全长 108 米、宽 88 米、重 4150 吨，具有两架波音 747 飞机那样的实用空间，配有实验室 6 个，可容纳人员 7 人。

科学家将在超真空、微重力、高洁净的太空环境中，进行大量的科学研究与实验。此外，还可以在空间站上进行太空育种。空间站又可以作为星际航行中转站，航天器从空间站起飞，不再会有地球引力和大气阻力的羁绊，既安全，又经济。当然，它还将成为长期监测地球环境变化的瞭望哨。

10. 航天员

乘坐航天器进入太空飞行的人员称为航天员。航天员有职业和非职业两类，一般分驾驶员、任务专家和载荷专家，或指令长、驾驶员、随船工程师、飞行工程师。最近出现了以旅游为目的的游客航天员。航天员是开拓太空之路的先锋，作为一名航天员需要具有崇高的献身精神、高深的学识水平、非凡的工作能力、优秀的环境耐力、良好的心理素质和健康的身体条件。

发展载人航天的各国，都有航天员选训中心，比较著名的有美国国家航空航天局的约翰逊航天中心和俄罗斯的加加林航天员培训中心（又名星城）。它们主要的任务有：为载人飞行进行预备航天员和正式航天员的选拔；对航天员实施身体素质、心理、特殊环境因素适应性及飞行专业技能的训练，对航天员实施飞行前、飞行中和返回后的医学监督与医学保障，辅助飞行控制中心进行医学监督和及时地分析，并开展航天医学工程研究。

11. 太空旅游

随着 1957 年苏联的“伴侣一号”卫星上天，人类进入了探索太空的发现之旅。半个世纪来，空间技术发展迅猛，载人航天多次实现，人们的日常生活已经离不开太空技术，比如手机通讯、卫星电视、气象预报等等。渴望新奇和冒险的人类又开始把目光投向了旅游业的革命——太空旅游。

太空旅游有 5 种形式：

（1）专用飞机抛物线飞行

即飞机在飞行过程中突然爬高，到达一个顶点后再曲线下落，在飞机爬高到达曲线顶点和从顶点沿抛物线下落的过程。其成本较低，技术上比较成熟，安全也较有保障。

（2）亚轨道飞行

指飞船进入太空后，离开地球表面的大气层，开始进入太空边缘，在距离地面大约 100 千米处，由于速度和动力赶不上真正的宇宙飞船，不能围绕地球轨道飞行的一种飞行状态。在那里可以感受几分钟的失重，看地球蓝到发亮的奇异景象。

(3) 轨道飞行

就是人们乘飞船以每秒 7.8 千米的卫星飞行速度，围绕地球的轨道在离地面 200—400 千米高的太空轨道上飞行。进入轨道后，一直处于微重力状态。实现长期轨道旅游的工具目前主要是国际空间站，游客可以在那里看地球、看极光，身临其境地体验到太空飞行的快感。

(4) 太空旅馆

这比国际空间站更加具备旅游特征。空间站的构造会不止一个窗口，适合游客对地对天观看。居住条件更加舒适，有一个可以躺着的休息空间，饮食方面也会比较完善。

(5) 月球旅行

目前苏联和美国都已经提出这项计划，运送旅客的飞船必须携带助推器以推动其飞向月球。游客将有机会在环月轨道上俯瞰地球美景，并可以近距离观察月球表面。

人类载人航天活动已走过了 40 多年的历程，到目前为止，仅有 400 多名航天员进入太空。太空旅游已经风行了 20 年，只不过几个富翁实现了太空观光的梦想，而他们都支付了 2000 多万美元的旅游费。

要使太空旅游不再成为普通人的奢望，需要解决的问题还很多。其中，影响和制约太空旅游市场的因素主要有三个：首先，也是最实际的问题就是钱。太空旅游对绝大多数人来讲，不能不说是一种奢侈。把太空旅游的费用降下来，是扩大太空旅游市场的关键。第二，安全问题。尽管航天发射和回收的成功率已经很高了，但是太空飞行的安全风险依然存在。火箭发射的时候会不会出故障？上天后能不能安全地返回？这些无疑都是游客所关切的。第三，游客的身体能否适应太空旅游？虽然到太空中去旅游，不需要像航天员一样的身体，但也必须要能经受火箭起飞时的巨大噪音、震动、过载等种种考验，同时，还必须能够耐受强辐射、温度骤变和长时间失重等太空环境。

2007 年 2 月 14 日，英国开发太空飞船的实体模型在伦敦自然博物馆亮相，引起人们极大的兴趣，这个巨大的太空飞船实体模型，可以搭载 6 名乘客，参观者坐在太空舱内可以尽享遨游太空的感觉，设计人员称，这艘太空飞船的实体预计将于 2009 年升空，目前已有 200 多人签署了协议，还有 6.5 万人注册登记。

此前，在 2001 年和 2002 年，俄罗斯先后利用“联盟号”载人飞船将美国的蒂托和南非的沙特尔沃思两个人送上太空旅游。随后，世界上第三位太空游客、美国人奥尔森在国际空间站进行了为期10天的太空旅游之后，乘坐俄TMA－6载人飞船返回舱安全回到地面。在奥尔森返回地面的同时，又一次太空之旅的“抢座战”也同时打响。第四位太空游客是日本的夏本大辅，他获得了2006年10月搭乘“联盟号”飞船去国际空间站的机会。

2007年巴黎航展上由阿斯特里姆公司推出的飞机与太空船的结合体。在返回地球时，太空旅游机将会在下降到一定高度后，开动飞机引擎，像普通飞机一样降落。这种太空旅游机形状与普未来太空旅游飞机模型通飞机很接近，只是在机身装备了一个火箭推进器。它可以搭载4名乘客，能象普通飞机一样起飞，在达到海拔1万2千米高度的时候，火箭推进器就会点火，在80秒的时间内将飞机推进到距地球6万米的高度，之后的3分钟内，乘客能够俯视地球并体验失重的感觉。在返回地球时，太空旅游机将会在下降到一定高度后，开动飞机引擎，像普通飞机一样降落。为了减少在起飞和降落时乘客的不适感，它还特别装配了新型平衡座椅。这样的亚轨道飞行需要一个半小时，每名乘客需要花费大约在19万到26万美元之间。预计这种太空旅游机将在2012年进行第一次飞行。

俄罗斯航天署有意大力发展太空旅游，并在日本举行的世界博览会上展出了一个可多次重复使用的亚轨道旅游飞船模型C-XXl。这艘飞船的票价比乘坐“联盟号”飞船要便宜得多，日本火箭协会计划耗费6.28亿美元设计建造一艘可重复使用的“旅行者号”太空旅游飞船，可使普通游客在2016年前往太空游览，这艘飞船预计有50个座位，可以在地球轨道上邀游3个小时，通过巨大的旋转座舱，欣赏地球和太空的美丽风光。乘坐人员无需经过任何训练，就像乘坐飞机一样方便。

为了解决个人驾驶交通工具到太空的愿望，个人飞艇和个人飞碟已经开始使用，预计5—7年之后，个人太空飞船也可以将游客送入近地轨道。在未来，太空中会有众多地球人同时登空，为便于来往和联系，游客还可以乘坐“太空出租车”到另外一些地方去参观游览。

12. 飞碟

1947年6月24日，肯内斯·阿诺德驾着自己的小飞机在华盛顿，看到了9个不明物体飞过雷尼尔山。事后，他描绘道：“这些不明飞行物像个飞行着的碟子，飞起来犹如穿过水面的水瓢一样。”当地报纸在选登这一新闻时还特地加了“碟”的标题。从此“飞碟”一词便逐渐为全世界所接受了。

“不明飞行物”（UFO）条目现已列入了《中国大百科全书》。《中国大百科全书》关于UFO的解释全文如下：未经查明来历的空中飞行物。国际上通称UFO，俗称飞碟。据目击者报告，其外形多呈圆盘状（碟状）、球状和雪茄状，在空中高速或缓慢移动。20世纪以前较完整的目击报告有300件以上。飞碟热首次出现在1878年1月，美国得克萨斯州的农民J·马丁看到空中有一个圆形物体。美国150家报纸登载这则新闻，把这种物体称作“飞碟”。1947年6月，美国爱达荷州的一个企业家K·阿诺德驾驶私人飞机，途经华盛顿的雷尼尔山附近，发现9个圆盘高速掠过空中，跳跃前进。这一事件在美国所有报纸上得到报道，又一次引起了世界性的飞碟热，以后有关发现飞碟的报告纷至沓来，各国政府和民间机构也纷纷组织调查研究。

全世界许多国家开展对UFO的研究。关于UFO的专著约350余种，各种期刊近百种。世界各国有一批专家参加此项工作。中国也建立了以科技工作者为主的民间学术研究团体——中国UFO研究会。中国关于UFO的科普刊物《飞碟探索》于1981年创刊。

不明飞行物目击事件与目击报告可分为4类：白天目击事件、夜晚目击事件、雷达显像、近距离接触和有关物证。部分目击事件还被拍成照片。人们对UFO作出种种解释，其中有：某种还未被充分认识的自然现象；对已知物体或现象的误认；心理现象及弄虚作假；地外高度文明的产物。

有关UFO的来源有许多假说，尚未完全定论，其中以外星人制造最为流行，但是其他假说仍各有其理论根据，值得研究探讨。

（1）地球外文明说

此说认为在宇宙其他星球上住有科技文明高出地球人的生物，这些外星人时常乘坐UFO在宇宙间飞行，也常常到地球来，在远古时代曾在地球上建立高度文明国家。后来离开地球，留下了许多无法解释的“遗迹”，因而产生了“宇宙考古学”这门新学问。

在广大的宇宙中，与地球同样环境的星球肯定不只一个，而比地球更文明更发达的外星人存在的几率事实上也很高。目前UFO的来源以此学说较为大多数研究人员所接受。

（2）秘密兵器说

这个学说认为UFO可能是地球上某一国家所开发的秘密兵器，但此一学说有若干疑点。假若UFO这类具有特殊飞行性能的兵器为某一国所开发的话，那么必然会运用这种兵器征服全世界，但到目前为止尚无此种国家出现。

研究UFO的人却认为基于种种理由开发这种武器的国家尚不愿正式公开，美俄等先进国家可能都在研究。而为了与外星人的飞碟区别，特称秘密兵器为UFO。

（3）地球空洞说

地球中心是空的，而有高度文明的生物住在里面，UFO是他们乘坐的飞行器。

有许多人称曾到过地底王国，北极地区及喜玛拉雅山均有通往地底的通道，因此有不少探讨地心世界的研究著作出现。据传已故美国总统罗斯福先生也有到过地心的经验，因此他将美金一元纸币的背面改用金字塔，塔顶置有水晶及一只眼睛，用意在传讯息，说明地底世界也是靠着水晶与金字塔吸收太阳能加以利用。

（4）水中文明说

此说主张水底有高文明人类，时常搭乘UFO到地面来。

持此说的研究人员认为古代有比人类更高等的种族沉人海中，也有些人认为来自地球外的UFO以海底作为基地，因此海底曾发现有非潜水艇的不明物，称为USO（不明潜水物），并有许多目击报告。

（5）空中生物说

此说认为UFO是生存在空中的另一类生物。在深海中至今仍存在着许多人类尚不清楚的生物，同样道理，空中也可能有高等生物存在，UFO为其中一种。

但到目前为止并没有人捕获此类空中生物，因此科学家认为此说的可靠性不高。

（6）时间旅行说

此说主张UFO是超越时间屏障，由未来世界来到地球的。持此说的人认为UFO是人类进化后所创的飞行器，进化以后的地球人成为头大、手脚变细的模样，这与目击UFO的人所看的外星人是一致的。

目前人类尚无法制作超越时光的机器，但将来也许有此可能，所以时间旅行说具有若干真实性。

（7）超地球人说

此说主张UFO是从异次元世界或是平行宇宙来到地球的。在我们所居住的三次元世界之外有更高次元的世界，纵使在同一地球也居住着许多次元不同的生物。所以，居住在异元世界的人就搭乘 UFO，到达三次元的地球来。还有，同样住在同一地球，但由于地球的不同次元处也有生物存在，也会搭乘着 UFO 到达地球人的世界，这叫做“超地球人说”。此说很难简单说明，一般人不太容易接受，但 UFO 研究人员主张此说的却不少。

但为何这些超地球人会出现在我们地球上呢？持此说的人认为地球人的活动也会直接地影响到他们。可惜此说并无直接具体证据，但由于能清楚地说明 UFO 各种现象，因此很受注目，是一种可能性较高的学说。

(8) 集合无意识说

主张 UFO 是人类在无意识下所产生的。

人类内心深处可分为显在意识及潜在意识两部分。前者为自己知道的意识，后者又叫无意识部分，是存在于较深处不为自己所知的部分。此一无意识部分隐藏着种种不满与欲望，有时这部分能令人产生虚幻与臆想。此种人类的无意识下愿望产生 UFO 就叫集合无意识说，因此 UFO 并非来自其他世界，而是人类愿望所产生的。

此说非常有趣，也具有几分真实性。

(9) 幻象说

这是许多正统的科学家所持的看法。他们认为，所谓飞碟云云，只不过是某些人的脑海中出现的幻象，是虚无缥缈的乌有之物。英国心理学家詹姆斯·麦奎恩就这样对《世界科学》月刊的记者说过：“飞碟实际上是一种心理活动的反映。”

(10) 地光说

英国保罗·迪弗雷克斯等人根据英法两国飞碟现象都与地质断层活动有关，因此认为，“飞碟是由地质的变化过程而产生的。也就是说，实际上，飞碟就是‘地光’。”

(11) 等离子体火球说

日本的本田伸二等人认为：“UFO 是一种等离子火球。”那么，什么是等离子体火球呢？“是一种被电离的气体，由闪电放电、地震岩石放电、空气中电磁强烈振荡而产生。它在地球大气的电离层中普遍存在。这种由离子、电子以及未电离的中性粒子组成的气体，在上空飞行时，有时便是以火球形式出现的高频放电等离子体。当大气平流层高空的上下层气流流动速度相差悬殊或流动方向相反时，强烈的振动产生了波动，于是，这些波动之间的复杂相互作用导致了火球的产生和变化，因此火球运行时形状各异。”

(12) 气镜说

中国的徐仁江认为，飞碟是一种可见但不可及的大气现象，即大气层的小水粒形成的“镜子”，映射地上或空中物体的结果。当“气镜”稳定不变角度和被反射物为静物时，通常出现“飞碟”停留现象。当“气镜”角度变动和被反射物为动物时，“飞碟”则出现稍纵即逝的现象。

真的是众说纷纭，莫衷一是。飞碟专家瓦尔沃博士说：“人们所看到的硬物体可能是在地球大气层辐射形成阶段所显现的光影，它与人类所想象的金属结构的宇宙船自然不一样。我们只需考虑一下不同太阳系之间的时间与空间的巨大差异，便不难明白，航行于星际的宇宙飞船不大可能保持人们已知的物质结构……（这些）宇宙飞船的科技水平是我们不易想象的。它的非物质化可能是一个先决条件，不明飞行物的外观及表现似乎合乎这一推断。”

在生活中，很多自然现象很容易被人们误认为是“不明飞行物”。下面对一些容易造成错觉的非 UFO 现象逐一进行解析。

△1951 年，在美国得克萨斯州的拉拍克上空发现了一群以“V”字形列队飞行的白色火球，它们很像编队飞行的不明飞行器。多年来，专家们对这一现象一直困惑不解，最后终于弄清了真相。原来，这队不明飞行物是一群正在飞行的白天鹅，城市里的灯光照射到这群白天鹅身上，形成光线折射的白球状，从而造成观察者的视觉错误。

△科学家经常利用大型探空气球将科学仪器送到高层大气中，当这种探空气球升至 15—20 千米高空时，能在太阳光的作用下放光，因此很容易被误认作发光的球状飞碟。

△悬浮在山脉上空的冷空气能形成碟状云团，这种碟状云团又被称作透镜状云团。有时，这种透镜状云团聚集成排列有序的“队列”，看上去很像列队访问地球的飞碟。

△彗星是由冰和尘埃组成的，当彗星接近太阳时，会出现很长的发光彗尾。多数彗星从地球上看去是微小的亮点，但也有些彗星看上去像一面巨幅信号旗或悬挂在夜空中的光带，因此容易被人们误认为放射出光来的飞碟。

△红色、绿色和白色的信号弹在空中产生耀眼的光芒，然后缓慢地降落到地

上，当它们到达地表时，信号弹便熄灭了，这很容易被误认作坠毁的飞碟。

△低低的乌云能很好地反射光线。比如，一辆打着车灯的汽车处于山坡的最低点时，车灯光柱就会射到它前上方的云层上，从而在天空中形成一对椭圆形光影，随着汽车位置的不断变化，这对光影也会改变自己的位置，很容易被误认作一对并驾齐驱的飞碟。

△球状闪电有时能在空中持续存留几分钟，因此它很容易被人们误认作一掠而过的发光飞碟。

△通常，掠过夜空的耀眼光点其实是些陨星——在地球大气层中烧蚀的地外天体碎块。要知道，地球每年都要穿过几个陨星带，这种现象经常发生，很容易被误认为飞碟坠落。

△月球是我们大家熟悉的天体，然而，当月球躲到云层里或在地平线以下时，月球的可视部分就变得面目全非，这时，它很容易被误认作飞碟。

△冲破云层下落的降落伞有时能使人产生错觉，故而容易被误认作飞碟。

△喷气式飞机在天空中飞行时，从飞机尾部喷出的热气流中含有水蒸气，当水蒸气在高空中遇到冷空气时就会凝结成白色雾气，从而在天空中形成长长的云雾带。这种云雾带有时呈雪茄状，在阳光的照射下能反光，因此易被人们误认作雪茄状发光飞碟。

△表面上看去呈灰色的稠密云层，实际上薄得能透过阳光，在这种情况下，阳光会发生散射和折射，从而形成我们所不熟悉的怪异景象，因此，易被误认为形状怪异的飞碟。

△在天空中，金星是个明亮的天体它也很容易被人们误认作飞碟。

13. 外星人

找到外星人是人类永恒的梦想。人类总想在茫茫宇宙中找到自己的兄弟——地外文明，使自己不再孤独。从 20 世纪 50 年代中期一些发达国家建造一批庞大的射电望远镜开始，科学家们就已经意识到，这是搜集地外文明信息的潜在手段。

宇宙星体发出的各种自然电波往往是杂乱无章、不规则的，而智能通讯电波则具有明显的规律性，外星人如也用无线电频率进行星际通讯，我们就能够测出这些信息的方位而探知他们的存在。从 70 年代到 90 年代，经过不断改进发展，射电技术更为先进，灵敏度成倍提高，这也就是美国宇航局制订、实施通过射电遥测探查外星生命计划的由来。

(1) 从“奥慈玛”行动到“沙提”计划

利用射电望远镜遥测探查外星生命的活动，早在20世纪60年代就已陆续尝试，到90年代为止，已先后进行了50多次小型的、有限的搜寻行动。

20世纪60年代初，美国国立射电天文台首次使用射电望远镜瞄准鲸鱼星座的T号星和波江星座的E号星实施了“奥慈玛”测听计划。虽然测听未获成果，但却开辟了射电测听外星信息的先河。此后，各地射电望远镜在测听中都接受到不少有研究意义的外星信息，先后在两次于射手星座、一次于室女星座、一次于鲸鱼星座、一次于仙后星座、一次于蛇夫星座中都截获到了有意义的电波信息。

1992年美国宇航员正式批准实行一项耗资1亿美元的“沙提”射电测听探查计划，同时启用波多黎各岛上世界最大的阿雷西沃巨型射电望远镜和加利福尼亚遥测通讯中心最先进的超现代化的射电望远镜，对整个宇宙太空的无线电信号进行大规模、全方位检测。“加”镜负责对整个宇宙大面积检测一万兆赫以内的信号，“波”镜负责对距地球100光年以内的800个星球进行定向瞄准、逐一测听，通过点面交叉、同步扫瞄，寻找外星生命。计划在10年内，通过电波鉴别定位，全面查清宇宙智慧生命的分布情况。该计划已于1992年12月15日开始实施，这一天正值庆祝哥伦布发现新大陆500周年之际，在波多黎各阿里希的茫茫森林中，美国国家航天局著名天文学家吉尔·塔特俯身操纵台，开启了阿雷西沃射电望远镜，与此同时，她的副手在加利福尼亚“戈尔兹顿”跟踪站开启了另一台巨型超级望远镜，搜寻计划正式投入运行。

1993年6月8日，美国和其他国家的宇宙测听科学家们召开了“寻找发达外星有智文明发射的无线电波”年会。分析了宇宙中已发现的数万亿种无线电信号，发现其中有164种信号可能有智慧生命迹象，值得加以进一步研究。而尤以德国艾费尔观测站收到的一次信号最有价值。

(2) 猎户星座发来的“天书”

1993年2月15日凌晨，在德国西部艾费尔山上的宇宙观测站的机房里，德国宇宙空间探索计划组织的研究员夏特姆·科尔巴赫博士像往常一样，在认真注视着从直径100米的巨大射电望远镜传过来的各种信息数据。科尔巴赫坚持和他的同事们一道，做着这项人类最伟大的、却又是最枯燥无味的工作，希望有朝一日能搜寻到来自宇宙的其他星体的智慧生物发来的电波。他们的耐心等待终于有所收获，一个来自遥远星体的呼唤终于冲破茫茫宇宙，飞到了蓝色的地球。

2时36分，计算机突然发出蜂鸣信号，屏幕显示是一组连续数据的无线电波，来自猎户座大星云方向，打印机立刻将有关电波信号的各种数据自动记录下来。这组奇怪的电波一共持续了3分17秒，电波消失后，科尔巴赫立即打电话向设在波恩的宇宙空间探索计划组织总部作了汇报，并通过计算机网络，将这一惊人获得的全部信息数据传输给总部的计算中心。但一件意想不到的事情发生了。当计算中心力图破译这组电波语言时，计算机却突然“罢工”了，拒绝接受任何指令。是外星人不想让我们知道他们是谁，来自何方？还是有意炫耀他们遥控科技的先进而给我们出难题？研究人员百思不得其解。最终，他们不得不采用人工破译，但请来的几位国内著名的破译专家琢磨了一个多月，却始终译不出来。

这份长达七页的“天书”尽管至今无人能看懂，但研究人员仍在进行不懈的努力，虽然天书难识，而能够接收到外星来电的本身就已经是一项了不起的成就，它至少证明测听见效，找到了一个有话要讲而语言不通的宇宙邻居。

(3) 与外星人通电竟致头颅爆裂

依据20世纪90年代公布的信息，前苏联曾于1956年发生过一桩秘而未宣的意外事件，苏科学家接到了外星来电，回电联系时竟使8个研究员全都头颅爆裂而死于非命。

死亡的8个研究员之一伊格·瓦伦科夫博士在身前记述了这一事件，他在日记中是这样写的：

2月3日　我们的扫描器今天早晨收到了一个不寻常的信号。

4月14日　我的同事贝拉·楚兰科破译了那个密码，并认定它是来自另一星球的一个信息，但我们却接到指令：“对此事件保密。”破译的来电原文是：“有人在吗？我们没有恶意，这是一种试验，如果你们能理解的话，请用这一波长回答我们，我们祝你们和平……”

7月3日　我们的远方朋友试图与我们直接交流，显然他们的技术要比我们先进得多，我们希望在8月1日与他们直接通电。

以后的情况因日记者在通电中死亡，日记再无记述，而是侥幸活下来的实验室工人阿兰克耶夫·德拉奇塞维什口述亲身经历、亲眼目睹的全部过程：8月1日中午，他们将波长调到外星人来电的位置，我站在房间后面控制我们的发射机，我为自己能亲自见证“与外星人通电”这一历史时刻而感到兴奋和荣幸。但谁能料到接着却发生了无法想像的意外，8个戴上耳机头套的科学家头部却像气球似的鼓了起来，他们都挣扎着用手臂去摘耳机头套，可谁也没有能够将它们取下来，在他们痛苦的尖叫声中，头颅一个接一个地爆裂了，血和脑浆喷得到处都是，我恐怖地跌倒在地，双手掩脸，但却能感觉到他们的血浆溅泼到我的全身，“与外星人通电”就这样以8个人的死亡悲剧而告终。

据事后调查这一事件的科学家分析：由于外星人的脑力与地球人相比较显得太强大、太紧密了。以致在通电中引起了地球人脑子的致命超负荷。而参与“通电”的科学家事先却根本不知道他们与外星通电所面临的这一多么巨大的危险，因而导致了这一悲剧的不幸发生。

现在，俄国官方仍然不时警告他们的宇宙探测科学家：“危险依然存在着，对这一探索的新努力一定要更加谨慎地认真对待。”

多年以来，人们一直热衷于寻找外星人在地球上的踪迹，关于发现“外星人遗骨”的报道也是层出不穷。

发现所谓的“外星人遗骨”，并不是最近才有的事。早在1938年，我国考古学家齐福泰在巴颜喀拉山脉考察时，就发现了许多刻有太阳、星星、月亮以及头戴圆形头盔的人像的岩画。在岩画旁边，还发现了几处坟墓，从中挖出几具纤细干瘦的尸体，它们与地球人的骨骸虽然相近，但脑袋特别大。在尸骨旁，还找到了716块用花岗岩拼组成的石碟。圆形的石碟有2厘米厚，中间有个圆眼，从圆眼向外延伸出双重螺旋沟槽，石碟上刻着一种谁也不认识的文字。

最离奇的要数罗斯韦尔事件。罗斯韦尔是美国在第二次世界大战后期设在新墨西哥州的战略空军基地，美国军方在那里进行原子弹研究、火箭试验。当时，罗斯韦尔还驻有世界上唯一的原子弹战斗训练小组——美国陆军航空队509轰炸联队（这支部队曾负责执行了对日本广岛、长崎两地的原子弹投掷任务）。有传闻说，1947年6月，正当美国战略空军核试验进入到最紧张阶段的时候，外星人和UFO对罗斯韦尔的侵扰也进入高潮。1947年7月4日零时许，一架银灰色的飞碟在罗斯韦尔沙漠里坠毁。当调查人员赶到现场时，映入他们眼帘的是一架巨大的飞碟残骸及六七个具有人类特征的外星人尸体。军方很快将外星人尸体秘密转移，并紧急召集了国内十几名一流的医学、生物学和人类学专家，在基地对外星人尸体进行了解剖，并摄制了影片作为记录，结果证明他们与地球上的人类有很多不同之处。不过，很多人对该传闻持怀疑态度。

几年前，设在巴黎的一家监测UFO的组织的主席亨利·狄盖瓦援引一位尼泊尔军界人士的话说，1990年初，一些登山运动员在喜马拉雅山的一座山峰峰顶的冰雪中，找到6具外星人的遗体和飞船残骸。当时，尼泊尔政府曾请求美国政府帮助做收集工作。因尸体和飞船残片散落在方圆3千米左右的范围内，所以收集工作持续了好几月。据报告，这些外星人遗体大约1米多长，脑袋和眼睛都很大，四肢却小得跟脑袋不相称，显得柔弱无力。在这个地方，还收集到一些马、牛、狗和大象的尸体。详情因美国和尼泊尔政府一直不肯披露，所以人们不得而知。

1990年1月27日，法国考古学家保罗·卡博和他的同事在一座有4000多年历史的金字塔内研究建筑结构时，无意中发现了一间密室，里面的一个冷冻箱里冻着一具尸体。在密室里，卡博还找到了一份用埃及古文书写的手卷。手卷上说，当时有一架战车从天空落下来，停在开罗附近，上面只有一个活着的人，他就是这座建于公元前2600年的金字塔的设计者。卡博分析，这也许是一具外星人的尸体，他之所以建造这座金字塔，目的是留下一个标志，等待他的同胞来搭救他。但那个冷冻箱是怎么回事呢？那里没有任何电源。

不过，对于以上这些“发现”，许多人还怀有疑问：人们找到的真的是外星人的遗骸吗？这些“发现”是确实发生过的真实事件，还是某些人的凭空杜撰？

在大量“发现”外星人的报告中，对外星人相貌的描述也五花八门，归纳起来，主要有以下几种：

*矮人型。*身高0.9—1.35米。头很大，前额突出，没有头发、鼻梁和牙齿，下巴很小，鼻子只是两道缝。手臂很长，双肩很宽，穿着金属制成的上衣连裤服或潜水服。

*地球人型。*其形态与地球人很接近，身高1.20—1.80米，长相不丑陋，皮肤黝黑，穿着贴身的上衣连裤服。

*巨爪型。*身高差别很大，在0.6—2.1米之间，手臂特别长，“手”是巨大的爪。

*飞翼型。*体型有高有矮，身高在1—2米之间，背上有翅膀，能够自如地飞翔。

*机器人型。*这种外星人“型号”较多，总的来说属于矮人，有头，没有面部器官，头顶上有天线。

据统计，除矮人型比较“常见”外，其他类型的都较少。

14. 星际飞行

星际飞行直到今天仍只是科幻小说、电影中的情节，但现在为数不少的科学家已经开始探讨这种可能性，并着手设计宇宙飞船。当然，他们中一些人只是异想天开，实现的可能性不大，但是利用反物质和激光束等来实现恒星际宇宙飞行的设想，将来很有可能成为现实。

依靠最新的技术成果，认为实现恒星际宇宙飞行是可能的，科学家们提出了从搭载原子反应堆、反物质反应堆的载人飞船，到利用激光束和粒子束加速到亚光速的探测器等形形色色的方案。

在恒星际宇宙飞行的情况下，需要的能量与今天的一般飞行相比简直是天壤之比。如果要让载人宇宙飞船以 1/3 的光速飞行，就需要相当于让全世界发电厂工作几年的能量。如果采用原子反应堆，单位质量燃料的推进力将增大 1000 万倍。美国宇航局喷气推进实验室的罗伯特·弗里斯比认为，这样的航天器从理论上说是可以制造的。

俄罗斯物理学家齐奥尔科夫斯基发现，星际旅行最大障碍是：火箭的最大速率一般只有其发动机的喷气速率的两倍左右，发动机的喷气速率只能达到 4.4 千米/秒，因此单级火箭能达到的最大速率不到 9 千米/秒。以此速率，到达半人马座阿尔法恒星，将需要 12 万年。如果让一个宇航员花 40 年抵达目的地，火箭速率需要提高 3000 倍。如何才能达到这么快的速率？弗里斯比建议，使用核裂变、核聚变作为推进剂。

(1) 核裂变火箭

科学家制造了原子弹和核反应堆。当原子裂变时，所产生的“分裂碎片”速率达到光速的 3%，即约每秒 9000 千米。美国人设计了一种概念型的“分裂碎片”反应堆，可以控制这些高速粒子，使火箭的速率能提高到约每秒 1.8 万千米，约光速的 6%。弗里斯比提议，把两个核裂变火箭叠加组成二级核裂变火箭，使其飞行速率达到光速的 12%。再加上两级减速火箭，人类只需要大约 50 年的时间就能进入半人马座阿尔法恒星。为了使重量减少至最小，核裂变火箭应该使用能快速衰变的锎这样的燃料。锎并非自然界中存在的放射性元素，而是用人工核反应制造。据估算，飞到最近的恒星需要大约200吨镅，此外还要相当重量的辐射防护材料，这就使用核裂变火箭进行星际旅行变得不切实际。

（2）核聚变火箭

与核裂变相反，核聚变是把原子结合在一起，从而获得能量。聚变反应堆能减少不必要的一些辐射，也容易获得燃料氘和氚，因为氘和氚在月球的表面和木星的大气中大量存在。在到另一个恒星的星际旅行之前，核聚变火箭完全可在太阳系内找一个地方补充燃料。然而，科学家至今仍没有建造出一个可工作的核聚变反应堆。人们已经知道利用核聚变反应制造了氢弹，但却没有掌握该反应产生的能量控制技术。不过，一旦科学家掌握了核聚变技术，他们将能控制聚变反应产生的带电粒子，并让它们从一个磁场喷口喷出。这一过程能被应用于二级火箭，使其速率达到光速的12%。

（3）聚变冲压式喷气发动机航天器

理想的航天器应该是宇航员能操纵它随意飞行，同时它还不需要燃料。物理学家提出聚变冲压式喷气发动机，它利用巨大磁铁形成了直径数万千米的磁漏斗，磁漏斗可以在星际旅行过程中收集氢，作为反应堆的燃料。没有燃料重量的拖累，航天器在聚变冲压式喷气发动机的推动下，能以接近光速的速度在星系中穿梭。利用该技术的航天器在飞行速率不到光速的4%时，运行情况与聚变火箭相似；超过这个速率，航天器的磁漏斗才能收集足够的氢提供给反应堆，这种航天器飞到半人马座阿尔法恒星需要25年，飞到巨蟹55恒星需要90年。

美国物理学家杰拉德·史密斯一直在追寻反物质，全心贯注于用磁场把反物质“囚禁”于一种特殊容器中。史密斯此举的目的是利用反物质，将反物质作为燃料用于亚光速宇宙飞船。此外，也有人提出了利用连接黑洞和白洞的“虫洞”，以及使用反重力让时间发生弯曲高速移动等方案。近来形形色色五花八门的方案更是层出不穷。就人类目前的科技水平而言，恒星际宇宙飞行本质上是不可能的，这也说明，我们还没有掌握能实现这一梦想的具体知识和技术，人类还得像以往那样探索相当长的时间。

15. 宇宙飞行的其他问题

除了上面讨论过的这些问题，其实人类还有一些目前无法克服的困难。

（1）人的问题

这是非常麻烦的一件事。尽管人们已经知道如何让宇航员在太空站中保持健康，然而宇航员每次执行任务的时间一般只有几个月，并且有宇宙飞船从地球定期给他们送生活用品。而星际旅行常常花费数十年的时间，中间根本没有地方补充食物等生活必需品。

地球以有限的大气、水和耕地养活了60亿人。然而，人实际上只使用了大气、水和耕地这个系统的一个很小部分。在航天器里，就可以模拟制造这样的系统，也就是说，用适量的水、氧气和食物供人生存。但是，这些水、氧气和食物都必须以近100％的回收率一次又一次地循环，科学家把它称为封闭的循环。

同时人的心理也是一个问题。对星际旅行来说，宇航员需花费毕生的时间到达目的地，而且没有归程。有谁愿意充当这样的敢死队员呢？即使有，派孩子、派成年人，甚至派多少人执行任务，都会是问题。更难的是，如果人与人之间产生矛盾怎么办？从目前经验来说，星际旅行的宇航员心理极容易出现问题。星际旅行的艰险和困难可想而知。

（2）食物的问题

人类生存需要食物。要保持食物持续供应，就需要有相应的粮食种植和收获。美国宇航局的专家认为，这不是特别难，问题在于它能多有效。目前，他们正在进行小麦和西红柿的相关实验。而研究表明，多数植物在高浓度的二氧化碳情况下长势喜人，二氧化碳可由宇航员呼出的气体提供。这些专家说，只需要合适的质量和电力，就可以不断地生产粮食了。

（3）氧气的问题

无论干什么，人都缺少不了氧气。宇航员吸人氧气、呼出二氧化碳。二氧化碳能通过仪器从宇航员生活环境气体中分离出去；接着再用化学方法把它分离成两个氧原子和一个碳原子，从而获得二氧化碳中的氧。科学家打算不久之后在国际空间站中采用这样的氧气循环法。

（4）水的问题

一个封闭的水循环意味着把洗澡用的水、种粮食用的水、尿甚至汗都要回收。美国宇航局在地面隔离舱的实验，已经通过冷凝空气中的水蒸气、回收废水和尿成功地让水循环利用了90天。

（5）引力的问题

在失重状态下呆几个月后，宇航员就会患上骨质疏松症。在航天器上，可以有一个简单的方法模拟地球引力：让宇航员的座舱旋转，产生的向心力就相当于地球引力。

（6）辐射屏蔽的问题

每一艘航天器都将受到太阳风的影响，太阳风是从太阳表面高速喷射出来的离子粒子流。而在更深邃的太空中，航天器肯定还要受到宇宙射线等的辐射。这些都有可能杀死宇航员。裂变、聚变和反物质也同样产生辐射。诸如石墨之类的辐射屏蔽将是必需的。

（7）航天器的保护问题

星际中特别空旷，但太空垃圾却防不胜防。即使是一个以一半光速速率飞行的用显微镜才能瞧清楚的太空垃圾，也能给航天器带来灾难性的破坏。航天器的垃圾防护层是必须配备的。

虽然，星际飞行有很多的困难，人类还没有掌握某些技术。但正如埃及人建造金字塔、哥伦布发现新大陆一样，这样的奇迹总会实现。只要能够想到，人类就能做出惊奇的事。

第七节　中国古代天文探索

中国是世界上天文学发展最早的国家之一。文献记载，远在四千多年前的尧时就设有司天官。后来随着社会的进步，古代天文学得到迅速的发展。

在天象观测方面，公元前16世纪中国就有天象的文字记载，古人相继留下的关于太阳黑子、彗星、流星、新星、日月五星的记事以及各种星图、星表，内容丰富，年代连续，其中许多还是世界上最早的记录；在天文学理论和天文仪器方面，古人创造了像浑天说这样颇有见识的宇宙观，发明了浑仪、简仪等光照后世的测天仪器；在历法方面，早在公元前16—前11世纪，中国就已经有了原始历法，后经过不断改革完善沿袭至今，它是既照顾了朔望月又考虑了回归年的阴阳合历。

1. 中国古代天文学

中国是世界上天文学起步最早、发展最快的国家之一，天文学也是我国古代最发达的四门自然科学之一（其他包括农学、医学和数学）。天文学方面屡有革新的优良历法、令人惊羡的发明创造、卓有见识的宇宙观等，在世界天文学发展史上，无不占据重要的地位。

我国古代天文学从原始社会就开始萌芽了。公元前 24 世纪的帝尧时代，就设立了专职的天文官，专门从事“观象授时”。后来到了仰韶文化时期，人们就描绘了光芒四射的太阳形象，进而对太阳上的变化也屡有记载，描绘出太阳边缘有大小如同弹丸、成倾斜形状的太阳黑子。

公元 16 世纪前，天文学在欧洲的发展一直很缓慢，在从 2 世纪到 16 世纪的 1000 多年中，更是几乎处于停滞状态。在此期间，我国天文学却得到了稳步的发展，取得了辉煌的成就。我国古代天文学的成就大体可归纳为三个方面，即天象观察、仪器制作和编订历法。

在我国河南安阳出土的殷墟甲骨文中，已有丰富的天文象现的记载。这表明远在公元前 14 世纪时，我们祖先的天文学已很发达了。我国有世界上最早最完整的天象记载。我国是欧洲文艺复兴时期前天文现象最精确的观测者和记录的最好保存者。

我国古代在创制天文仪器方面，也做出了杰出的贡献，创造性地设计和制造了许多种精巧的观察和测量仪器。我国最古老、最简单的天文仪器是土圭，也叫圭表。它是用来度量日影长短的，它最初是从什么时候开始有的，已无从考证。此外，西汉的落下闳改制了浑仪，这种我国古代测量天体位置的主要仪器，几乎历代都有改进。东汉的张衡创制了世界上第一架利用水力作为动力的浑象。元代的郭守敬先后创制和改进了 10 多种天文仪器，如简仪、圭表、仰仪等。

古人勤奋观察日月星辰的位置及其变化，主要目的是通过观察这类天象，掌握它们的规律性，用来确定四季，编制历法，为生产和生活服务。我国古代历法不仅包括节气的推算、每月的日数的分配、月和闰月的安排等，还包括许多天文学的内容，如日月食发生时刻和可见情况的计算和预报，五大行星位置的推算和预报等。这一方面说明我国古代对天文学和天文现象的重视，同时，这类天文现象也是用来验证历法准确性的重要手段之一。测定回归年的长度是历法的基础。我国古代历法特别重视冬至这个节气，可以准确测定连续两次冬至的时刻，而它们之间的时间间隔，就是一个回归年。根据观测结果，我国古代上百次地改进了历法。以郭守敬于1280年编订的《授时历》来说，通过3年多的200次测量，经过计算，采用365.2425日作为一个回归年的长度。这个数值与现今世界上通用的公历值相同，而在六七百年前，郭守敬能够测算得那么精密，实在是很了不起，比欧洲的格列高利历早了300年。

我国古代观测天象的台址名称很多，如灵台、瞻星台、司天台、观星台和观象台等。现今保存最完好的就是河南登封观星台和北京古观象台。

世界天文史学界公认，我国对哈雷彗星观测记录的久远、详尽是哪个国家都无可比拟的。《史记·秦始皇本纪》记载的秦始皇七年（前240年）的彗星，各国学者认为是世界上最早的哈雷彗星记录。从那时起到1986年，哈雷彗星共回归了30次，我国史籍和地方志中都有记录。

我国古代对著名的流星雨，如天琴座、英仙座、狮子座等流星雨，各有好多次记录，光是天琴座流星雨至少就有10次，英仙座的至少也有12次。狮子座流星雨由于1833年的盛大“表演”而特别出名。从902—1833年，我国以及欧洲和阿拉伯等国家，总共记录了13次狮子座流星雨的出现，其中我国占7次，最早的一次是在931年10月21日。从公元前7世纪算起，我国古代至少有180次以上的这类流星雨纪事。

2. 中国古代的天文学名著

具有辉煌成就的中国古代天文学孕育了丰富的天文典籍。它们包括：

(1) 历法著作

现在保留下来的最古老的典籍之一《夏小正》，相传是夏代（约前21—前16世纪）的历书。其中记载有人们由观察天象和物候决定农时季节的知识。它原是《大戴礼记》中的一篇，后来单独成册流传。这部书是否是夏代的历书，学术界还没有定论，但它至迟在春秋时期（前770—前476年）已经成书，而且根据书中反映的天象等情况，说明确有更早时代的资料。

自汉代起，就有完整系统的历法著作留传到现在，包括在各历史朝代中颁行过的和没有颁行过的历法共约 100 种，绝大部分收集在《二十四史》的《律历志》中，这是研究中国历法的资料宝库。现择要略作介绍。

《三统历》 西汉刘歆作，一般认为是根据汉武帝太初元年（前 104 年）邓平、落下闳等人创作的《太初历》稍加修改而成。这是现存最早的一部完整历法，后世历法的基本内容这时大体都已具备。清代学者钱大昕、李锐、董佑诚等人都曾对《三统历》做过详细研究，日本、法国学者还把它译成日文和西方文字。

《乾象历》 汉献帝建安十一年（206 年）刘洪作。它对月亮运动的研究有了新进展，首次提出月亮近地点的移动（过周分），从而算出近点月长度，并在一近点月里逐日编出月离表，又首次提出黄白交角是 6 度（兼数），首次提出交食计算中推算食限的方法，这些都对后代历法影响很大。

《皇极历》 隋文帝仁寿四年（604 年）刘焯作，未颁行。

《大衍历》 唐玄宗开元十五年（727 年）僧一行作，后经张说和陈玄景整理成文，开元十七年（729 年）颁行，使用到天宝十年（751 年）。开元二十一年（733 年）传入日本，在日本使用近百年。

《授时历》 元世祖至元十七年（1280 年）郭守敬作，次年颁行。明代《大统历》继续用它的方法，前后共使用 360 多年，是古历法中行用最久的，也是在天文数据、计算方法各方面发展到高峰的一种历法。中国古典系统的历法到此为止，以后就有西方天文知识传入并影响到历法的编算。

《崇祯历书》 明末徐光启主编，李天经续成，从崇祯二年到七年（1629—1634 年）前后共用五年时间完成。它从多方面引进了欧洲古典天文学知识，内容包括天文学基本理论，三角学，几何学，天文仪器，日月和五大行星的运动、交食，全天星图，中西单位换算等共 46 种，137 卷。这是中国天文学史和历法史上一个重要的转折，至此中国古代天文学体系开始向近代天文学转变。

（2）天文星占著作

在中国古代天文学的发展过程中，星占术曾起过它独有的作用。中国古代不少天文学著作都同星占术结合在一起。

《石氏星经》 它是现在见到的最早的一本天文星占著作，战国时期（前 475—前 221 年）魏国石申所著。书的原名叫《天文》，内容涉及太阳、月亮、行星、交食、恒星、古代天文名词、宇宙概念等多方面，尤其是恒星部分价值更高。

《五星占》 它是1973年在长沙马王堆汉墓中出土的一份帛书，专讲五大行星运动和一些天文知识，共有九部分，8000字。书大约写于汉文帝前元年间（前179—前164年），书中对五大行星运动有详细的描述，成为后代历法中“步五星”工作的先驱。

汉代还有两本重要的天文著作应该提到，这就是《天官书》和《周髀算经》。《天官书》是《史记》中的一篇，公元前1世纪司马迁著，可算是当时有关天文知识的总结。尤其是恒星部分记录了当时所认识到的全天恒星，共90多组名称，500多颗星，是关于全天恒星的最早一篇完整文献。

《周髀算经》 成书于西汉后期公元前1世纪，作者不可考，是《算经十书》中的一部，名曰算书，实际上主要是一部天文学著作。书有上下两卷，重点讲述当时的一种宇宙结构学说——盖天说，详细阐述盖天说计算天地结构、太阳视轨道大小、周天里数、北极璇玑的方法，还有圆形盖天式星图的制作等等，是有关“盖天说”的一本系统详尽的典籍。

《灵台秘苑》 原是北周庾季才撰，据《隋书·经籍志》载，共有120卷，现在见到的只有20卷，北宋王安礼等人重修。书中有345颗恒星的赤道坐标值，是我国现存第二份星表，它的观测年代是北宋仁宗皇佑年间（1049—1053年），这对研究宋代的恒星观测很有帮助。

《开元占经》 120卷，唐代瞿昙悉达撰，成书于唐玄宗开元六年到十四年（718—726年），所以又称《大唐开元占经》。唐以后失传，明神宗万历四十四年（1616年），安徽歙县人程明善在古佛像腹中偶然发现，始得再次流传至今。它是一本唐以前天文星占著作大全，把当时能见到的古代70多种天文星占书按内容分别摘录编撰，内容涉及天文星象、气候、奇异现象等各方面。

唐代另一本天文星占著作《乙巳占》是李淳风所著，也摘编了许多现已失传的古代星占著作的片断，包括天文、气象、星占，内容也很广泛。明代还有一本《观象玩占》，作者不可考，也是天文星占书中一本有价值的著作。

天文星占著作有一些迷信的成分夹杂在中间，作为糟粕的当扬弃，但透过大量的天文现象和奇异天象的记载，使我们可以了解历史上许多有价值的天文事件，如新星、超新星的爆发，彗星的出现和分裂，流星雨的变迁，变星的光变，日食景象，黑子、日珥、日冕在历史年代中的变化，行星运动，地月系的变迁等，这对现代天文学的理论研究有很大的价值。

3. 中国古代天文人物

甘德：战国时楚国人。经过长期的天象观测，甘德与石申各自写出一部天文学著作。后人把这两部著作结合起来，称为《甘石星经》，是现存世界上最早的天文学著作。书里记录了800颗恒星的名字，其中121颗恒星的位置已被测定，是世界最早的恒星表。书里还记录了木、火、土、金、水等五大行星的运行情况，并指出了它们出没的规律。

石申：战国时代魏国天文学、占星学家，著有《天文》八卷、《浑天图》等。石申曾系统地观察了金、木、水、火、土五大行星的运行，发现其出没的规律，记录名字，测定121颗恒星方位，数据被后世天文学家所用。《甘石星经》在宋代失传，今天只能从唐代《开元占经》里见到它的片断摘录。它比希腊天文学家伊巴谷测编的欧洲第一个恒星表早200年，《甘石星经》在我国和世界天文学史上都占有重要地位。

落下闳（前140—前87年）：中国西汉时期天文学家，以历算和天文学的杰出成就著称于世，为我国最早的历算学家。汉武帝元封年间为了改革历法，征聘天文学家，与他人合作创制新历法，优于其他历法，被汉武帝采用，称《太初历》，共施行189年，是中国历史上有文字可考的第一部优良历法。《太初历》采用的岁首和科学的置闰法，使我国的阴历一直沿用至今。落下闳是浑天说的创始人之一，经他改进的赤道式浑天仪，在中国用了2000年。在天文学史上首次准确推算出135个朔望月的日、月食周期，即11年应发生23次日食。根据这个周期，人类可以对日、月食进行预报，并可校正阴历。

张衡（78—139年）：我国东汉时期伟大的科学家、文学家、发明家和政治家。在天文学方面，他发明创造了“浑天仪”（117年），是世界上第一台用水力推动的大型观察星象的天文仪器，著有《浑天仪图注》和《灵宪》等书，画出了完备的星象图，提出了“月光生于日之所照”的科学论断。张衡在太史令任内，积极从事理论研究工作，系统观测天体运行，且在历法方面也有所研究。《灵宪》是张衡积多年的实践与理论研究写成的一部天文巨著，也是世界天文史上的不朽名作。该书全面阐述了天地的生成、宇宙的演化、天地的结构、日月星辰的本质及其运动等诸多重大课题，将我国古代的天文学水平提升到了一个前所未有的新阶段，使我国当时的天文学研究居世界领先水平，并对后世产生了深远的影响。

郭守敬（1231—1316 年）：中国古代杰出的科学家一。为了精确汇集天文数据，以备制定新的历法，郭守敬花了两年时间，精心设计制造了一整套天文仪器，共 13 年，其中最有创造性的有 3 件：圭表及其辅助仪器、简仪和仰仪。郭守敬根据观测的结果，于公元 1280 年 3 月，制订了一部准确精密的新历法《授时历》。这部新历法设定一年为 365.2425 天，比地球绕太阳一周的实际运行时间只差 26 秒。欧洲的著名历法《格列历》也规定一年为 365.2425 天，但是《格列历》是 1582 年开始使用的，比郭守敬的《授时历》晚了整整 300 年。郭守敬在天文历法方面的著作有 14 种，共计 105 卷。

张遂（一行）（683—727 年）：唐朝高僧，著名的天文学家。主要成就是主持编制《大衍历》、制造天文仪器、观测天象和主持天文大地测量等方面。他纠正了我国古天文算学著作——《周髀算经》关于子午线“王畿千里，影差一寸”的错误计算公式，对人们正确认识地球做出了重大贡献。他设计制造了黄道游仪、浑仪、复矩等天文测量仪器。

祖冲之：南北朝天文学家祖冲之除了研究数学外，还非常注重天文学的研究。他发现前代的历法不够精确，采用历法推算出来的天象有时与实际天象不符，于是博览古历，在吸取前代历法精华的基础上，根据自己长期观测天象的结果，于 33 岁时创制了《大明历》。在《大明历》中，祖冲之首次引入了岁差，还采用了 391 年设置 144 个闰月的精密的新闰周。这些做法，都是对前代历法的重大改革。他在《大明历》中所采用的一个回归年的天数，跟现代科学测定的天数只相差 50 多秒；采用的一个交点月的天数，跟现代科学测定的相差不到 1 秒；在制历过程中，他发明了用圭表测量冬至前后正午时日影长度以定冬至时刻的方法，这个方法为后世长期采用。

沈括：北宋时期一位多才多艺的科学家，他不仅精通地理，而且对天文、数学、医学、农业等学科也颇有研究。30 多岁时，他在参中编校昭文馆书籍的工作中，开始学习和研究天文学。他注重实际观测，通过学习和实践，他认识到岁差现象引起天象的变化是一种自然规律；他解释月亮是因为受太阳光照射发光而产生圆缺变化；他科学而生动地描述了常州陨石的坠落过程，并准确地判断出其成分是铁；他还注意到行星的视运动有往复现象。后来，沈括在主管司天监工作期间，致力于整顿机构，强调实际观测，添置了新的天文仪器。在制造新浑仪时，他对传统的浑仪结构进行改进，简化浑仪的方向。为了测定北极星与北天极之间的距离，沈括亲自参加观测，每天上半夜、午夜和下半夜各观测一次，连续坚持了 3 个月，画了 200 多张图，断定出北极星离北天极“三度有余”。

徐光启（1562—1633 年）：他是我国明末著名的科学家，是第一个把欧洲先进的科学知识介绍到中国的人。崇祯帝授权徐光启组织历局，重新编历。徐光启力主在研究中国古代历法的同时，参用西历，吸收西方先进的科学知识，于是请了三位传教士参与此工作，编译成了《崇祯历书》。这本系统介绍欧洲天文学知识的巨著，包括了欧洲古典天文学理论、仪器、计算和测量方法等。在编历中，他还注重欧洲天文学知识的介绍和西方观测仪器的引进等工作。他所主持的编历工作，为中国天文学古代向现代发展奠定了一定的基础。

李善兰（1811—1882 年）：清代天文学家、数学家。在天文学方面，他翻译了赫歇耳的《天文学纲要》一书，名为《谈天》，于 1859 年出版。书中介绍了哥白尼的学说。李善兰在序言中阐述了自己的观点，说明日心体系和行星运动中的椭圆定律等是客观存在的，他还批判了前人对哥白尼日心说的攻击。他对天体椭圆轨道运动等的解算进行过研究，提出了自己独特的解算法，其中最主要的是他第一次在中国使用了无穷级数的概念来求解开普勒方程。他的著译甚多，曾将自己主要的天文、算学著作汇编成《则古昔斋算学》一书。

4. 简仪

简仪是我国古代的一种天文观测仪器，它与浑仪一样用于测量天体的位置。但是，浑仪的结构比较繁杂，观测时经常发生环与环相互阻挡视线的现象，使用极不方便。元朝天文学家郭守敬将浑仪化为两个独立的观测装置，安装在一个底座上，每个装置都十分简单实用，而且除北极星附近以外，整个天空一览无余。因此，古人称这种装置为“简仪”。

简仪的主要装置是由两个互相垂直的大圆环组成，其中的一个环面平行于地球赤道面，叫做“赤道环”；另一个是直立在赤道环中心的双环，能绕一根金属轴转动，叫做“赤经双环”。双环中间夹着一根装有十字丝装置的窥管，相当于单镜筒望远镜，能绕赤经双环的中心转动。下面有两个支架托着正南北方向的金属轴，支撑着整个观测装置，使这个装置保持着北高南低的形状。观测时，将窥管对准某颗待测星，然后在赤道环和赤经双环的刻度盘上直接读出这颗星的位置值。

简仪的创制是我国天文仪器制造史上的一大飞跃，是当时世界上的一项先进技术。欧洲直到300多年之后的1598年才由丹麦天文学家第谷发明与之类似的装置。

郭守敬创制的简仪，在清康熙五十四年（1715年）被传教士纪理安当作废铜给熔化了。现在保存在南京紫金山天文台的简仪是明代正统二年到七年（1437—1422年）间的复制品。

5. 浑仪

浑仪是以浑天说为理论基础制造的测量天体的仪器。浑仪是中国古代用于测量天体球面坐标的观测仪器。它是由一重重的同心圆环构成，整体看起来就像一个圆球。有资料表明，在公元前4世纪中叶，中国就已经使用浑仪观测天象了，比古希腊约早60年。

浑仪的最基本构件是四游仪和赤道环。四游仪由窥管和一个双重的圆环组成。窥管是一根中空的管子，类似于近代的天文望远镜，只是没有镜头。双重圆环叫四游环，也叫赤经环，环面上刻有周天度数，可以绕着极轴旋转，窥管夹在四游环上，可以在双环里滑动。转动四游环，并移动窥管的位置，就可以观测任何的天区。赤道环在四游环外，上亦刻有周天度数，固定在与天球赤道平行的平面上。这样，就可以通过窥管观测到待测量的天区或星座，并得出该天体与北极间的距离，称去极度，以及该天体与二十八宿距星的距离，称入宿度。去极度和入宿度是表示天体位置的最主要数据。

浑仪的改进和完善，经历了一个由简而繁，又由繁而简的历程。从汉代到北宋，浑仪的环数不断增加。首先增加的是黄道环，用以观测太阳的位置。接着又增加了地平环和子午环，地平环固定在地平方向，子午环固定在天体的极轴方向。这样，浑仪便形成了二重结构。唐代起，浑仪又发展成三重结构。最外面的一层叫六合仪，由固定在一起的地平环、子午环和外赤道环组成，因东西、南北、上下6个方向叫六合，故名。第二重叫三辰仪，由黄道环、白道环和内赤道环组成，可以绕极轴旋转，其中白道环用以观测月亮的位置。最里层是四游仪。北宋时，又增加有二分环和二至环，即过二分（春分、秋分）点和二至（夏至、冬至）点的赤经环。

多重环结构的浑仪虽是一杰出的创造，在天文学史上也起过重要的作用，但其自身也存在着两大缺陷。一是要把这么多的圆环组装得中心都相重合，十分困难，因而易产生中心差，造成观测的偏差。二是每个环都会遮蔽一定的天区，环数越多，遮蔽的天区也越大，这就妨碍观测，降低使用效率。

为解决这两个缺陷，从北宋起即开始探索浑仪的简化途径。这个浑仪改革的途径由北宋的沈括开辟，元代的郭守敬完成。沈括由两个方面进行改革：一是取消白道环，借助数学方法来推算月亮的位置；一是改变一些环的位置，使遮蔽的天区尽量减少。而郭守敬又取消了黄道环，并把原有的浑仪分为两个独立的仪器，即简仪和立运仪。

就浑仪而言，无论是它对文明世界的震撼和影响力，还是知名度以及科学与艺术的权威性，皆是当之无愧的人类杰出的科学文化遗产。现存中科院紫金山天文台的浑仪为青铜铸，制于明正统七年（1442 年）。

6. 司南

司南是我国春秋战国时代发明的一种最早的指示南北方向的指南器，但不是指南针。

早在两千多年前的汉朝（前 206—220 年），中国人就发现山上的一种石头具有吸铁的神奇特性，并发现一种长条的石头能指南北，他们管这种石头叫做磁石。古代的能工巧匠把磁石打磨凿雕成一个勺形，磁石的南极（S 极）磨成长柄，放在青铜制成的光滑如镜的底盘上，再铸上方向性的刻纹。这个磁勺在底盘上停止转动时，勺柄指的方向就是正南，勺口指的方向就是正北，这就是我国祖先发明的世界上最早的指示方向的仪器，叫做司南。其中，“司”就是“指”的意思。

根据春秋战国时期的《韩非子》和东汉时期思想家王充写的《论衡》中的记载，以及现代科学考石学家的考证和所制的司南模型，说明司南是利用天然磁石（古代称慈石，即用慈爱来描述磁石吸铁现象）制成汤勺形，由其勺柄指示南方。而在春秋战国时期的《管子》和《山海经》中有关于慈石的记载，在这一时期的《鬼谷子》和《吕氏春秋》中还进一步有了慈石吸铁的记载，这可以说是古代最早的磁指南器。现在中国历史博物馆和其他地方的许多博物馆都有司南的模型展出。

这里还要说一下指南车。历史上传说黄帝（约前 47 世纪）和西周周公（约前 21 世纪）曾制造和使用指南车，但是经过后来的文献考证和模型制作试验，都已证明指南车与指南针没有关系，汉代以后的指南车是依靠机械结构，而不是依靠磁性指南的。现在北京的中国历史博物馆中也有指南车的模型展出。

7. 天体仪

古称的“浑象”是我国古代一种用于演示天象的仪器。我国古人很早就会制造这种仪器，它可以用来直观、形象地了解日、月、星辰的相互位置和运动规律，可以说天体仪是现代天球仪的直接祖先。北京古观象台上安置的天体仪，是我国现存最早的天体仪，制于清康熙年间，重 3850 千克。

天体仪的主要组成部分是一个空心铜球，球面上刻有纵横交错的网格，用于量度天体的具体位置；球面上凸出的小圆点代表天上的亮星，它们严格地按照亮星之间的相互位置标刻。整个铜球可以绕一根金属轴转动，转动一周代表一个昼夜，球面与金属轴相交于两点：北天极和南天极。两个极点的指尖，固定在一个南北正立着的大圆环上，大圆环垂直地嵌入水平大圈的两个缺口内，下面四根雕有龙头的立柱支撑着水平大圈，托着整个天体仪。利用浑象，无论是白天还是阴天的夜晚，人们都可以随时了解当时应该出现在天空的星空图案。

我国东汉天文学家张衡，曾经在天体仪上安装了一套传动装置，利用相当稳定的漏刻的水推动铜球，均匀地绕金属轴转动，每 24 小时转一圈，这一业绩已载入我国的史料库中。后来，唐朝的一行和梁令瓒，宋代的苏颂和韩公廉等人，把天体仪和自动报时装置结合起来，发展成为世界上最早的天文钟。

8. 水运仪象台

水运仪象台是宋代苏颂、韩公廉等人设计制造的一座大型天文仪器，它把观测天象的浑仪、演示天象的浑象和报时装置巧妙地结合在一起，是我国古代一项卓越的创造。水运仪象台高约 12 米，宽约 7 米，呈下宽上窄的正方台形，全部为木建筑结构。

全台分为三部分，最上层是一个可以开闭屋顶的木屋，里面放置一架铜制浑仪，用来观测天象；中间部分是一间密室，放置浑象，可以随时演示天象；最为有趣的是下面的报时装置，在台的南面可以看到五层木阁，每一层木阁里都有报时的小木人，他们各司其职，根据不同的时刻，轮流出来报时。

9. 圭表

圭表是一种既简单又重要的测天仪器，它由垂直的表（一般高八尺）和水平的圭组成。圭表的主要功能是测定冬至日所在，并进而确定回归年长度，此外，通过观测表影的变化可确定方向和节气。

很早以前，人们发现房屋、树木等物在太阳光照射下会投出影子，这些影子的变化有一定的规律。于是便在平地上直立一根竿子或石柱来观察影子的变化，这根立竿或立柱就叫做“表”；用一把尺子测量表影的长度和方向，则可知道时辰。后来，发现正午时的表影总是投向正北方向，就把石板制成的尺子平铺在地面上，与立表垂直，尺子的一头连着表基，另一头则伸向正北方向，这把用石板制成的尺子叫“圭”。正午时表影投在石板上，古人就能直接读出表影的长度值。

经过长期观测，古人不仅了解到一天中表影在正午最短，而且得出一年内夏至日的正午，烈日高照，表影最短；冬至日的正午，煦阳斜射，表影则最长。于是，古人就以正午时的表影长度来确定节气和一年的长度。譬如，连续两次测得表影的最长值，这两次最长值相隔的天数，就是一年的时间长度。

在现存的河南登封观星台上，40 尺的高台和 128 尺长的量天尺就是一个巨大的圭表。

10. 日晷

日晷又称“日规”，是我国古代利用日影测得时刻的一种计时仪器。通常由铜制的指针和石制的圆盘组成。铜制的指针叫做“晷针”，垂直地穿过圆盘中心，起着圭表中立竿的作用，因此晷针又叫“表”。石制的圆盘叫做“晷面”，它安放在石台上，呈南高北低状，使晷面平行于天赤道面，这样晷针的上端正好指向北天极，下端正好指向南天极。在晷面的正反两面刻画出 12 个大格，每个大格代表两个小时。当太阳光照在日晷上时，晷针的影子就会投向晷面，太阳由东向西移动，投向晷面的晷针影子也慢慢地由西向东移动。晷面的刻度是不均匀的，于是移动着的晷针影子好像是现代钟表的指针，晷面则是钟表的表面，以此来显示时刻。早晨，影子投向盘面西端的卯时附近，接着，日影在逐渐变短的同时向北（下）方移动；当太阳达正南最高位置（上中天）时，针影位于正北（下）方，指示着当地的午时正时刻。午后，太阳西移，日影东斜，依次指向未、申、酉各个时辰。

由于从春分到秋分期间，太阳总是在天赤道的北侧运行，因此晷针的影子投向晷面上方；从秋分到春分期间，太阳在天赤道的南侧运行，因此晷针的影子投向晷面的下方。所以在观察日晷时，首先要了解两个不同时期晷针的投影位置。

11. 漏壶

漏壶是古代的一种计时工具，不仅古代中国用，而且古埃及、古巴比伦等文明古国都使用过。漏是指计时用的漏壶，刻是指划分一天的时间单位，它通过漏壶的浮箭来计量一昼夜的时刻。最初，人们发现陶器中的水会从裂缝中一滴一滴地漏出来，于是专门制造出一种留有小孔的漏壶，把水注入漏壶内，水便从壶孔中流出来，另外再用一个容器收集漏下来的水，在这个容器内有一根刻有标记的箭杆，相当于现代钟表上显示时刻的钟面，用一个竹片或木块托着箭杆浮在水面上，容器盖的中心开一个小孔，箭杆从盖孔中穿出，这个容器叫做“箭壶”。随着箭壶内收集的水逐渐增多，木块托着箭杆也慢慢地往上浮，古人从盖孔处看箭杆上的标记，就能知道具体的时刻。漏刻的计时方法可分为两类：泄水型和受水型。漏刻是一种独立的计时系统，只借助水的运动。后来古人发现漏壶内的水多时，流水较快，水少时流水就慢，显然会影响计量时间的精度。于是在漏壶上再加一只漏壶，水从下面漏壶流出去的同时，上面漏壶的水即源源不断地补充给下面的漏壶，使下面漏壶内的水均匀地流入箭壶，从而取得比较精确的时刻。

现存于北京故宫博物院的铜壶漏刻是公元 1745 年制造的，最上面漏壶的水从雕刻精致的龙口流出，依次流向下壶，箭壶盖上有个铜人仿佛报着箭杆，箭杆上刻有 96 格，每格为 15 分钟，人们根据铜人手握箭杆处的标志来报告时间。

12. 纪限仪

纪限仪是清朝制造的八件大型铜铸天文仪器之一，于 1673 年制成，重达 802 千克。现存于北京古观象台的观测平台上。纪限仪是专门用来测量天空中任意两颗星星之间距离的古仪，其基本观测方法是测量以两颗待测星到观测者的两条视线所张的角度。在天文学上，这一角度叫做“天体角距离”。

纪限仪的主体是一段 60°的弧面，弧面半径约两米，上面饰有精细的对称型花纹，以弧边中央点为零度，向左右两边各刻 30°。从零度点到弧面顶点设置一根铜竿，整个弧面固定在铜竿上，并能上下左右转动。铜竿后面的圆柱与铜竿上的横轴相连，稳稳地插入一米高的游龙底星座内。在铜竿的上端还有一根横轴，挂有窥尺和游表，贴附在弧面上。

实际观测时，将弧面与两颗待测星移动到同一平面上，一人用窥尺对准一颗待测星，另一人用游表对准另一颗待测星，窥尺和游表两者所指出的弧边刻度差，就是这两颗待测星之间的角距离。

13. 仰仪

仰仪是我国古代的一种天文观测仪器，由元朝天文学家郭守敬设计制造。

仰仪的主体是一只直径约 3 米的铜质半球面，好像一口仰放着的大锅，因而得名。仰仪的内部球面上，纵横交错地刻画出一些规则网格，用来量度天体的位置。在仰仪的锅口上刻有一圈水槽，用来注水校正锅口的水平，使其保持水平设置；在水槽边缘均匀地刻画出 24 条线，以示方向。在正南方的刻线上安置着两根十字交叉的竿子，呈正南北方向，一直延伸到仰仪的中心，把一块凿有中心小孔的小方板装在竿子的北端，并且小方板可以绕着仰仪中心旋转。

仰仪是采用直接投影方法的观测仪器，非常直观、方便。例如，当太阳光透过中心小孔时，在仰仪的内部球面上就会投影出太阳的映像，观测者便可以从网格中直接读出太阳的位置了。尤其在日全食时，利用仰仪能清楚地观看日食的全过程，连同每一个时刻，日面亏损的位置、大小都能比较准确地测量出来。因此，仰仪是很受古代天文工作者喜爱的一种天文观测仪器。

14. 象限仪

现存于北京古观象台的象限仪制造于 1673 年，是专门测量天体地平高度的观测仪器。所谓“地平高度”，就是观测者到某颗星星的视线与地平面的夹角，在天文学上，这一角度叫做“天体地平高度”。

象限仪的下端是一根方形横梁和一对十字底座，在两个十字底座的交叉点上，各竖起一根高三米多的圆柱，两边均有一条龙扶持，起到装饰和加固双重作用。两根圆柱支撑着一根雕有云纹图案的横梁，可以把旋转的立轴连接在上下两梁的中间，固定着整个扇形的象限环。象限环内雕有腾云驾雾的巨龙，既增添了仪器的生气，又起着平衡作用；象限环的横边呈水平状，并且与立边垂直，在两边的交叉点处挂有一根游表，贴附在象限环面上。实际观测时，转动象限环，将游表对准待测星，观看游表所指的弧面上的刻度，就可以知道这颗待测星的地平高度。

15. 赤道经纬仪

赤道经纬仪是清朝制造的八件大型铜铸天文仪器之一，也是我国重要的古天文观测仪器。1673 年制成，重达 2720 千克，至今仍完好地保存在北京古观象台的观测平台上。

整个观测部分由三个大环和一根轴承组成。最外面的大环叫做子午环，呈正南北方向竖立着，两面有刻度盘；中间的圆环呈南高北低状，与天赤道平行，叫做赤道环。环面上均匀地刻有 24 个大格，代表 24 小时，每个大格再分成 4 个小格，代表 15 分钟。在赤道环面的中心垂直地竖立着一根轴承，叫做“极轴”，与子午环相连，朝上的一点指向北天极，朝下的一点指向南天极，并由南极伸出的两个象限弧支撑着。里面的圆环叫做“赤经环”，还可以绕极轴旋转。

整个观测部分镶嵌在一个半圆云星座内，由一条南北正立、昂首修尾的苍龙托起，龙的四只利爪分别抓住下面十字交梁的一端，每端都装有调整仪器水平的螺栓。该仪器主要用于测量恒星以及太阳、月球、行星等天体的位置。

16. 黄道经纬仪

黄道经纬仪是清朝制造的八件大型铜铸天文仪器之一，也是我国重要的古天文观测仪器。1673 年制成，重达 2752 千克，至今仍完好地保存在北京古观象台的观测平台上。

黄道经纬仪的外层是南北向正立的“子午圈”，子午圈内的一个大圈叫做极至圈，用钢轴契合在子午圈的两个极点上，因此叫做黄道经纬仪。在极至圈内，套着一个斜躺着的大圈，这个大圈平行于地球绕太阳旋转的黄道，叫做黄道圈。黄道圈上刻有度数和黄道十二宫的图案，是黄道经纬仪的基本大圈。有一根垂直于黄道圈面的钢轴联接黄道南、北两极。最里面的一个圆环叫做黄道经圈，与黄道南、北两极相连，并且可以绕钢轴旋转，圈上也刻有度数。在观测天体时，可根据黄道圈和黄道经圈的刻度来定出太阳和行星的位置。整个仪器的观测部分放置在一个半圆云星座内，由两条背向而立的苍龙托起，苍龙的爪子紧紧抓住雕有云纹斜交的十字交梁上。

17. 玑衡抚辰仪

玑衡抚辰仪是清代制造的八件大型铜铸天文仪器之一，也是我国古代重要的天文观测仪器，于 1744 年制成，重达 5 吨。这台具有中华民族特色、精细制造的古仪，至今仍完好地保存在北京古观象台的观测平台上。

乾隆九年（1744 年）皇帝视察观象台时，看到台上天文仪器均为西洋的构造，随下令按中国传统的浑仪结构建造一架占仪。同年开始设计制造，工期历经十年。于乾隆十九年（1754 年）制成。仪器南面用满汉两种文字镌刻“御制玑横抚辰仪乾隆甲子年造”。仪器分为三重：最外一重叫子午双圈，双圈空隙表示子午线；赤道单环与子午双圈相交。子午圈下半部分用云座支撑，南北两极设有铜轴。中间一层由连接在南北两极的赤道经圈和游旋赤道圈组成。最内层是贯于两极轴上的双层赤经圈，其上端有一十字丝，使观测更为准确。玑横抚辰仪是清代制造的最后一架大型铜仪，无论从冶金制造还是雕刻方式，都反映了当时的发展水平。

18. 地平经仪

地平经仪是我国古代的一种天文观测仪器，重量达到811千克，1673年（清康熙十二年）制成，现存于北京古观象台。

地平经仪主要用于测量天体的地平方位角。其底座是一副十字交梁，交梁上有三条屈身直立的苍龙和一条铜柱，作为四个柱脚托着一个直径两米多的大铜圈，铜圈平行于地平面，叫做“地平圈”。圈面按东西和南北正相交成两条直线，将地平圈分割成东南、西南、西北和东北四个方位，以正南和正北为零度，分别向东、西刻划度数。在正东和正西两点各竖一柱，两条升龙盘柱而上，大约在一米半处相向合拢，在中心部分两龙各伸出一爪，共同捧一火球。从地平圈中心还垂直地竖起一根正方形的空心立表，并且和火球相连，立表上指天顶，下连底座中心的固定立柱。在立表的下端有一根横表，平躺在地平圈上，可以带动立表旋转，横表的两端各有一根直线和立表顶端相连。

实际观测时，转动横表，将待测星置于立表的空心处，当其与横表两端的直线构成同一平面时，就可以从横表所指的刻度盘上读出待测天体的方位角。

19. 星表

星表就是记载天体各种参数，如位置、运动、星等、光谱型等的表册。通过天文观测编制星表，是天文学中很早就开始的工作之一。公元前4世纪，中国战国时魏国天文学家石申著有《天文》八卷，后世称为《石氏星经》，其中载有121颗恒星的位置。这是世界上最古老的星表，今已失传。公元前2世纪，喜帕恰斯编制了一本载有1022颗恒星位置的星表，由托勒密抄传下来，这是世界最著名的古星表。

20. 北京古观象台

北京古观象台属全国重点文物保护单位，位于北京市建国门立交桥西南角。古观象台始设于元代，原名“司天台”，是由元代大都城的东南角楼改建而成的高台砖砌建筑。明初攻克北京时毁于战火，残存的天文仪器被运往南京保存。明正统七年（1442年）时重建此台，改名“观星台”，并复制了一套仪器。明代天文台上置有大型铜铸天文仪器：浑天仪、简仪、浑象仪（天球仪）等，台下是紫微殿、漏壶房、晷影堂等建筑，内置圭表、漏壶等仪器。崇祯年间（1629—1638年）由徐光启、李天经等人先后制造了极限大仪、平悬浑仪、平面日晷、候时钟、望远镜、沙漏等仪器。清代时，更名为“观象台”。清代康熙和乾隆年间，改用西方技术制造出的八件铜制的大型天文仪器，均采用欧洲天文学度量制和仪器结构。这些仪器具有法国路易十四时代的风格，造型纹饰极为考究。除了造型、花饰、工艺等方面具有中国的传统特色外，在刻度、游表和结构方面还反映了西欧文艺复兴时代以后大型天文仪器的进展和成就，成为东西方文化交流的历史见证。至今仍陈列在古观象台上。辛亥革命后改为中央观星台。现在北京古观象台已经改建为北京古代天文仪器陈列馆，属于北京天文台，继续在科学和科普领域发挥着作用。

从明朝正统年间，到1929年止，北京古观象台连续从事天文观测达五百年，在世界上现存的古观象台中，保持着连续观测最久的历史记录，而且它还以建筑完整和仪器配套齐全而在国际上久负盛名。因此，它们不仅是实用的天文观测工具，还是举世无双的历史文物珍品。

第八节　中国现代天文探索

天文探测是航天应用的重要内容。用航天器进行天文探测具有许多无法替代的优越性。比如它可以飞近甚至登陆某些天体进行探测。航天时代开始以来，美、欧、日、俄（苏）各国发射了许多进行天文探测的航天器，其中最为有名的是美国1990年4月用航天飞机送上太空的“哈勃”号太空望远镜。人们指望它揭开宇宙起源和演变、神秘的黑洞、太阳系以外的行星等许多宇宙之谜。我国也未落后，积极加入到天文探测中来。

1. 中国航天巨大成就

自1956年以来，中国航天从无到有、从小到大，从仿制到自行研制，走过了艰苦创业、配套发展、改革振兴和走向世界等几个重要阶段。50 年来，中国航天不仅研制成功了多种导弹武器系统、运载火箭、应用卫星，还成功地发射了载人飞船，实现了中华飞天梦。

从 1999 年至 2002 年，我国成功地进行了 4 次无人飞船的发射和回收试验。2003 年 10 月 15 日，长征二号 F 运载火箭腾空而起，托举着神舟五号飞船升空，将中国第一位航天员杨利伟送上太空遨游，并按计划从太空平安归来。2005 年 10 月 12 日，神舟六号飞船载着费俊龙、聂海胜两位航天员发射升空，成功地进行了一次双人五天的太空飞行，航天员首次进入轨道舱生活并开展科学试验活动，10 月 17 日飞船顺利返回地面，载人航天再奏凯歌。

运载火箭技术已成为一个国家航天技术的重要基础和进入太空能力的体现。我国自 1956 年开始现代火箭的研制，至今已研制出 14 种火箭，形成长征系列。

我国的运载火箭已能够基本满足发射卫星、飞船的需要，并以技术含量高、入轨精度高、经济性能好、适应能力强等特点闻名于世。在对外发射服务方面，长征系列火箭的良好经济性能使其具有较强的竞争力，这为中国打破封锁、进入国际商业卫星发射市场奠定了坚实基础。

2. “长征”系列运载火箭

中国自 1956 年开始展开现代火箭的研制工作。1964 年 6 月 29 日，中国自行设计研制的中程火箭试飞成功之后，即着手研制多级火箭，向空间技术进军。经过了五年的艰苦努力，1970 年 4 月 24 日长征一号运载火箭诞生，首次发射东方红一号卫星成功。中国航天技术迈出了重要的一步。

中国航天科技集团公司研制的长征系列运载火箭，具有发射近地轨道、太阳同步轨道、地球静止轨道空间飞行器的能力，近地轨道最大运载能力为 9500 千克，地球同步转移轨道最大运载能力为 5500 千克，太阳同步轨道运载能力可达 6100 千克。运载火箭的可靠性、经济性、入轨精度和适应能力达到国际一流水平。截至到目前，长征系列运载火箭已进行了 100 多次发射，发射成功率在 93% 以上。自 1996 年 10 月以来，长征系列运载火箭更是连续 58 次成功发射。从 1990 年成功发射亚洲一号卫星以来，长征系列运载火箭先后为国外和香港地区用户发射了 33 颗卫星。截至 2007 年底，长征火箭共进行过 27 次商业发射和 6 次搭载服务。

我国的运载火箭在近10年中取得了突飞猛进的发展，长征三号甲运载火箭因其高成功率和高可靠性，被誉为长征系列运载火箭“家族”中的“常胜将军”。除长征三号甲运载火箭外，在长征系列运载火箭这个庞大的“家族”中，通过不断技术改进，目前已拥有更多的运载火箭，它们为长征系列运载火箭立下赫赫战功。正在研制的中国新一代运载火箭（长征五号）其近地轨道运载能力将达到25吨，地球同步转移轨道运载能力将达到14吨。

3. 长征一号系列运载火箭

长征一号运载火箭是一种三级火箭，主要用于发射近地轨道小型有效载荷。火箭全长29.86米，最大直径2.25米，起飞重量81.6吨，起飞推力112吨，能将300千克重的卫星送入440千米高的近地轨道。1970年4月24日，长征一号运载火箭成功地将东方红一号卫星送入预定轨道，奠定了长征系列火箭发展的基础。

长征一号D运载火箭是长征一号火箭的改进型。主要的改进有：提高一子级发动机推力；提高二、三子级性能；采用“平台—计算机”全惯性制导。经过改进，长征一号D火箭可以发射各种低轨道卫星，并已投入商业发射。

4. 长征二号系列运载火箭

长征二号运载火箭是从洲际导弹的基础上发展而来的，并于1975年发射了1吨多重的近地轨道返回式卫星，成功地回收了返回舱。此后，又根据发射卫星的需要，陆续衍生出长征二号丙、长征二号丙改进型和发射极轨卫星的长征二号丁运载火箭。在长征火箭大家族中，长征二号系列主要用于发射各类近地轨道卫星，曾以一箭三星方式发射了12颗美国的铱星移动通信卫星。

长征二号火箭是一种两级火箭，全长31.17米，最大直径3.35米，起飞重量190吨，能把1.8吨的卫星送入距地面数百千米的椭圆形轨道。1975年11月26日，“长征二号”火箭完成了中国第一颗返回式卫星的发射任务。

长征二号丙火箭是在长征二号火箭基础上改进设计研制的，采用了大推力液体火箭发动机，箭长为35.15米，近地轨道的运载能力增加到2.4吨，火箭的可靠性也大大提高。在长征二号丙火箭基础上研制的长征二号丙改进型火箭是一种三级火箭，箭长增加为43.027米。长征二号丙系列运载火箭自1982年9月首次成功发射以来，至今发射成功率为100%。1987年，长征二号丙火箭被授予全国质量金质奖。1999年，长征二号丙火箭被中国航天工业总公司授予“优质液体运载火箭”称号。

长征二号丁火箭是一种两级火箭，全长38.3米，起飞重量232吨。主要是在长征二号火箭的基础上采取增加推进剂加注量和增大起飞推力的办法，使运载能力进一步提高。1992年8月首次发射，至今发射成功率为100%。

长征二号E（长二捆）火箭是以加长型长征二号丙火箭为芯级，并在第一级周围捆绑四个液体助推器组成的低轨道两级液体推进剂火箭。火箭总长49.68米，直径3.35米。每个液体助推器长为15.4米，直径2.25米，芯级最大直径4.2米。总起飞重量461吨，起飞推力600吨，能把8.8—9.2吨的有效载荷送入近地轨道。

长征二号F火箭是在长征二号E火箭的基础上，按照发射载人飞船的要求，以提高可靠性、确保安全性为目标研制的运载火箭。火箭由四个液体助推器、芯一级火箭、芯二级火箭、整流罩和逃逸塔组成，是目前我国所有运载火箭中起飞质量最大、长度最长的火箭。运载火箭有箭体结构、控制系统、动力装置、故障检测处理系统、逃逸系统、遥测系统、外测安全系统、推进剂利用系统、附加系统、地面设备等10个分系统，为兼顾卫星的发射，保留了有效载荷调姿定向系统的接口和安装位置。故障检测处理系统和逃逸系统是为确保航天员的安全而增加的，其作用是在飞船入轨前，监测运载火箭状态，若发生重大故障，使载有航天员的飞船安全地脱离危险区。长征二号F运载火箭先后成功发射了神舟一号至神舟六号飞船，为我国成功实现载人航天飞行做出了历史性贡献。

5. 长征三号系列运载火箭

长征三号运载火箭是在长征二号二级火箭上面加了一个以液氢、液氧为推进剂的第三级，所用的液氢、液氧发动机可以二次启动，在技术上是当时国际先进水平，是我国火箭技术发展的一个重要里程碑。1984年，长征三号成功地发射了我国第一颗地球同步试验通信广播卫星东方红二号。1985年，中国宣布进入国际商业卫星发射市场。1990 年，我国首次用长征三号运载火箭将美国休斯公司制造的亚洲一号卫星送入地球同步轨道。

此后，长征三号系列不断增加新成员，如长征三号甲（LM－3A）、长征三号乙（LM－3B）、长征三号丙，主要用于发射地球静止轨道卫星。长征三号甲运载火箭是在长征三号的基础上研制的大型火箭，它的氢氧发动机具有更大的推力，性能也得到很大的提高，地球同步转移轨道运载能力也从长征三号的 1.6 吨提高到 2.6 吨。

长征三号乙运载火箭是在长征三号甲和长二捆的基础上研制的，即以长征三号甲为芯级，再捆绑 4 个与长二捆类似的液体助推器。长征三号乙主要用于发射地球同步轨道的大型卫星，也可进行轻型卫星的一箭多星发射，其地球同步转移轨道运载能力达到 5.4 吨，跃入了世界大型火箭行列。

长征三号丙火箭是在长征三号乙火箭的基础上，减少了两个助推器并取消了助推器上的尾翼。火箭全长 54.84 米，起飞质量 345 吨，主要发射地球同步转移轨道的有效载荷，可以进行一箭多星发射或发射其他轨道的卫星。其地球同步转移轨道的运载能力为 3.8 吨。

6. 长征四号系列运载火箭

长征四号系列运载火箭包括长征四号甲、长征四号乙、长征四号丙三种火箭。

长征四号甲火箭是三级火箭，一、二、三级均采用常规推进剂，主要用于发射太阳同步轨道卫星。火箭全长 41.9 米，最大直径 3.35 米，起飞质量 248.9 吨，起飞推力约 300 吨。1988 年 9 月首次发射，发射成功率为 100％。

长征四号乙火箭是在长征四号甲火箭基础上发展的一种运载能力更大的运载火箭，主要用于发射太阳同步轨道卫星。火箭全长 45.58 米，最大直径 3.35 米，起飞质量 249 吨，起飞推力约 300 吨，900 千米高度极轨的运载能力为 1.45 吨。1999 年 5 月首次发射，至今发射成功率为 100％。

长征四号丙火箭是在长征四号乙火箭的基础上，三级发动机采用二次启动技术，大幅提高了有效载荷的运载能力。

7. 长征五号系列运载火箭

长征五号是中国研制的新一代重型运载火箭系列，与欧洲“阿丽亚娜 5”基本同级，预计 2015 年亮相。可搭载两种专门为其设计的火箭发动机，分别为推力为 120 吨的 YF—100 液氧煤油发动机和推力为 50 吨的 YF—77 氢氧发动机。长征五号系列实行模块化设计，由直径为 5 米、3.35 米和 2.25 米的三种模块构成。5.0 米直径内核级利用液氧和液氢推进剂和两台 50 吨液氧/液氢发动机。它能被看作聚立在一起的发射装置，或一个捆绑内核级的发射装置。3.35 米直径内核级利用液氧和煤油推进剂和两台 120 吨推力液氧/煤油发动机。它能被当作重载发射装置的捆绑级或中等负载发射装置的内核级。2.25 米直径内核级使用液氧和煤油推进剂和 120 吨推力液氧/煤油发动机。它能被当作捆绑级或一枚立式装配的小负载发射装置。模块化设计的好处是可以根据需要把不同模块组装成不同推力的火箭，以执行不同的任务。例如系列中最为强大的型号，以两个 5 米模块为主推进器，另配有 4 个 3.35 米模块为助推器。

在长征五号重型运载火箭和海南文昌航天发射基地问世后，中国航天将具备 25 吨的近地轨道运载能力和 12 吨的地球同步轨道运载能力，可发射 20 吨级长期有人照料的空间站、大型空间望远镜、返回式月球探测器、深空探测器、超重型应用卫星，推动我国空间应用产业、载人航天技术和天文科学的发展，也必将大大提高我国在国际航天发射市场上的竞争能力。

8. 中国的卫星应用技术

近 50 年来，我国各类人造卫星和载人飞船广泛应用于经济建设、科技发展、国防建设和社会进步等方面，为增强国家经济实力、科技实力、国防实力和民族凝聚力发挥重要作用。

（1）科学探测与技术试验卫星系列

1970 年 4 月 24 日，中国第一颗人造地球卫星——东方红一号在酒泉卫星发射中心发射成功，拉开了中国航天活动的序幕。自此，中国成为继苏联、美国、法国和日本之后世界上第五个能自行研制发射人造卫星的国家。东方红一号卫星在跟踪测轨技术、信号传送方式和热控制技术等方面优于前苏联、美国、法国和日本的第一颗人造卫星，卫星重量相当于四个国家第一颗卫星之和。

1971 年 3 月，中国成功发射了实践一号科学技术试验卫星，卫星在太空正常运行 8 年多，远远超过要求的寿命，这在 20 世纪 60 年代国外研制的卫星中是少有的。至今，中国共发射成功了 10 颗科学技术试验类卫星，包括 1981 年 9 月用 1 枚运载火箭同时发射的实践二号、实践二号甲、实践二号乙 3 颗科学试验卫星，1994 年 2 月成功发射的实践四号卫星，1999 年 5 月和 2004 年 9 月成功发射的实践五号和实践六号小卫星，2003 年 12 月和 2004 年 7 月先后发射成功的探测一号和探测二号小卫星，这些卫星在空间环境探测、空间科学试验以及新技术试验等方面，发挥了积极的作用。

（2）返回式遥感卫星系列

在第一颗人造卫星发射初战告捷后，中国又攻克了变轨、再入大气层、防热和回收等技术难关，于 1975 年 11 月 26 日成功发射并回收了第一颗返回式遥感卫星，成为继美国、苏联之后世界上第三个掌握卫星返回技术的国家。至今，中国已成功发射了 5 种不同类型的近地轨道共计 22 颗返回式卫星，成功回收了 21 颗，卫星在轨工作时间由最初的 3 天增加到 27 天。特别指出的是，在 2005 年 8 月 29 日，我国成功实现了在同一天、同时组织第 21 颗返回式卫星回收和第 22 颗返回式卫星的发射任务，此举表明我国返回式卫星研制技术进一步成熟。

（3）通信广播卫星系列

1984 年 4 月 8 日，中国第一颗地球静止轨道通信卫星——东方红二号发射成功，成为世界上第 5 个独立研制和发射静止轨道卫星的国家，开辟了中国卫星通信事业的新时代。到目前为止，中国通信广播卫星系列共包括 4 种不同类型的静止轨道通信卫星，即：东方红二号试验通信卫星、东方红二号甲实用通信卫星、东方红三号通信广播卫星、东方红四号大型通信卫星公用平台。

（4）气象卫星系列

1988 年 9 月，中国成功发射了风云一号太阳同步轨道气象试验卫星，成为世界上第三个能研制发射极轨气象卫星的国家。1990 年 9 月和 1999 年 5 月，中国再次成功发射了风云一号太阳同步轨道气象试验卫星和经过改进的风云一号气象应用卫星。后者于 2000 年 8 月被世界气象卫星组织列入世界业务型极轨气象卫星行列，成为中国首颗列入世界气象业务应用卫星系列的卫星。

1997年6月，以东方红二号甲卫星平台为基础研制的风云二号地球静止轨道气象卫星成功地定点于东经105°的赤道上空。这一成就使中国成为继美国、日本、欧洲航天局和俄罗斯之后世界上第五个能自行研制发射静止气象卫星的国家。

至今，风云一号气象卫星发射了3颗，风云二号气象卫星发射了3颗。前两颗风云一号卫星装有5通道的可见光和红外扫描辐射计，第3颗风云一号卫星探测通道数增加到10个，增加了对云层、陆地和海洋的多光谱探测能力。风云二号卫星装有3通道的可见光、红外和水汽扫描辐射计，拍摄的云图资料填补了中国西部、西亚和印度洋上的大范围观测空白，该星还具有很强的数据收集和转发功能。经过空间运行测试表明，风云一号和风云二号卫星的主要技术指标已达到20世纪90年代初的国际水平。这些气象卫星的业务化应用在中国天气预报和气象研究等方面发挥了重要作用。有效地减少了沙尘暴、台风等灾害天气造成的损失，成为人民群众日常生活中关心的热点。

（5）地球资源卫星系列

1999年10月，中国和巴西联合研制的第一颗数字传输对地遥感卫星——资源一号01星发射成功。星上装有5谱段CCD相机、4谱段红外多光谱扫描仪、2谱段宽视场成像仪等。继资源一号01星发射成功后，2003年10月，我国又与巴西合作研制发射成功了资源一号02星。这两颗卫星的研制和发射成功，填补了我国资源卫星的空白，卫星数据广泛应用于农业、林业、水利、矿产、能源、测绘和环保等众多部门，取得了显著的应用成果，被誉为“南南合作”的典范。

2000年9月，中国自行研制的中国资源二号01星发射成功，此后，又分别发射成功02星和03星，其分辨率比资源一号系列卫星更高，而且形成了三星联网，表明我国卫星研制技术实现了历史性跨越。

在资源系列卫星发射成功的同时，2002年5月，中国发射成功了第一颗海洋水色水温监测卫星——海洋一号卫星；2006年4月，又发射成功了中国首颗微波遥感卫星——遥感卫星一号等。这些遥感卫星的主要技术指标均达到20世纪90年代的国际水平。目前，中国已经建成了中国科学院遥感卫星地面接收站、卫星气象应用中心、卫星海洋应用中心和中国资源卫星应用中心。我国的卫星遥感应用已经涵盖了气象、海洋、陆地三大领域。遥感技术在许多业务运行系统中已经成为重要的技术支撑。

（6）导航卫星系列

2000 年 10 月和 12 月，两颗北斗一号导航卫星相继定点于东经 140°和东经 80°赤道上空；2003 年 5 月 25 日，北斗一号导航系统的第三颗卫星发射成功，使中国初步形成了第一个区域性卫星导航系统。这项成就表明，中国成为继美国和俄罗斯（苏联）之后世界上第三个能自行研制发射导航卫星的国家。

9. 双星计划和风暴计划

双星计划是由空间物理学家刘振兴院士等人于 1997 年提出的。2001 年 7 月，中国航天局与欧洲空间局正式签署合作协议，启动该计划。这是第一个由我国提出的空间探测国际合作计划。中欧合作的双星探测计划的目的就是要探明“地球空间暴”发生的原因和规律。

双星计划的主要目的是了解地球的磁层变化，以及影响地球发生大磁暴的因素等。双星计划将对人类历史上从未探测过的空间区域进行探测，一颗卫星将绕南极和北极上空运行，另一颗卫星将绕赤道运行。计划发射的赤道卫星最远将达到距地球 6 万多千米，是目前我国发射的卫星中距离地球最远的一颗。

这两颗卫星分别于 2003 年 12 月和 2004 年年中发射。它们与欧洲空间局已经发射升空的“星簇计划 2”的 4 颗卫星紧密配合，在从太阳到地球的空间中形成纵深分布。如果把日地距离比作一条河的话，那么这 6 颗星就相当于分布在河的上、中、下游，对地球空间进行全方位探测，形成人类历史上第一次对地球空间的六点立体探测。

我国通过实施双星探测计划在日地探测领域占据了一席之地。目前，国内科学家正在积极研制太阳望远镜；国家自然科学基金也支持了对“夸父计划”的可行性研究——通过在太阳和地球之间“放”上两颗探测卫星，研究太阳的“骚动”和扰动。

“空间风暴计划”由三颗探测卫星组成，将分别“放”在三个位置——距地球 300 千米（近地点）至 700 千米（远地点）、700 千米至 6 万 3 千多千米、近 2 万千米至 15 万多千米的三条轨道上，分别重点探测电离层暴、磁层空间暴和太阳风等。

三颗卫星重量大约都在 400 千克左右，有效载荷的功耗约 40 瓦，有效载荷重量约 40 千克。三颗卫星上共有磁场探测器、电离子层探测器、高能电子探测器、极光成像仪等31台探测仪。这一计划被列入2007—2013年计划实施的国际“与日共存计划”中，欧洲有关国家、加拿大和俄罗斯等纷纷表示希望加盟中国“空间风暴计划”。

“空间风暴计划”在2006年6月启动、2010年发射。发射将采取一箭三星方式，一次性将三颗卫星“送”到指定“位置”。

10. 中国载人航天计划

中国载人航天计划于1992年正式启动。初期目标是将航天员送入太空，远期则包括建立永久空间站以及月球探索。

中国载人航天计划的第一步是进入太空，而进入太空轨道的飞行器被命名为神舟号飞船，最多乘员三人。飞船由长征二号F火箭运载。

迄今，神舟号飞船共进行过5次发射，前4次为无人发射：神舟一号1999年11月21日发射；神舟二号2001年1月10日发射；神舟三号2002年3月25日发射；神舟四号2002年12月30日发射，在轨时间6天零18小时，环绕地球108圈。

神舟五号2003年10月15日北京时间9时发射，将航天员杨利伟送入太空。飞船运行在轨道倾角42.4°、近地点高度200千米、远地点高度350千米的椭圆轨道上，实施变轨后，进入343千米的圆轨道。计划绕地14圈，历时23小时。根据规划，接下来的工作目标是将多人送入太空并逗留更长时间，以及进行太空行走。

神舟六号2005年10月12日上午9：00在酒泉卫星发射中心发射升空，费俊龙和聂海胜两名中国航天员被送入太空，预计飞行时间为5天。先在轨道倾角42.4°、近地点高度200千米、远地点高度347千米的椭圆轨道上运行5圈，实施变轨后，进入343千米的圆轨道，绕地球飞行一圈需要90分钟，飞行轨迹投射到地面上呈不断向东推移的正弦曲线。轨道特性与神舟五号相同。

在中国首次完成载人航天任务之后，有关月球探索的“嫦娥工程”也已经展开，嫦娥工程的第一阶段目标是向月球轨道发射人造观测卫星。北京时间2007年10月24日18时05分左右，嫦娥一号探测器从西昌卫星发射中心由长征三号甲运载火箭成功发射。卫星发射后，将用8—9天时间完成调相轨道段、地月转移轨道段和环月轨道段飞行。经过8次变轨后，于11月7日正式进入工作轨道。11月18

日卫星转为对月定向姿态，11月20日开始传回探测数据。2007年11月26日，中国国家航天局正式公布嫦娥一号卫星传回的第一幅月面图像。

神舟七号飞船在北京时间2008年9月25日21时10分4秒988毫秒发射升空。飞船于2008年9月28日17点37分成功着陆于中国内蒙古四子王旗主着陆场。神舟七号飞船共计飞行2天20小时28分钟。神七上三个人分别为翟志刚（指令长）、刘伯明和景海鹏。

按照中国航天事业发展规划，中国载人航天计划分三步来实施：

第一步是发射无人和载人飞船，将航天员安全地送入近地轨道，进行对地观测和科学实验，并使航天员安全返回地面。随着我国第一名航天员杨利伟于2003年10月16日安全返回，中国载人航天工程的历史性突破、即第一步的任务已经完成。

第二步是继续突破载人航天的基本技术：多人多天飞行、航天员出舱在太空行走、完成飞船与空间舱的交会对接。在突破这些技术的基础上，发射短期有人照料的空间实验室，建成完整配套的空间工程系统。发射神舟六号，即标志着中国开始实施载人航天工程的第二步计划。

第三步是建立永久性的空间试验室，建成中国的空间工程系统，航天员和科学家可以来往于地球与空间站，进行规模比较大的空间科学试验中国载人航天“三步走”计划完成后，航天员和科学家在太空的实验活动将会实现经常化，为中国和平利用太空和开发太空资源打下坚实基础。

11. 航天运输系统

航天运输系统是指往返于地球表面和空间轨道之间以及轨道与轨道之间运输各种有效载荷的运输工具系统的总称。它包括载人或货运飞船及其运载火箭、航天飞机、空天飞机、应急救生飞行器和各种辅助系统等。航天运输系统可分为一次性使用和重复使用两种类型。

一次性使用运载火箭的发射服务成本较高。为了降低发射费用，国际上开展了重复使用天地往返运输系统的研究。1981年4月12日，美国哥伦比亚号航天飞机的成功飞行，实现了天地往返运输工具的部分可重复使用，标志着航天运载器由一次性使用转向重复使用的新阶段。尽管航天飞机在技术上是成功的，但是并没有达到降低发射费用的目的。相反，由于发射频率低、重复使用未达到要求和载人等原因，使得航天飞机的发射费用远高于一次性运载火箭。之后各国开始了其他重复使用航天运输系统的研究，包括采用先进的吸气式火箭组合发动机，在大气层飞行时充分利用大气中氧的空天飞机，如美国的国家空天飞机（NASP）计划（X－30）以及欧洲的霍托尔、使神号和桑格尔等；多级入轨完全重复使用运载器，如基斯特勒宇航公司研制的完全重复使用运载器 K－1；以火箭为动力的单级入轨完全重复使用运载器（RLV）。但到目前为止，除了部分重复使用的航天飞机以外，其他重复使用运载系统距离工程实现还存在较大的距离。

目前，已经有美国、俄罗斯、法国、中国、英国、日本、印度和以色列等国家拥有或拥有过能发射卫星的航天运输系统。全世界已经先后研制出近百种运载火箭、航天飞机、宇宙飞船等，修建了 10 多个大型航天器发射场，进行了 4000 多次航天发射。几十年来的航天活动促进了经济的发展和科学技术的进步，对人类社会生活产生了深远的影响。

中国航天运输系统的发展起步于 1956 年 10 月。经过长期的努力和探索，中国的长征 1 号运载火箭于 1970 年 4 月 24 日发射成功，将中国的第一颗人造卫星送入轨道。这是中国航天运输系统发展的重要里程碑。1999 年 11 月 20 日，新研制的长征 2 号 F 载人运载火箭成功发射神舟 1 号无人飞船，标志着中国载人航天工程进入了新阶段。到 2003 年 10 月，长征 2 号 F 火箭已经成功完成了 4 次试验飞行，并在 10 月 15 日把中国的第一位宇航员送入了太空。长征 2 号 F 火箭和神舟号飞船的研制成功表明中国已经初步建立了具备往返能力的航天运输系统。

12. 神舟载人飞船

神舟载人飞船全长 8.86 米，最大处直径 2.8 米，总重量达到 7790 千克。从构型上来说，由轨道舱、返回舱和推进舱以及一个附加段组成。采用的是典型的“三舱一段”式结构。整个飞船按照功能还能分为 13 个不同的分系统。这 13 个分系统都是用它的功能来命名的，它们是：有效载荷、结构与机构、热控制、指导导航与控制、推进、电源、数据管理、测控与通信、环境控制与生命保障、乘员、仪表与照明和应急救生分系统。这些系统分别布置在这“三舱一段”式结构的神舟飞船中，相互分工合作，完成一次太空遨游。下面分别介绍各个舱段的情况：

(1) 轨道舱(长2.8米,直径2.2米)

神舟飞船的轨道舱的外形为圆柱形的。为了使轨道舱在独自飞行的阶段可以获得电力,轨道舱的两侧安装了太阳电池翼,每块太阳翼除去三角部分面积为2.0×3.4米,轨道舱自由飞行时,可以由它提供0.5千瓦以上的电力。轨道舱尾部有4组小的推进发动机,每组4个,为飞船提供辅助推力和轨道舱分离后继续保持轨道运动的能力;轨道舱一侧靠近返回舱部分有一个圆形的舱门,为航天员进出轨道舱提供了通道,不过该舱门的最大直径仅65厘米,只有身体灵巧、受过专门训练的人才能进出自由。舱门的上面有轨道舱的观察窗。

轨道舱是飞船进入轨道后航天员工作、生活的场所。舱内除备有食物、饮水和大小便收集器等生活装置外,还有空间应用和科学试验用的仪器设备。

返回舱返回后,轨道舱相当于一颗对地观察卫星或太空实验室,它将继续留在轨道上工作半年左右。轨道舱留轨利用是中国飞船的一大特色,俄罗斯和美国飞船的轨道舱和返回舱分离后,一般是废弃不用的。

(2) 返回舱(长2.00米,直径2.40米,不包括防热层)

神舟飞船的返回舱呈钟形,有舱门与轨道舱相通。返回舱式飞船的指挥控制中心内设可供3名航天员斜躺的座椅,供航天员起飞、上升和返回阶段乘坐。座椅前下方是仪表板、手控操纵手柄和光学瞄准镜等,显示飞船上每个系统机器设备的状况。航天员通过这些仪表进行监视,并在必要时控制飞船上系统机器设备的工作。轨道舱和返回舱均是密闭的舱段,内有环境控制和生命保障系统,确保舱内充满一个大气压力的氧氮混合气体,并将温度和湿度调节到人体合适的范围,确保航天员在整个飞行任务过程中的生命安全。

另外,舱内还安装了供着陆用的主、备两具降落伞。神舟号飞船的返回舱侧壁上开设了两个圆形窗口,一个用于航天员观测窗外的情景,另一个共航天员操作光学瞄准镜观测地面驾驶飞船。返回舱的底座是金属架层密封结构,上面安装了返回舱的仪器设备,该底座重量轻便,且十分坚固,在返回舱返回地面进入大气层时,保护返回舱不被炙热的大气烧毁。

(3) 推进舱(长3.05米,直径2.50米,底部直径2.80米)

神舟号的推进舱又称设备舱,它呈圆柱形,内部装载推进系统的发动机和推进剂,为飞船提供调整姿态和轨道以及制动减速所需要的动力,还有电源、环境控制和通信等系统的部分设备。两侧各有一对太阳翼,除去三角部分,太阳翼的面积为

2.0×7.5米。与前面轨道舱的电池翼加起来，产生的电力将3倍于联盟号，平均1.5千瓦以上。这几块电池翼除了所提供的电力较大之外，它还可以绕连接点转动，这样不管飞船怎样运动，它始终可以保持最佳方向获得最大电力，免去了“翘向太阳”所要进行的大量机动，这样可以在保证太阳电池阵对日定向的同时进行飞船对地的不间断观测。

设备舱的尾部是飞船的推进系统。主推进系统由4个大型主发动机组成，它们在推进舱的底部正中。在推进舱侧裙内四周又分别布置了4对纠正姿态用的小推进器，说它们小是和主推进器比，与其他辅助推进器比它们可大很多。另外推进舱侧裙外还有辅助用的小型推进器。

(4) 附加段

附加段也叫过渡段，是为将来与另一艘飞船或空间站交会对接做准备用的。在载人飞行及交会对接前，它也可以安装各种仪器用于空间探测。

对于附加段现阶段的设备没有官方介绍，但是一些业内人士进行了大胆的推测，如：其中一个半环型装置，据推测是用来安装方形的仪器装置。而三个相互垂直并可伸出的0.4米的探针被推测为可能是导航系统的一部分或对接系统的一部分。因为美国的阿波罗飞船上曾有类似的装置用来进行对接。神舟飞船轨道舱前端可能装有俄罗斯式的对接系统。但这些装置可能只是一种试验型，在将来执行与太空站对接的任务时肯定会被新型对接系统所替换。

13. 神舟七号飞船

神舟七号载人飞船是中国神舟号飞船系列之一，用长征二号F火箭发射升空，是中国第三个载人航天飞船，已突破和掌握出舱活动相关技术。神舟七号载人飞船科研单位是中国航天科技集团公司所属中国空间技术研究院和上海航天技术研究院。长征二号F型运载火箭科研单位是中国航天科技集团公司所属中国运载火箭技术研究院。

神舟七号飞船由轨道舱、返回舱和推进舱构成。飞船全长9.19米，重达12吨。长征2F运载火箭和逃逸塔组合体整体高达58.3米。

轨道舱——作为航天员的工作和生活舱，以及用于出舱时的气闸舱。配有泄复压控制、舱外航天服支持等功能。内部有航天员生活设施。轨道舱顶部装配有一颗伴飞小卫星和5个复压气瓶。无留轨功能。

返回舱——用于航天员返回地球的舱段，与轨道舱相连。装有用以降落的降落伞和反推力火箭，实行软着陆。

推进舱——装有推进系统，以及一部分的电源、环境控制和通讯系统，装有一对太阳能电池板。

神舟七号飞船载有三名宇航员分别为翟志刚（指令长）、刘伯明和景海鹏。神舟七号飞船候补梯队航天员分别为陈全（指令长）、费俊龙、聂海胜。主要任务是实施中国航天员首次空间出舱活动，同时开展卫星伴飞、卫星数据中继等空间科学和技术试验。

2008年9月24日下午14时30分在酒泉卫星发射中心的“神舟七号”载人航天飞行任务总指挥部新闻发布会上，“神舟七号”载人航天飞行总指挥部宣布：2008年9月25日21时07分至22时27分直接发射，进行载人航天飞行。届时中国的航天员将首次出舱来进行太空行走。

2008年9月25日21时10分4秒988毫秒，神舟七号飞船由长征2F火箭发射升空。2008年9月27日16点30分，景海鹏留守返回舱，翟志刚（指令长）、刘伯明分别穿着中国制造的“飞天”舱外航天服和俄罗斯出品的“海鹰”舱外航天服进入神舟七号载人飞船兼任气闸舱的轨道舱。翟志刚出舱作业，刘伯明在轨道舱内协助（刘伯明的头部手部部分出舱），实现了中国历史上宇航员第一次的太空漫步，令中国成为第三个有能力把航天员送上太空并进行太空行走的国家。北京时间2008年9月28日17点37分“神舟七号”飞船成功着陆于中国内蒙古四子王旗。

14. 中国的航天英雄

中国航天员主要有：

杨利伟：男，1965年生，辽宁绥中县人，身高1.68米。1996年参加航天员选拔，1998年1月正式成为我国首批航天员，2003年10月15日搭乘神舟五号飞船升空，成为我国首位太空人。现为中国人民解放军航天员大队三级航天员。

聂海胜：男，1964年生，湖北枣阳人，身高1.72米。原为空军一级飞行员。1983年入伍，1996年参加航天员体检，1998年1月正式成为我国首批航天员，2003年9月成为中国载人航天首飞梯队航天员，2005年10月12日搭乘神舟六号飞船升空，执行多人多天任务。现为中国人民解放军航天员大队三级航天员。

费俊龙：男，1965年生，江苏昆山人，身高1.70米。原为空军特级飞行员。1982通过空招成为飞行员，1998年1月正式成为我国首批航天员，2005年10月12日搭乘神舟六号飞船升空，执行多人多天任务。现为中国人民解放军航天员大队三级航天员。

翟志刚，男，汉族，黑龙江龙江县人，党员，大学文化、双学士。1966年10月出生，1985年6月入伍，1991年9月入党，现为中国人民解放军航天员大队三级航天员，正团职，上校军衔。曾入选我国首次载人航天飞行航天员梯队。2005年6月，入选"神舟"六号航天载人飞行乘组梯队成员。

吴杰，男，汉族，河南郑州人，党员，大学文化、双学士。1963年10月出生，1980年9月入伍，1985年5月入党，现为中国人民解放军航天员大队三级航天员，副师职，大校军衔。2005年6月，入选"神舟"六号载人航天飞行乘组梯队成员。

刘伯明，男，汉族，黑龙江依安人，党员，大学文化、双学士。1966年9月出生，1985年6月入伍，1990年9月入党，现为中国人民解放军航天员大队三级航天员，正团职，上校军衔。2005年6月，入选"神舟"六号载人航天飞行乘组梯队成员。

景海鹏，男，汉族，山西运城人，党员，大学文化、双学士。1966年10月出生，1985年6月入伍，1987年9月入党，现为中国人民解放军航天员大队三级航天员，正团职，上校军衔。2005年6月，入选"神舟"六号载人航天飞行乘组梯队成员。

15. 神舟八号到神舟十一号

从神舟七号开始，中国进入载人航天二期工程。在这一阶段里，将陆续实现航天员出舱行走、空间交会对接等科学目标。整个二期工程的所有发射任务全部由长征2F火箭担任。

神舟九号飞船（以下简称神九）是中国计划中的一艘无人驾驶航天器，是中国神舟号飞船系列之一。计划中的神九将会与中国的第一个宇宙实验室项目921—2计划的组成部分——神舟八号进行空间对接，成为一座小型空间站，并在大约对接

1个月后由载人飞船神舟十号搭载航天员前往该空间站，对空间站进行短暂的有人照管试验。然后，模仿前苏联的方法，航天员将在结束工作之后搭载神九返回地球，留下神舟十号继续在轨运行，等待神舟十一号搭载新一批航天员到来。

16. “嫦娥”工程

2004年1月，月球探测工程经国务院正式批准立项后，该工程被命名为“嫦娥工程”，第一颗绕月卫星命名为“嫦娥一号”。为此国家投资约14亿元人民币，准备于2007年年初以前发射“嫦娥一号”。

我国整个探月工程分为“绕、落、回”三个阶段。一期工程启动时间2004年2月，计划将在2006年底或2007年初发射的探月卫星“嫦娥一号”，对月球表面环境、地貌、地形、地质构造与物理场进行探测。二期工程实施时间为2007—2010年，目标是研制和发射航天器，以软着陆的方式降落在月球上进行探测。第三期工程实施时间为2011—2020年，目标是月面巡视勘察与采样返回。

嫦娥一号于2007年10月24日18：05分发射升空，已于2009年3月1日16：13：10减速、下落、撞击……嫦娥一号卫星在北京航天飞行控制中心科技人员的精确控制下，准确落于月球东经52.36°、南纬1.50°的预定撞击点。在撞击过程中，嫦娥一号卫星携带的CCD相机传回实时图像，图像清晰。

探月工程二期将发射探测器，探测器上带有月球车。目前各项工作已全面展开。测控系统、火箭系统、发射系统、卫星系统、有效载荷系统等工程五大系统按照计划节点顺利进行。“嫦娥二号”卫星将于2011年底前发射完成。

17. 中国空间探索远景规划

21世纪将是世界航天活动蓬勃发展的新世纪。中国根据国家发展的现实需求和长远目标，制定了面向21世纪的航天发展战略和规划。

中国空间探索的远期（今后20年或稍后的一个时期）发展目标是：

△空间技术和空间应用实现产业化和市场化，空间资源的开发利用满足经济建设、国家安全、科技发展和社会进步的广泛需求，进一步增强综合国力。

△按照国家整体规划，建成多种功能和多种轨道的、由多种卫星系统组成的空

间基础设施；建成天地协调配套的卫星地面应用系统，形成完整、连续、长期稳定运行的天地一体化网络系统。

△建立中国的载人航天体系，开展一定规模的载人空间科学研究和技术试验。

△空间科学取得众多成果，在世界空间科学领域占有较重要的地位，开展有特色的深空探测和研究。

中国政府一直坚持为了和平目的探索和利用外层空间，使外层空间造福于全人类，在探索外层空间、扩展对宇宙和地球的认识的基础上，和平利用外层空间，促进人类文明和社会发展，造福全人类。

附　录

天文学重大发现一览表

●公元前1217年5月26日　居住在我国河南省安阳的人们发现日食。这就是人类历史上关于日食的最早记录。它刻在一片甲骨文上。

●中国战国时期（前475—前221年）　哲学家惠施也独立提出过地球为球形的看法，而第一个明确主张大地球形的则是东汉时期的张衡（公元78—139年）。他在《浑天仪图注》中说："浑天如鸡子，天体圆如弹丸，地如鸡中黄……天之包地，如壳之裹黄。"

●1054年7月4日（宋仁宗至和元年五月二十六日）　《宋史·天文志》记载的"客星"，也就是今天所说的超新星爆发。

●1521年　葡萄牙航海家麦哲伦于环球航行时，发现麦哲伦云。大云叫大麦哲伦云，简称大麦云（LMC）；小云叫小麦哲伦云，简称小麦云（SMC）。

●1522年9月　当麦哲伦的船队首次完成了环球一周的航行后，地球为球体的这一观点谁也不会再怀疑了。

●1543年　波兰天文学家哥白尼提出了日心说。

●1610年　伽利略首先用望远镜观察发现了银河。

●1610年　伽利略发现土星的光环。

●1629年　德国天文学家开普勒预言："1631年11月7日将发生稀奇天象——水星凌日。"当日，法国天文学家加桑迪在巴黎亲眼目睹到水星凌日。

●1656年　被荷兰天文学家和物理学家惠更斯用自制的天文望远镜发现著名的猎户座大星云（M42）。

●17世纪60年代　法国天文学家卡西尼（1625—1712年）发现木星最引人注目的标志大红斑。

●1665 年　牛顿曾经做过一项在物理学史上具有划时代重要意义的实验，测出太阳的光谱。

●1718 年　英国天文学家哈雷指出，可能所有的恒星都有其自己的运动。

●1747 年　法国天文学家勒让蒂尔首先发现了三叶星云。

●1755 年　德国哲学家康德提出“星云说”。

●1758 年 8 月 28 日晚　一位名叫梅西耶的法国天文学爱好者金牛座中云雾状斑块被列为第一号，既 M1（星云）。

●1766 年　德国的一位中学教师戴维·提丢斯（1729—1796 年）发现提丢斯—波得定则，简称“波得定律”。

●1779 年　德国天文学家波德第二个发现“黑眼睛星云”。

●1780 年　法国天文学家查尔斯·迈歇尔发现了“M77”星云，因为它是当时发现的第 77 个肉眼可见的星云。

●1781 年 3 月 13 日　威廉·赫歇耳爵士发现天王星。

●1784 年　约翰·古德利发现了造父变星的光变现象，1912 年哈佛天文台的勒维特发现了上述造父变星的周期—光度关系。

●1786 年 2 月 15 日　天文学家威廉·赫歇尔首先发现猫眼星云。

●1787 年　天文学家威廉·赫歇尔发现爱斯基摩星云又名为“NGC 2392”。

●1801 年 1 月 1 日　意大利人皮亚齐发现谷神星。

●1802 年 3 月 28 日　德国天文学家奥伯斯发现智神星。

●1807 年 3 月 29 日　德国天文学家奥伯斯发现灶神星，又称第 4 号小行星。

●1834 年　罗素偶然遇见孤子现象，最初把他的发现称为“平动波”，现在被称为孤子波。

●1844 年　阿格兰德创立变星命名法，每一星座内的变星，按发现的先后，在星座后用 R—Z 记名。

●1845 年　勒维耶开始独立的进行天王星轨道的研究，在 1846 年 9 月 23 日迦雷在勒维耶预测位置的附近发现了一颗新行星，稍后被命名为海王星。

●1859 年 9 月 1 日　两位英国的天文学家发现太阳上最为强烈的活动现象—耀斑。

●1867 年 4 月 3 日　坦普尔在法国马赛寻找彗星时发现坦普尔 1 号彗星。

●1876 年 2 月　美国天文学家霍尔发现土星上有个“大白斑”。20 世纪最显著的一次“大白斑”，是英国天文学家海耳于1933午8月3日发现，他当时用的是一架口径15厘米的折射望远镜。他发现“大白斑”存在了约40天，直至9月13日消失。

●1887年　P. O. 斯特鲁维首次利用自行数据研究银河系自转。20世纪20年代，经B. 林德布拉德、J. H. 奥尔特等人的研究，最终确定银河系在自转。

●1898年8月13日　德国天文学家威特发现爱神星。

●1905年　丹麦天文学家赫茨普龙发现恒星有巨星和矮星之分。

●1911年　丹麦天文学家赫茨普龙，对众多恒星的光谱型、温度、光度和大小进行了分析和统计，把它们一一点在一张坐标图上，发现绝大部分恒星在图上的分布很有规律。两年以后，美国天文学家罗素（1877—1957年）也绘制了一幅恒星的光度与光谱型关系分布图。结果，人们惊奇地发现，这两幅图十分相似，颇有异曲同工之妙。所以，1933年以后，人们把这种光度—光谱型图称为“赫茨普龙—罗素图”，简称“赫罗图”。

●1912年　美国天文学家勒维特发现小麦云的造父变星的周光关系，赫茨普龙和沙普利随即测定了小麦云的距离。

●1913年　丹麦天文学家赫茨普龙利用视差法测定了银河系中几颗较近的造父变星的距离，距离尺度得到标定。

●1915年　美国天文学家沙普利成功解决了造父变星的零点标定问题。

●1918年　美国天文学家沙普利经过4年的观测，提出太阳系应该位于银河系的边缘。

●1923年　哈勃确定螺旋星系（包括仙女星云）是其他星系。

●1924年　美国天文学家哈勃，用威尔逊山天文台的2.5米大望远镜在仙女座星云、三角座星云和星云NGC6822中发现造父变星。

●1924年2月　美国天文学家哈勃运用“变星测量法”，测算出仙女座大星云与地球的距离，首次确认了河外星系的存在。

●1926年　瑞典天文学家林得布拉德分析出银河系在自转。

●1928年11月22日　旅居美国的学者张钰哲在美国发现“中华星”。

●1929年　哈勃和密尔顿·胡玛逊宣布发现宇宙正在膨胀。

●1930年1月18日与23日　汤博在双子座拍摄两张照片，在这两张照片上发现一个移动的小点，就这样发现冥王星，但在3月13日才公开发表。

●1932 年　比利时天文学家德尔波特发现了第 1221 号小行星“阿莫尔”。

●1936 年　奥本海默第一次提出比较明确的黑洞理论。他认为，如果恒星的质量保持不变，而让它们不断收缩下去，那么恒星的物质密度就会越来越大，形成黑洞。1944 年，巴德通过仙女星系的观测，判明恒星可划分为星族 I 和星族 II 两种不同的星族。

●1946 年　美国人 H. W. 巴布科克用大望远镜折轴摄谱仪测出，室女座 78 星的磁场强度约为 1500 高斯。

●1949 年　J. S. 霍尔等人发现，很多恒星的光具有微小的偏振。

●1950 年　荷兰天文学家简・奥尔特推断，在太阳系外沿有大量彗星，后来被称为奥尔特星云。

●1950 年　瑞士天文学家瓦德迈尔从日冕仪观测的太阳图象中，发现日冕中有些暗黑的区域，他把这种区域叫做“洞”，后来天文学家把这些“洞”定名为“冕洞”。

●1959 年 10 月 4 日　前苏联发射“月球 3 号”自动行星际站，观测到月球背面的真面貌。

●1962 年　美国天文学家莱顿等人观察到太阳上发生的“地震”—日震。

●1963 年　用射电天文方法观测到星际分子 OH，这是自从 1937—1941 年间，在光学波段证认出星际分子 CH、CN 和 CH＋以来的重大突破。

●1965 年 9 月 4 日　日本的两位天文爱好者池谷和关勉同时独立发现池谷—关彗星。

●1967 年　英国射电天文学家赫威斯（1924—）和他的研究生贝尔（1943—）发现了第一颗中子星。

●1973 年 3 月 7 日　捷克天文学家科胡特克发现科胡特克彗星。

●1974 年　英国理论物理学家霍金（1942—）证明：黑洞中将产生正反粒子对，其中的正能粒子会逸出，形成黑洞“蒸发”的现象。

●1975 年 11 月　丹麦天文学家威斯特首先发现威斯特彗星。

●1976 年 7 月　美国的“海盗 1 号”和“海盗 2 号”探测器成功登陆火星。从它们传回的观测数据和采集的土壤标本中，科学家们没有发现生命存在的痕迹。

●1978 年 6 月 22 日　天文学家詹姆斯・克里斯蒂发现卡戎星。

●1979 年 3 月　“旅行者 1 号”考察木星时，证实木星也有光环。

●1983年5月3日 日本人荒贵和英国人阿尔科克分别独立发现“艾拉斯—荒贵—阿尔科克”彗星。

●1987年2月23日晚 谢尔顿发现“超新星1987A”。

●1988年 哈佛大学天文台在查看他们拍摄的猎户座照片底版时，首先发现了这个形状极不寻常的暗星云：马头星云。

●1988年11月4日 中国科学院紫金山天文台的葛永良和汪琦发现的彗星被命名为“葛—汪1988V0”彗星。

●1989年7—9月 “旅行者2号”发现了六个新的海王星卫星。

●1992年 人们找到了第一个柯伊伯带天体；如今已有约1000个柯伊伯带天体被发现，直径从数千米到上千千米不等。

●1992年 肖德勒领导的小组开始追踪一颗代号S2的天体的移动轨迹。S2的轨迹绕被称为人马座A的天体运行，天文学家普遍认同人马座A位于银河系的中心，可能就是黑洞本身。

●1993年4月24日 美国天文学家苏梅克夫妇和天文爱好者列维发现“苏梅克—列维9号”彗星。

●1995年7月22日 美国天文学家海耳和天文爱好者波普分别独立发现“海耳—波普”彗星。

●1996年1月30日 日本天文爱好者百武裕司发现百武彗星。

●1997年7月20日 华盛顿大学天文学家布鲁斯·贝里克和莱登大学天文学家文森特·艾克在研究哈伯太空望远镜的影像时发现蚂蚁星云（简称Mz3）。

●2005年12月 哈勃太空望远镜侦测到一对早先未曾发现的蓝色圆环。最外围的一圈与天王星的距离比早先知道的环远了两倍，因此新发现的环被称为环系统的外环，使天王星环的数量增加到13圈。

●2007年6月 美国宇航局的斯必泽太空望远镜已经在后发座星系团探测到一千多个以前不知道的矮星系，这些星系距地球大约3.2亿光年。

●2007年11月13日 美国天文学家最近发现了一颗名为“HIP 56948”的新恒星，被誉为所有4颗已知候选恒星中最有资格的太阳“孪生兄弟”。

●2007年11月21日 “嫦娥一号”月球探测卫星获取了一幅危海与丰富海东部的月陆图像，高差3000—4000米。

●2007年11月21—22日 “嫦娥一号”月球探测卫星获得的第一个完整的

月海图像。

●2008 年 2 月 22 日　欧洲的科学家日前称，他们最近利用哈勃太空望远镜在遥远的宇宙的中发现了 67 个重力透镜星系。

●2008 年 4 月　来自加拿大和法国的科学家宣布，他们在离地球仅 40 光年的宇宙空间发现至今为止表面温度最低的恒星，编号为“CFBDS0059”。

●2008 年 5 月，北卡罗莱纳州立大学天体物理学家斯蒂芬·雷诺兹和研究小组成员在天文观测中发现非常年轻的超新星“G1.9+0.3”。

●2008 年 6 月 5 日　美国国家地理杂志报道，原先银河系的四个主螺旋手臂，现只剩下两个主螺旋手臂，另外两个手臂处于未成形状态。

●2008 年 7 月 31 日　美国航空航天局科学家宣布，凤凰号火星探测器在火星上加热土壤样本时鉴别出有水蒸气产生，从而最终确认火星上有水存在。

●2008 年 8 月 25 日　欧洲航天局宣布，天文学家利用欧洲 XMM 牛顿天文望远镜在宇宙深处发现了已知最大质量的星系团，编号为“2XMM J083026＋524133”。

●至 2009 年 1 月中旬　科学家们总共在 285 个行星系统中发现了 335 颗太阳系外行星。此前发现的拥有大气层的太阳系外行星都是由“斯皮策”轨道望远镜发现的。美天文学家新发现系外行星（被命名为 HAT—P—11b）的体积是地球的 4.7 倍，质量是地球的 25 倍。